谭荣伟　等编著

# 城/市/规/划 CAD 绘图 快速入门



化学工业出版社
·北京·

本书以 AutoCAD 最新简体中文版本（AutoCAD 2013 版本及更高版本）作为设计软件平台，以实际城乡规划设计产品为案例，紧密结合城乡规划设计及管理工作的特点与要求，详细介绍 AutoCAD 在城乡规划设计及管理工作中的应用方法与技巧，包括 CAD 基本使用功能与高级操作技巧及各种图形的绘制与编辑修改方法。同时还详细阐述如何从 CAD 软件中将城乡规划设计图形转换输出为 JPG/BMP 格式图片或 PDF 格式文件的方法，如何将 CAD 绘制的城乡规划设计图形快速应用到 Word 文档中，方便使用和浏览 CAD 图形。由于 AutoCAD 基本绘图功能命令大体一致或完全一样，因此本书也适合 AutoCAD 2013 以前版本（如 AutoCAD 2004 至 AutoCAD 2012）或 AutoCAD 2013 以后更高版本的学习。

本书适合从事城市规划、城乡规划、城市设计、风景园林规划、建筑专业等专业的城市规划师与相关管理人员、专业技术人员及施工人员使用；也可以作为相关行业领域初、中级技术职业学校和高等院校师生的教学、自学以及相关领域 CAD 培训实用教材。

**图书在版编目（CIP）数据**

城市规划 CAD 绘图快速入门 / 谭荣伟等编著. —北京：化学工业出版社，2013.12（**2019.7 重印**）
ISBN 978-7-122-18720-8

Ⅰ. ①城… Ⅱ. ①谭… Ⅲ. ①城市规划-计算机辅助设计-AutoCAD 软件 Ⅳ. ①TU984-39

中国版本图书馆 CIP 数据核字（2013）第 247328 号

责任编辑：袁海燕　　文字编辑：刘莉珺
责任校对：顾淑云　　装帧设计：刘丽华

出版发行：化学工业出版社（北京市东城区青年湖南街 13 号　邮政编码 100011）
印　　装：三河市延风印装有限公司
787mm×1092mm　1/16　印张 16　字数 424 千字　2019 年 7 月北京第 1 版第 4 次印刷

购书咨询：010-64518888　　售后服务：010-64518899
网　　址：http: // www. cip. com. cn
凡购买本书，如有缺损质量问题，本社销售中心负责调换。

**定　价：48.00 元**

# 前言

城乡规划（旧称城市规划，Urban-Rural Planning），包括城镇体系规划、城市规划、镇规划、乡规划和村庄规划。其中城市规划、镇规划分为总体规划和详细规划；详细规划又可分为控制性详细规划和修建性详细规划。城市总体规划、镇总体规划的内容应当包括城市、镇的发展布局，功能分区，用地布局，综合交通体系，禁止、限制和适宜建设的地域范围，各类专项规划等；规划区范围、规划区内建设用地规模、基础设施和公共服务设施用地、水源地和水系、基本农田和绿化用地、环境保护、自然与历史文化遗产保护以及防灾减灾等内容，应当作为城市总体规划、镇总体规划的强制性内容；城市总体规划、镇总体规划的规划期限一般为二十年；城市总体规划还应当对城市更长远的发展做出预测性安排。乡规划、村庄规划应当从农村实际出发，尊重村民意愿，体现地方和农村特色。乡规划、村庄规划的内容应当包括规划区范围，住宅、道路、供水、排水、供电、垃圾收集、畜禽养殖场所等农村生产、生活服务设施、公益事业等各项建设的用地布局、建设要求，以及对耕地等自然资源和历史文化遗产保护、防灾减灾等的具体安排。其中乡规划还应当包括本行政区域内的村庄发展布局。

早期的城乡规划设计进行图纸绘制时主要是手工绘制，绘图的主要工具和仪器有绘图桌、图板、丁字尺、三角板、比例尺、分规、圆规、绘图笔、铅笔、曲线板和建筑模板等。手工绘制图纸对于老一辈工程师和施工管理技术人员是比较熟悉的，年轻一代使用比较少。随着计算机硬件技术的飞速发展，绘图摆脱了传统的手工绘制方式，实现了计算机绘图，使得绘图效率和图面美观度等大为提高；也使更多更好、功能强大全面的工程设计软件得到更为广泛的应用，其中 AutoCAD 无疑是比较成功的典范。AutoCAD 是美国 Autodesk（欧特克）公司的通用计算机辅助设计（CAD，即 Computer Aided Design 缩写）软件，AutoCAD R1.0 是 AutoCAD 的第 1 个版本，于 1982 年 12 月发布。AutoCAD 至今已进行了十多次的更新换代，包括 DOS 版本 AutoCAD R12、Windows 版本 AutoCAD R14～2009、功能更为强大的 AutoCAD 2010～2013 版本等，在功能、操作性和稳定性等诸多方面都有了质的变化。凭借其方便快捷的操作方式、功能强大的编辑功能以及能适应各领域工程设计多方面需求的功能特点，AutoCAD 已经成为当今工程领域进行二维平面图形绘制、三维立体图形建模的主流工具之一。

本书以 AutoCAD 最新简体中文版本（AutoCAD 2013 版本及更高版本）作为设计软件平台，以实际城乡规划设计产品为案例，紧密结合城乡规划设计及管理工作的特点与要求，详细介绍 AutoCAD 在城乡规划设计及管理工作中的应用方法与技巧，包括 CAD 基本使用功能与高级操作技巧以及各种图形的绘制与编辑修改方法。通过本书的学习，可以快速掌握 AutoCAD 进行城镇体系规划、城市规划、镇规划、乡规划和村庄规划中的城乡总体规划图、分区规划图、专项规划图、修建性详细规划图、控制性详细规划图、小区总平面规划布置图

及城乡市政工程系统专项规划图等各种规划图的快速绘制及应用方法。同时还详细阐述如何从 CAD 软件中将城乡规划设计图形转换输出为 JPG/BMP 格式图片或 PDF 格式文件的方法，如何将 CAD 绘制的城乡规划设计图形快速应用到 Word 文档中，方便使用和浏览 CAD 图形。由于 AutoCAD 基本绘图功能命令大体一致或完全一样，因此本书也适合 AutoCAD 2013 以前版本（如 AutoCAD 2004 至 AutoCAD 2012）或 AutoCAD 2013 以后更高版本的学习使用参考。

全书在内容安排上不仅精要而详细地介绍了 AutoCAD 的各种功能及其使用方法与技巧，而且全面又简明地阐述了城乡规划设计及管理工作中经常使用或碰到的城乡总体规划图、小区总平面规划图、控制性规划图、修建性规划图等各种城乡规划绘制过程和方法，真正做到轻松入门，快速使用，全面提高的目的。

该书内容由作者精心策划和认真撰写，是作者多年实践经验的总结，注重理论与实践相结合，示例丰富、实用性强、叙述清晰、通俗易懂，保证该书使用和可操作性强，更适合实际项目工程城乡规划设计及管理工作使用需要。读者通过本书的学习，既能理解有关 AutoCAD 使用的基本概念，掌握 AutoCAD 进行城乡规划设计图形绘制的方法与技巧，又能融会贯通，举一反三，在实际城乡规划设计管理工作中快速应用。因此，本书是一本总结经验、提高技巧的参考书。

本书适合从事城市规划、城乡规划、城市设计、风景园林规划、建筑专业、乡镇规划、建筑总图等专业的城市规划师与相关管理人员、专业技术人员及施工人员学习 AutoCAD 进行城乡规划设计图形绘制实用入门的指导用书；也可以作为相关行业领域初、中级技术职业学校和高等院校师生的教学、自学图书以及社会相关领域 CAD 培训实用教材。

本书内容由谭荣伟负责策划和组织编写，黄冬梅、李淼、黄仕伟、雷隽卿、王军辉、许琢玉、卢晓华、苏月风、许鉴开、谭小金、李应霞、赖永桥、潘朝远、孙达信、黄艳丽、杨勇、余云飞、卢芸芸、黄贺林、许景婷、吴本升、黎育信、黄月月、韦燕姬、罗尚连等参加了相关章节编写。由于编者水平有限，虽然再三勘误，但仍难免有纰漏之处，欢迎广大读者予以指正。

编　者

2013 年 12 月

CAD

目录

第1章

# 城乡规划设计 CAD 绘图综述

本章结合城乡规划设计的特点和要求，讲解 CAD 在城乡规划设计工作中的应用及其绘制方法的一些基础知识。在实际城乡规划设计中，规划设计师学习掌握 CAD 绘图技能是十分必要的，CAD 可以有力促进城乡规划设计工作，CAD 在一定程度上可以提高工作效率，方便进行技术交底、工作交流及汇报等。CAD 可以应用于城乡规划设计中的规划方案绘制、规划施工图绘制等多方面工作。

## 1.1 城乡规划设计 CAD 绘图知识快速入门

城乡规划（Urban Planning）是为了实现一定时期内城乡的经济和社会发展目标，确定城乡性质、规模和发展方向，合理利用城乡土地，协调城乡空间布局和各项建设所做的综合部署和具体安排。城乡规划是建设城乡和管理城乡的基本依据，在确保城乡空间资源的有效配置和土地合理利用的基础上，是实现城乡经济和社会发展目标的重要手段之一。

在城乡规划设计中，常常需要绘制一些图纸，例如城乡总体规划图、城乡规划现状地形图、控制性详细规划图等，这些都可以使用 CAD 轻松快速地完成。特别说明一点，最为便利的还在于，城乡规划设计各种图形与表格使用 CAD 绘制完成后，还可以将所绘制图形从 CAD 软件中轻松转换输出为 JPG/BMP 格式图片或 PDF 格式文件等，可以轻松应用到 Word 文档中，方便使用和浏览。CAD 图形具体转换方法在后面的章节中详细介绍。因此，从事城乡规划设计工作的相关技术人员，学习 CAD 绘图是很有用处的。

### 1.1.1 关于城乡规划设计

城乡规划是根据国家城乡发展和建设方针、经济技术政策、国民经济和社会发展长远计划、区域规划，以及城乡所在地区的自然条件、历史情况、现状特点和建设条件布置城乡体系，确定城乡性质、规模和布局，统一规划、合理利用城乡土地，综合部署城乡经济、文化、基础设施等各项建设，保证城乡有秩序地、协调地发展，使城乡的发展建设获得良好的经济效益、社会效益和环境效益。城乡规划设计需遵循整合原则、经济原则、安全原则、美学原

则和社会原则等基本原则。

一般而言，城乡规划设计包括总体规划、详细规划、市政规划、交通规划、专项规划等内容。如图 1.1 所示为北京市通州新城规划图（注：该图片摘自北京市规划委员会网站）。

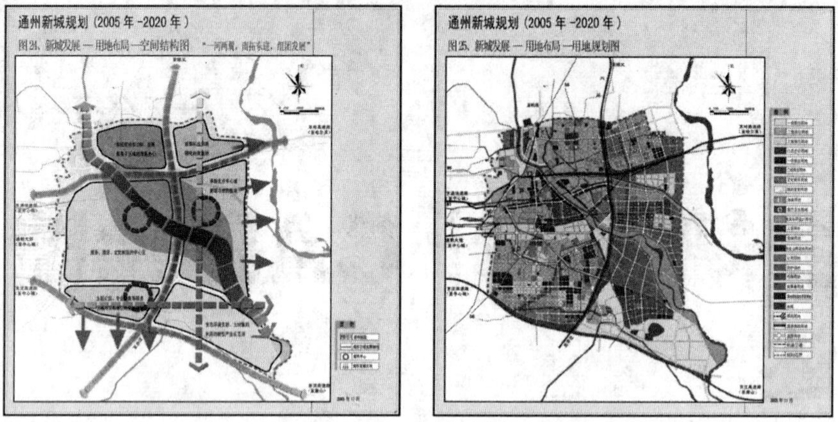


图 1.1　北京市通州新城规划图

## 1.1.2　关于城乡规划设计 CAD 绘图应用

早期的城乡规划设计进行图纸绘制主要是手工绘制，绘图的主要工具和仪器有绘图桌、图板、丁字尺、三角板、比例尺、分规、圆规、绘图笔、铅笔、曲线板和建筑模板等。手工绘制图纸老一辈工程师和施工管理技术人员是比较熟悉的，年轻一代或许使用比较少，作为城乡规划设计工程师或技术人员，也有必要了解一下其历史，如图 1.2 所示。

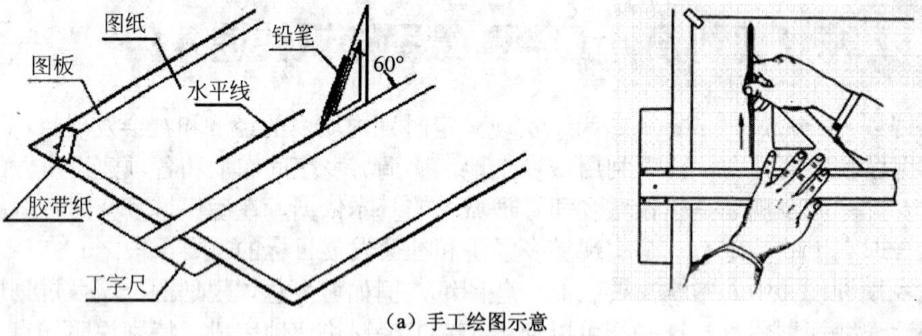


（a）手工绘图示意

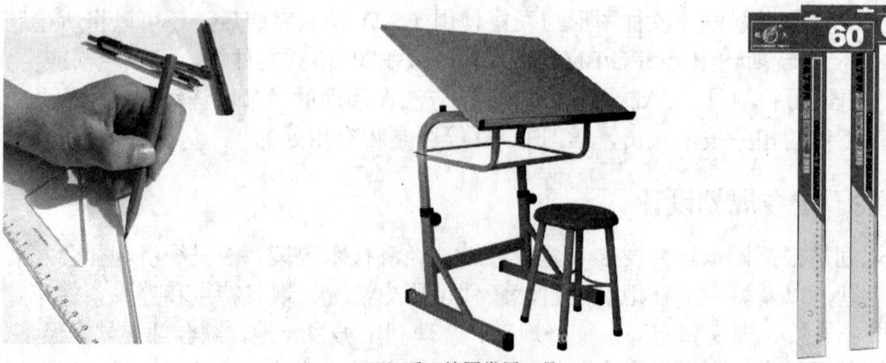


（b）手工绘图常用工具

图 1.2　早期手工绘图示意

比纯手工绘图更进一步的绘图方式，是使用绘图机及其相应设备。绘图机是当时比较先进的手工绘图设备，其机头上装有一对互相垂直的直尺，可作 360º 的转动，它能代替丁字尺、三角板、量角器等绘图工具的工作，画出水平线、垂直线和任意角度的倾斜线。绘图机可分为钢带式绘图机、导轨式绘图机，如图 1.3 所示。

（a）钢带式绘图机

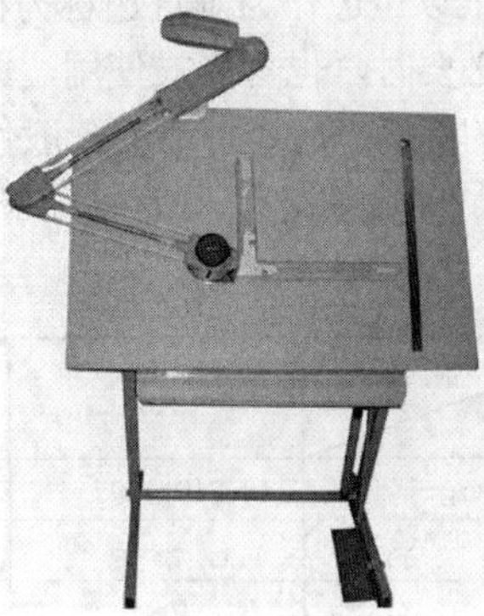
（b）导轨式绘图机

图 1.3　常见手工绘图机

随着计算机及其软件技术快速发展，在现在的城乡规划设计及工程设计中，城乡规划设计图纸的绘制都已经计算机化，使用图板、绘图笔和丁字尺等工具手工绘制图纸很少。现在基本使用电脑或笔记本进行图纸绘制，然后使用打印机或绘图仪输出图纸，如图 1.4、图 1.5 所示。

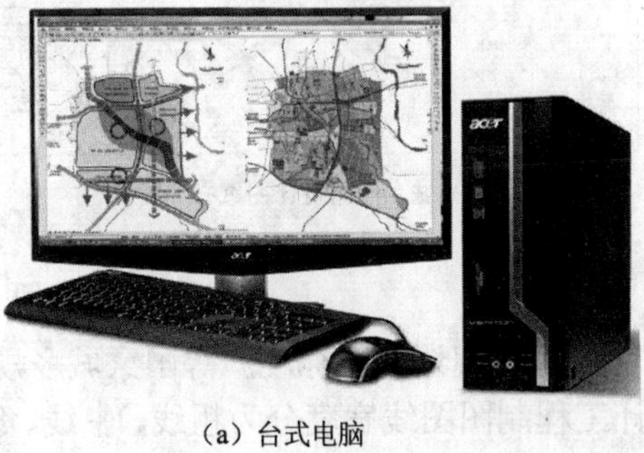
（a）台式电脑

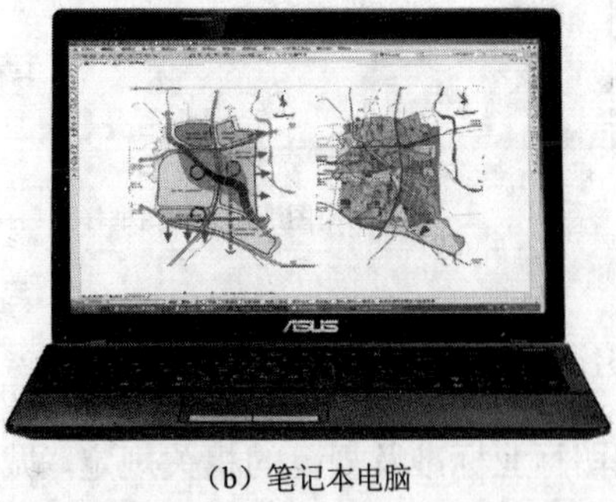
（b）笔记本电脑

图 1.4　图纸绘制设备

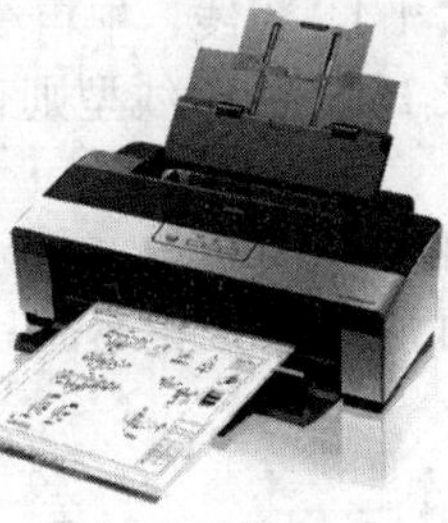
（a）打印机

（b）绘图仪

图 1.5　图纸输出设备

## 1.1.3　关于城乡规划设计 CAD 绘图图幅及线型与字体

（1）城乡规划设计 CAD 绘图常见图幅大小　城乡规划设计图纸的图纸幅面和图框尺寸，

即图纸图面的大小，按国家相关规范规定，分为A4、A3、A2、A1和A0，具体大小详见表1.1和图1.6所示，图幅还可以在长边方向加长一定的尺寸，参见建筑工程和城乡规划设计制图相关规范，在此从略。使用CAD进行绘制时，也完全按照前述图幅进行。图框详细CAD绘制方法在后面章节进行论述。

图纸以短边作为垂直边称为横式，以短边作为水平边称为立式。一般A0～A3图纸宜横式使用；必要时，也可立式使用。此外，CAD还有一个更为灵活的地方，CAD可以输出任意规格大小的图纸，但这种情况一般作为草稿临时使用，不宜作为正式施工图纸。在城乡规划设计实际工程施工实践中，A3、A2图幅大小的图纸使用最方便，比较受施工相关人员欢迎。

**表1.1　图纸幅面和图框尺寸**　　单位：mm

| 幅面代号 / 尺寸代号 | A4 | A3 | A2 | A1 | A0 |
|---|---|---|---|---|---|
| $b \times l$ | 210×297 | 297×420 | 420×594 | 594×841 | 841×1189 |
| $c$ | 5 | 5 | 10 | 10 | 10 |
| $a$ | 25 | 25 | 25 | 25 | 25 |

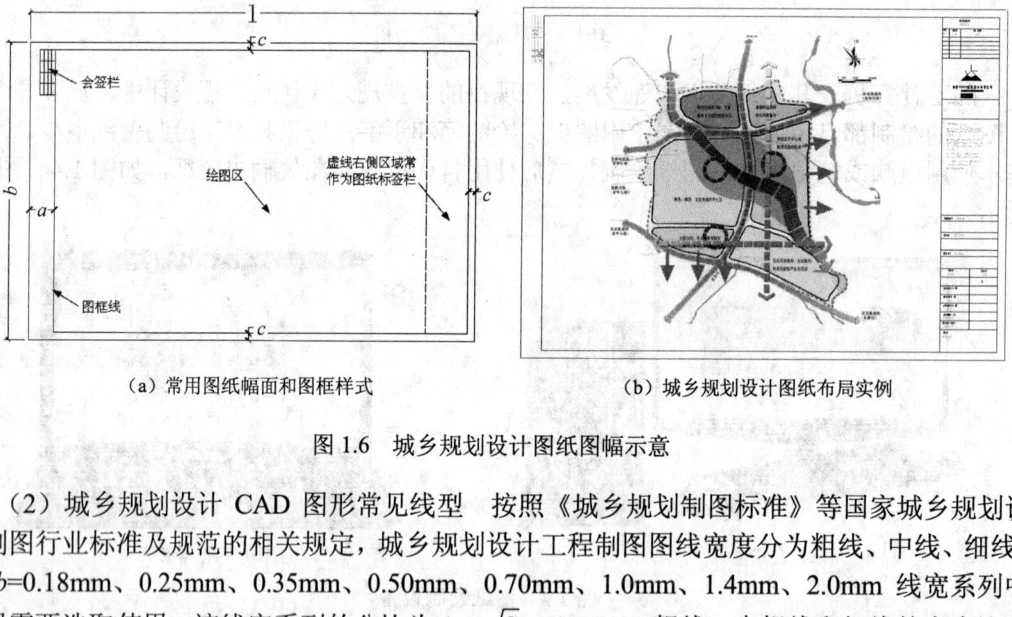


（a）常用图纸幅面和图框样式　　（b）城乡规划设计图纸布局实例

图1.6　城乡规划设计图纸图幅示意

（2）城乡规划设计CAD图形常见线型　按照《城乡规划制图标准》等国家城乡规划设计制图行业标准及规范的相关规定，城乡规划设计工程制图图线宽度分为粗线、中线、细线，从 $b$=0.18mm、0.25mm、0.35mm、0.50mm、0.70mm、1.0mm、1.4mm、2.0mm线宽系列中根据需要选取使用；该线宽系列的公比为 $1:\sqrt{2}\approx 1:1.4$，粗线、中粗线和细线的宽度比率为4∶2∶1，在同一图样中同类图线的宽度一致，如表1.2所列，线型则有实线、虚线、点划线、折断线和波浪线等类型，如图1.7所示。

城乡规划设计CAD绘图即是按照上述线条宽度和线型进行的，实际绘图时根据图幅大小和出图比例进行调整宽度大小，具体绘制方法在后面章节详细论述，其中细线在CAD实际绘制中是按默认宽度为0进行绘制。

**表1.2　常用线宽组要求**　　单位：mm

| 线宽比 | 线宽组 | | | | | |
|---|---|---|---|---|---|---|
| $b$ | 2.0 | 1.4 | 1.0 | 0.7 | 0.5 | 0.35 |
| 0.5$b$ | 1.0 | 0.7 | 0.5 | 0.35 | 0.25 | 0.18 |
| 0.25$b$ | 0.5 | 0.35 | 0.25 | 0.18 | — | |

注：1. 需要微缩的图纸，不宜采用0.18mm及更细的线宽。
2. 同一张图纸内，各不同线宽中的细线，可统一采用较细的线宽组的细线。

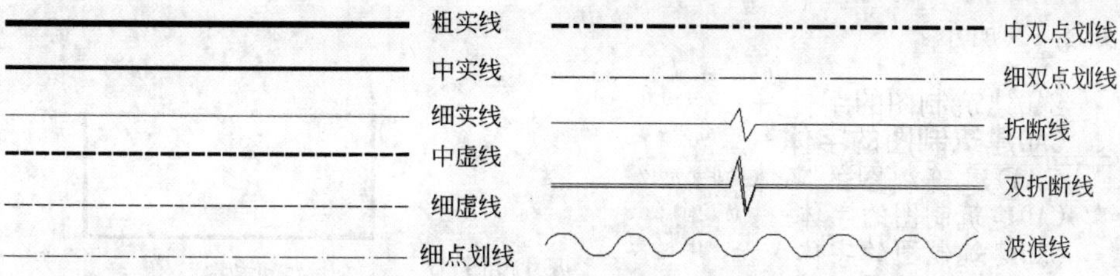


图 1.7 常用城乡规划设计 CAD 制图图线

一般情况下，图线不得与文字、数字或符号重叠、混淆，不可避免时，应首先保证文字等的清晰。虚线与虚线交接或虚线与其他图线交接时，应是线段交接。虚线为实线的延长线时，不得与实线连接。同一张图纸内，相同比例的各图样，应选用相同的线宽组。

（3）城乡规划设计 CAD 图形常见字体和字号 按照《城乡规划制图标准》等国家建筑工程和城乡规划设计制图规范的相关规定，CAD 城乡规划设计制图图样中汉字、字符和数字应做到排列整齐、清楚正确，尺寸大小协调一致。汉字、字符和数字并列书写时，汉字字高略高于字符和数字字高。城乡规划图上的文字应使用中文标准简化汉字。涉外的规划项目，可在中文下方加注外文；数字应使用阿拉伯数字；计量单位应使用国家法定计量单位；代码应使用规定的英文字母；年份应用公元年表示。

文字高度应按表 1.3 中所列数字选用。如需书写更大的字，其高度应按 $\sqrt{2}$ 的比值递增。汉字的高度应不小于 2.5mm，字母与数字的高度应不小于 1.8mm。汉字的最小行距不小于 2mm，字符与数字的最小行距应不小于 1mm；当汉字与字符、数字混合使用时，最小行距等应根据汉字的规定使用，如图 1.8 所示。图及说明中的汉字应采用长仿宋体，其宽度与高度的关系一般应符合表 1.4 的规定。大标题、图册、封面、目录、图名标题栏中设计单位名称、工程名称、地形图等的汉字可选用楷体、黑体等其他字体。

**表 1.3 规划设计文字高度** 单位：mm

| | |
|---|---|
| 用于蓝图、缩图、底图 | 3.5、5.0、7.0、10、14、20、25、30、35 |
| 用于彩色挂图 | 7.0、10、14、20、25、30、35、40、45 |

注：经缩小或放大的城乡规划图，文字高度随原图纸缩小或放大，以字迹容易辨认为标准。

**表 1.4 长仿宋体宽度与高度关系** 单位：mm

| | | | | | | |
|---|---|---|---|---|---|---|
| 字高 | 20 | 14 | 10 | 7 | 5 | 3.5 |
| 字宽 | 14 | 10 | 7 | 5 | 3.5 | 2.5 |

分数、百分数和比例数的注写，应采用阿拉伯数字和数学符号，例如：四分之三、百分之二十五和一比二十应分别写成 3/4、25%和 1∶20。当注写的数字小于 1 时，必须写出个位的“0”，小数点应采用圆点，齐基准线书写，例如 0.01。

在实际绘图操作中，图纸上所需书写的文字、数字或符号等，均应笔画清晰、字体端正、排列整齐；标点符号应清楚正确。一般常用的字体有宋体、仿宋体、新宋体、黑体等，根据计算机 Windows 操作系统中字体选择，建议选择常用的字体，以便于 CAD 图形电子文件的交流阅读。字号也即字体高度的选择，根据图形比例和字体选择进行确定选用，一般与图幅大小相匹配，便于阅读，同时保持图形与字体协调一致，主次分明。

### 1.1.4 城乡规划设计 CAD 图形尺寸标注基本要求

按照《房屋建筑 CAD 制图统一规则》、《城乡规划制图标准》等国家建筑工程和城乡规划设计制图规范的相关规定，图样上的尺寸，包括尺寸界线、尺寸线、尺寸起止符号和尺寸

数字，如图 1.9 所示。

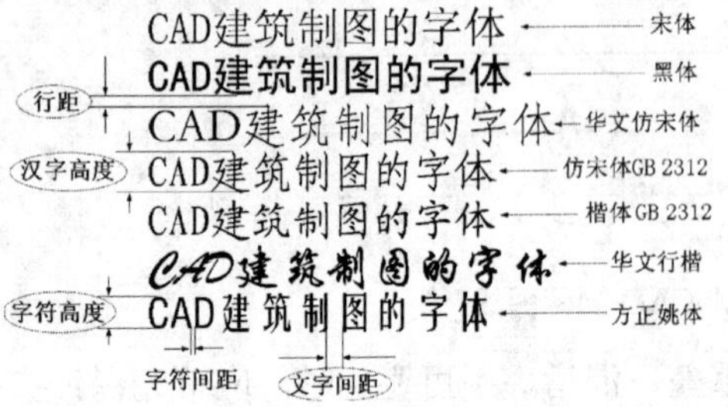


图 1.8　城乡规划设计 CAD 制图字体间距

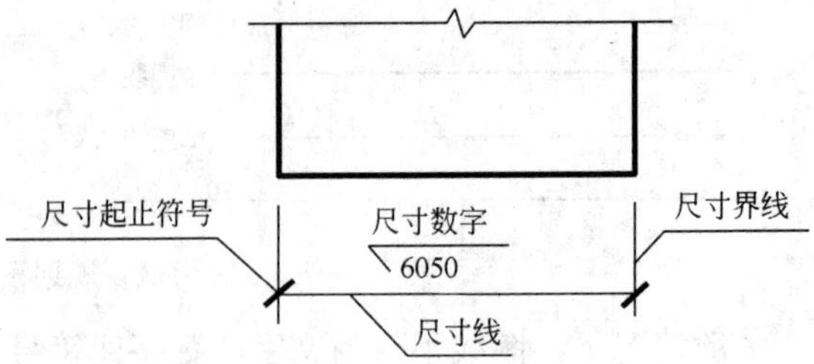


图 1.9　尺寸标注组成名称

图样上的尺寸单位，除标高及总平面以米（m）为单位外，其他必须以毫米（mm）为单位。尺寸数字一般应依据其方向注写在靠近尺寸线的上方中部。如没有足够的注写位置，最外边的尺寸数字可注写在尺寸界线的外侧，中间相邻的尺寸数字可错开注写。如图 1.10 所示。

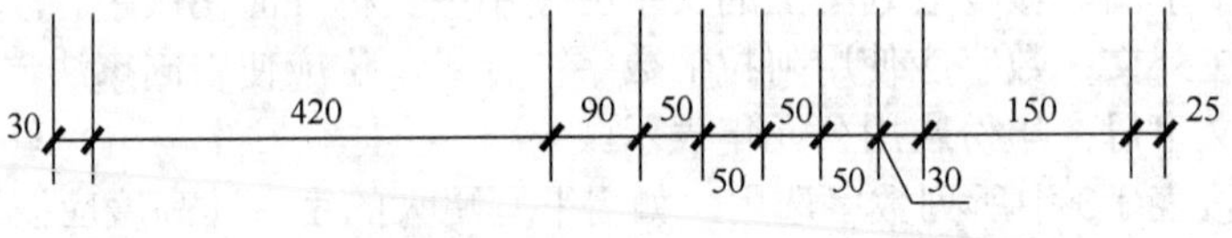


图 1.10　尺寸数值注写位置

CAD 城乡规划设计制图中，尺寸标注起止符号所用到的短斜线、箭头和圆点符号的数值大小，分别宜为 $e$=2.0mm、$a$=5$b$、$r=2\sqrt{2}\,b$（$b$ 为图线宽度，具体数值参见前面小节相关论述），如图 1.11 所示，其中短斜线应采用中粗线。标注文本与尺寸间距离 $h_0$ 不应小于 1.0mm，如图 1.12 所示。

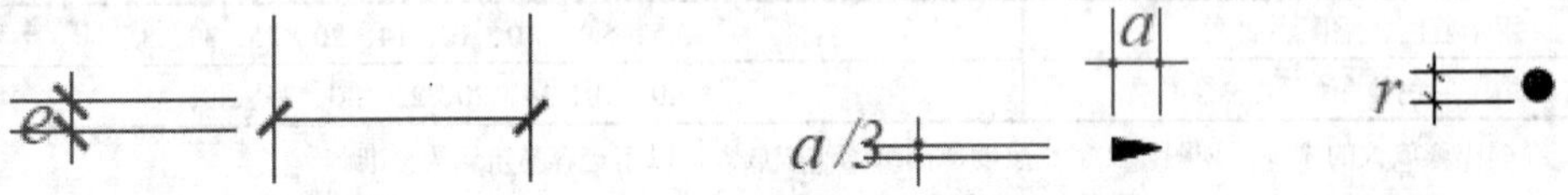


（a）短斜线大小要求　　（b）箭头大小要求　　（c）圆点大小要求

图 1.11　尺寸标注起止符号要求

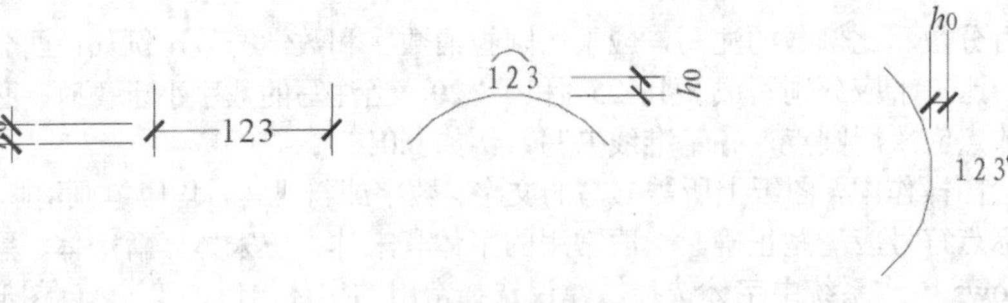


图 1.12　标注文本的标注位置要求

用于标注尺寸的图线，除特别说明的外，应以细线绘制。尺寸界线一端距图样轮廓线 $X_0$ 不应小于 2.0mm。另一端 $X_e$ 宜为 3.0mm，平行排列的尺寸线的间距 $L_i$ 宜为 7.0mm。如图 1.13 所示。

角度的尺寸线应以圆弧表示。该圆弧的圆心应是该角的顶点，角的两条边为尺寸界线。

起止符号应以箭头表示，如没有足够位置画箭头，可用圆点代替，角度数字应按水平方向注写。标注圆弧的弧长时，尺寸线应以与该圆弧同心的圆弧线表示，尺寸界线应垂直于该圆弧的弦，起止符号用箭头表示，弧长数字上方应加注圆弧符号“⌒”。如图 1.14 所示。

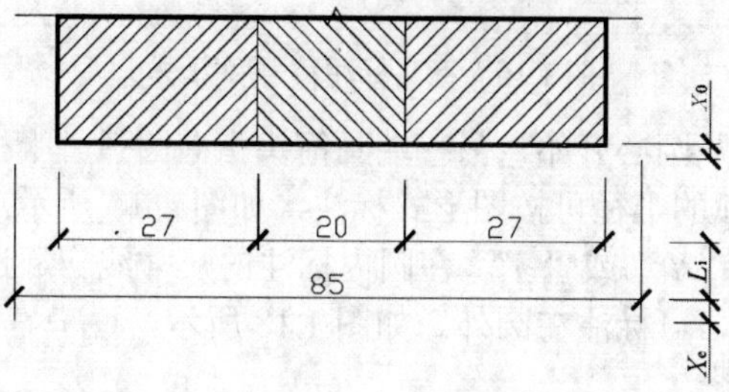


图 1.13　尺寸界线要求

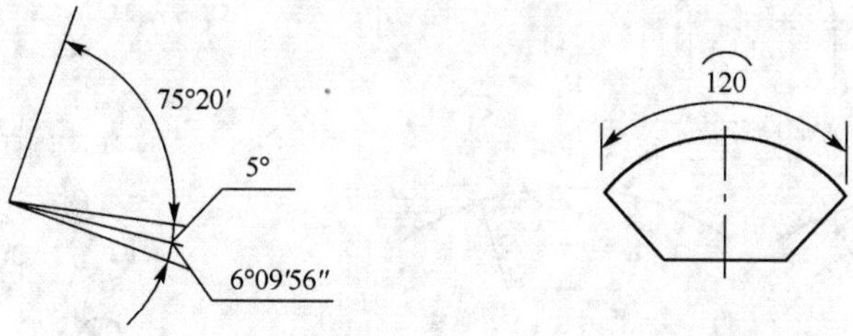


（a）角度标注方法　　（b）弧长标注方法

图 1.14　角度和圆弧标注方法

坡度符号常用箭头加百分比或数值比表示，也可用直角三角形表示坡度符号，如图 1.15 所示。

标高标注应包括标高符号和标注文本，标高数字应以米（m）为单位，注写到小数点以后第三位；在总平面图中，可注写到小数点以后第二位。零点标高应注写成“±0.000”，正数标高不注“+”，负数标高应注“–”，例如“3.000”、“–0.600”。

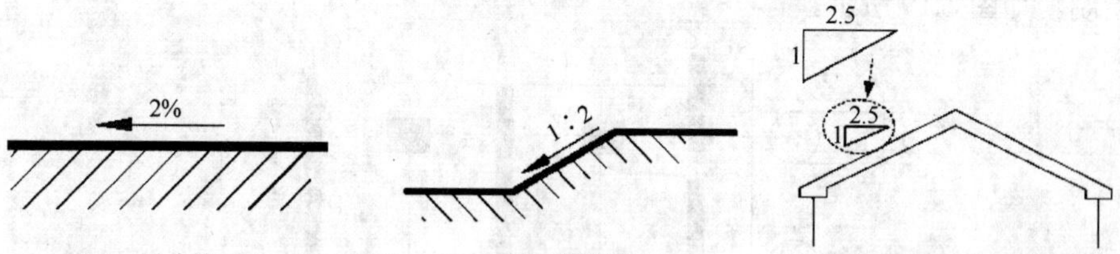


（a）百分比　　（b）数值比　　（c）直角三角形表示

图 1.15　坡度标注符号

标高符号应以等腰直角三角形表示，按图 1.16（a）所示形式用细实线绘制，如标注位置不够，也可按图 1.16（b）所示形式绘制。水平段线 $L$ 根据需要取适当长度，高 $h$ 取约 3.0mm。总平面图室外地坪标高符号，宜用涂黑的三角形表示，如图 1.16（c）所示。标高符号的尖端应指至被注高度的位置，尖端一般应向下，也可向上。标高数字应注写在标高符号的左侧或右侧，在图样的同一位置需表示几个不同标高时，标高数字可按并列形式注写，如图 1.16（d）所示。

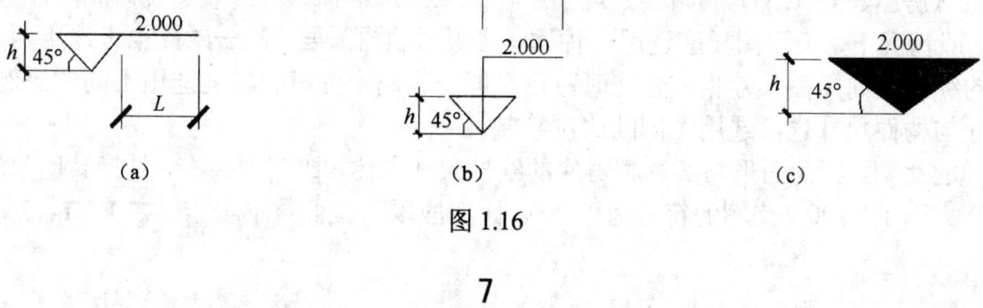


（a）　　（b）　　（c）

图 1.16

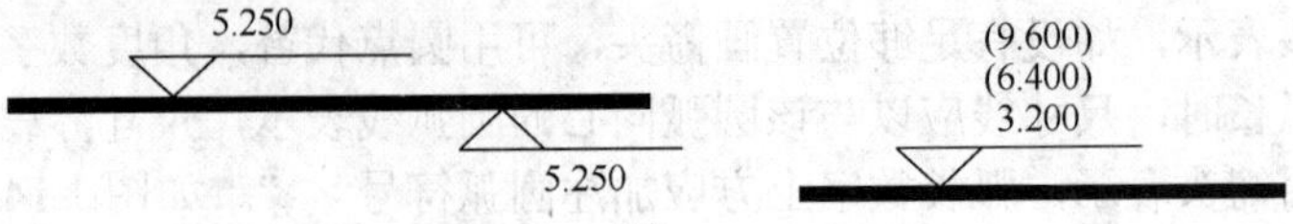


（d）

图 1.16　标高标注符号和方法

半径的尺寸线应一端从圆心开始，另一端画箭头指向圆弧。半径数字前应加注半径符号“*R*”。较小圆弧、较大圆弧的半径可按图形式标注，如图 1.17 所示。标注圆的直径尺寸时，直径数字前应加直径符号“*Φ*”或“*ϕ*”。在圆内标注的尺寸线应通过圆心，两端画箭头指至圆弧。较小圆的直径尺寸，可标注在圆外。如图 1.18 所示。

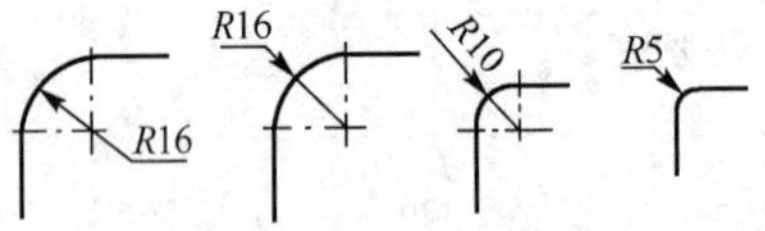


（a）小圆弧半径的标注方法

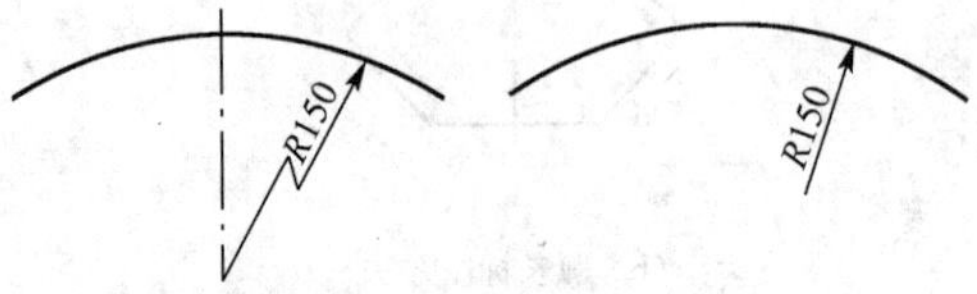


（b）大圆弧半径的标注方法

图 1.17　圆弧的半径标注

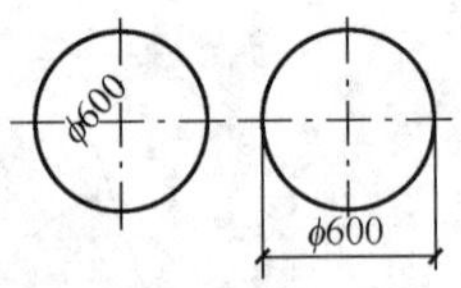


（a）圆直径的标注方法

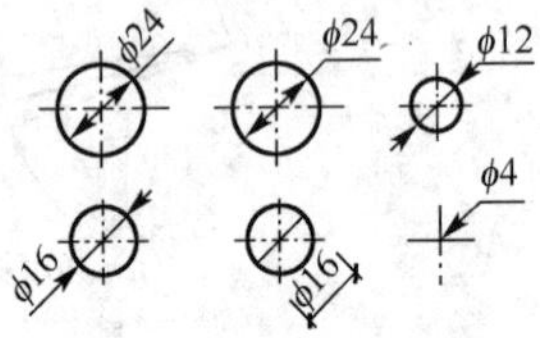


（b）小圆直径的标注方法

图 1.18　圆的直径标注

定位轴线一般应编号，编号应注写在轴线端部的圆内。圆应用细实线绘制，直径 *D* 为 8～10 mm。定位轴线圆的圆心，应在定位轴线的延长线上或延长线的折线上。定位轴线应用细点画线绘制。如图 1.19 所示。

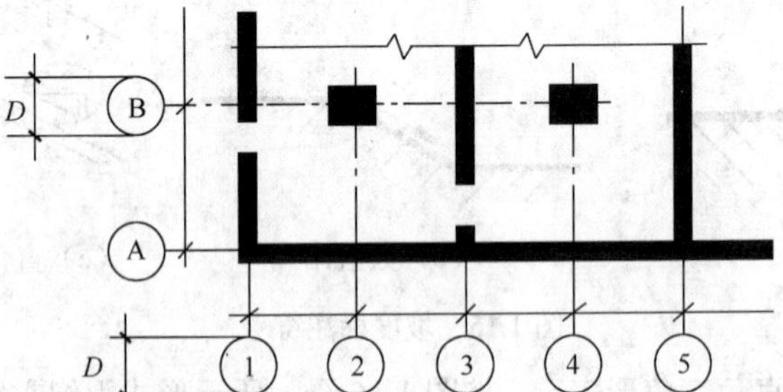


图 1.19　定位轴线及编号标注

## 1.1.5　关于城乡规划设计 CAD 图形比例

按照《房屋建筑 CAD 制图统一规则》等国家建筑工程和城乡规划设计制图规范的相关规定，一般情况下，一个图样应选用一种比例。根据制图需要，同一图样也可选用两种比例。当构件的纵、横向断面尺寸相差悬殊时，可在同一详图中的纵、横向选用不同的比例绘制。轴线尺寸与构件尺寸也可选用不同的比例绘制。

图样的比例，应为图形与实物相对应的线性尺寸之比。比例的大小，是指其比值的大小，如 1∶50 大于 1∶100。比例的符号为“∶”，比例应以阿拉伯数字表示，如 1∶1、1∶2、1∶

100 等。比例宜注写在图名的右侧，字的基准线应取平，比例的字高宜比图名的字高小一号或二号。

城乡规划图上标注的比例应是图纸上单位长度与地形实际单位长度的比例关系。 城乡规划图，除与尺度无关的规划图以外，必须在图上标绘出表示图纸上单位长度与地形实际单位长度比例关系的比例与比例尺。在原图上制作的城乡规划图的比例，应用阿拉伯数字表示。城乡规划图经缩小或放大后使用的，应将比例数调整为图纸缩小或放大后的实际比例数值或加绘形象比例尺，形象比例尺应按图 1.20 所示。

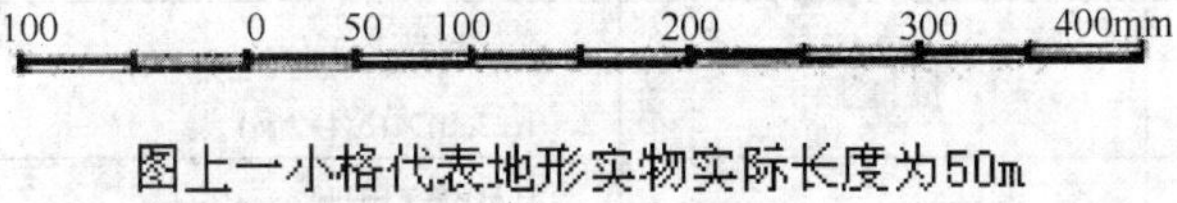


图 1.20 规划设计形象比例尺

## 1.1.6 关于城乡规划设计图例与符号

城乡规划设计用地图例应能表示地块的使用性质。其中，用地图例应分彩色图例、单色图例两种。彩色图例应用于彩色图；单色图例应用于双色图、黑白图、复印或晒蓝的底图或彩色图的底纹、要素图例与符号等。城乡规划图中用地图例的选用和绘制应符合表 1.5 的规定，彩色用地图例按用地类别分为十类，对应于现行国家标准《城乡用地分类与规划建设用地标准》（GB 50137—2011）的要求。城乡规划图中，单色用地图例的选用和绘制应符合表 1.6 的规定。单色用地图例按用地类别分为十类，对应现行国家标准《城乡用地分类与规划建设用地标准》（GB 50137—2011）的要求。

**表 1.5 彩色用地图例**

| 代 号 | 颜 色 | 颜色名称 | 说 明 |
|---|---|---|---|
| R | Y100 M10 | 中铬黄 | 居住用地 |
| C | Y80 M100 | 大红 | 公共设施用地 |
| M | Y100 M60 C20 BL35 | 熟褐 | 工业用地 |
| W | M100 C80 | 紫 | 仓储用地 |
| T | BL40 | 中灰 | 对外交通用地 |
| S | Y0 M0 C0 BL0 | 白 | 道路广场用地 |
| U | Y60 M70 C30 | 赭石 | 市政设施用地 |
| G | Y40 C40 | 中草绿 | 绿地 |
| D | C50 M10 Y40 BL30 | 草绿 | 特殊用地 |
| E | Y30 C10 | 淡绿 | 其他用地 |
| E1 | C20 | 淡蓝 | 水域 |

注：表中颜色一栏里所写的 Y 代表黄色，M 代表红色，C 代表青色，BL 代表黑色，数字代表色彩浓度（%）。制图软件 Photoshop 中可查到。

**表 1.6　单色用地图例**

| 代　号 | 图　式 | 说　明 |
|---|---|---|
| R |  | 居住用地<br>b/4+@　　b 为粗，@为间距由绘者自定（下同） |
| C |  | 公共设施用地<br>(b/2+2@)+(b+2@) |
| M | 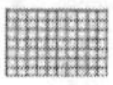 | 工业用地<br>(b/4+2@)×(b/4+2@) |
| W |  | 仓储用地<br>(b+2@)×(b/4+2@) |
| T | 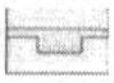 | 对外交通用地<br>b/2 |
| S | 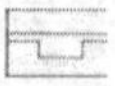 | 道路广场用地<br>b/2 |
| U |  | 市政公用设施用地<br>b+2@ |
| G | 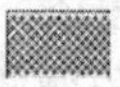 | 绿地<br>小原点 2@×2@错位 |
| D | 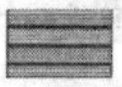 | 特殊用地<br>(@+b/4)+(@+b/4)+(@+b/4)+(@+b)+…… |
| E |  | 水域和其他用地<br>(2@+b/2)+(2@+b/2)短画长度自定，错位，符号错位 |

城乡规划的规划要素图例应用于各类城乡规划图中表示城乡现状、规划要素与规划内容。城乡规划图中规划要素图例的选用宜符合表 1.7 的规定。规划要素图例与符号为单色图例。

**表 1.7　规划要素图例**

（1）城镇图例

| 图　例 | 名　称 | 说　明 |
|---|---|---|
|  | 直辖市 | 数字尺寸单位：mm（下同） |
| 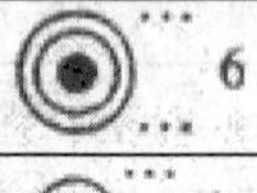 | 省会城市 | 也适用于自治区首府 |
| 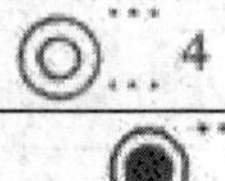 | 地区行署驻地城市 | 也适用于盟、州、自治区首府 |
| 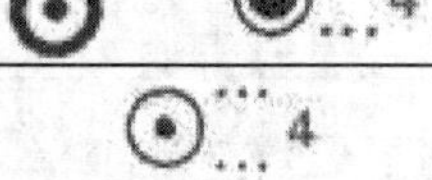 | 副省级城市，地级城市 | |
| 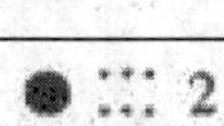 | 县级市 | 县级城市 |
| 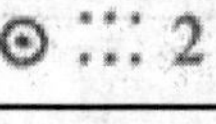 | 县城 | 县（旗）人民政府所在地镇 |
|  | 镇 | 镇人民政府驻地 |

（2）行政区界图例

| 图　例 | 名　称 | 说　明 |
|---|---|---|
| 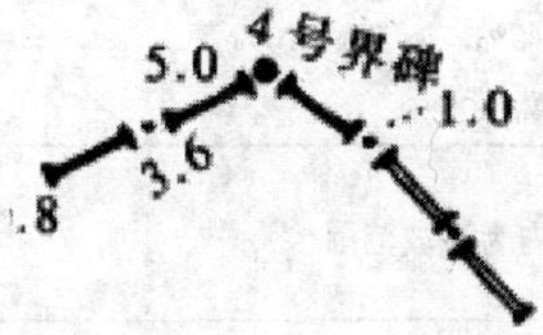 | 国界 | 界桩、界碑、界碑编号数字，单位为 mm（下同） |
| 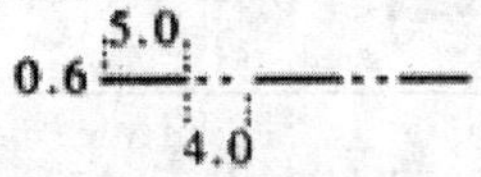 | 省界 | 也适用于直辖市、自治区界 |
| 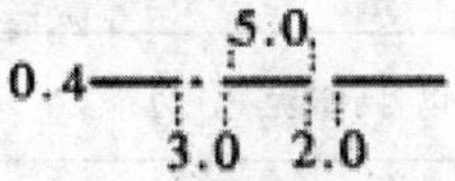 | 地区界 | 也适用于地级市、盟、州界 |
| 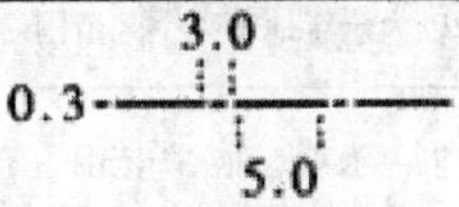 | 县界 | 也适用于县级市、旗、自治县界 |
| 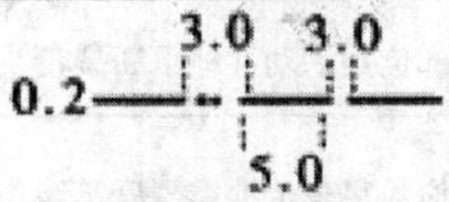 | 镇界 | 也适用于乡界、工矿区界 |
| 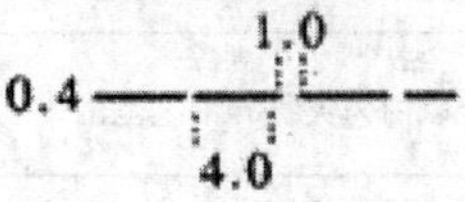 | 通用界线（1） | 适用于城市规划区界、规划用地界、地块界、开发区界、文物古迹用地界、历史地段界、城市中心区范围等等 |
| 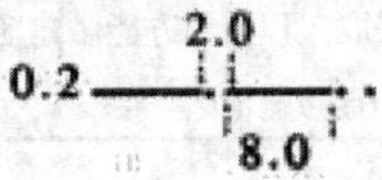 | 通用界线（2） | 适用于风景名胜区，风景旅游地等地名要写全称 |

（3）交通设施图例

| 图　例 | 名　称 | 说　明 |
|---|---|---|
|  | 机场 | 适用于民用机场<br>适用于军用机场 |
|  | 码头 | 500 吨位以上码头 |
|  | 铁路 | 站场部分加宽<br> |
|  | 公路 | G——国道（省，县道写省，县）<br>104——公路编号<br>（二）——公路等级（高速，一，二，三，四） |
|  | 公路客运站 | |
|  | 公路用地 | |

（4）地形、地质图例

| 图　例 | 名　称 | 说　明 |
|---|---|---|
| 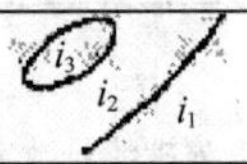 | 坡度标准 | $i_1$=0～5%，$i_2$=5%～10%<br>$i_3$=10%～25%，$i_4$≥25% |
|  | 滑坡区 | 虚线内为滑坡范围 |
|  | 崩塌区 | |
|  | 溶洞区 | |
|  | 泥石流区 | 小点围合以内示意泥石流边界 |
|  | 地下采空区 | 小点围合以内示意地下采空区范围 |
|  | 地面沉降区 | 小点围合以内示意地面沉降范围 |
| 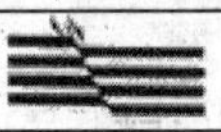 | 活动性地下断裂带 | 符号交错部位是活动性地下断裂带 |
|  | 地震烈度 | ×用阿拉伯数字表示地震烈度等级 |
|  | 灾害异常区 | 小点围合以内为灾害异常区范围 |
| I II III | 地质综合评价类别 | Ⅰ——适宜修建地区<br>Ⅱ——采取工程措施方能修建地区<br>Ⅲ——不宜修建地区 |

（5）郊区规划图例

| 图　例 | 名　称 | 说　明 |
|---|---|---|
| 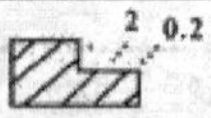 | 村镇居民点 | 居民点用地范围应标明地名 |
|  | 村镇居民规划集居点 | 居民点用地范围应标明地名 |
|  | 水源地 | 应标明水源地地名 |
|  | 危险品库区 | 应标明库区地名 |
|  | 火葬场 | 应标明火葬场所在地名 |
|  | 公墓 | 应标明公墓所在地名 |
|  | 垃圾处理消纳地 | 应标明消纳地所在地名 |
|  | 农业生成用地 | 不分种植物种类 |
| 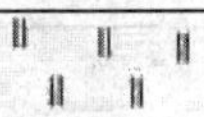 | 禁止建设的绿色空间 | |
| 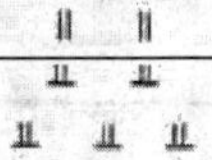 | 基本农田保护区 | 经与土地利用总体规划协调后的范围 |

（6）城市交通图例

| 图　　例 | 名　　称 | 说　　明 |
| --- | --- | --- |
| 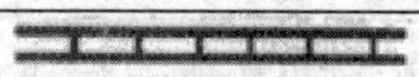 | 快速路 | |
| 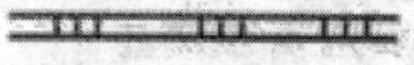 | 城市轨道交通线路 | 包括：地面的轻轨、有轨电车等，地下的地下铁道等 |
| 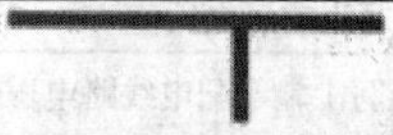 | 主干路 | |
| 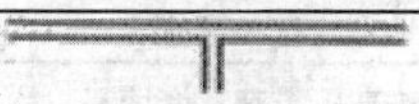 | 次干路 | |
|  | 支路 | |
|  | 广场 | 应标明广场名称 |
|   | 停车场 | 应标明停车场名称 |
|  | 加油站 | |
|   | 公交车场 | 应标明公交车场名称 |
|  | 换乘枢纽 | 应标明换乘枢纽名称 |

（7）给水、排水、消防图例

| 图　　例 | 名　　称 | 说　　明 |
| --- | --- | --- |
|  | 水源井 | 应标明水源井名称 |
|  | 水厂 | 应标明水厂名称，制水能力 |
|  | 给水泵站（加压站） | 应标明泵站名称 |
|   | 高位水池 | 应标明高位水池名称，容量 |
| 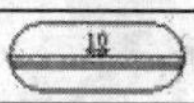  | 贮水池 | 应标明贮水池名称，容量 |
| 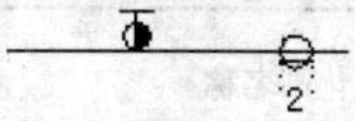  | 给水管道（消火栓） | 小城市标明 100mm 以上管道、管径大中城市根据实际可以放宽 |
|   | 消防站 | 应标明消防站名称 |
| 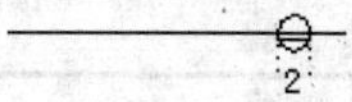  | 雨水管道 | 小城市标明 250mm 以上管道、管径大中城市根据实际可以放宽 |
| 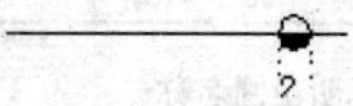  | 污水管道 | 小城市标明 250mm 以上管道、管径大中城市根据实际可以放宽 |
|   | 雨、污水排放口 | |
|  | 雨、污泵站 | 应标明泵站名称 |
| 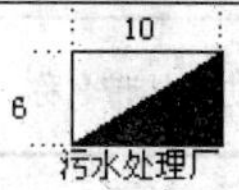  | 污水处理厂 | 应标明污水处理厂名称 |

（8）电力、电信图例

| 图　例 | 名　称 | 说　明 |
|---|---|---|
|  | 电源厂 | kW之前写上电源厂的规模容量值 |
| 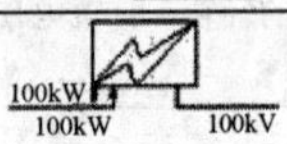 | 变电站 | kW之前写上变电总容量<br>kV之前写上前后电压值 |
| 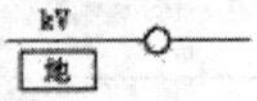 | 输、配电线路 | kV之前写上输、配电线路电压值方框内：地—地理，空—架空 |
|  | 高压走廊 | P宽度按高压走廊宽度填写<br>kW之前写上线路电压值 |
|  | 电信线路 | |
| 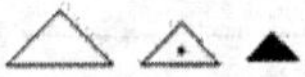 | 电信局<br>支局<br>所 | 应标明局、支局、所的名称 |
| 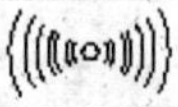 | 收、发讯区 | |
|  | 微波通道 | |
| 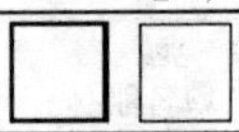 | 邮政局、所 | 应标明局、所的名称 |
|  | 邮件处理中心 | |

（9）燃气图例

| 图　例 | 名　称 | 说　明 |
|---|---|---|
|  | 气源厂 | 应标明气源厂名称 |
| 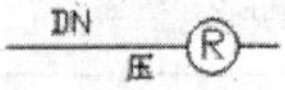 | 输气管道 | DN—输气管道管径<br>压—压字之前填高压、中压、低压 |
|  | 储气站 | 应标明储气站名称，容量 |
|  | 调压站 | 应标明调压站名称 |
| 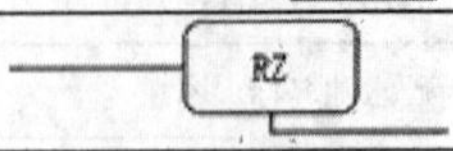 | 门站 | 应标明门站名称 |
| 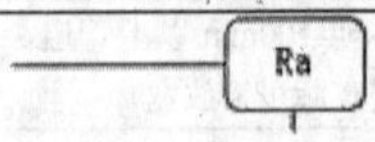 | 气化站 | 应标明气化站名称 |

（10）绿化图例

| 图　例 | 名　称 | 说　明 |
|---|---|---|
| 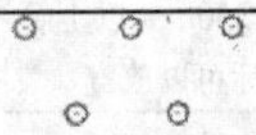 | 苗圃 | 应标明苗圃名称 |
| 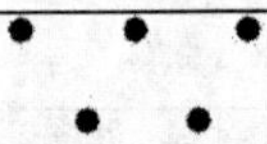 | 花圃 | 应标明花圃名称 |
| 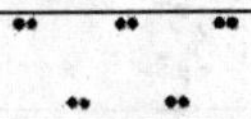 | 专业植物园 | 应标明专业植物园全称 |
|  | 防护林带 | 应标明防护林带名称 |

（11）防洪图例

| 图　例 | 名　称 | 说　明 |
|---|---|---|
| 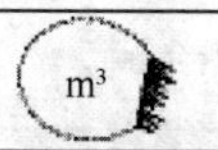 | 水库 | 应标明水库全称，$m^3$ 之前应标明水库容量 |
| 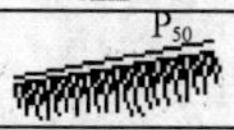 | 防洪堤 | 应标明防洪标准 |
| 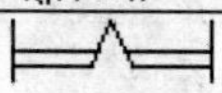 | 闸门 | 应标明闸口宽、闸名 |
| 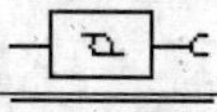 | 排涝泵站 | 应标明泵站名称，——c 朝向排出口 |
|  | 泄洪道 | |
|  | 滞洪区 | |

（12）环卫、环保图例

| 图　例 | 名　称 | 说　明 |
|---|---|---|
|  | 垃圾转运站 | 应标明垃圾转运站名称 |
|  | 环卫码头 | 应标明环卫码头名称 |
|  | 垃圾无害化处理厂（场） | 应标明处理厂（场）名称 |
|  | 贮粪池 | 应标明贮粪池名称 |
|  | 车辆清洗站 | 应标明清洗站名称 |
| 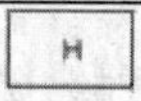 | 环卫机构用地 | |
|  | 环卫车场 | |
|  | 环卫人员休息场 | |
|  | 水上环卫站（场、所） | |
| 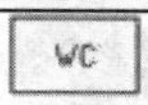 | 公共厕所 | |
|  | 气体污染源 | |
|  | 液体污染源 | |
|  | 固体污染源 | |
|  | 污染扩散范围 | |
|  | 烟尘控制范围 | |
| 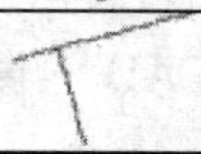 | 规划环境标准分区 | |

（13）人防图例

| 图　例 | 名　称 | 说　明 |
|---|---|---|
|  | 单独人防工程区域 | 指单独设置的人防工程 |
|  | 附建人防工程区域 | 虚线部分指附建于其他建筑物、构筑物底下的人防工程 |

续表

| 图　例 | 名　称 | 说　明 |
|---|---|---|
|  | 指挥所 | 应标明指挥所名称 |
|  | 升降警报器 | 应标明警报器代号 |
|  | 防护分区 | 应标明分区名称 |
|  | 人防出入口 | 应标明出入口名称 |
|  | 疏散道 | |

（14）历史文化保护图例

| 图　例 | 名　称 | 说　明 |
|---|---|---|
|  | 国家级文物保护单位 | 标明公布的文物保护单位名称 |
|  | 省级文物保护单位 | 标明公布的文物保护单位名称 |
|  | 市县级文物保护单位 | 标明公布的文物保护单位名称，市、县保是同一级别，一般只写市保或县保 |
|  | 文物保护范围 | 指文物本身的范围 |
|  | 文物建设控制地带 | 文字标在建设控制地带内 |
| 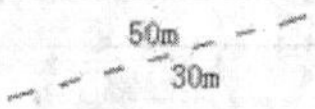 | 建设高度控制区域 | 控制高度以米（m）为单位，虚线为控制区的边界线 |
| 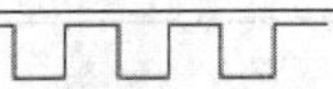 | 古城墙 | 与古城墙同长 |
|  | 古建筑 | 应标明古建筑名称 |
|  | 古遗址范围 | 应标明古遗址名称 |

# 1.2 城乡规划设计 CAD 绘图计算机硬件和软件配置

城乡规划设计 CAD 绘图，需要有相关的计算机设施（即硬件配置要求），并安装相应的操作系统与 CAD 绘图软件（即软件配置要求），二者都是城乡规划设计 CAD 绘图的工具，缺一不可。

## 1.2.1 城乡规划设计 CAD 绘图相关计算机设备

由于计算机软件功能愈来愈多，程序也愈来愈复杂，对计算机性能要求也就愈来愈高。为了实现软件运行快速流畅，需要完成的第一项任务是确保计算机满足 CAD 绘图软件运行所需要的最低系统配置要求；如果计算机系统不满足这些要求，则在 AutoCAD 使用中可能会出现一些问题，例如出现无法安装或使用起来十分缓慢费时，甚至经常死机等现象。

若需安装 AutoCAD 2010 以上版本，建议最好采用如表 1.8 配置的计算机，以便获得更为快速的绘图操作效果。当然，若达不到以下计算机配置要求，其实也可以安装使用，只是运行速度可能较慢，操作需要一点耐心就行。一般而言，目前的个人计算机都可以满足安装和使用要求。

其他相关硬件设施的配置，根据各自情况确定，如打印机、扫描仪、数码相机、刻录机等备选设备。

**表 1.8　32 位计算机硬件和软件要求配置（可以运行最新版本）**

| 硬件类型 | 计算机相关配置参考要求 |
|---|---|
| CPU 类型 | Windows XP - Intel® Pentium® 4 或 AMD Athlon™ Dual Core，1.6GHz 或更高<br>Windows Vista 或 Windows 7 - Intel Pentium 4 或 AMD Athlon Dual Core，3.0GHz 或更高英特尔(Intel)酷睿四核处理器 |
| 内存(RAM) | 2 GB RAM 或更高 |
| 显示分辨率 | 1024×768 真彩色或更高 |
| 硬盘 | 500GB 或更多（安装 AutoCAD 软件所需的空间约 2GB） |
| 定点设备 | MS-Mouse 兼容鼠标 |
| 浏览器 | Internet Explorer® 7.0 或更高版本 |
| 三维建模其他要求（备选） | Intel Pentium 4 或 AMD Athlon 处理器，3.0GHz 或更高；或者 Intel 酷睿处理器或 AMD Dual Core 处理器，2.0GHz 或更高<br>2GB RAM 或更大<br>500GB 可用硬盘空间（不包括安装）<br>1280×1024 32 位彩色视频显示适配器（真彩色），具有 1GB 或更大显存、采用 Pixel Shader 3.0 或更高版本且支持 Direct3D® 的工作站级图形卡 |

## 1.2.2　城乡规划设计 CAD 绘图相关软件

（1）推荐 CAD 绘图软件　AutoCAD 最新版本是 AutoCAD2013，现在几乎是每年更新一个版本，目前版本是按年号序号标识，如 AutoCAD2004、2008、2012、2013 等，如图 1.21 所示 AutoCAD 不同版本。

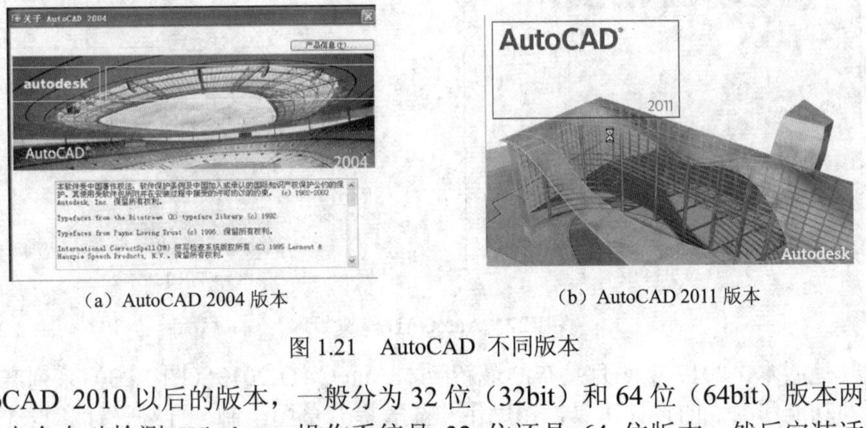


（a）AutoCAD 2004 版本　　（b）AutoCAD 2011 版本

图 1.21　AutoCAD 不同版本

AutoCAD 2010 以后的版本，一般分为 32 位（32bit）和 64 位（64bit）版本两种类型。安装过程中会自动检测 Windows 操作系统是 32 位还是 64 位版本，然后安装适当版本的 AutoCAD。不能在 32 位系统上安装 64 位版本的 AutoCAD，反之亦然。

（2）推荐计算机操作系统　建议采用以下操作系统的 Service Pack（SP3、SP2、SP1）或更高版本：Microsoft® Windows® XP 、Windows Vista®、Windows 7、Windows 8。

AutoCAD 的版本越高，对操作系统和计算机的硬件配置要求也越高。采用高版本操作系统，不仅其操作使用简捷明了，而且 AutoCAD 运行速度也会相对加快，操作起来更为流畅。

建议采用较高版本的 AutoCAD 与 Windows 操作系统，二者位数版本要一致。

安装了 AutoCAD 以后，单击其快捷图标将进入 AutoCAD 绘图环境。其提供的操作界面非常友好，与 Windows XP、Windows Vista、Windows 7、Windows 8 风格一致，功能也更强大。

# 1.3 AutoCAD 软件安装方法简述

## 1.3.1 AutoCAD 软件简介

AutoCAD，即 Auto Computer Aided Design 英语第一个字母的缩写，是美国 Autodesk（欧特克）有限公司（简称“欧特克”或“Autodesk”）的通用计算机辅助设计软件。其在建筑、城乡规划设计、机械、电子、航天、船舶、轻工业、化工、石油和地质等诸多工程领域已得到广泛的应用。AutoCAD 是一个施工一体化、功能丰富而且面向未来的世界领先设计软件，为全球工程领域的专业设计师们创立更加高效和富有灵活性以及互联性的新一代设计标准，标志着工程设计师们共享设计信息资源的传统方式有了重大突破，AutoCAD 已完成向互联网应用体系的全面升级，也极大地提高了工程设计效率与设计水平。

AutoCAD 的第 1 个版本——AutoCAD R1.0 版本是 1982 年 12 月发布的，至今已进行了多次的更新换代，到现在最新版本 AutoCAD 2013、AutoCAD 2014 等版本，其版本是按年编号，几乎每年推出新版本，版本更新发展迅速。其中比较经典的几个版本应算 AutoCAD R12、AutoCAD R14、AutoCAD 2000、AutoCAD 2004、AutoCAD 2010，AutoCAD 2012，这几个经典版本每次的功能都有较为显著的变化，可以看作是不同阶段的里程碑，如图 1.22 所示。若要随时获得有关 Autodesk 公司及其软件产品的具体信息，可以访问其英文网站（http://usa.autodesk.com）或访问其中文网站（http://www.autodesk.com.cn）。AutoCAD 一直秉承持续改进，不断创新，从二维绘图、工作效率、可用性、自动化、三维设计、三维模型出图等各方面推陈出新，不断进步，已经从当初的简单绘图平台发展成为了综合的设计平台。

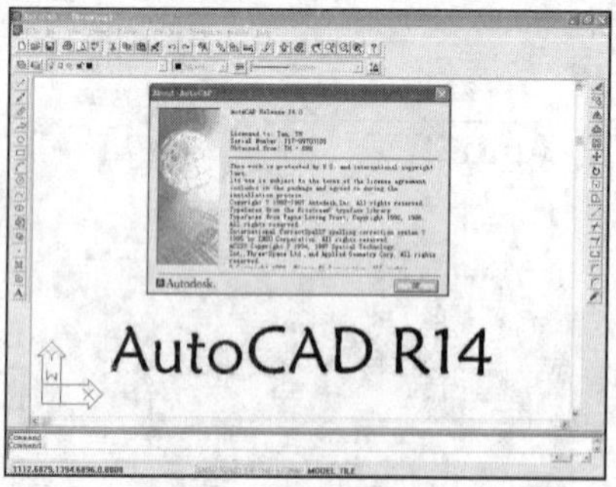


（a）R14 版本

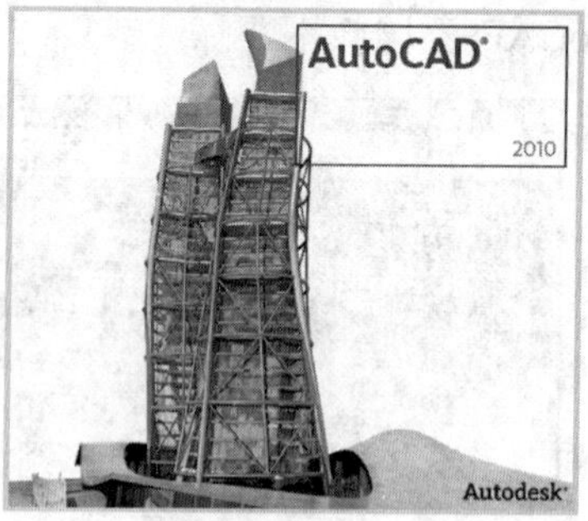


（b）2010 版本

图 1.22 AutoCAD 经典版本

相比其他版本，2012 年 5 月发布的最新版本 AutoCAD 2013（图 1.23）系列产品提供了多种全新的功能和高效的设计工具，帮助用户显著提升草图绘制、详细设计和设计修订的速度，该版本软件新增的主要功能包括以下方面。

AutoCAD 2013 在多个方面进行了改进，其中最主要的改进在于模型出图和点云支持。模型出图功能使用户可以把他们在 AutoCAD、Inventor 及其他主流三维 CAD 软件中创建的三维模型用 AutoCAD 方便地创建三视图、轴侧图和剖面图等加工图、施工图。点云支持的改进增加了更多的主流点云文件格式，支持强度着色和裁剪。在 AutoCAD 2013 中客户还可以访问 App Store，在其中可以获取世界各地的二次开发商提供的灵活精巧的工具插件。在

AutoCAD 中，用户可以很便捷地访问 Autodesk 360 云服务，运用这些服务储存、分享设计数据，在云服务中渲染模型，通过云服务同步软件配置等。AutoCAD 2013 也在用户界面、方案模型探索等其他多个方面有多个改进。

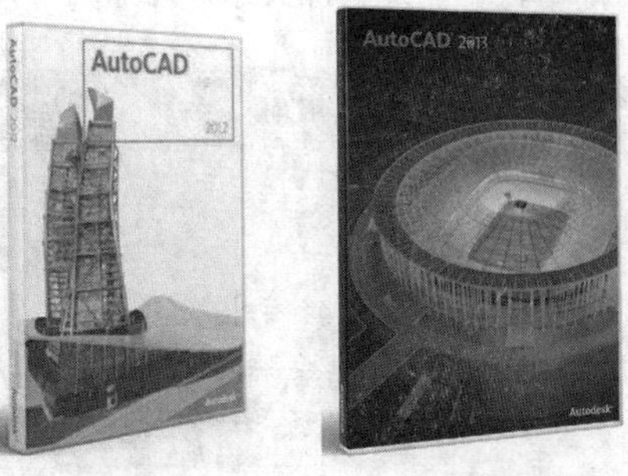


（a）2012 版本　　（b）2013 版本

图 1.23　AutoCAD 最新版本

## 1.3.2　AutoCAD 快速安装方法

结合最新版本 AutoCAD 2013 为例介绍其快速安装方法（其他版本例如 AutoCAD 2012、AutoCAD 2014 等的安装方法与此类似）。软件光盘插入计算机的光驱驱动器中，在文件夹中，单击其中的安装图标“setup.exe”或“install.exe”即开始进行安装。将出现安装初始化提示，然后进入安装，如图 1.24 所示。

（1）单击“安装（在此计算机上安装）”，在 AutoCAD 安装中，要求计算机安装“.NET Framework4.0”，选择要安装更新该产品。然后选择您所在国家/地区，选择接受许可协议中“我接受（A）”，单击“下一步”。用户必须接受协议才能继续安装。注意如果不同意许可协议的条款并希望终止安装，请单击“取消（C）”。如图 1.25 所示。

图 1.24　安装初始化后进入安装

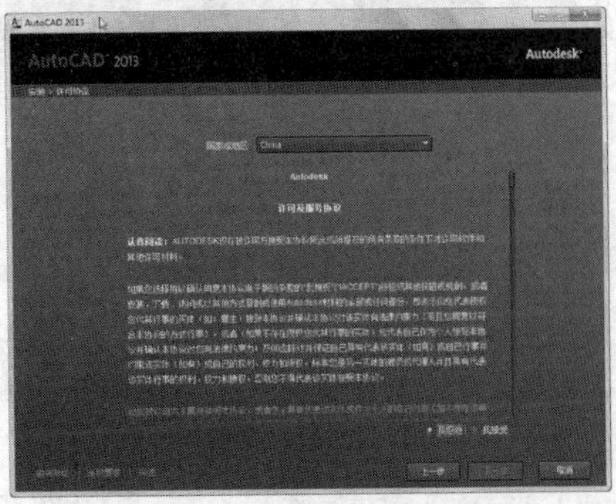


图 1.25　安装过程选择

（2）在弹出“用户和信息产品”页面上，输入用户信息、序列号和产品密钥等。从对话框底部的链接中查看“隐私保护政策”。查看完后，单击“下一步”。注意在此处输入的信息是永久性的，显示在计算机上的“帮助”菜单中。由于以后无法更改此信息（除非卸载产品），因此请确保输入的信息正确无误。

（3）选择语言或接受默认语言为中文。进入开始安装提示页，若不修改，按系统默认典型安装，一般安装在系统 C:\盘。如图 1.26 所示。若修改，单击“配置”更改相应配置（例如，安装类型、安装可选工具或更改安装路径），然后按提示单击“配置完成”返回安装页面。单击“安装”开始安装 AutoCAD。

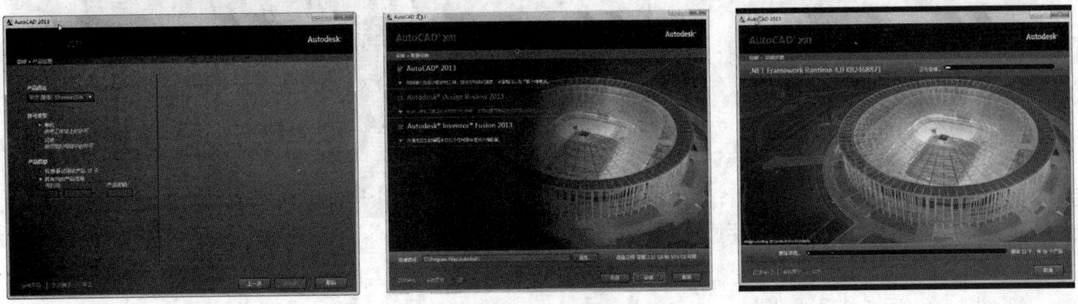


图 1.26　安装提示

（4）安装进行中，系统自动安装所需要的文件（产品），时间可能稍长，安装速度与计算机硬件配置水平有关系。如图 1.27 所示。

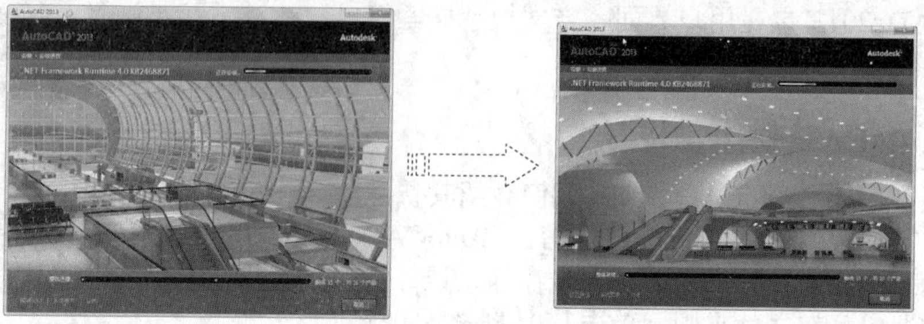


图 1.27　安装进行中

（5）安装完成后，启动 AutoCAD 将弹出“产品许可激活”。输入激活码后，就完成安装，可以使用。否则是试用版本，有 30 天时间限制（30 day trial）。如图 1.28 所示。

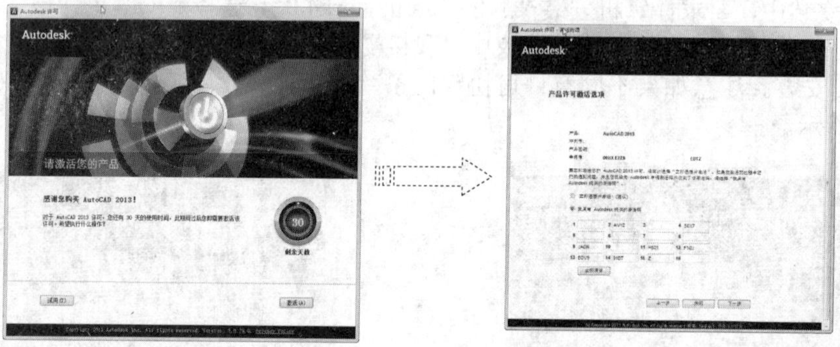


图 1.28　安装激活提示

（6）输入激活码后，其他一些信息根据需要填写，也可以忽略不理。点击完成即可。如图 1.29 所示。

（7）单击“完成”，AutoCAD 软件完成安装，可以使用该软件进行绘图操作。可以通过下列方式启动 AutoCAD：

a. 双击 AutoCAD 桌面快捷方式图标。安装 AutoCAD 时，将在桌面上放置一个 AutoCAD 快捷方式图标（除非用户在安装过程中清除了该选项）。双击 AutoCAD 图标可启动该程序。如图 1.30 所示。

b.“开始”菜单。例如，在“开始”菜单（Windows XP）上依次单击“程序”（或“所有程序”[Windows Vista]）▶Autodesk▶AutoCAD。

c. AutoCAD 的安装位置文件夹内，单击“acad”图标。

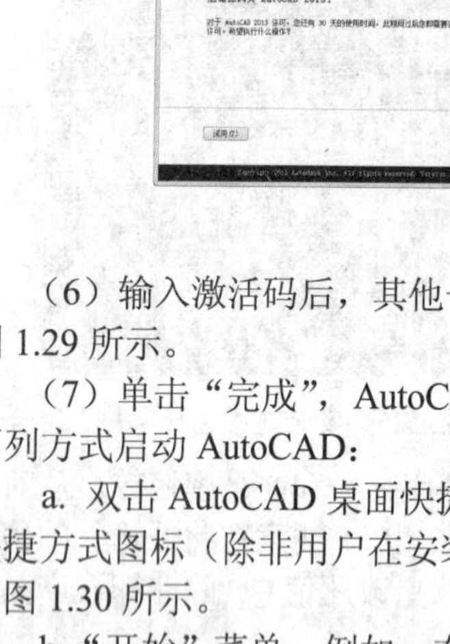


图 1.29　激活产品成功

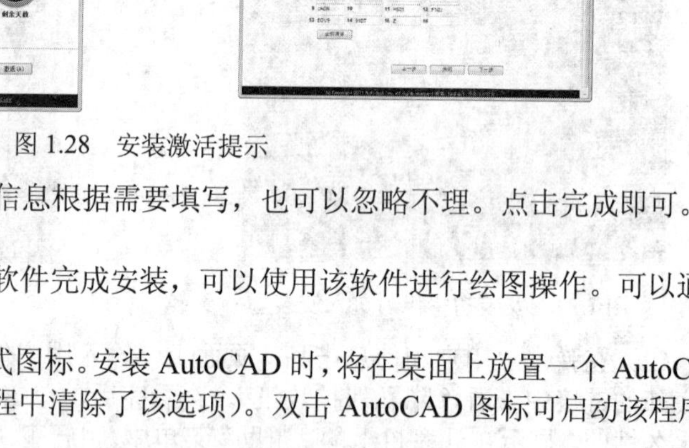


（a）AutoCAD 启动图标　　（b）AutoCAD 软件启动加载中

图 1.30　启动 AutoCAD 软件

# 第2章 城乡规划设计 CAD 绘图基本使用方法

本章主要介绍 AutoCAD 绘图操作界面布局、相关操作功能分布区域、相关基本系统参数设置；建立新文件、打开已有文件、存储和关闭文件等各种基本操作。学习使用 CAD 进行城乡规划设计绘图和文件制作，得从其基本使用方法起步，逐步深入，很快就会上手了。

## 2.1 AutoCAD 使用快速入门起步

AutoCAD 新版操作界面风格与 Window 系统和 Office 等软件基本一致，使用更为直观方便，比较符合人体视觉要求。熟悉其绘图环境和掌握基本操作方法，是学习使用 AutoCAD 的基础。

### 2.1.1 进入 AutoCAD 绘图操作界面

安装了 AutoCAD 2013（其他版本 AutoCAD 2012、AutoCAD 2014 等与此类似）以后，单击其快捷图标即可进入 AutoCAD 绘图操作界面，进入的 AutoCAD 初始界面在新版本中是默认的“草图与注释”绘图空间模式及“欢迎”对话框，如图 2.1 所示。AutoCAD 2013 提供的操作界面非常友好，与 Windows 风格一致，功能也更强大。初次启动 CAD 时使用系统默认的相关参数即可。该模式界面操作区域显示默认状态为黑色，可以将其修改为白色等其他颜色界面（具体修改方法参见后面相关详细论述）。

进入的 AutoCAD 初始界面在新版本中是默认的“草图与注释”绘图空间模式，与以往传统版本的布局样式有所不同，对于以前的使用者来说可能有点不习惯；可以点击左上角或右下角“切换工作空间”按钮，在弹出的菜单中选择“AutoCAD 经典”模式，即可得到与以前传统版本一样的操作界面，如图 2.2 所示。工作空间是由分组组织的菜单、工具栏、选项板和功能区控制面板组成的集合，使用户可以在专门的、面向任务的绘图环境中工作；使用工作空间时，只会显示与任务相关的菜单、工具栏和选项板（注：箭头“⇨”表示操作前后顺序，以后表述同此）。

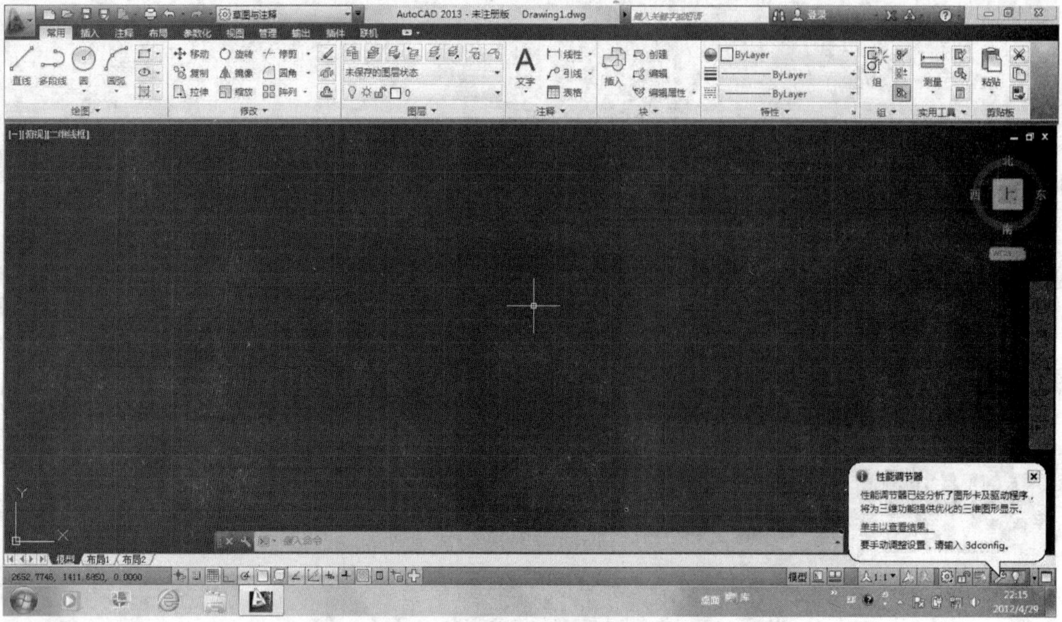


（a）草图与注释操作界面

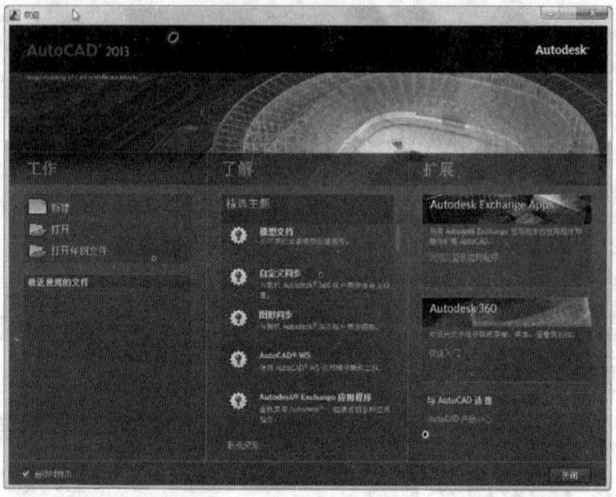


（b）欢迎对话框

图 2.1　CAD 操作界面（AutoCAD2013 版本）

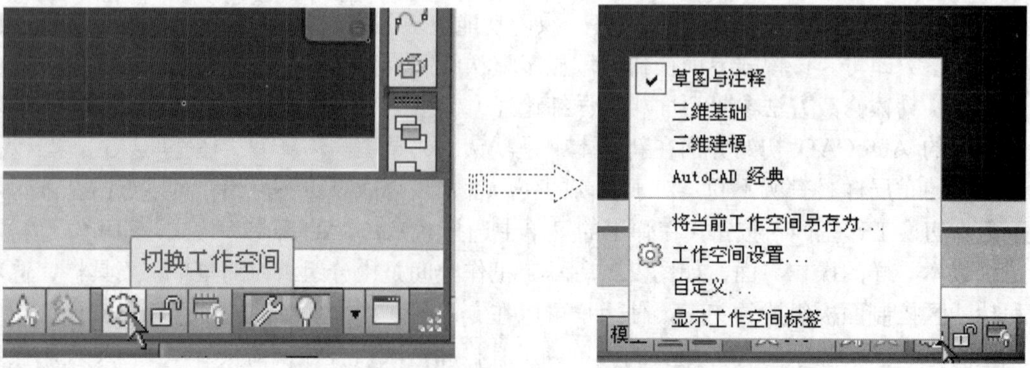


图 2.2　“切换工作空间”操作界面

为便于学习和与前面各种版本衔接，本书还是采用“AutoCAD 经典”模式进行论述，掌握了这种基本模式，其他各种模式操作都是类似的，很容易掌握使用。如图 2.3 所示为 AutoCAD 经典绘图模式，该模式操作区域界面显示默认状态为黑色，为清晰起见，改为白色界面（具体修改方法参见后面相关详细论述）。其中的网格可以单击最下一栏中间位置的“网格显示”工具即可开启、关闭网格（或按 F7 键即可）。

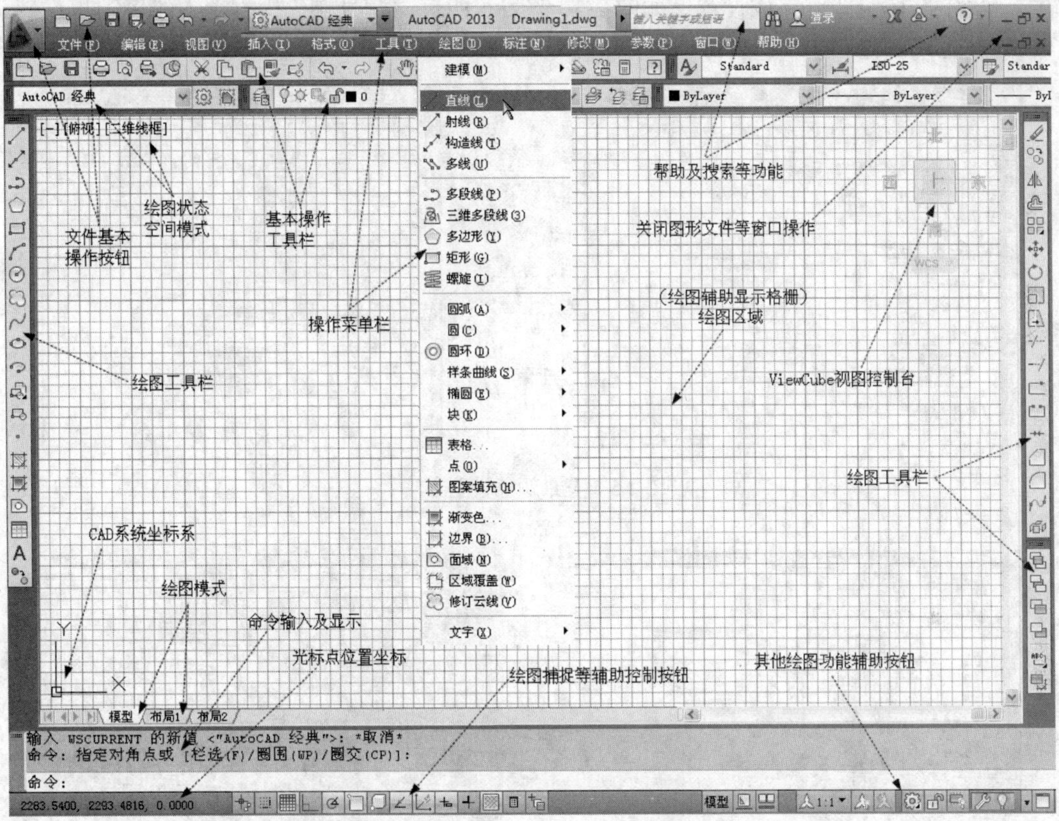


图 2.3　CAD 绘图操作界面布局（AutoCAD 经典）

若操作界面上出现的一些默认工具面板，一时还使用不到，可以先将其逐一关闭。若需使用，再通过“工具”下拉菜单中的“选项板”将其打开即可。如图 2.4 所示。

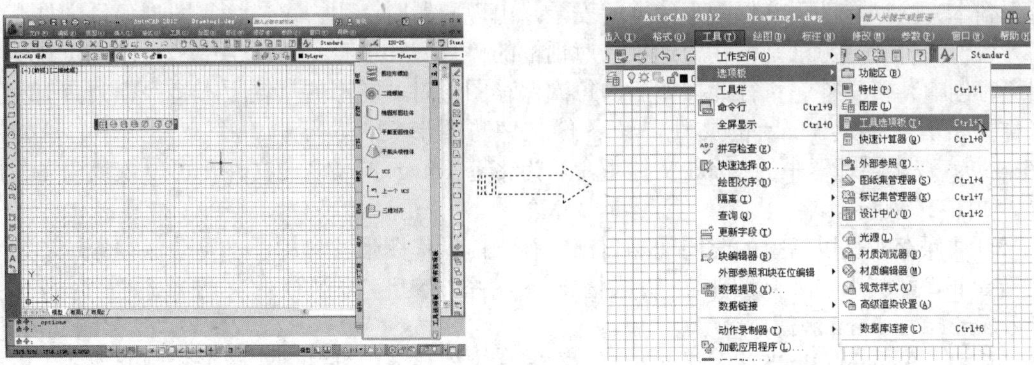

图 2.4　关闭、启动工具面板方法

## 2.1.2 AutoCAD绘图环境基本设置

（1）操作区域背景显示颜色设置　单击“工具”下拉菜单，选择其中的“选项”，在弹出的“选项”对话框中，单击“显示”栏，再点击“颜色”按钮，弹出的“图形窗口颜色”对话框中即可设置操作区域背景显示颜色，单击“应用并关闭”按钮返回前一对话框，最后单击“确定”按钮即可完成设置。如图2.5、图2.6所示。背景颜色根据个人绘图习惯设置，一般为白色或黑色。

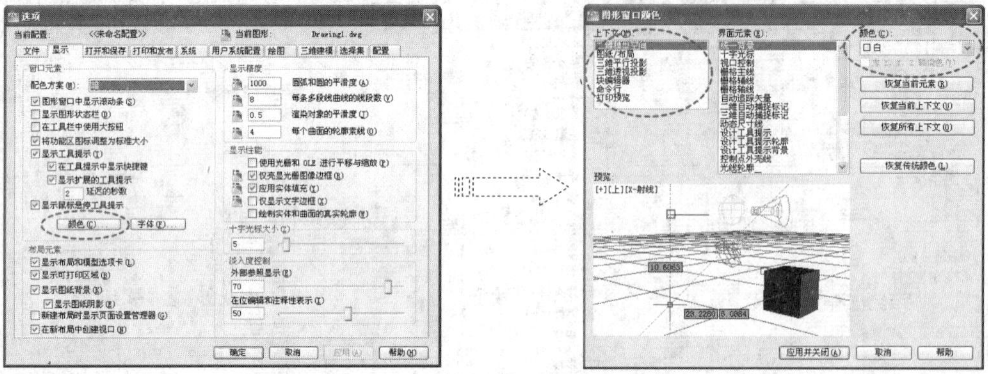

图2.5　背景颜色设置方法

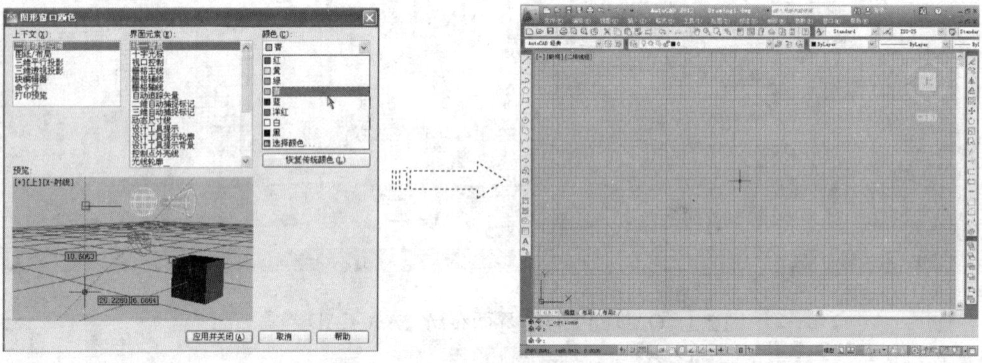

图2.6　设置不同操作区域背景颜色

（2）自动保存和备份文件设置　AutoCAD提供了图形文件自动保存和备份功能（即创建备份副本），这有助于确保图形数据的安全，出现问题时，用户可以恢复图形备份文件。

备份文件设置方法是，在“选项”对话框的“打开和保存”选项卡中，可以指定在保存图形时创建备份文件。执行此操作后，每次保存图形时，图形的早期版本将保存为具有相同名称并带有扩展名 .bak 的文件，该备份文件与图形文件位于同一个文件夹中。通过将Windows资源管理器中的 .bak 文件重命名为带有 .dwg 扩展名的文件，可以恢复为备份版本。如图2.7所示。

自动保存即是以指定的时间间隔自动保存当前操作图形。启用了“自动保存”选项，将以指定的时间间隔保存图形。默认情况下，系统为自动保存的文件临时指定名称为“filename_a_b_nnnn.sv$”。

其中，filename 为当前图形名，a 为在同一工作任务中打开同一图形实例的次数，b 为在不同工作任务中打开同一图形实例的次数，nnnn 为随机数字。这些临时文件在图形正常关

闭时自动删除。出现程序故障或电压故障时，不会删除这些文件。要从自动保存的文件恢复图形的早期版本，请通过使用扩展名* .dwg 代替扩展名 *.sv$ 来重命名文件，然后再关闭程序。自动保存的类似信息显示：

命令：

自动保存到 C:\Documents and Settings\Administrator\local settings\temp\Drawing1_1_1_9192.sv$ ...

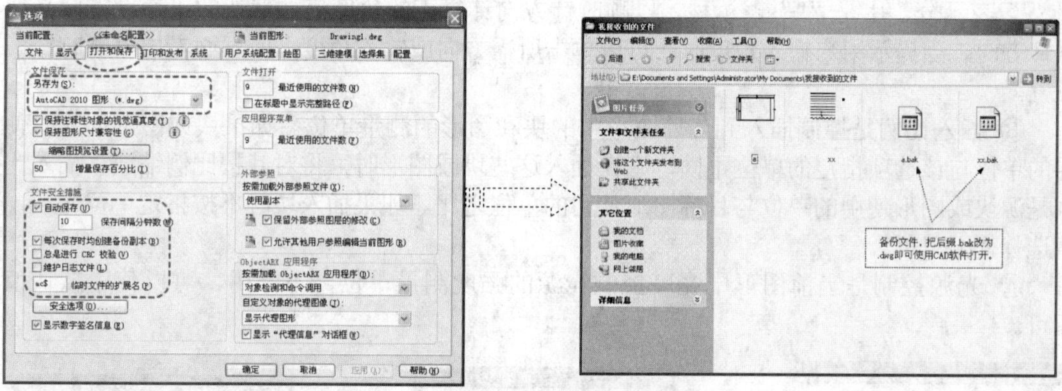


图 2.7　自动保存和备份文件设置

（3）图形文件密码设置　图形文件密码设置，是向图形添加密码并保存图形后，只有输入密码，才能打开图形文件。注意密码设置只适用于当前图形。

依次单击工具下拉菜单选择“ 选项”。在“选项”对话框的“打开和保存”选项卡中，单击“安全选项”。在“安全选项”对话框的“密码”选项卡中，输入密码，然后单击“确定”。接着在“确认密码”对话框中，输入使用的密码再单击“确定”。保存图形文件后，密码生效。如图 2.8 所示。

要打开使用该图形文件，需输入密码。如果密码丢失，将无法重新获得图形文件和密码，因此在向图形添加密码之前，应该创建一个不带密码保护的备份。

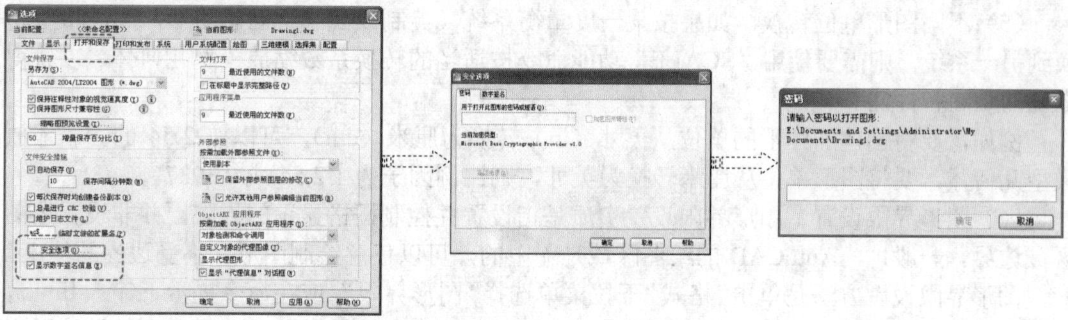


图 2.8　图形文件加密和使用

（4）图形单位设置　开始绘图前，必须基于要绘制的图形确定一个图形单位代表的实际大小，创建的所有对象都是根据图形单位进行测量的。然后据此约定创建实际大小的图形。例如，一个图形单位的距离通常表示实际单位的 1mm（毫米）、1cm（厘米）、1in（英寸）或 1ft（英尺）。

图形单位设置方法是单击“格式”下拉菜单选择“单位”。在弹出的“图形单位”对话框中即可进行设置长度、角度和插入比例等相关单位和精度数值。如图 2.9 所示，其中：

① 长度的类型一般设置为小数，长度精度数值为 0。设置测量单位的当前格式，该值包括“建筑”、“小数”、“工程”、“分数”和“科学”。其中，“工程”和“建筑”格式提供英尺和英寸显示并假定每个图形单位表示 1in，其他格式可表示任何真实世界单位，如 m（米）、mm（毫米）等。

② 角度的类型一般采用十进制度数，也可以采用其他类型。十进制度数以十进制数表示，百分度附带一个小写 g 后缀，弧度附带一个小写 r 后缀。度/分/秒格式用“°”表示度、用“'”表示分，用是“"”表示秒。以顺时针方向计算正的角度值，默认的正角度方向是逆时针方向。当提示用户输入角度时，可以单击所需方向或输入角度，而不必考虑“顺时针”设置。

③ 插入比例是控制插入到当前图形中的块和图形的测量单位。如果块或图形创建时使用的单位与该选项指定的单位不同，则在插入这些块或图形时，将对其按比例缩放。插入比例是源块或图形使用的单位与目标图形使用的单位之比。如果插入块时不按指定单位缩放，请选择“无单位”。

④ 光源控制是当前图形中光度控制光源的强度测量单位，不常用，可以使用默认值即可。

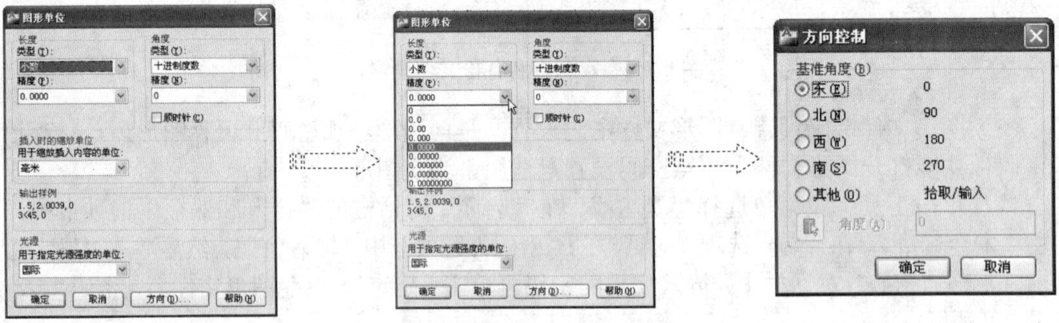


图 2.9　图形单位设置

⑤ 方向控制　主要是设置零角度的方向作为基准角度。

（5）不同图形单位转换　如果按某一度量衡系统（英制或公制）创建图形，然后希望转换到另一系统，则需要使用“SCALE”功能命令按适当的转换系数缩放模型几何体，以获得准确的距离和标注。

例如，要将创建的图形的单位从英寸（in）转换为厘米（cm），可以按 2.54 的因子缩放模型几何体。要将图形单位从厘米转换为英寸，则比例因子为 1/2.54 或 0.3937。

（6）图形界限设置　图形界限设置实质是指设置并控制栅格显示的界限，并非设置绘图区域边界。一般地，AutoCAD 的绘图区域是无限的，可以任意绘制图形，不受边界的约束。

图形界限设置方法是单击“格式”下拉菜单选择“图形界限”，或在命令提示下输入 limits。然后指定界限的左下角点和右上角点即完成设置。该图形界限具体仅是 1 个图形辅助绘图点阵显示范围，如图 2.10 所示。

（7）控制主栅格线的频率　栅格是点或线的矩阵，遍布指定为栅格界限的整个区域。使用栅格类似于在图形下放置一张坐标纸。利用栅格可以对齐对象并直观显示对象之间的距离。可以将栅格显示为点矩阵或线矩阵。对于所有视觉样式，栅格均显示为线。仅在当前视觉样式设定为“二维线框”时栅格才显示为点。默认情况下，在二维和三维环境中工作都会显示线栅格。打印图纸时不打印栅格。如果栅格以线而非点显示，则颜色较深的线（称为主栅格线）将间隔显示。在以小数单位或英尺、英寸绘图时，主栅格线对于快速测量距离尤其有用。

可以在“草图设置”对话框中控制主栅格线的频率。如图 2.11 所示。

要关闭主栅格线的显示，请将主栅格线的频率设定为 1。

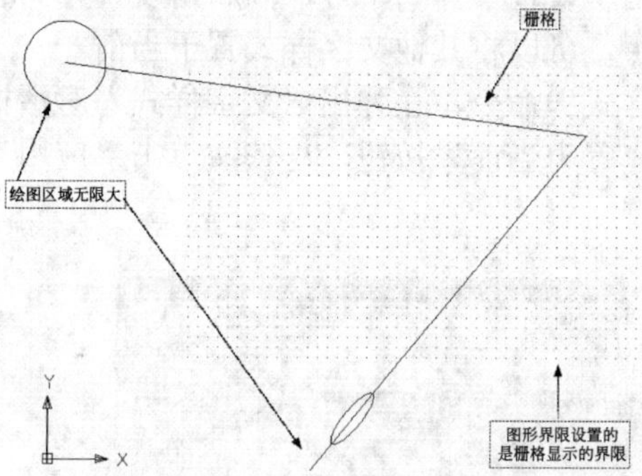


图 2.10　图形界限设置

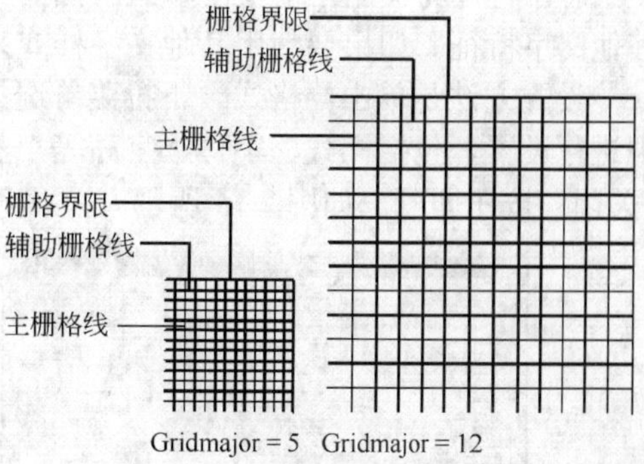


图 2.11　主栅格线的频率

（8）文件自动保存格式设置　在对图形进行处理时，应当经常进行保存。图形文件的文件扩展名为 .dwg，除非更改保存图形文件所使用的默认文件格式，否则将使用最新的图形文件格式保存图形。AutoCAD 默认文件格式是“AutoCAD 2010 图形（*.dwg）”，这个格式版本较高，若使用低于 AutoCAD 2010 版本的软件如 AutoCAD 2004 版本，图形文件不能打开。因此可以将图形文件设置为稍低版本格式，如“AutoCAD 2000 图形（*.dwg）”。

具体设置方法是：单击“格式”下拉菜单选择“选项”命令，在弹出的“选项”对话框选择“打开和保存”栏，对其中“文件保存”下方“另存为”进行选择即可进行设置为不同文件格式，然后点击“确定”按钮，AutoCAD 图形保存默认文件格式将改变为所设置文件格式。如图 2.12 所示。

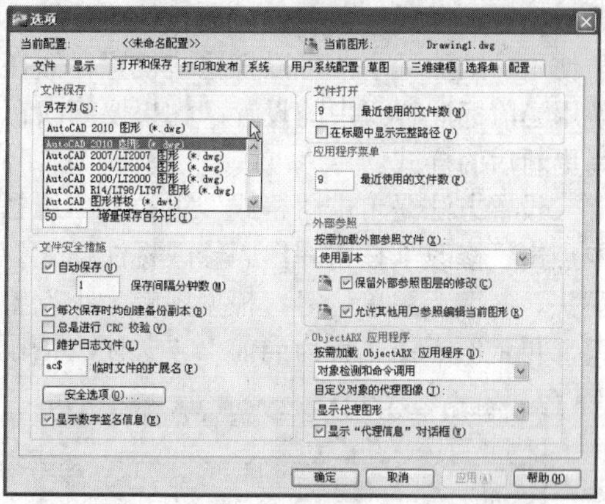


图 2.12　图形保存格式设置

（9）绘图比例设置　在进行 CAD 绘图时，一般是按 1∶1 进行绘制，即实际尺寸是多少，绘图绘制多少。例如：轴距为 6000mm，在绘图时绘制 6000，如图 2.13 所示。所需绘图比例通过打印输出时，在打印比例中设定所需要的比例大小，详细内容参考后面打印输出相关章节。对于详图或节点大样图，可以先将其放大相同的倍数后再进行绘制，例如细部为 6mm，在绘图时可以放大 10 倍，绘制 60mm，然后在打印时按相应比例控制输出即可，详细内容参考后面打印输出相关章节。

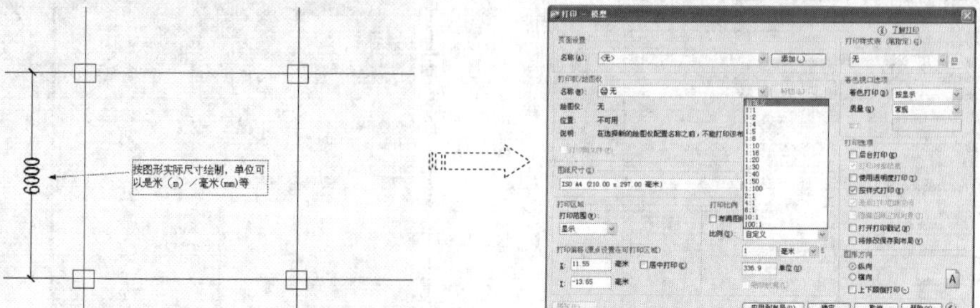


图 2.13　可按实际尺寸绘图

（10）当前文字样式设置　在图形中输入文字时，当前的文字样式决定输入文字的字体、字号、角度、方向和其他文字特征，图形中的所有文字都具有与之相关联的文字样式。输入文字时，程序将使用当前文字样式。当前文字样式用于设置字体、字号、倾斜角度、方向和其他文字特征。如果要使用其他文字样式来创建文字，可以将其他文字样式置于当前。

设置方法是单击“格式”下拉菜单选择“文字样式”命令，在弹出“文字样式”对话框中进行设置，包括样式、字体、字高等，然后点击“置为当前”按钮，再依次点击“应用”、“关闭”按钮即可。如图 2.14 所示。

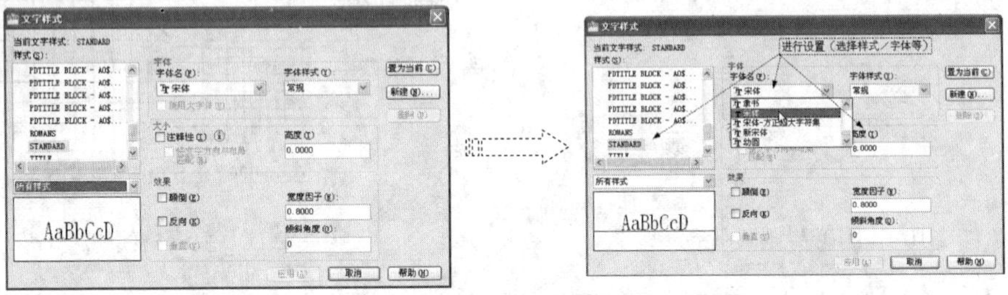


图 2.14　文字样式设置

（11）当前标注样式设置　当前标注样式是标注设置的命名集合，可用来控制标注的外观，如箭头样式、文字位置和尺寸公差等。可以通过更改设置控制标注的外观，同时为了便于使用、维护标注，可以将这些设置存储在标注样式中。在进行尺寸标注时，所标注尺寸将使用当前标注样式中的设置；如果要修改标注样式中的设置，则图形中的所有标注将自动使用更新后的样式。

设置方法是单击“格式”下拉菜单选择“标注样式”命令，在弹出“标注样式”对话框中点击“修改”按钮弹出“修改标注样式”进行设置，依次点击相应的栏，包括线、符号和箭头、文字、主单位等，根据图幅大小设置合适的数值，然后点击“确定”按钮返回上一窗口，再依次点击“置为当前”、“关闭”按钮即可。如图 2.15 所示。

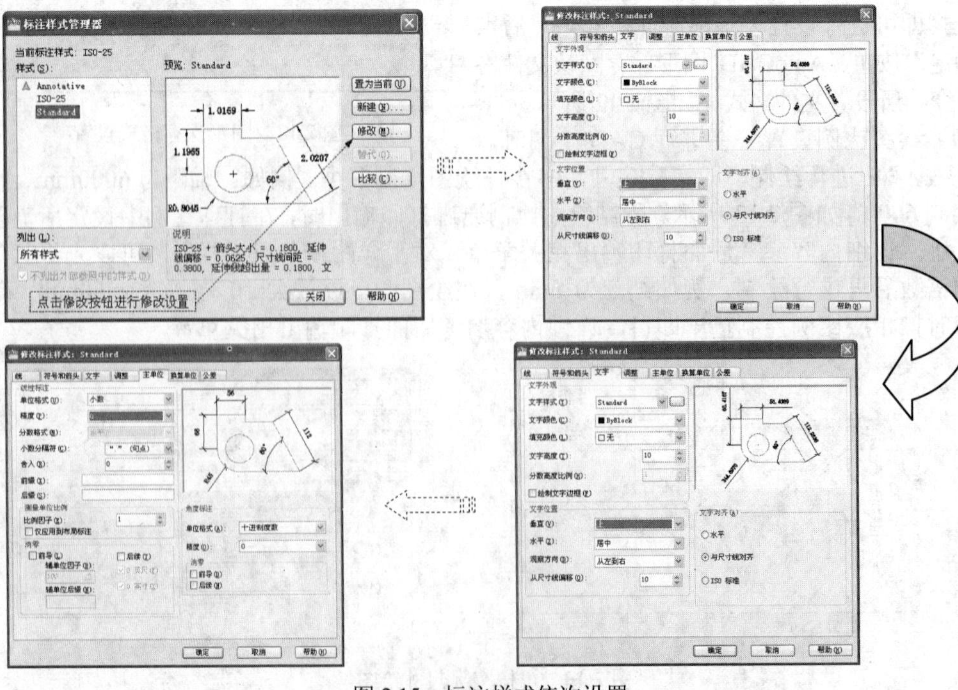


图 2.15　标注样式依次设置

若调整修改后标注等显示效果不合适，重复上述操作，继续修改调整其中的数据参数，直至合适为止，如图 2.16 所示。

（12）绘图捕捉设置　使用对象捕捉可指定对象上的精确位置。例如，使用对象捕捉可以绘制到圆心或多段线中点的直线。不论何时提示输入点，都可以指定对象捕捉。默认情况下，当光标移到对象的对象捕捉位置时，将显示标记和工具提示，如图 2.17 所示。

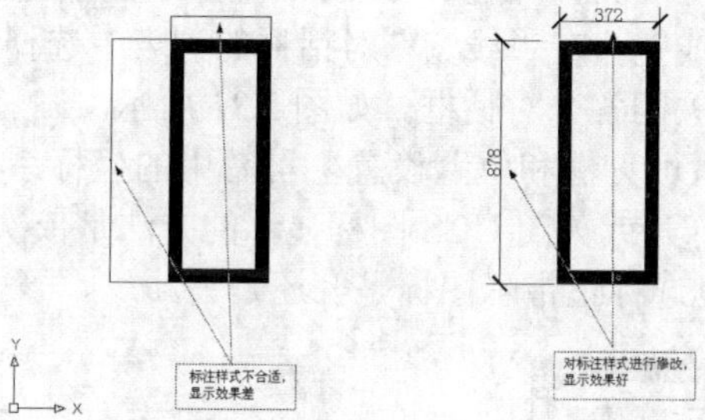


图 2.16　不同标注样式显示效果

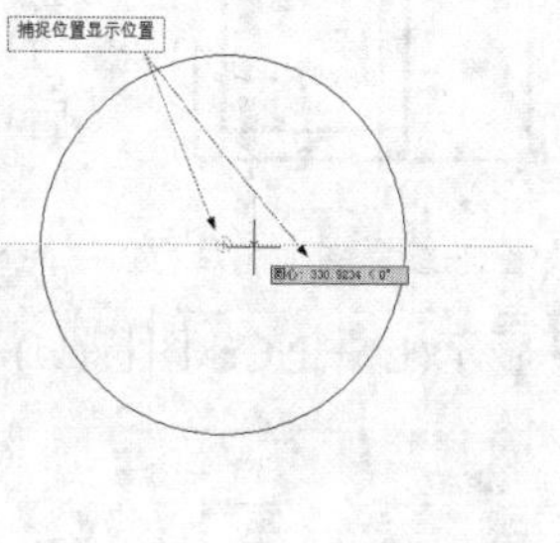


图 2.17　捕捉位置显示

绘图捕捉设置方法：

① 依次单击工具菜单(T)、草图设置(F)；在“草图设置”对话框中的“对象捕捉”选项卡上，选择要使用的对象捕捉；最后单击“确定”即可。

② 也可以在屏幕下侧，点击“对象捕捉”按钮，再在弹出的快捷菜单中选择设置。如图 2.18 所示。

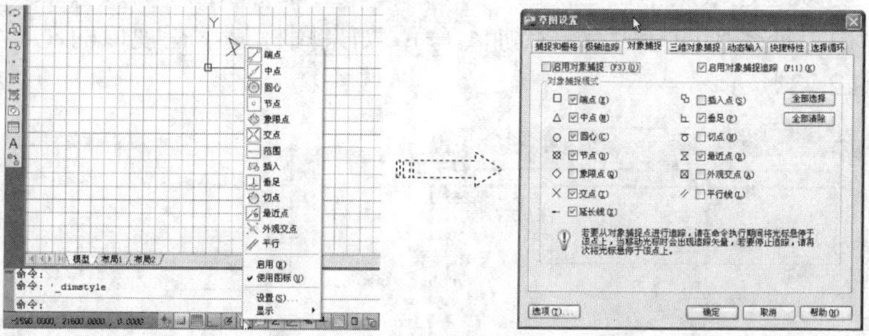

图 2.18　捕捉设置

（13）线宽设置　线宽是给指定图形对象以及某些类型的文字的宽度值。使用线宽，可以用粗线和细线清楚地表现出各种不同线条，以及细节上的不同，也可通过为不同的图层指定不同的线宽，轻松得到不同的图形线条效果。一般情况下，需要选择状态栏上的“显示/隐藏线宽”按钮进行开启，否则一般在屏幕上将不显示线宽。

线宽设置方法是单击“格式”下拉菜单选择“线宽”命令，在弹出“线宽设置”对话框中的相关按钮进行设置。如图 2.19 所示。若勾取“显示线宽”选项后，屏幕将显示线条宽度，包括各种相关线条。如图 2.20 所示。具有线宽的对象将以指定线宽值的精确宽度打印。

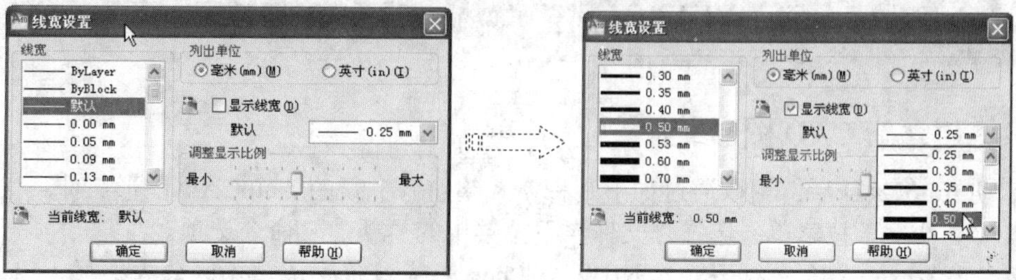


图 2.19　线宽设置

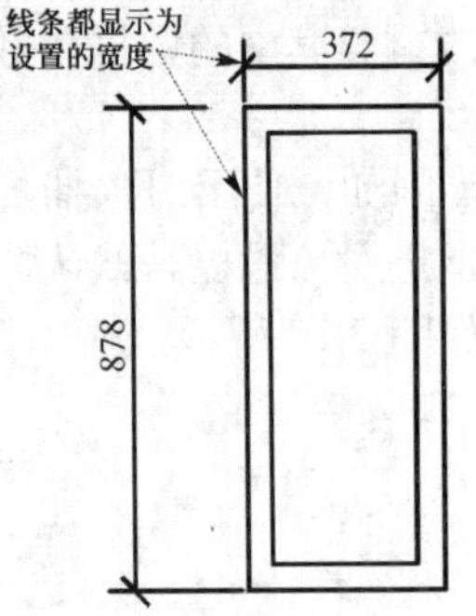


图 2.20　各种线条都显示线宽

需要说明的是，在模型空间中，线宽以像素为单位显示，并且在缩放时不发生变化。因此，在模型空间中精确表示对象的宽度时不应该使用线宽。例如，如果要绘制一个实际宽度为 0.5 mm 的对象，不能使用线宽，而应用宽度为 0.5 mm 的多段线表示对象。

指定图层线宽的方法是依次单击“工具”下拉菜单选择“选项板”，然后选择“图层”面板，弹出“图层特性管理器”，单击与该图层关联的线宽；在“线宽”对话框的列表中选择线宽；最后单击“确定”关闭各个对话框。如图 2.21 所示。

（14）坐标系可见性和位置设置　屏幕中的坐标系可以显示或关闭不显示。打开或关闭 UCS 图标显示的方法是依次单击“视图(V)→显示(L)→UCS 图标(U)→开(O)”，复选标记指示图标是开还是关。

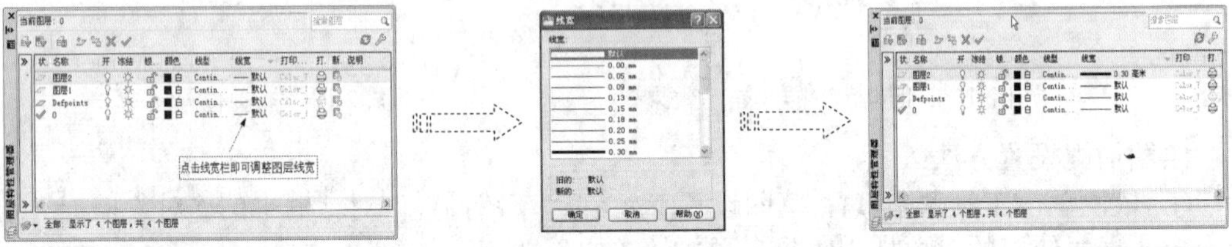


图 2.21　指定图层线宽

UCS 坐标系一般在 UCS 原点或当前视口的左下角显示 UCS 图标，要在这两者之间位置进行切换，可以通过依次单击“视图→显示 UCS 坐标→原点”即可切换。如果图标显示在当前 UCS 的原点处，则图标中有一个加号(+)；如果图标显示在视口的左下角，则图标中没有加号。如图 2.22 所示。

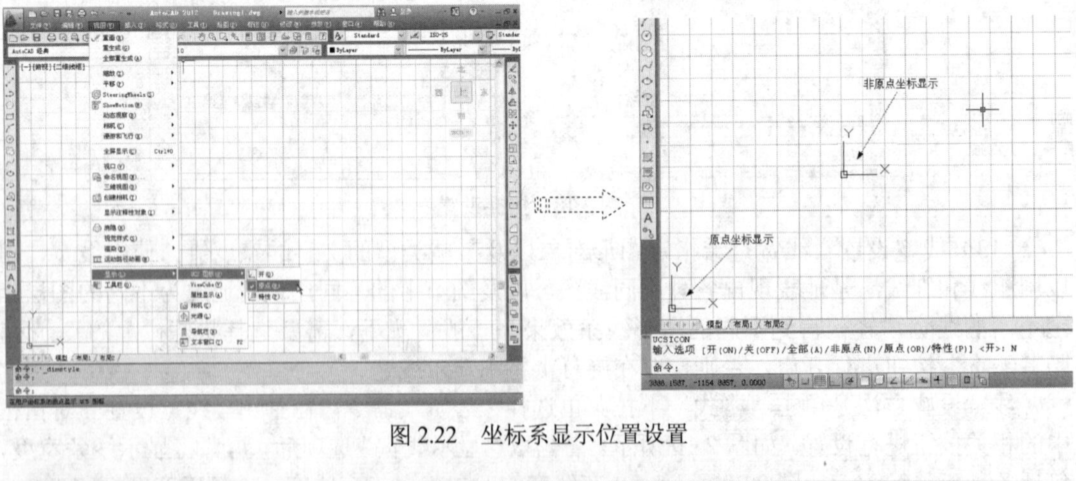


图 2.22　坐标系显示位置设置

# 2.2 AutoCAD 绘图文件操作基本方法

## 2.2.1　建立新 CAD 图形文件

启动 AutoCAD 后，可以通过如下几种方式创建一个新的 AutoCAD 图形文件。

- “文件”下拉菜单：选择“文件”下拉菜单的“新建”命令选项。
- 在“命令:”命令行下输入 NEW（或 new）或 N（或 n），不区分大小写。
- 使用标准工具栏：单击左上“新建”或标准工具栏中的“新建”命令图标按钮。

■ 直接使用“Ctrl+N”快捷键。

执行上述操作后，在弹出的“选择样板”对话框中，可以选取“acad”文件或使用默认样板文件直接点击“打开”按钮。如图 2.23 所示。

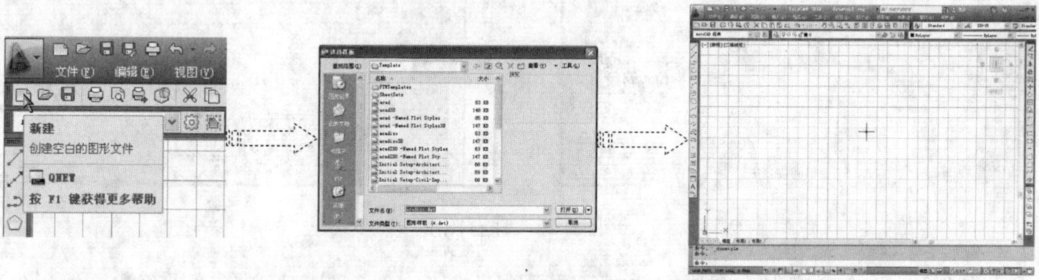


图 2.23　建立新图形文件

## 2.2.2　打开已有 CAD 图形

启动 AutoCAD 后，可以通过如下几种方式打开一个已有的 AutoCAD 图形文件。

■ 打开“文件”下拉菜单，选择“打开”命令选项。

■ 使用标准工具栏：单击标准工具栏中的“打开”命令图标。

■ 在“命令:”命令行下输入 OPEN 或 open。

■ 直接使用“Ctrl+O”快捷键。

执行上述操作后，将弹出的“选择文件”对话框中，在“查找范围”中点击选取文件所在位置，然后选中要打开的图形文件，最后点击“打开”按钮即可。如图 2.24 所示。

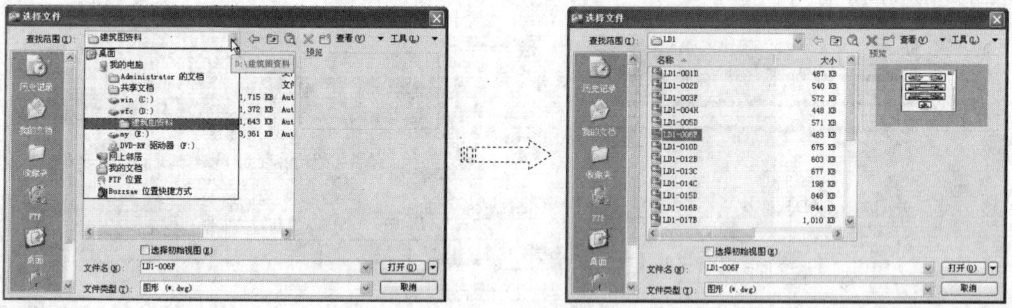


图 2.24　打开已有图形

## 2.2.3　保存 CAD 图形

启动 AutoCAD 后，可以通过如下几种方式保存绘制好的 AutoCAD 图形文件。

■ 点击“文件”下拉菜单选择其中的“保存”命令选项。

■ 使用标准工具栏：单击标准工具栏中的【保存】命令图标。

■ 在“命令:”命令行下输入 SAVE 或 save。

■ 直接使用“Ctrl+S”快捷键。

执行上述操作后，将弹出的“图形另存为”对话框中，在“保存于”中点击选取要保存文件位置，然后输入图形文件名称，最后点击“保存”按钮即可。如图 2.25 所示。对于非首次保存的图形，CAD 不再提示上述内容，而是直接保存图形。

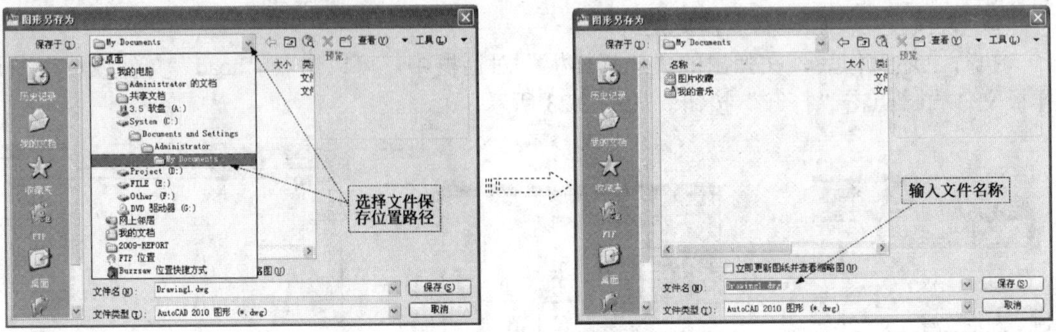


图 2.25　保存图形

若以另外一个名字保存图形文件，可以通过点击“文件”下拉菜单的“另存为”命令选项。执行“另存为”命令后，AutoCAD 将弹出如图 2.25 所示对话框，操作与前述保存操作相同。

### 2.2.4　关闭 CAD 图形

启动 AutoCAD 后，可以通过如下几种方式关闭图形文件。

■ 在“文件”下拉菜单选择“关闭”命令选项。

■ 在“命令:”命令行下输入 CLOSE 或 close。

■ 点击图形右上角的“×”，如图 2.26 所示。

执行“关闭”命令后，若该图形没有存盘，AutoCAD 将弹出警告“是否将改动保存到 ***.dwg？”，提醒需不需要保存图形文件。选择“是（Y）”，将保存当前图形并关闭它，选择“否（N）”将不保存图形直接关闭它，选择“取消（Cancel）”表示取消关闭当前图形的操作。如图 2.27 所示。

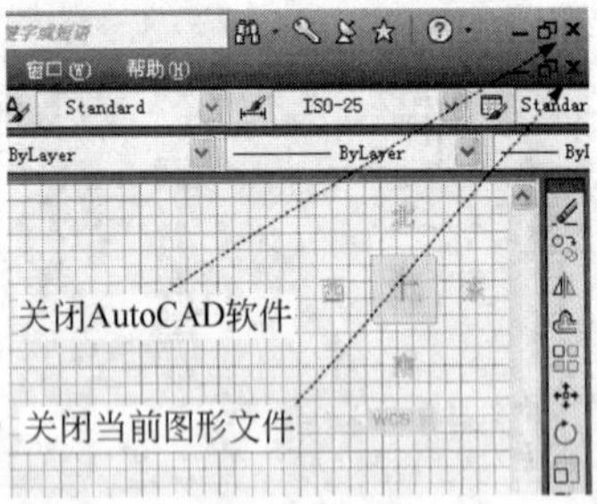


图 2.26　点击“×”关闭图形

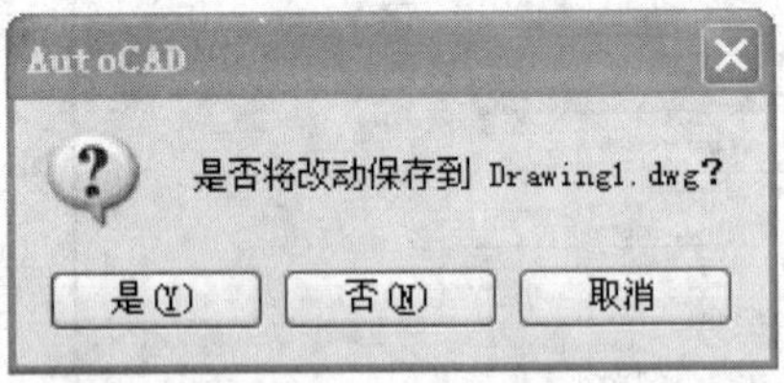


图 2.27　AutoCAD 询问提示

### 2.2.5　退出 AutoCAD 软件

可以通过如下方法实现退出 AutoCAD。

■ 从“文件”下拉菜单中选择“退出”命令选项。

■ 在“命令:”命令行下输入 EXIT 或 exit 后回车。

■ 在“命令:”命令行下输入 QUIT（退出）或 quit 后回车。

■ 点击图形右上角最上边的“×”，如图 2.26 所示。

### 2.2.6　同时打开多个 CAD 图形文件

AutoCAD 支持同时打开多个图形文件，若需在不同图形文件窗口之间切换，可以打开“窗口”下拉菜单，选择需要打开的文件名称即可。如图 2.28 所示。

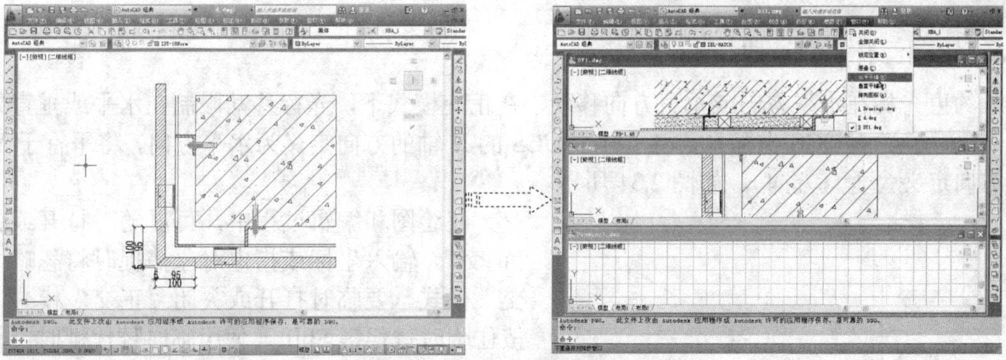

图 2.28　不同图形文件窗口切换

# 2.3 常用 AutoCAD 绘图辅助控制功能

## 2.3.1 CAD 绘图动态输入控制

“动态输入”在光标附近提供了一个命令界面，以帮助用户专注于绘图区域。动态输入有 3 个组件：指针输入、标注输入和动态提示。打开动态输入时，工具提示将在光标旁边显示信息，该信息会随光标移动动态更新。当某命令处于活动状态时，工具提示将为用户提供输入的位置。在输入字段中输入值并按 Tab 键后，该字段将显示一个锁定图标，并且光标会受用户输入的值约束。随后可以在第二个输入字段中输入值。另外，如果用户输入值然后按 Enter 键，则第二个输入字段将被忽略，且该值将被视为直接距离输入，如图 2.29 所示。单击底部状态栏上的动态输入按钮图标以打开和关闭动态输入，也可以按下“F12”键临时关闭 / 启动动态输入。

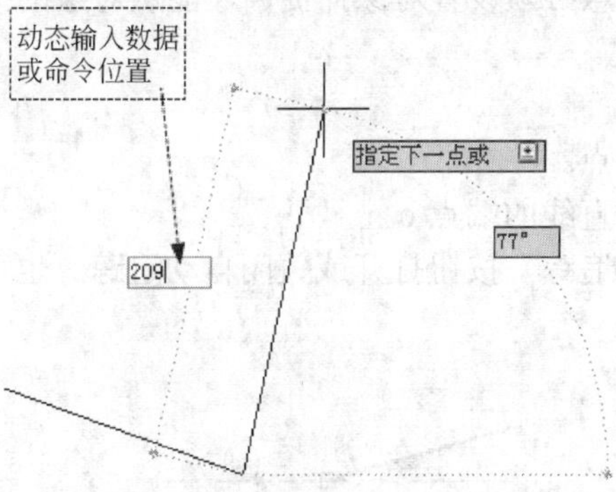


图 2.29　动态输入操作显示

对动态显示可以通过设置进行控制。在底部状态栏上的动态输入按钮图标上单击鼠标右键，然后单击“设置”以控制在启用“动态输入”时每个部件所显示的内容，可以设置指针输入、标注输入、动态提示等事项内容，如图 2.30 所示。

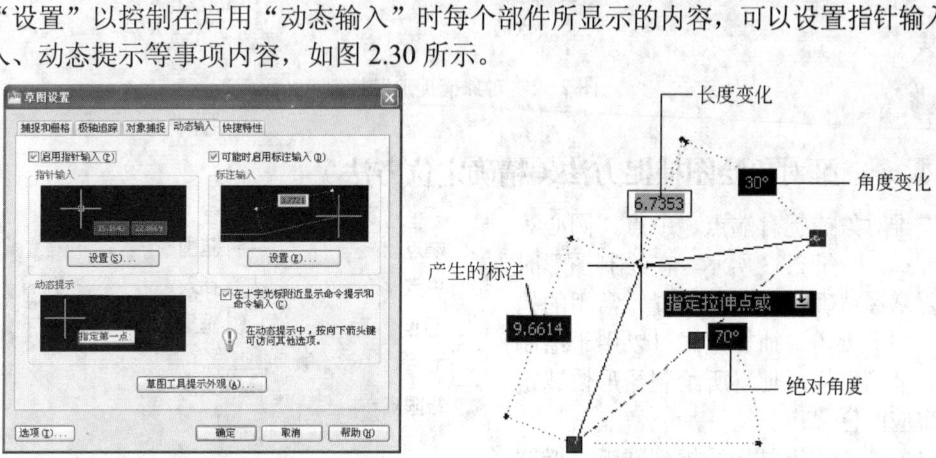


（a）动态设置对话框　（b）标注输入动态显示

图 2.30　动态输入控制

### 2.3.2 正交模式控制

约束光标在水平方向或垂直方向移动。在正交模式下，光标移动限制在水平或垂直方向上（相对于当前UCS坐标系，将平行于UCS的X轴的方向定义为水平方向，将平行于Y轴的方向定义为垂直方向）。如图2.31所示。

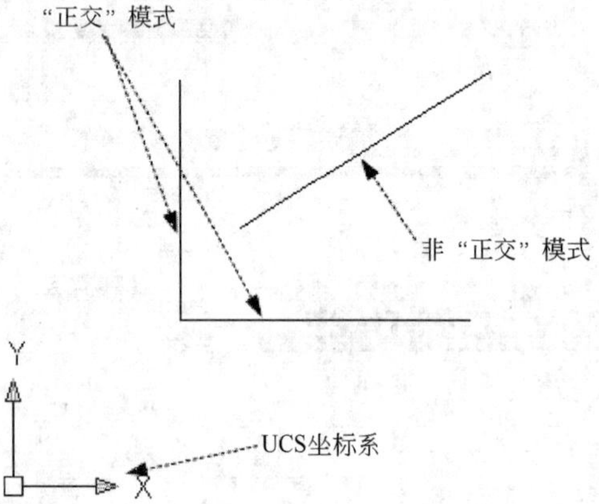


图2.31 正交模式控制

在绘图和编辑过程中，可以随时打开或关闭“正交”。输入坐标或指定对象捕捉时将忽略“正交”模式。要临时打开或关闭“正交”模式，请按住临时替代键Shift（使用临时替代键时，无法使用直接距离输入方法）。要控制正交模式，单击底部状态栏上的“正交模式”按钮图标以启动或关闭正交模式，也按下“F8”键临时关闭 / 启动“正交模式”。

### 2.3.3 绘图对象捕捉追踪控制

对象捕捉追踪是指可以按照指定的角度或按照与其他对象的特定关系绘制对象，自动追踪包括两个追踪选项：极轴追踪和对象捕捉追踪。需要注意必须设置对象捕捉，才能从对象的捕捉点进行追踪。如图2.32所示，启用了端点对象捕捉。

（1）单击直线的起点a开始绘制直线。

（2）将光标移动到另一条直线的端点b处获取该点。

（3）然后沿水平对齐路径移动光标，定位要绘制直线的端点c。

可以通过点击底部状态栏上的“极轴”或“对象追踪”按钮打开或关闭自动追踪。也可以按下“F11”键临时关闭/启动“对象追踪”。

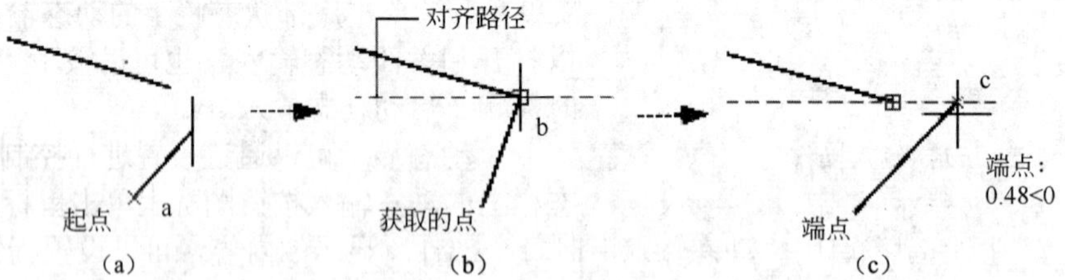


图2.32 对象捕捉追踪控制

### 2.3.4 二维对象绘图捕捉方法（精确定位方法）

二维对象捕捉有端点、中点、圆心等多种方式，如图2.33所示，在绘制图形时一定要掌握精确定位绘图位置。常用的捕捉方法如下所述。捕捉方式可以用于绘制图形时准确定位，使得所绘制图形快速定位与相应的位置点。

图2.33 二维对象绘图捕捉方式

（1）端点捕捉是指捕捉到圆弧、椭圆弧、直线、多行、多段线线段、样条曲线、

面域或射线最近的端点，或捕捉宽线、实体或三维面域的最近角点。如图 2.34（a）所示。

（2）中点捕捉是指捕捉到圆弧、椭圆、椭圆弧、直线、多行、多段线线段、面域、实体、样条曲线或参照线的中点。如图 2.34（b）所示。

（3）中心点捕捉是指捕捉到圆弧、圆、椭圆或椭圆弧的中心点。如图 2.34（c）所示。

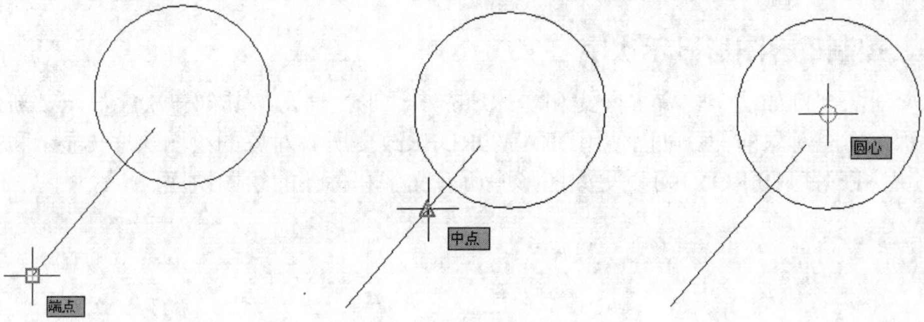


（a）端点捕捉　　（b）中点捕捉　　（c）中心点捕捉

图 2.34　捕捉形式示意

（4）交点捕捉是指捕捉到圆弧、圆、椭圆、椭圆弧、直线、多行、多段线、射线、面域、样条曲线或参照线的交点。延伸捕捉是当光标经过对象的端点时，显示临时延长线或圆弧，以便用户在延长线或圆弧上指定点。“延伸交点”不能用作执行对象捕捉模式。“交点”和“延伸交点”不能和三维实体的边或角点一起使用。外观交点捕捉是指不在同一平面但在当前视图中看起来可能相交的两个对象的视觉交点。“延伸外观交点”不能用作执行对象捕捉模式。“外观交点”和“延伸外观交点”不能和三维实体的边或角点一起使用。如图 2.35 所示。

（5）象限捕捉是指捕捉到圆弧、圆、椭圆或椭圆弧的象限点。如图 2.36 所示。

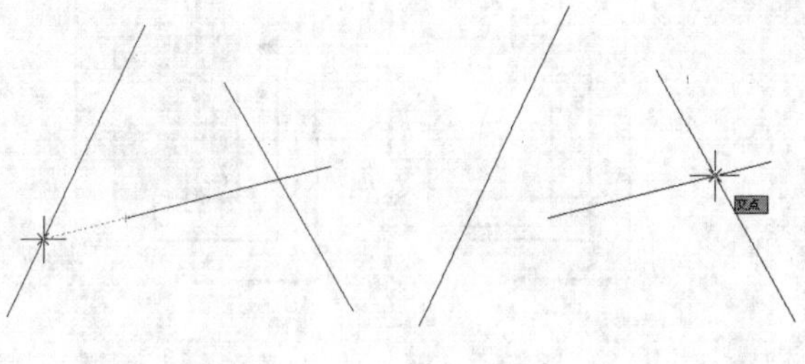


（a）延伸交点　　（b）交点

图 2.35　交点捕捉

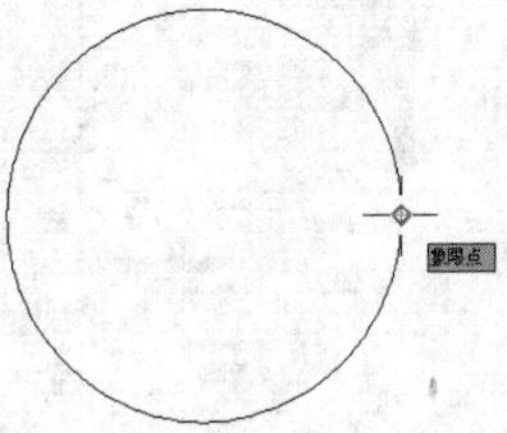


图 2.36　象限捕捉

（6）垂足捕捉是指捕捉圆弧、圆、椭圆、椭圆弧、直线、多线、多段线、射线、面域、实体、样条曲线或构造线的垂足。如图 2.37 所示。

（7）当正在绘制的对象需要捕捉多个垂足时，将自动打开“递延垂足”捕捉模式。可以用直线、圆弧、圆、多段线、射线、参照线、多行或三维实体的边作为绘制垂直线的基础对象。可以用“递延垂足”在这些对象之间绘制垂直线。当靶框经过“递延垂足”捕捉点时，将显示 AutoSnap 工具提示和标记。

（8）切点捕捉是指捕捉到圆弧、圆、椭圆、椭圆弧或样条曲线的切点。当正在绘制的对象需要捕捉多个垂足时，将自动打开“递延垂足”捕捉模式。可以使用“递延切点”来绘制与圆弧、多段线圆弧或圆相切的直线或构造线。当靶框经过“递延切点”捕捉点时，将显示

标记和 AutoSnap 工具提示。当用自选项结合切点捕捉模式来绘制除开始于圆弧或圆的直线以外的对象时，第一个绘制的点是与在绘图区域最后选定的点相关的圆弧或圆的切点。如图 2.38 所示。

（9）最近点捕捉是指捕捉到圆弧、圆、椭圆、椭圆弧、直线、多行、点、多段线、射线、样条曲线或参照线距离当前光标位置的最近点。如图 2.39 所示。

### 2.3.5 控制重叠图形显示次序

重叠对象（例如文字、宽多段线和实体填充多边形）通常按其创建次序显示，新创建的对象显示在现有对象前面。可以使用DRAWORDER改变所有对象的绘图次序（显示和打印次序），使用 TEXTTOFRONT可以更改图形中所有文字和标注的绘图次序。

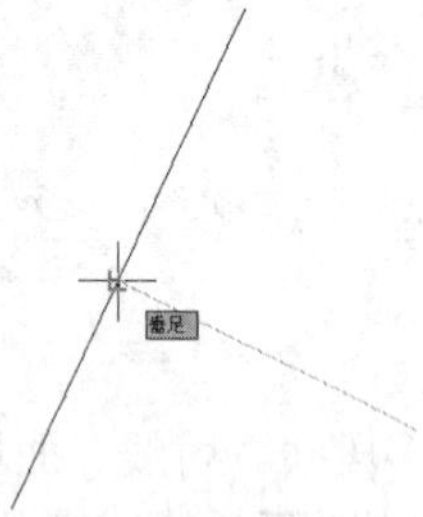


图 2.37 垂足捕捉

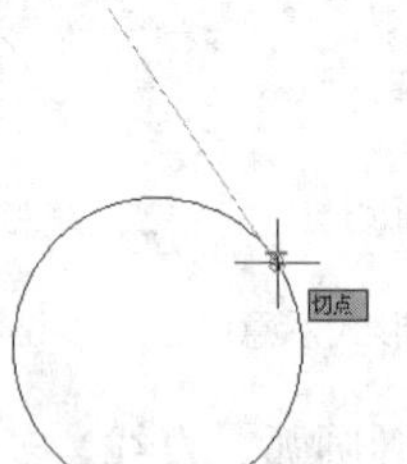


图 2.38 切点捕捉

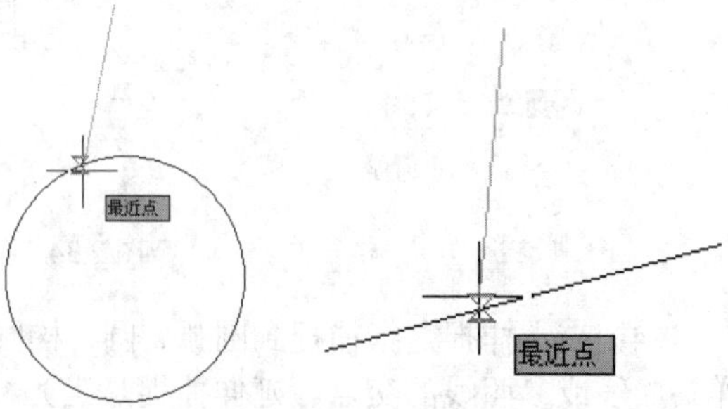


图 2.39 最近点捕捉

依次单击图形对象，然后点击右键，弹出快捷菜单，选择绘图次序，再根据需要选择“置于对象之上”或“置于对象之下”等相应选项。如图 2.40 所示。

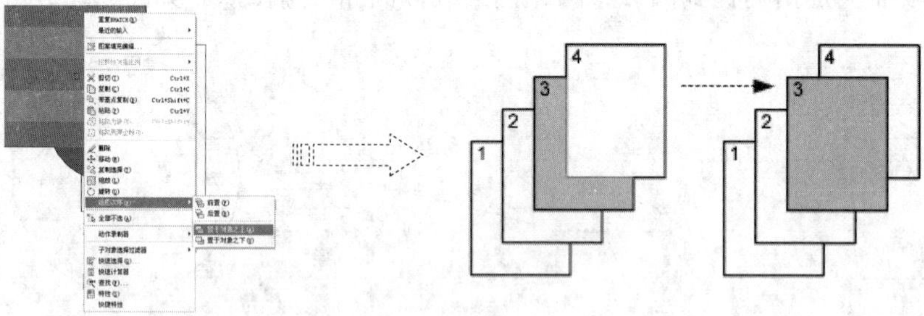


图 2.40 控制图形显示次序

## 2.4 AutoCAD 绘图快速操作方法

### 2.4.1 全屏显示方法

“全屏显示”是指屏幕上仅显示菜单栏、模型选项卡和布局选项卡（位于图形底部）、状态栏和命令行。“全屏显示”按钮位于应用程序状态栏的右下角，使用鼠标直接点击该按钮图标即可实现开启或关闭“全屏显示”。或打开“视图”下拉菜单选择“全屏显示”即可。如图 2.41 所示。

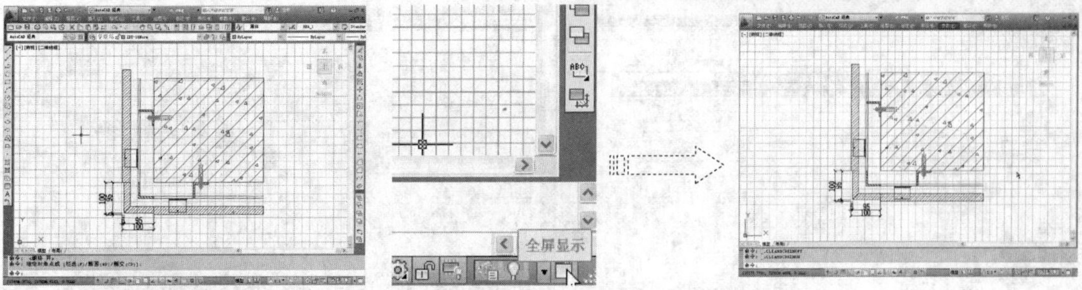


（a）一般显示绘图环境　　（b）全屏显示绘图环境

图 2.41　全屏显示

## 2.4.2 视图控制方法

视图控制只是对图形在屏幕上显示的位置进行改变的控制，并不更改图形中对象的位置和大小。可以通过以下方法移动或缩放视图。

- 缩放屏幕视图范围：前后转动鼠标中间的轮子即可；不选定任何对象，在绘图区域单击鼠标右键，在弹出的快捷菜单中选择“缩放”，然后拖动鼠标即可进行。
- 平移屏幕视图范围：不选定任何对象，在绘图区域单击鼠标右键，在弹出的快捷菜单中选择“平移”，然后拖动鼠标即可进行，如图 2.42 所示。
- 在命令行输入“ZOOM 或 Z”（缩放视图）、“PAN 或 P”（平移视图）。
- 点击“标准”工具栏上的“实时缩放”或“实时平移”按钮，也可以点击底部状态栏上的“缩放”、“平移”，即图标 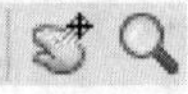。

要随时停止平移视图或缩放视图，请按 Enter 键或 Esc 键。

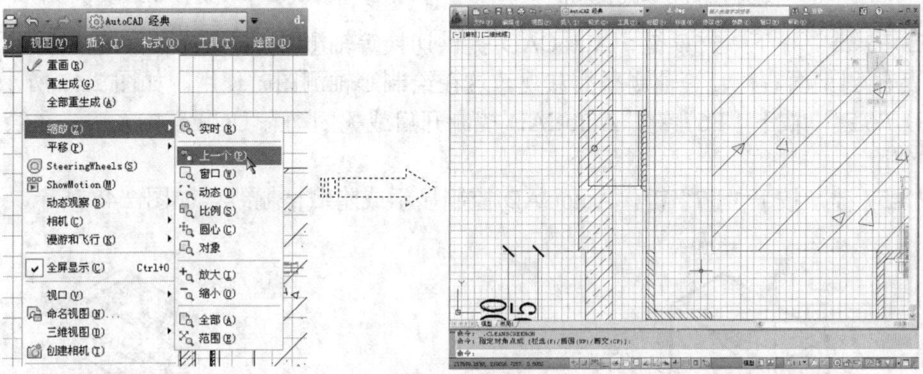


图 2.42　视图控制

## 2.4.3 键盘 F1 ~ F12 功能键使用方法

AutoCAD 系统设置了键盘上的 F1～F12 键功能，其各自功能作用如下。

（1）F1 键　按下“F1”键，AutoCAD 提供帮助窗口，可以查询功能命令、操作指南等帮助说明文字。如图 2.43 所示。

（2）F2 键　按下“F2”键，AutoCAD 弹出显示命令文本窗口，可以查看操作命令历史记录过程。如图 2.44 所示。

（3）F3 键　开启、关闭对象捕捉功能。按下“F3”键，AutoCAD 控制绘图对象捕捉进行切换。按一下“F3”，关闭对象捕捉功能，再按一下，启动对象捕捉功能。如图 2.45 所示。

（4）F4 键　开启、关闭三维对象捕捉功能。如图 2.46 所示。

图 2.43　F1 键提供帮助功能

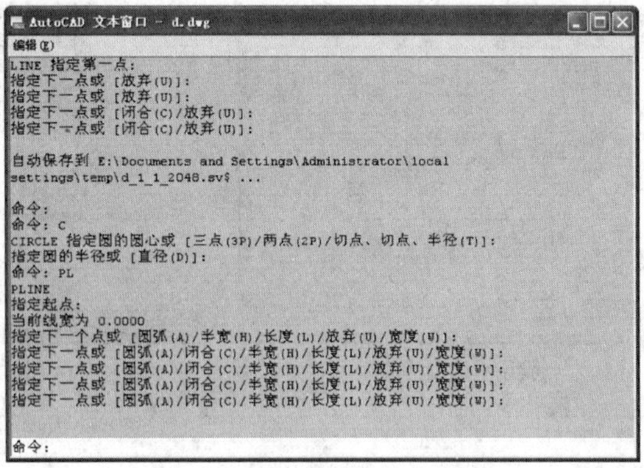


图 2.44　F2 键显示命令文本窗口

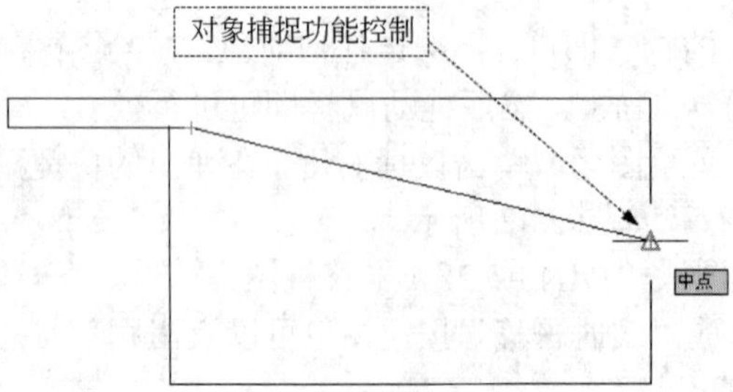


图 2.45　F3 键控制对象捕捉功能

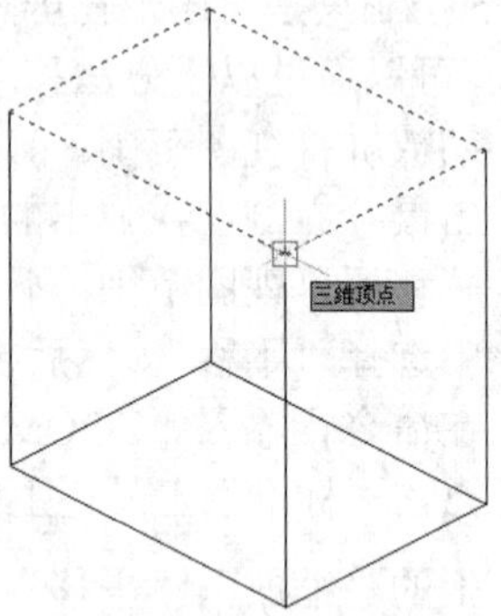


图 2.46　F4 键控制三维对象捕捉功能

（5）F5 键　按下“F5”键，AutoCAD 提供切换等轴测平面不同视图，包括等轴测平面俯视、等轴测平面右视、等轴测平面左视。这在绘制等轴测图时使用。如图 2.47 所示。

（6）F6 键　按下“F6”键，AutoCAD 控制开启或关闭动态 UCS 坐标系。这在绘制三维图形时使用。

（7）F7 键　按下“F7”键，AutoCAD 控制显示或隐藏格栅线。如图 2.48 所示。

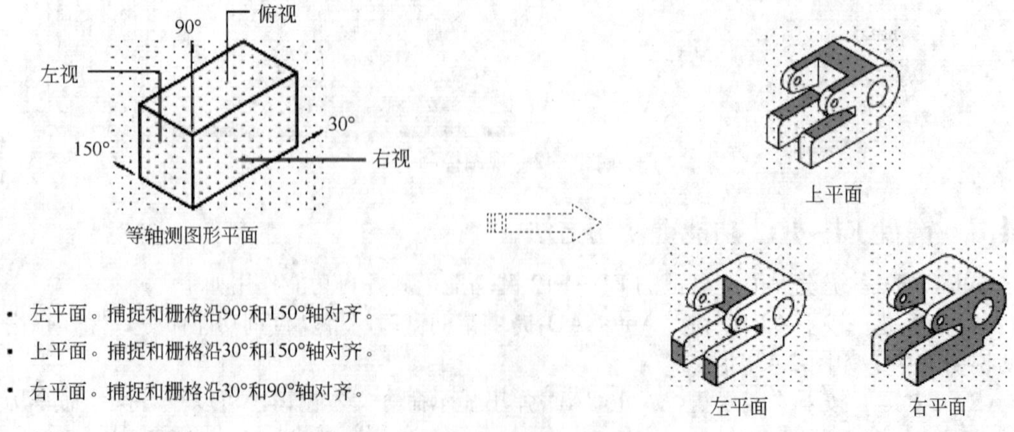


图 2.47　F5 键提供等轴测平面不同视图

（8）F8 键　按下“F8”键，AutoCAD 控制绘图时图形线条是否为水平 / 垂直方向或倾斜方向，称为正交模式控制。如图 2.49 所示。

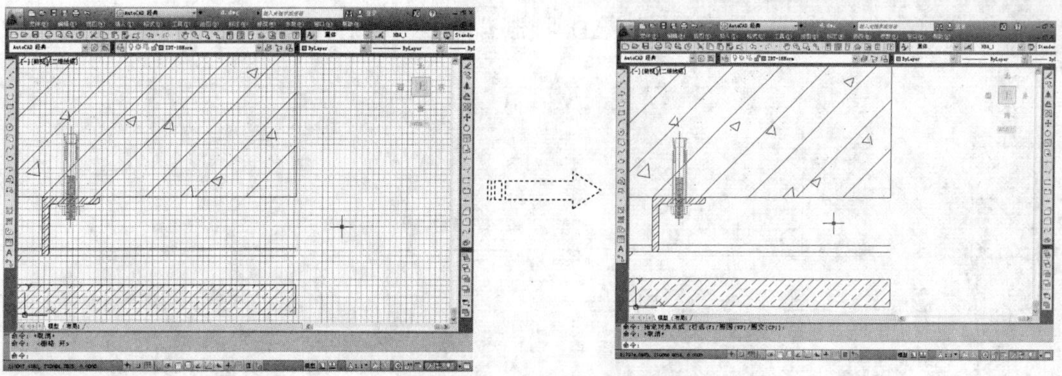

图 2.48　F7 键显示或隐藏格栅

（9）F9 键　按下“F9”键，AutoCAD 控制绘图时通过指定栅格距离大小设置进行捕捉。与“F3”键不同，“F9”控制捕捉位置是不可见矩形栅格距离位置，以限制光标仅在指定的 X 和 Y 间隔内移动。打开或关闭此捕捉模式，可以通过单击状态栏上的“捕捉模式”、按 F9 键，或使用SNAPMODE 系统变量，来打开或关闭捕捉模式。如图 2.50 所示。

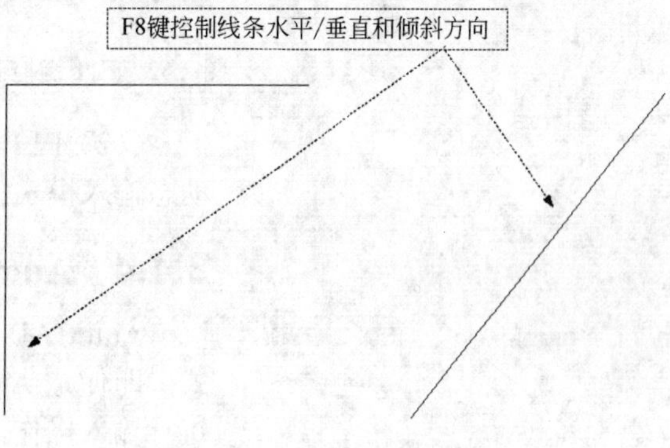


图 2.49　F8 键控制捕捉功能

（10）F10　按下“F10”键，AutoCAD 控制开启或关闭极轴追踪模式（极轴追踪是指光标将按指定的极轴距离增量进行移动），如图 2.51 所示。

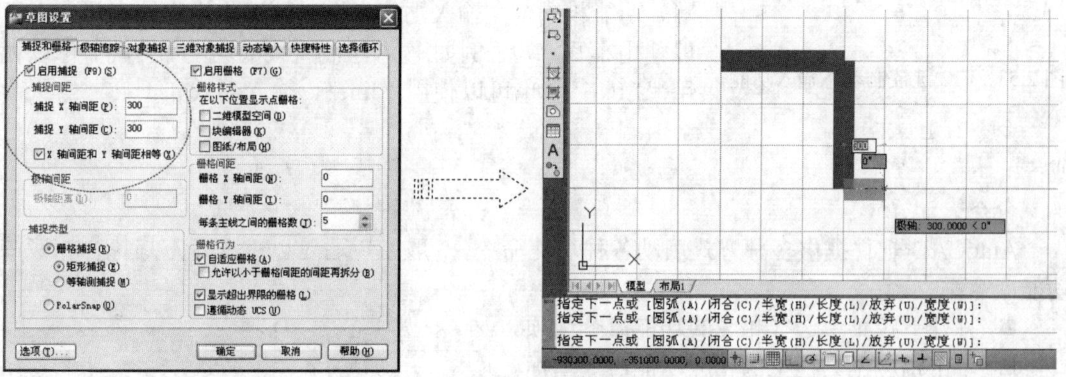


图 2.50　F9 键控制格栅捕捉

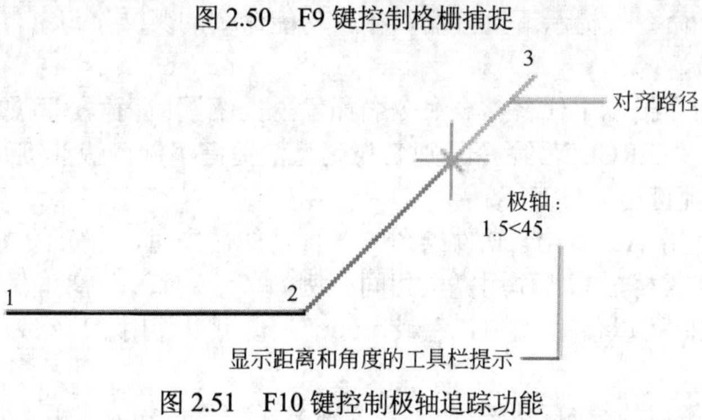


图 2.51　F10 键控制极轴追踪功能

（11）F11　按下“F11”键，AutoCAD 控制开启或关闭对象捕捉追踪模式。如图 2.52 所示。

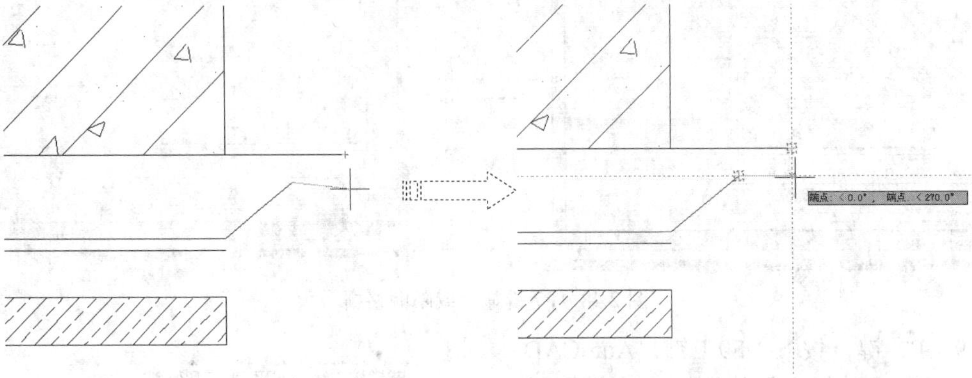

图 2.52　F11 键控制对象捕捉追踪

（12）F12　按下“F12”键，AutoCAD 控制开启或关闭动态输入模式，如图 2.53 所示。

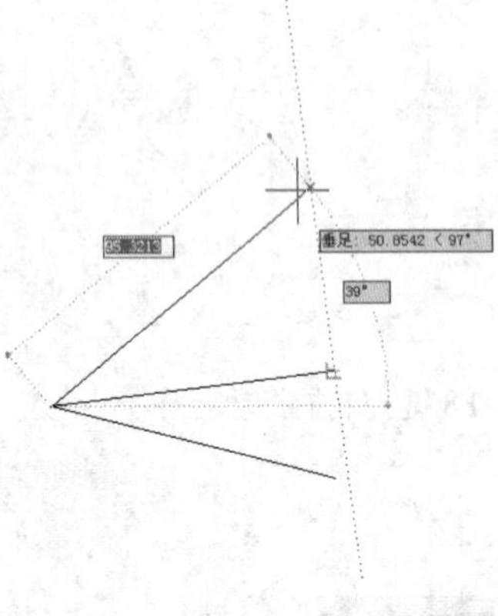

图 2.53　F12 键控制动态输入功能

## 2.4.4　AutoCAD 功能命令别名（简写或缩写形式）

AutoCAD 软件绘图的各种功能命令是使用英语单词形式，即使是 AutoCAD 中文版也是如此，不能使用中文命令进行输入操作。例如，绘制直线的功能命令是“line”，输入的命令是“line”，不能使用中文“直线”作为命令输入。

另外，AutoCAD 软件绘图的各种功能命令不区分大小写，功能相同，在输入功能命令时可以使用大写字母，也可以使用小写字母。例如,输入绘制直线的功能命令时，可以使用“LINE”，也可以使用“line”，输入形式如下：

命令：LINE

或：

命令：line

AutoCAD 软件提供多种方式启动各种功能命令。一般可以通过以下 3 种方式执行相应的功能命令：

- 打开下拉菜单选择相应的功能命令选项。
- 单击相应工具栏上的相应功能命令图标。
- 在“命令：”命令行提示下直接输入相应功能命令的英文字母（注：不能使用中文汉字作为命令输入）。

命令别名是在命令提示下代替整个命令名而输入的缩写或简写。例如，可以输入“c”代替“circle ”来启动“CIRCLE”命令。别名与键盘快捷键不同，快捷键是多个按键的组合，例如“SAVE”的快捷键是 CTRL+S。

具体地说，在使用 AutoCAD 软件绘图的各种功能命令时，部分绘图和编辑等功能命令可以使用其缩写形式代替，二者作用完全相同。例如，绘制直线的功能命令“line”，其缩写形式为“l”，在输入时可以使用“LINE”或“line”，也可以使用“L”或“l”，它们作用完全相同。

AutoCAD 软件常用的绘图和编辑功能命令别名（缩写形式）主要有如表 2.1 所列。

**表 2.1　AutoCAD 软件常用的绘图和编辑功能命令别名（缩写形式）**

| 序号 | 功能命令全称 | 命令缩写形式 | 功 能 作 用 |
|---|---|---|---|
| 1 | ALIGN | AL | 在二维和三维空间中将对象与其他对象对齐 |
| 2 | ARC | A | 创建圆弧 |
| 3 | AREA | AA | 计算对象或所定义区域的面积和周长 |
| 4 | ARRAY | AR | 创建图形中对象的多个副本 |
| 5 | BHATCH | H 或 BH | 使用填充图案或渐变图案来填充封闭区域或选定对象 |
| 6 | BLOCK | B | 从选定的对象中创建一个块定义 |
| 7 | BREAK | BR | 在两点之间打断选定对象 |
| 8 | CHAMFER | CHA | 给对象加倒角 |
| 9 | CHANGE | -CH | 更改现有对象的特性 |
| 10 | CIRCLE | C | 创建圆 |
| 11 | COPY | CO 或 CP | 在指定方向上按指定距离复制对象 |
| 12 | DDEDIT | ED | 编辑单行文字、标注文字、属性定义和功能控制边框 |
| 13 | DDVPOINT | VP | 设置三维观察方向 |
| 14 | DIMBASELINE | DBA | 从上一个标注或选定标注的基线处创建线性标注、角度标注或坐标标注 |
| 15 | DIMALIGNED | DAL | 创建对齐线性标注 |
| 16 | DIMANGULAR | DAN | 创建角度标注 |
| 17 | DIMCENTER | DCE | 创建圆和圆弧的圆心标记或中心线 |
| 18 | DIMCONTINUE | DCO | 创建从先前创建的标注的尺寸界线开始的标注 |
| 19 | DIMDIAMETER | DDI | 为圆或圆弧创建直径标注 |
| 20 | DIMEDIT | DED | 编辑标注文字和尺寸界线 |
| 21 | DIMLINEAR | DLI | 创建线性标注 |
| 22 | DIMRADIUS | DRA | 为圆或圆弧创建半径标注 |
| 23 | DIST | DI | 测量两点之间的距离和角度 |
| 24 | DIVIDE | DIV | 创建沿对象的长度或周长等间隔排列的点对象或块 |
| 25 | DONUT | DO | 创建实心圆或较宽的环 |
| 26 | DSVIEWER | AV | 打开“鸟瞰视图”窗口 |
| 27 | DVIEW | DV | 使用相机和目标来定义平行投影或透视视图 |
| 28 | ELLIPSE | EL | 创建椭圆或椭圆弧 |
| 29 | ERASE | E | 从图形中删除对象 |
| 30 | EXPLODE | X | 将复合对象分解为其组件对象 |
| 31 | EXPORT | EXP | 以其他文件格式保存图形中的对象 |
| 32 | EXTEND | EX | 扩展对象与其他对象的边相接 |
| 33 | EXTRUDE | EXT | 通过延伸对象的尺寸创建三维实体或曲面 |
| 34 | FILLET | F | 给对象加圆角 |
| 35 | HIDE | HI | 重生成不显示隐藏线的三维线框模型 |
| 36 | IMPORT | IMP | 将不同格式的文件输入当前图形中 |
| 37 | INSERT | I | 将块或图形插入当前图形中 |
| 38 | LAYER | LA | 管理图层和图层特性 |
| 39 | LEADER | LEAD | 创建连接注释与特征的线 |
| 40 | LENGTHEN | LEN | 更改对象的长度和圆弧的包含角 |
| 41 | LINE | L | 创建直线段 |
| 42 | LINETYPE | LT | 加载、设置和修改线型 |
| 43 | LIST | LI | 为选定对象显示特性数据 |
| 44 | LTSCALE | LTS | 设定全局线型比例因子 |

续表

| 序号 | 功能命令全称 | 命令缩写形式 | 功能作用 |
|---|---|---|---|
| 45 | LWEIGHT | LW | 设置当前线宽、线宽显示选项和线宽单位 |
| 46 | MATCHPROP | MA | 将选定对象的特性应用于其他对象 |
| 47 | MIRROR | MI | 创建选定对象的镜像副本 |
| 48 | MLINE | ML | 创建多条平行线 |
| 49 | MOVE | M | 在指定方向上按指定距离移动对象 |
| 50 | MTEXT | MT 或 T | 创建多行文字对象 |
| 51 | OFFSET | O | 创建同心圆、平行线和平行曲线 |
| 52 | PAN | P | 将视图平面移到屏幕上 |
| 53 | PEDIT | PE | 编辑多段线和三维多边形网格 |
| 54 | PLINE | PL | 创建二维多段线 |
| 55 | POINT | PO | 创建点对象 |
| 56 | POLYGON | POL | 创建等边闭合多段线 |
| 57 | PROPERTIES | CH | 控制现有对象的特性 |
| 58 | PURGE | PU | 删除图形中未使用的项目，例如块定义和图层 |
| 59 | RECTANG | REC | 创建矩形多段线 |
| 60 | REDO | U | 恢复上一个用 UNDO 或 U 命令放弃的效果 |
| 61 | REDRAW | R | 刷新当前视口中的显示 |
| 62 | REVOLVE | REV | 通过绕轴扫掠对象创建三维实体或曲面 |
| 63 | ROTATE | RO | 绕基点旋转对象 |
| 64 | SCALE | SC | 放大或缩小选定对象，使缩放后对象的比例保持不变 |
| 65 | SECTION | SEC | 使用平面和实体、曲面或网格的交集创建面域 |
| 66 | SLICE | SL | 通过剖切或分割现有对象，创建新的三维实体和曲面 |
| 67 | SOLID | SO | 创建实体填充的三角形和四边形 |
| 68 | SPLINE | SPL | 创建通过拟合点或接近控制点的平滑曲线 |
| 69 | SPLINEDIT | SPE | 编辑样条曲线或样条曲线拟合多段线 |
| 70 | STRETCH | S | 拉伸与选择窗口或多边形交叉的对象 |
| 71 | STYLE | ST | 创建、修改或指定文字样式 |
| 72 | SUBTRACT | SU | 通过减法操作来合并选定的三维实体或二维面域 |
| 73 | TORUS | TOR | 创建圆环形的三维实体 |
| 74 | TRIM | TR | 修剪对象以与其他对象的边相接 |
| 75 | UNION | UNI | 通过加法操作来合并选定的三维实体、曲面或二维面域 |
| 76 | UNITS | UN | 控制坐标和角度的显示格式和精度 |
| 77 | VIEW | V | 保存和恢复命名视图、相机视图、布局视图和预设视图 |
| 78 | VPOINT | VP | 设置图形的三维可视化观察方向 |
| 79 | WBLOCK | W | 将对象或块写入新图形文件 |
| 80 | WEDGE | WE | 创建三维实体楔体 |

## 2.5 AutoCAD 图形坐标系

在命令提示输入点时，可以使用定点设备指定点，也可以在命令提示下输入坐标值。打开动态输入时，可以在光标旁边的工具提示栏中输入坐标值。可以按照笛卡尔坐标($X, Y$)或极坐标输入二维坐标。笛卡尔坐标系有三个轴，即 $X$、$Y$ 和 $Z$ 轴。输入坐标值时，需要指示沿 $X$、$Y$ 和 $Z$ 轴相对于坐标系原点(0, 0, 0) 点的距离（以单位表示）及其方向（正或负）。在二维中，

在 *XY* 平面（也称为工作平面）上指定点，工作平面类似于平铺的网格纸。笛卡尔坐标的 *X* 值指定水平距离，*Y* 值指定垂直距离。原点(0, 0)表示两轴相交的位置。极坐标使用距离和角度来定位点。使用笛卡尔坐标和极坐标，均可以基于原点(0, 0)输入绝对坐标，或基于上一指定点输入相对坐标。输入相对坐标的另一种方法是：通过移动光标指定方向，然后直接输入距离。此方法称为直接距离输入。可以用科学、小数、工程、建筑或分数格式输入坐标。可以使用百分度、弧度、勘测单位或度、分、秒输入角度。UNITS 命令控制了单位的格式。

AutoCAD 图形的位置是由坐标系来确定的，AutoCAD 环境下使用 2 个坐标系，即世界坐标系、用户坐标系。

一般地，AutoCAD 以屏幕的左下角为坐标原点 *O*（0, 0, 0），*X* 轴为水平轴，向右为正；*Y* 轴为垂直轴，向上为正；*Z* 轴则根据右手规则确定，垂直于 *XOY* 平面，指向使用者，如图 2.54（a）所示。这样的坐标系称为世界坐标系（World Coordinate System），缩写为 WCS，有时又称通用坐标系，世界坐标系是固定不变的。AutoCAD 允许根据绘图时的不同需要，建立自己专用的坐标系，即用户坐标系（User Coordinate System），缩写为 UCS，用户坐标系主要在三维绘图时使用。如果图标显示在当前 UCS 的原点处，则图标中有一个加号(+)。如果图标显示在视口的左下角，则图标中没有加号。常见的 AutoCAD 的 UCS 图标如图 2.54（b）所示。

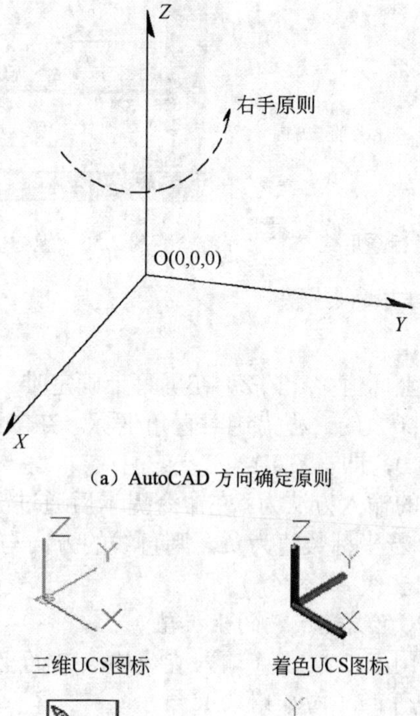


（a）AutoCAD 方向确定原则

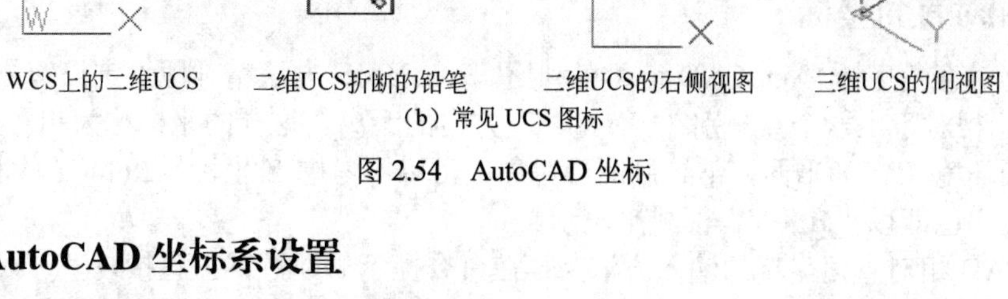


（b）常见 UCS 图标

图 2.54　AutoCAD 坐标

## 2.5.1　AutoCAD 坐标系设置

（1）坐标系的形式　AutoCAD 在屏幕上最常见的坐标系表示形式，如图 2.55 所示。在 AutoCAD 环境下进行图形绘制时，可以采用绝对直角坐标、相对直角坐标、相对极坐标、球

坐标或柱坐标等方法确定点的位置，后两种坐标在三维坐标系中使用，在此不详细阐述。

可以使 AutoCAD 显示或隐藏其坐标系图标。坐标显示的设置可由如下两种方法实现。

■ 在"命令:"下输入 UCSICON 命令，即：

命令：UCSICON（控制坐标系图标显示）

输入选项 [开(ON)/关(OFF)/全部(A)/非原点(N)/原点(OR)/特性(P)]<开>:（输入 ON 或 OFF 控制显示）

■ 打开【视图】下拉菜单，选择【显示】命令。接着选择【UCS 图标】命令，最后选择【开】命令在开/关进行切换。

（2）坐标显示　在屏幕的左下角状态栏中，AutoCAD 提供了一组用逗号隔开的数字，从左至右分别代表 *X* 轴、*Y* 轴和 *Z* 轴的坐标值。如图 2.56 所示。当移动鼠标时，坐标值将随着变化，状态栏中所显示的坐标值是光标的当前位置。在二维坐标系下，随着光标的移动，(*X*, *Y*) 数值不断发生变化，而 *Z* 值保持一定的稳定性。

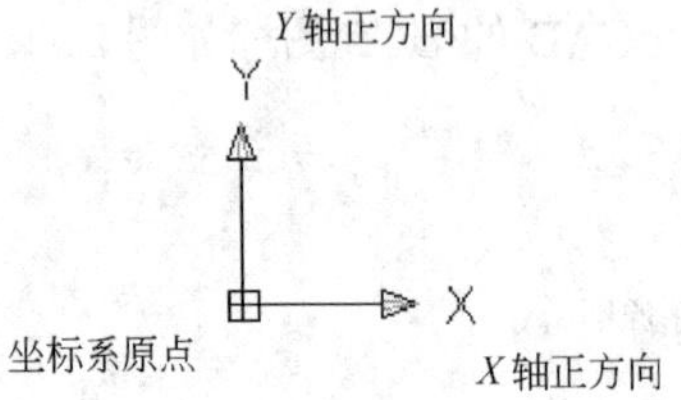


图 2.55　常见坐标系形式

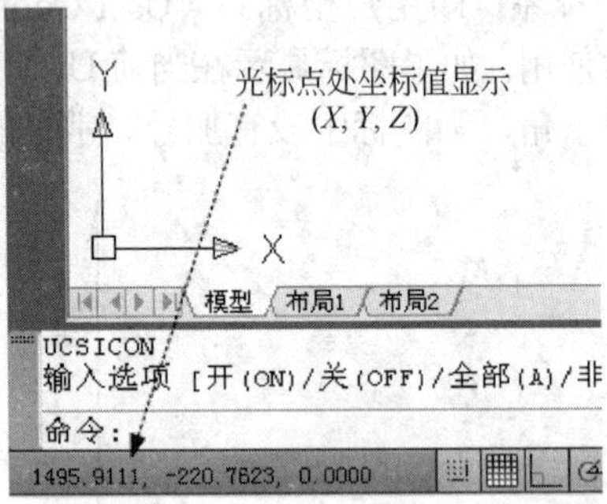


图 2.56　坐标值（*X*、*Y*、*Z*）

## 2.5.2　绝对直角坐标

AutoCAD 通过直接输入坐标值（*X*, *Y*, *Z*）在屏幕上确定唯一的点位置，该坐标（*X*, *Y*, *Z*）是相对于坐标系的原点（0, 0, 0）的，称为绝对直角坐标。在二维平面条件下，只需考虑 *X*、*Y* 的坐标值即可，*Z* 的值恒为 0，即（*X*, *Y*）。

AutoCAD 绝对直角坐标的输入方法为：在命令提示后通过键盘直接以"X, Y"形式输入，例如图 2.57 所示的直线 *AB*。若坐标数值为负，则直线的方向与正值相反。

命令：LINE（输入绘制直线 AB 命令）

指定第一点：6,8（输入直线起点 A 的坐标值）

指定下一点或 [放弃(U)]：12,28（输入直线终点 B 的坐标值）

指定下一点或 [放弃(U)]：（回车结束）

## 2.5.3　相对直角坐标

除了绝对直角坐标，AutoCAD 还可以利用"@X、Y、Z"方法精确地设定点的位置。"@X、Y、Z"表示相对于上一个点分别在 *X*、*Y*、*Z* 方向的距离。这样的坐标称为相对直角坐标。在二维平面环境（*XOY* 平面）下绘制图形对象，可以不考虑 *Z* 坐标，AutoCAD 将 *Z* 坐标保持为 0 不变，也即以"@X,Y"形式来表示。

AutoCAD 相对直角坐标的输入方法为：在命令提示后通过键盘直接以"@X, Y"形式输入。直线 *AC* 可以按相同方法（@0, 13）绘制得到。若坐标数值为负，则直线的方向与正值相反。例如，以前述 *B* 为起点，绘制 *C* 点，如图 2.58 所示。

命令：LINE（输入绘制直线 BC 命令）
指定第一点：（直线起点捕捉端点 B）
指定下一点或 [放弃(U)]:@10，-8（输入直线终点 C 相对于 B 点的坐标值）
指定下一点或 [放弃(U)]:（回车）

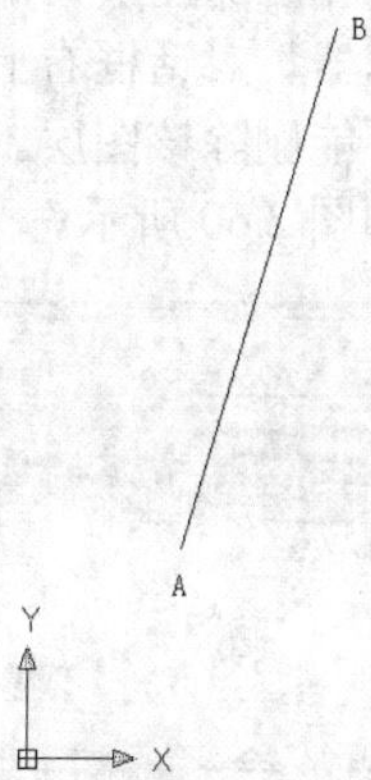


图 2.57 使用绝对直角坐标

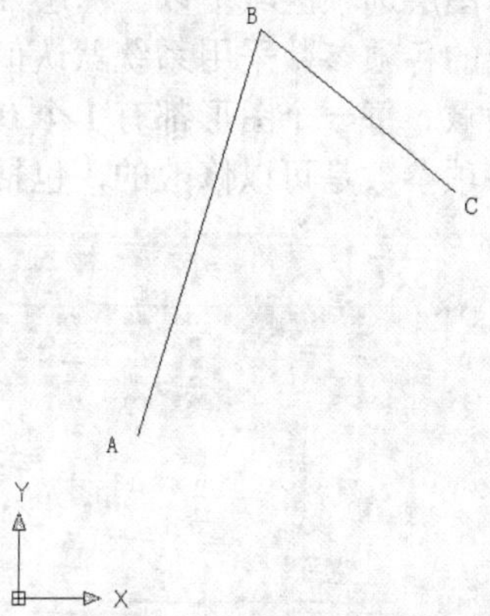


图 2.58 使用相对直角坐标

## 2.5.4 相对极坐标

相对极坐标是指相对于某一个固定位置点的距离和角度而确定新的位置所使用的坐标。在 AutoCAD 中默认的角度方向为逆时针方向，用极坐标进行点的定位总是相对于前一个点，而不是原点。

AutoCAD 相对极坐标的输入方法为：在命令提示后通过键盘直接以“@X<Y”形式输入，其中 X 表示相对于前一个点的距离大小，Y 表示与坐标系水平 X 轴直线的角度大小。若坐标数值或角度为负，则直线的方向与正值相反，角度方向为顺时针方向。例如，如图 2.59 所示绘制直线 AD。

命令：LINE（输入绘制直线 AD 命令）
指定第一点：（直线起点捕捉端点 A）
指定下一点或 [放弃(U)]: @12<60（输入直线终点 D 相对于 A 点的距离 12 和与水平轴线的角度 60 度）
指定下一点或 [放弃(U)]:（回车）

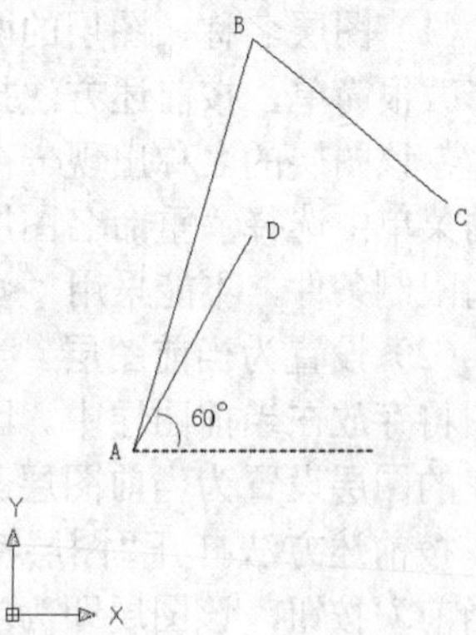


图 2.59 相对极坐标

# 2.6 图层常用操作

为便于对图形中不同元素对象进行控制，AutoCAD 提供了图层（Layer）功能，即不同的透明存储层，可以存储图形中不同元素对象。每个图层都有一些相关联的属性，包括图层名、颜色、线型、线宽和打印样式等。图层是绘制图形时最为有效的图形对象管理手段和方式，极大方便了图形的操作。此外，图层的建立、编辑和修改也简洁明了，操作极为便利。

## 2.6.1 建立新图层

通过如下几种方式建立 AutoCAD 新图层。

■ 在“命令:”命令提示下输入 LAYER 命令。

■ 打开【格式】下拉菜单，选择【图层】命令。

■ 单击图层工具栏上的图层特性管理器图标。

执行上述操作后，系统将弹出“图层特性管理器”对话框。单击其中的“新建图层”按钮，在当前图层选项区域下以“图层 1，图层 2，….”的名称建立相应的图层，即为新的图层，该图层的各项参数采用系统默认值。然后单击“图层特性管理器”对话框右上角按钮关闭或自动隐藏。每一个图形都有 1 个 0 层，其名称不可更改，且不能删除该图层。其他所建立的图层各项参数是可以修改的，包括名称、颜色等属性参数。如图 2.60 所示。

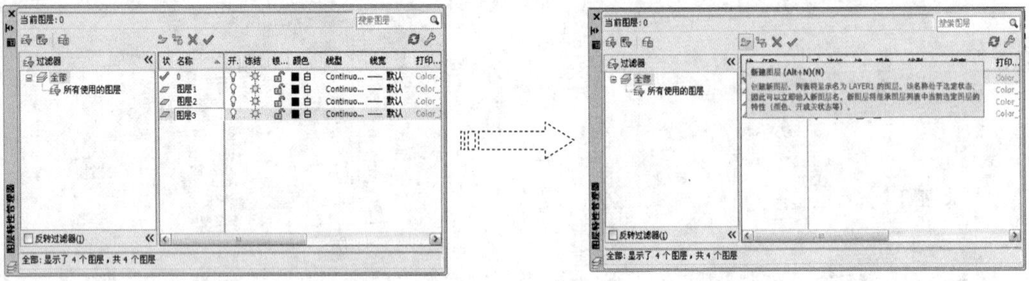

图 2.60 建立新的图层

## 2.6.2 图层相关参数的修改

可以对 AutoCAD 图层如下的属性参数进行编辑与修改。

（1）图层名称 图层的取名原则应简单易记，与图层中的图形对象紧密关联。图层名称的修改很简单，按前述方法打开“图层特性管理器”对话框，点击要修改图层名称后箭头键“→”，该图层的名称出现一个矩形框，变为可修改，可以进行修改。也可以单击右键，在弹出的菜单中选择“重命名图层”即可修改。如图 2.61 所示。AutoCAD 系统对图层名称有一定的限制条件，不能采用“<、\、？、=、*、:”等符号作为图层名，其长度约为 255 个字符。

（2）设置为当前图层 当前图层是指正在进行图形绘制的图层，即当前工作层，所绘制的图将存放在当前图层中。因此，要绘制某类图形对象元素时，最好先将该类图形对象元素所在的图层设置为当前图层。

按前述方法打开“图层特性管理器”对话框，单击要设置为当前图层的图层，再单击“置为当前”按钮，该图层即为当前工作图层。如图 2.61 所示。

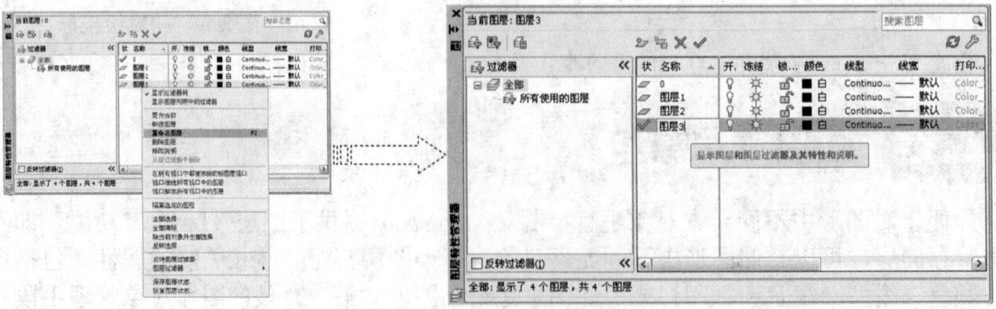

图 2.61 修改图层名称

（3）图层颜色 AutoCAD 系统默认图层的颜色为白色或黑色。也可以根据绘图的需要修改图层的颜色。先按前面所述的方法启动“图层特性管理器”对话框，然后单击颜色栏下要

改变颜色的图层所对应的图标。系统将弹出“选择颜色”对话框，在该对话框中用光标拾取颜色，最后单击“确定”按钮。该图层上的图形元素对象颜色即以此作为其色彩。如图 2.62 所示。

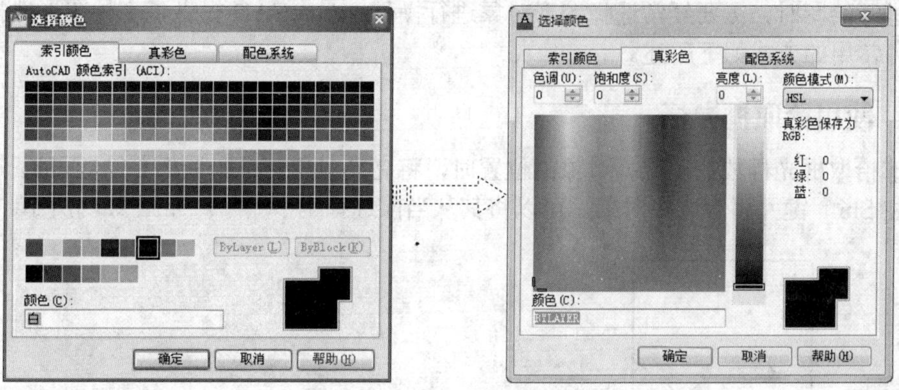


图 2.62　修改图层颜色

（4）删除图层和隐藏图层　先按前面所述的方法启动“图层特性管理器”对话框，然后在弹出“图层特性管理器”对话框中，单击要删除的图层，再单击“删除”按钮，最后单击按钮确定。该图层即被删除。只有图层为空图层时，即图层中无任何图形对象元素时，才能对其进行删除操作。此外“0”、“defpoints”图层不能被删除。

隐藏图层操作是指将该图层上的所有图形对象元素隐藏起来，不在屏幕中显示出来，但图形对象元素仍然保存在图形文件中。

要隐藏图层，先按前面所述的方法启动“图层特性管理器”对话框，然后单击“开”栏下要隐藏的图层所对应的电灯泡图标，该图标填充满颜色即是关闭隐藏。该图层上的图形元素对象不再在屏幕中显示出来，要重新显示该图层图形对象，只需单击该对应图标，使其变空即可。如图 2.63 所示。

（5）冻结与锁定图层　冻结图层是指将该图层设置为既不在屏幕上显示，也不能对其进行删除等编辑操作的状态。

锁定图层与冻结图层不同之处在于锁定后的图层仍然在屏幕上显示。注意当前图层不能进行冻结操作。其操作与隐藏图层相似。先按前面所述的方法启动，然后单击冻结/锁定栏下要冻结/锁定的图层所对应的锁头图标，该图标将发生改变（颜色或形状改变）。冻结后图层上的图形元素对象不再在屏幕中显示出来，而锁定后图层上的图形元素对象继续在屏幕中显示出来但不能删除。要重新显示该图层图形对象，只需单击该对应图标，使图标发生改变即可。如图 2.64 所示。

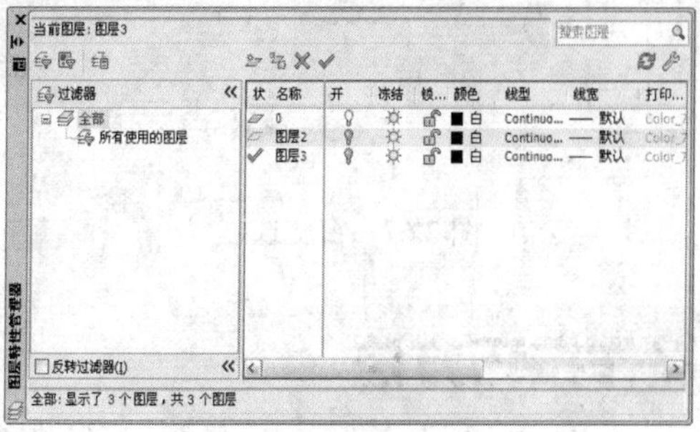


图 2.63　隐藏图层

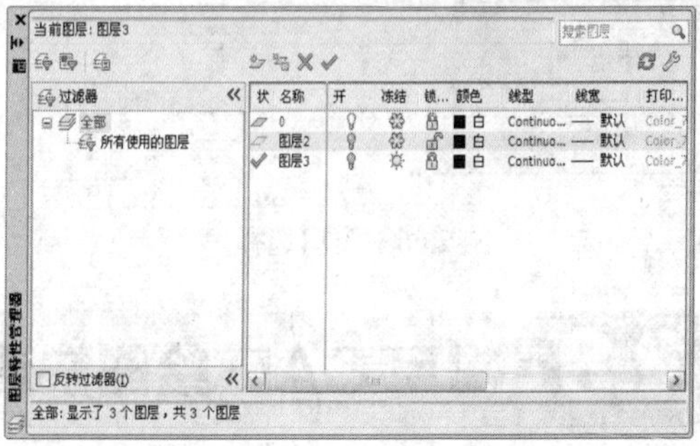


图 2.64　冻结与锁定图层

## 2.7 CAD 图形常用选择方法

在进行绘图时，需要经常选择图形对象进行操作。AutoCAD 提供了多种图形选择方法，其中最为常用的方式如下所述。

### 2.7.1 使用拾取框光标

矩形拾取框光标放在要选择对象的位置时，将亮显对象，单击鼠标左键即可选择图形对象。按住 Shift 键并再次选择对象，可以将其从当前选择集中删除。如图 2.65 所示。

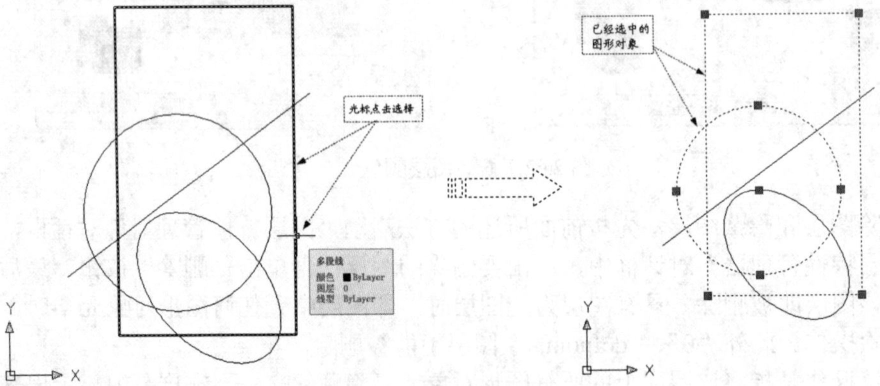


图 2.65　使用光标选择图形

### 2.7.2 使用矩形窗口选择图形

矩形窗口选择图形是指从第一点向对角点拖动光标的方向来确定选择的对象。使用“窗口选择”选择对象时，通常整个对象都要包含在矩形选择区域中才能选中。

（1）窗口选择。从左向右拖动光标，以仅选择完全位于矩形区域中的对象（自左向右方向，即从第 1 点至第 2 点方向进行选择）。如图 2.66 所示。

（2）窗交选择。从左向右拖动光标，以选择矩形窗口包围的或相交的对象（自右向左方向，即从第 1 点至第 2 点方向进行选择）。如图 2.67 所示。

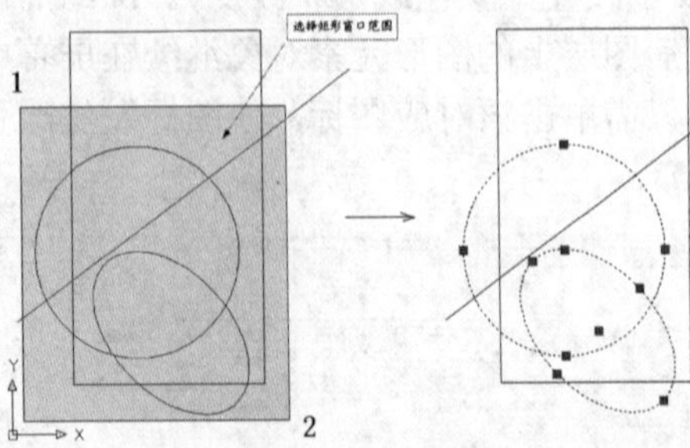


图 2.66　窗口选择

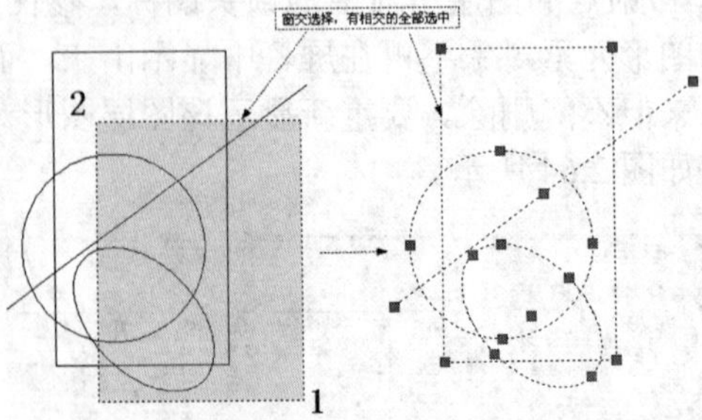


图 2.67　窗交选择

## 2.8 常用 CAD 绘图快速操作技巧方法

在进行绘图操作时，有一些技巧是个人实践中总结出来的，在相关 AutoCAD 文献中不

易找到。本小节将介绍一些实用的 CAD 操作方法与技巧，对绘图大有益处。熟能生巧，是最为有效的方法。

## 2.8.1 图形线型快速修改

CAD 图形线型是由虚线、点和空格组成的重复图案，显示为直线或曲线。可以通过图层将线型指定给对象，也可以不依赖图层而明确指定线型。在工程开始时加载工程所需的线型，以便在需要时使用。

（1）加载线型 加载线型的步骤如下。

ⓐ 依次单击“常用”选项卡 ➤ “特性”面板 ➤ “线型”。

ⓑ 在“线型”下拉列表中，单击“其他”。然后在“线型管理器”对话框中，单击“加载”。

ⓒ 在“加载或重载线型”对话框中，选择一种线型。单击“确定”。如果未列出所需线型，请单击“文件”。在“选择线型文件”对话框中，选择一个要列出其线型的 LIN 文件，然后单击该文件。此对话框将显示存储在选定的 LIN 文件中的线型定义。选择一种线型。单击“确定”。可以按住 Ctrl 键来选择多个线型，或者按住 Shift 键来选择一个范围内的线型。

ⓓ 单击“确定”。如图 2.68 示意。

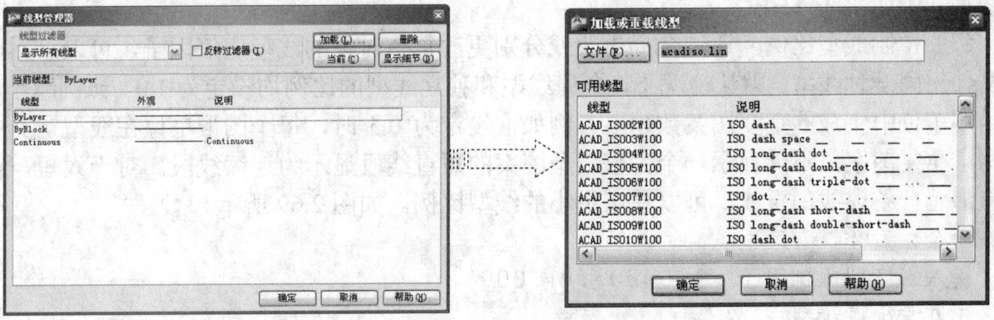

图 2.68 加载线型

（2）设定和更改当前线型 所有对象都是使用当前线型（显示在“特性”工具栏上的“线型”控件中）创建的。也可以使用“线型”控件设定当前的线型。如果将当前线型设定为“BYLAYER”，则将使用指定给当前图层的线型来创建对象。如果将当前线型设定为“BYBLOCK”，则将对象编组到块中之前，将使用“CONTINUOUS”线型来创建对象。将块插入到图形中时，此类对象将采用当前线型设置。如果不希望当前线型成为指定给当前图层的线型，则可以明确指定其他线型。CAD 软件中某些对象（文字、点、视口、图案填充和块）不显示线型。

为全部新图形对象设定线型的步骤如下。

ⓐ 依次单击“常用”选项卡 ➤ “特性”面板 ➤ “线型”。

ⓑ 在“线型”下拉列表中，单击“其他”。然后在“线型管理器”对话框中，单击“加载”。可以按住 Ctrl 键来选择多个线型，或者按住 Shift 键来选择一个范围内的线型。

ⓒ 在“线型管理器”对话框中，执行以下操作之一：

选择一个线型并选择“当前”，以该线型绘制所有的新对象；

选择“BYLAYER”以使用当前图层的线型来绘制新对象；

选择“BYBLOCK”以使用当前线型来绘制新对象，直到将这些对象编组为块，将块插入到图形中时，块中的对象将采用当前线型设置。

ⓓ 单击“确定”。

更改指定给图层的线型的步骤如下。

ⓐ 依次单击“常用”选项卡 ➤“图层”面板 ➤“图层特性”。

ⓑ 在“图层特性管理器”中，选择要更改的线型名称。

ⓒ 在“选择线型”对话框中，选择所需的线型，单击“确定”。

ⓓ 再次单击“确定”。

更改图形对象线型的方法：选择要更改其线型的对象，依次单击“常用”选项卡→“选项板”面板→“特性”。在特性选项板上，单击“线型”控件，选择要指定给对象的线型。可以通过以下三种方案更改对象的线型：

ⓐ 将对象重新指定给具有不同线型的其他图层。如果将对象的线型设定为“BYLAYER”，并将该对象重新指定给其他图层，则该对象将采用新图层的线型。

ⓑ 更改指定给该对象所在图层的线型。如果将对象的线型设定为“BYLAYER”，则该对象将采用其所在图层的线型。如果更改了指定给图层的线型，则该图层上指定了“BYLAYER”线型的所有对象都将自动更新。

ⓒ 为对象指定一种线型以替代图层的线型。可以明确指定每个对象的线型。如果要用其他线型来替代对象由图层决定的线型，请将现有对象的线型从“BYLAYER”更改为特定的线型（例如“DASHED”）。

（3）控制线型比例　通过全局更改或分别更改每个对象的线型比例因子，可以以不同的比例使用同一种线型。默认情况下，全局线型和独立线型的比例均设定为 1.0。比例越小，每个绘图单位中生成的重复图案数越多。例如，设定为 0.5 时，每个图形单位在线型定义中显示两个重复图案。不能显示一个完整线型图案的短直线段显示为连续线段。对于太短，甚至不能显示一条虚线的直线，可以使用更小的线型比例。如图 2.69 所示。

```
命令: LTSCALE
输入新线型比例因子 <1.0000>: 1.000
正在重生成模型。
```

“全局比例因子”的值控制 LTSCALE 系统变量，该系统变量可以全局更改新建对象和现有对象的线型比例。“当前对象缩放比例”的值控制 CELTSCALE 系统变量，该系统变量可以设定新建对象的线型比例。将用 LTSCALE 的值与 CELTSCALE 的值相乘可以获得显示的线型比例。可以轻松地分别更改或全局更改图形中的线型比例。在布局中，可以通过 PSLTSCALE 调节各个视口中的线型比例。

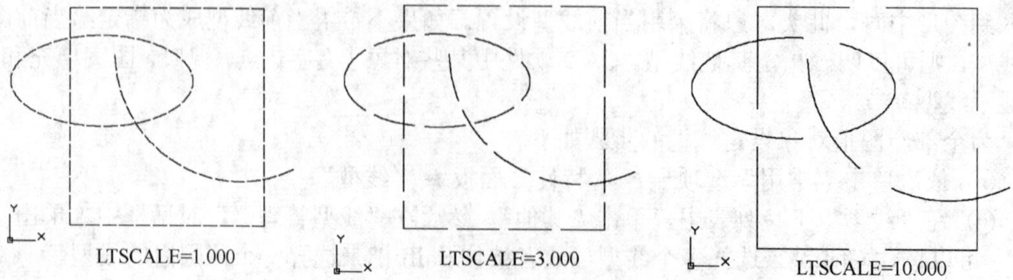


图 2.69　不同全局比例因子显示效果

## 2.8.2　快速准确定位复制方法

要将图形准确复制到指定位置，可以使用“带基点复制”的功能方法，即是将选定的对

象与指定的基点一起复制到剪贴板，然后将图形准确粘贴到指定位置。操作方法如下，如图 2.70 所示。

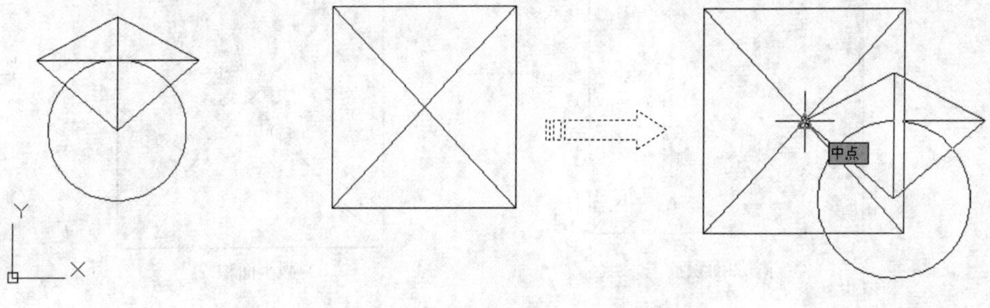


图 2.70　将图形准确复制到指定位置

（1）菜单方法：打开下拉菜单编辑(E) ➤ 带基点复制(B)。

（2）快捷菜单方法：终止所有活动命令，在绘图区域中单击鼠标右键，然后从剪贴板中选择“带基点复制”。

## 2.8.3　图形面积和长度快速计算方法

(1)使用 AREA 功能命令　计算对象或所定义区域的面积和周长，可以使用 AREA 命令。操作步骤是在工具(T)下拉菜单→查询(Q)→面积(A)。

命令：AREA

指定第一个角点或 [对象(O)/增加面积(A)/减少面积(S)] <对象(O)>:

选择对象：

区域 = 15860.5147，周长 = 570.0757

其中，

ⓐ“对象(O)”选项：可以计算选定对象的面积和周长。可以计算圆、椭圆、样条曲线、多段线、多边形、面域和三维实体的面积。如果选择开放的多段线，将假设从最后一点到第一点绘制了一条直线，然后计算所围区域中的面积。计算周长时，将忽略该直线的长度；计算面积和周长时将使用宽多段线的中心线。

ⓑ“增加面积(A)”选项：打开“加”模式后，继续定义新区域时应保持总面积平衡。可以使用“增加面积”选项计算各个定义区域和对象的面积、周长，以及所有定义区域和对象的总面积。也可以选择指定点。将显示第一个指定的点与光标之间的橡皮线。要加上的面积以绿色亮显，如图 2.71（a）所示。按 Enter 键。AREA 将计算面积和周长，并返回打开“加”模式后通过选择点或对象定义的所有区域的总面积。如果不闭合这个多边形，将假设从最后一点到第一点绘制了一条直线，然后计算所围区域中的面积。计算周长时，该直线的长度也会计算在内。

ⓒ“减少面积(S)”选项：与“增加面积”选项类似，但是减少面积和周长。可以使用“减少面积”选项从总面积中减去指定面积。也可以通过点指定要减去的区域。将显示第一个指定的点与光标之间的橡皮线。指定要减去的面积以绿色亮显，如图 2.71（b）所示。

计算由指定点所定义的面积和周长。所有点必须都在与当前用户坐标系(UCS)的 *XY* 平面平行的平面上。将显示第一个指定的点与光标之间的橡皮线。指定第二个点后，将显示具有绿色填充的直线段和多段线。继续指定点以定义多边形，然后按 Enter 键完成周长定义。如果不闭合这个多边形，将假设从最后一点到第一点绘制了一条直线，然后计算所围区域中的

面积。计算周长时，该直线的长度也会计算在内。

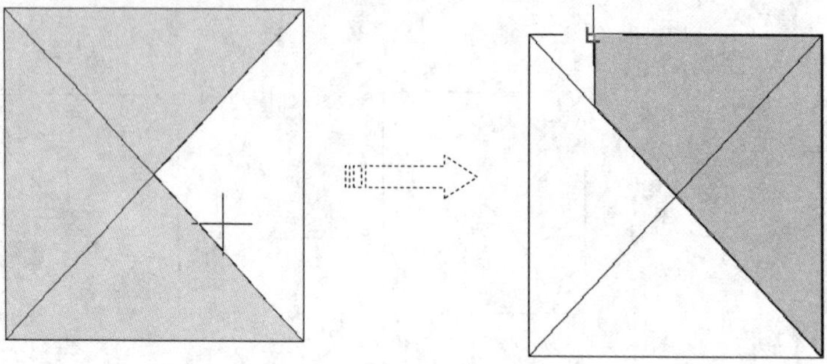

（a）增加面积　　　　（b）减少面积

图 2.71　面积计算

（2）使用 PLINE 和 LIST 命令计算面积　可使用 PLINE 创建闭合多段线，也可使用 BOUNDARY创建闭合多段线或面域。然后选择闭合图形使用LIST或“特性”选项板来查找面积，按下 F2 键可以看到面积等提示。如图 2.72 所示。

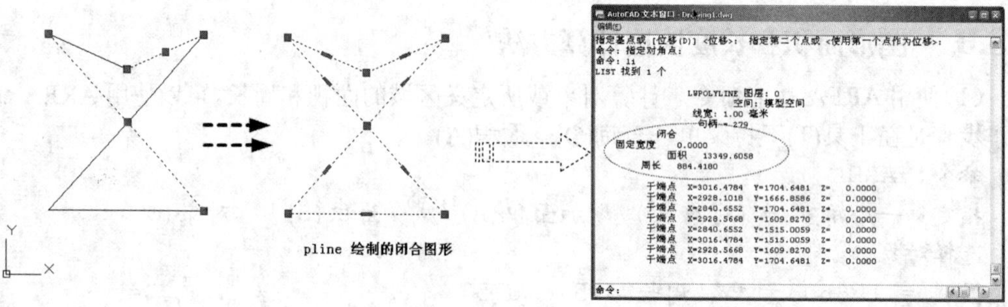


图 2.72　使用 PLINE 和 LIST 计算面积

（3）使用 BOUNDARY 和 LIST 命令计算面积　使用 BOUNDARY 从封闭区域创建面域或多段线，然后使用 LIST 计算面积方法，按下 F2 键可以看到面积等提示。如图 2.73 所示。

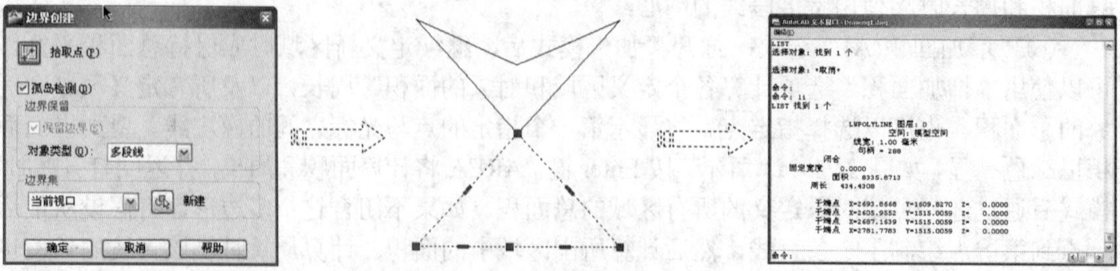


图 2.73　使用 BOUNDARY 和 LIST 计算面积

```
命令:BOUNDARY
拾取内部点:正在选择所有对象...
正在选择所有可见对象...
正在分析所选数据...
正在分析内部孤岛...
```

拾取内部点：
BOUNDARY 已创建 1 个多段线

## 2.8.4 当前视图中图形显示精度快速设置

当前视图中图形显示精度设置也即设置当前视口中对象的分辨率，其功能命令是 VIEWRES。VIEWRES 使用短矢量控制圆、圆弧、样条曲线和圆弧式多段线的外观。矢量数目越大，圆或圆弧的外观越平滑。例如，如果创建了一个很小的圆然后将其放大，它可能显示为一个多边形。使用 VIEWRES 增大缩放百分比并重生成图形，可以更新圆的外观并使其平滑。如图 2.74 所示。

VIEWRES 设置保存在图形中。要更改新图形的默认值，请指定新图形所基于的样板文件中的 VIEWRES 设置。如果命名（图纸空间）布局首次成为当前设置而且布局中创建了默认视口，此初始视口的显示分辨率将与模型选项卡视口的显示分辨率相同。

命令：VIEWRES
是否需要快速缩放？[是(Y)/否(N)] <Y>：y
输入圆的缩放百分比 (1-20000) <1000>：20000(最小为 1，最大 2 为 20000)
正在重生成模型。

(a) VIEWRES＝100

(b) VIEWRES＝20000

图 2.74 不同图形显示精度效果

# 第3章 城乡规划设计CAD基本图形绘制方法

本章主要介绍使用 AutoCAD 进行城乡规划设计绘图中基本图形绘制的方法和技巧，包括：直线、折线、弧线和曲线等各种线条绘制；圆形和矩形、多边形、表格等各种规则和不规则图形绘制；较为复杂的图形绘制思路和方法。AutoCAD 的绘图功能十分强大，使用方便，用途广泛，能够应对各种图形的绘制，是城乡规划设计绘图及文件制作的有力助手。

## 3.1 常见城乡规划设计线条 CAD 快速绘制

AutoCAD 中的点、线（包括直线、曲线）等是最基本的图形元素。其中线的绘制包括直线与多段线、射线与构造线、弧线与椭圆弧线、样条曲线与多线等各种形式的线条。

### 3.1.1 点的绘制

在点、线、面三种类型图形对象中，点无疑是 AutoCAD 中最基本的组成单位元素。点可以作为捕捉对象的节点。点的 AutoCAD 功能命令为 POINT（简写形式为 PO）。其绘制方法是在提示输入点的位置时，直接输入点的坐标或者使用鼠标选择点的位置即可。

启动 POINT 命令可以通过以下 3 种方式：

- 打开【绘图】下拉菜单选择命令【点】选项中的【单点】或【多点】命令。
- 单击【绘图】工具栏上的【点】命令图标。
- 在“命令:”命令行提示下直接输入 POINT 或 PO 命令（不能使用“点”作为命令输入）。

打开【格式】下拉菜单选择【点样式】命令选项，就可以选择点的图案形式和图标的大小。如图 3.1 所示。点的形状和大小也可以由系统变量 PDMODE 和 PDSIZE 控制，其中变量 PDMODE 用于设置点的显示图案形式（如果 PDMODE 的值为 1，则指定不显示任何图形），变量 PDSIZE 则用来控制图标的大小（如果 PDSIZE 设置为 0，将按绘图区域高度的百分之五生成点对象）。正的 PDSIZE 值指定点图形的绝对尺寸。负值将解释为视口尺寸的百分比。修改 PDMODE 和 PDSIZE 之后，AutoCAD 下次重生成图形时改变现有点的外观。重生成

图形时将重新计算所有点的尺寸。进行点绘制操作如下。

命令：POINT（输入画点命令）

当前点模式： PDMODE=99 PDSIZE=25.0000（系统变量的 PDMODE、PDSIZE 设置数值）

指定点：（使用鼠标在屏幕上直接指定点的位置，或直接输入点的坐标 x,y,z 数值）

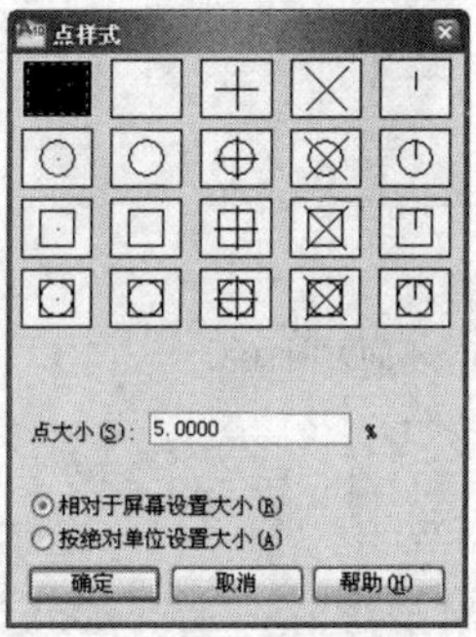


图 3.1 设置点样式

图 3.2 利用点标记等分线段

点的功能一般不单独使用，常常在进行线段等分时作为等分标记使用。最好先选择点的样式，要显示其位置最好不使用“.”的样式，因为该样式不易看到。操作如下，如图 3.2 所示。

命令:DIVIDE（打开【绘图】下拉菜单选择【点】命令选项，再选择“定数等分或定距等分”）

选择要定数等分的对象：

输入线段数目或[块(B)]： 6

### 3.1.2 直线与多段线绘制

（1）绘制直线

直线的 AutoCAD 功能命令为 LINE（简写形式为 L），绘制直线可通过直接输入端点坐标（*X*，*Y*）或直接在屏幕上使用鼠标点取。可以绘制一系列连续的直线段，但每条直线段都是一个独立的对象，按 Enter（即回车，后面论述同此）键结束命令。

启动 LINE 命令可以通过以下 3 种方式：

- 打开【绘图】下拉菜单选择【直线】命令选项。
- 单击【绘图】工具栏上的【直线】命令图标。
- 在“命令:”命令行提示下直接输入 LINE 或 L 命令（不能使用“直线”作为命令输入）。

要绘制斜线、水平和垂直的直线，可以结合使用【F8】按键。反复按下【F8】键即可进行在斜线与水平或垂直方向之间切换。以在“命令:”直接输入 LINE 或 L 命令为例，说明直线的绘制方法，如图 3.3 所示。

特别说明，在绘制图形时，图形的端点定位一般采用在屏幕上捕捉直接点取其位置，或输入相对坐标数值进行定位，通常不使用直接输入其坐标数值（*X*,*Y*）或（*X*,*Y*,*Z*），因为使用坐标数值比较繁琐。后面论述同此。

命令：LINE（输入绘制直线命令）

指定第一点：175，128（指定直线起点 A 或输入端点坐标）

指定下一点或 [放弃（U）]：545，442（按下【F8】后指定直线终点 B 或输入端点坐

标545，442）

指定下一点或 [放弃（U）]：（回车）

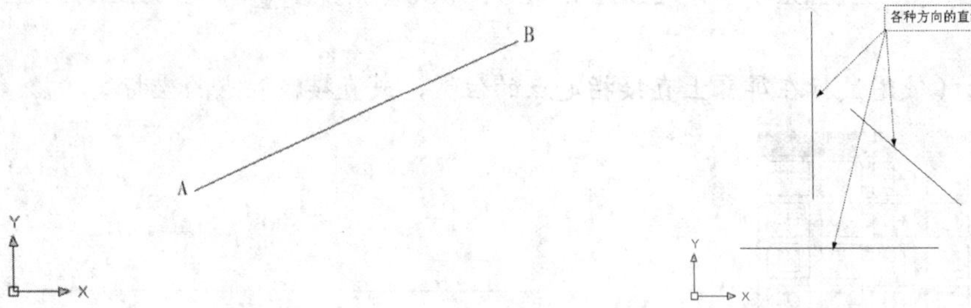


（a）绘制直线 *AB*　　（b）不同方向直线

图 3.3　绘制直线

（2）绘制多段线

多段线的 AutoCAD 功能命令为 PLINE（PLINE 为 Polyline 简写形式，缩写形式为 PL），绘制多段线同样可通过直接输入端点坐标（*X*，*Y*）或直接在屏幕上使用鼠标点取。对于多段线，可以指定线型图案在整条多段线中是位于每条线段的中央还是连续跨越顶点，如图 3.4 所示。可以通过设置 PLINEGEN 系统变量来执行此设置。

PLINEGEN=0　　PLINEGEN=1

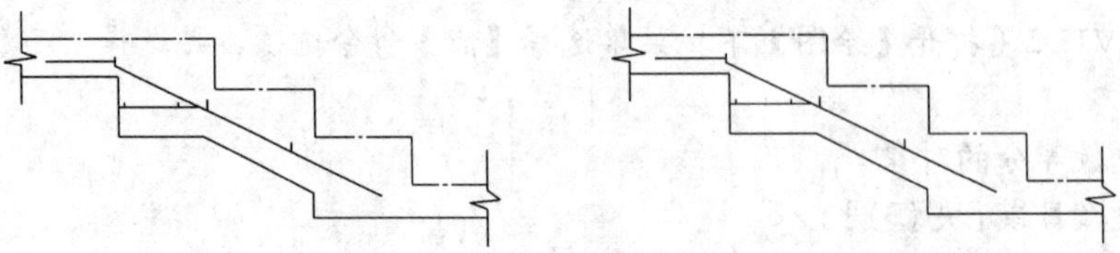

线型在二维多段线中居中　　线型在二维多段线中连续

图 3.4　多段线设置

启动 PLINE 命令可以通过以下 3 种方式：

- ■ 打开【绘图】下拉菜单选择【多段线】命令选项。
- ■ 单击【绘图】工具栏上的【多段线】命令图标。
- ■ 在“命令:”命令行提示下直接输入 PLINE 或 PL 命令（不能使用“多段线”作为命令输入）。

绘制时要在斜线、水平和垂直之间进行切换，可以使用【F8】按键。以在“命令:”直接输入 PLINE 或 PL 命令为例，说明多段线的绘制方法。

① 使用 PLINE 绘制由直线构成的多段线，如图 3.5(a)所示。

命令：PLINE（绘制由直线构成的多段线）

指定起点:13,151（确定起点 A 位置）

当前线宽为 0.0000

指定下一个点或 [圆弧（A）/半宽（H）/长度（L）/放弃（U）/宽度（W）]：13,83（依次输入多段线端点 B 的坐标或直接在屏幕上使用鼠标点取）

指定下一点或 [圆弧(A)/闭合(C)/半宽(H)/长度(L)/放弃(U)/宽度(W)]:40,

83（下一点 C）

指定下一点或 [圆弧(A)/闭合(C)/半宽(H)/长度(L)/放弃(U)/宽度(W)]:66, 133（下一点 D）

指定下一点或 [圆弧（A）/闭合（C）/半宽（H）/长度（L）/放弃（U）/宽度（W）]: 82, 64（下一点 E）

……

指定下一点或 [圆弧（A）/闭合（C）/半宽（H）/长度（L）/放弃（U）/宽度（W）]:（回车结束操作）

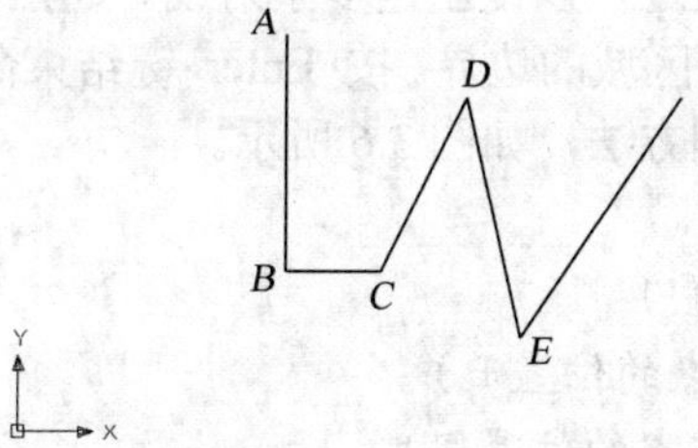


(a) 纯直线形式

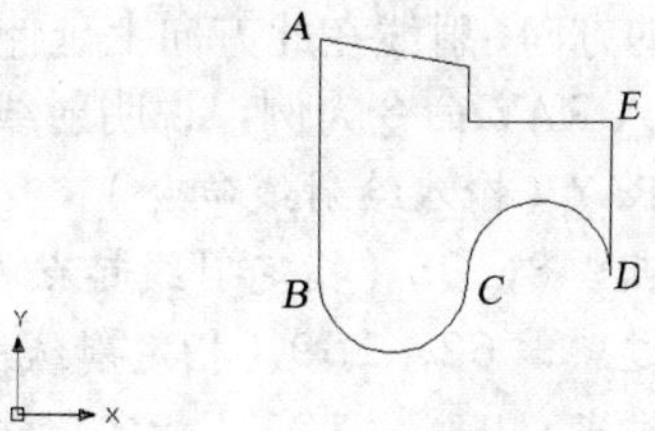


(b) 直线与弧线结合

图 3.5　绘制多段线

② 使用 PLINE 绘制由直线与弧线构成的多段线，如图 3.5(b)所示。

命令：PLINE（绘制由直线与弧线构成的多段线）

指定起点：7, 143（确定起点 A 位置）

当前线宽为 0.0000

指定下一个点或 [圆弧（A）/半宽（H）/长度（L）/放弃（U）/宽度（W）]: 7, 91（输入多段线端点 B 的坐标或直接在屏幕上使用鼠标点取）

指定下一点或 [圆弧（A）/闭合（C）/半宽（H）/长度（L）/放弃（U）/宽度（W）]: A（输入 A 绘制圆弧段造型）

指定圆弧的端点或

[角度（A）/圆心（CE）/闭合（CL）/方向（D）/半宽（H）/直线（L）/半径（R）/第二个点（S）/放弃（U）/宽度（W）]: 41, 91（指定圆弧的第 1 个端点 C）

指定圆弧的端点或

[角度（A）/圆心（CE）/闭合（CL）/方向（D）/半宽（H）/直线（L）/半径（R）/第二个点（S）/放弃（U）/宽度（W）]: 73, 91（指定圆弧的第 2 个端点 D）

指定圆弧的端点或

[角度（A）/圆心（CE）/闭合（CL）/方向（D）/半宽（H）/直线（L）/半径（R）/第二个点（S）/放弃（U）/宽度（W）]: L（输入 L 切换回绘制直线段造型）

指定下一点或 [圆弧(A)/闭合(C)/半宽(H)/长度(L)/放弃(U)/宽度(W)]:73, 125（下一点 E）

指定下一点或 [圆弧（A）/闭合（C）/半宽（H）/长度（L）/放弃（U）/宽度（W）]:（下一点）

……

指定下一点或 [圆弧（A）/闭合（C）/半宽（H）/长度（L）/放弃（U）/宽度（W）]: C（闭合多段线）

### 3.1.3 射线与构造线绘制

（1）绘制射线

射线指沿着一个方向无限延伸的直线，主要用来定位的辅助绘图线。射线具有一个确定的起点并单向无限延伸。其AutoCAD功能命令为RAY，也可以直接在屏幕上使用鼠标点取。

启动RAY命令可以通过以下2种方式：

■ 打开【绘图】下拉菜单选择【射线】命令选项。

■ 在“命令:”命令行提示下直接输入RAY命令（不能使用“射线”作为命令输入）。

AutoCAD绘制一条射线并继续提示输入通过点以便创建多条射线。起点和通过点定义了射线延伸的方向，射线在此方向上延伸到显示区域的边界。按Enter键结束命令。以在“命令:”直接输入RAY命令为例，说明射线的绘制方法，如图3.6所示。

命令：RAY（输入绘射线命令）

指定起点：8，95（指定射线起点A的位置）

指定通过点：62，139（指定射线所通过点的位置B）

指定通过点：112，121（指定射线所通过点的位置C）

......

指定通过点：（回车）

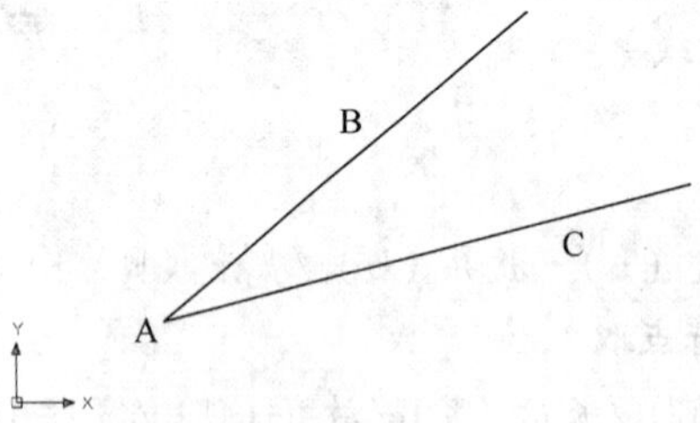


图3.6 绘制射线

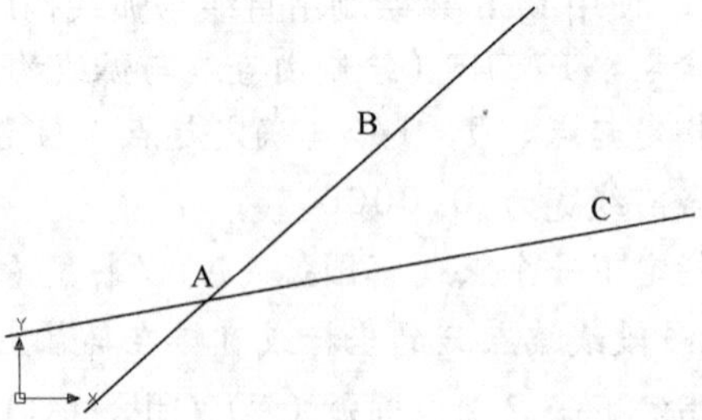


图3.7 绘制构造线

（2）绘制构造线

构造线指两端方向是无限长的直线，主要用来定位的辅助绘图线，即用来定位对齐边角点的辅助绘图线。其AutoCAD功能命令为XLINE（简写形式为XL），可直接在屏幕上使用鼠标点取。

启动XLINE命令可以通过以下3种方式：

■ 打开【绘图】下拉菜单选择【构造线】命令选项。

■ 单击【绘图】工具栏上的【构造线】命令图标。

■ 在“命令:”命令行提示下直接输入XLINE或XL命令（不能使用“构造线”作为命令输入）。

使用两个通过点指定构造线（无限长线）的位置。以在“命令:”直接输入XLINE命令为例，说明构造线的绘制方法，如图3.7所示。

命令：XLINE（绘制构造线）

指定点或 [水平（H）/垂直（V）/角度（A）/二等分（B）/偏移（O）]：8，95（指定构造直线起点A位置）

指定通过点：62，139（指定构造直线通过点位置B）

指定通过点:112，121 （指定下一条构造直线通过点位置C）

指定通过点：（指定下一条构造直线通过点位置）

......

指定通过点：

指定通过点：（回车）

### 3.1.4 圆弧线与椭圆弧线绘制

（1）绘制圆弧线

圆弧线可以通过输入端点坐标进行绘制，也可以直接在屏幕上使用鼠标点取。其 AutoCAD 功能命令为 ARC（简写形式为 A）。在进行绘制时，如果未指定点就按 Enter 键，AutoCAD 将把最后绘制的直线或圆弧的端点作为起点，并立即提示指定新圆弧的端点。这将创建一条与最后绘制的直线、圆弧或多段线相切的圆弧。

启动 ARC 命令可以通过以下 3 种方式：

■ 打开【绘图】下拉菜单选择【圆弧】命令选项。

■ 单击【绘图】工具栏上的【圆弧】命令图标。

■ 在"命令:"命令行提示下直接输入 ARC 或 A 命令（不能使用"圆弧"作为命令输入）。

以在"命令:"直接输入 ARC 命令为例，说明弧线的绘制方法，如图 3.8 所示。

命令：ARC（绘制弧线）

指定圆弧的起点或 [圆心（C）]：20，102（指定起始点位置 A）

指定圆弧的第二个点或 [圆心（C）/端点（E）]：61，139（指定中间点位置 B）

指定圆弧的端点：113，122（指定起终点位置 C）

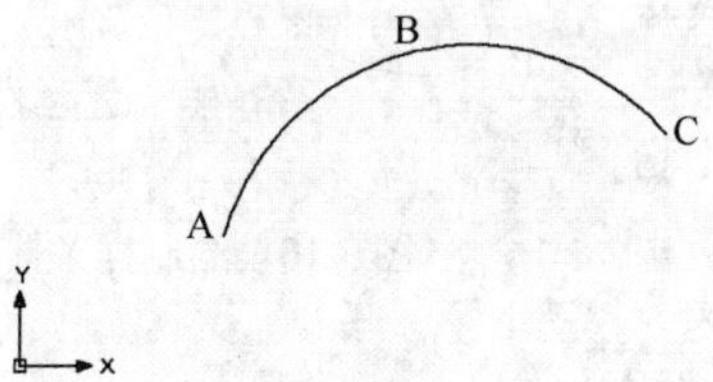


图 3.8　绘制弧线

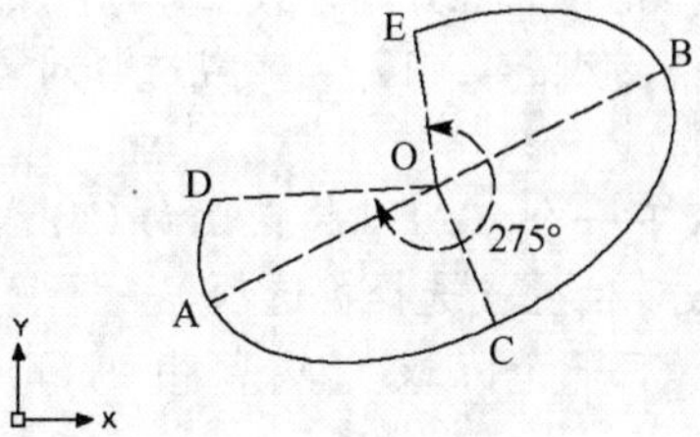


图 3.9　绘制椭圆曲线

（2）绘制椭圆弧线

椭圆弧线的 AutoCAD 功能命令为 ELLIPSE（简写形式为 EL），与椭圆是一致的，只是在执行 ELLIPSE 命令后再输入 A 进行椭圆弧线绘制。一般根据两个端点定义椭圆弧的第 1 条轴，第 1 条轴的角度确定了整个椭圆的角度。第 1 条轴既可定义椭圆的长轴也可定义短轴。

启动 ELLIPSE 命令可以通过以下 3 种方式：

■ 打开【绘图】下拉菜单选择【椭圆】命令选项，再单击子命令选项【圆弧】。

■ 单击【绘图】工具栏上的【椭圆弧】命令图标。

■ 在"命令:"命令行提示下直接输入 ELLIPSE 或 EL 命令后再输入 A（不能使用"椭圆弧"作为命令输入）。

以在"命令:"直接输入 ELLIPSE 命令为例，说明椭圆弧线的绘制方法，如图 3.9 所示。

命令：ELLIPSE（绘制椭圆曲线）

指定椭圆的轴端点或 [圆弧（A）/中心点（C）]：A（输入 A 绘制椭圆曲线）

指定椭圆弧的轴端点或 [中心点（C）]：（指定椭圆轴线端点 A）

指定轴的另一个端点：（指定另外一个椭圆轴线端点 B）

指定另一条半轴长度或 [旋转（R）]：（指定与另外一个椭圆轴线距离 OC）

指定起始角度或 [参数（P）]：（指定起始角度位置 D）

指定终止角度或 [参数（P）/包含角度（I）]：（指定终点角度位置 E）

### 3.1.5 样条曲线与多线绘制

（1）绘制样条曲线

样条曲线是一种拟合不同位置点的曲线，其 AutoCAD 功能命令为 SPLINE（简写形式为 SPL）。样条曲线与使用 ARC 命令连续绘制的多段曲线图形不同之处在于样条曲线是一体的，且曲线光滑流畅，而使用 ARC 命令连续绘制的多段曲线图形则是由几段组成的。SPLINE 在指定的允差范围内把光滑的曲线拟合成一系列的点。AutoCAD 使用 NURBS（非均匀有理 B 样条曲线）数学方法，其中存储和定义了一类曲线和曲面数据。

启动 SPLINE 命令可以通过以下 3 种方式：

- ■ 打开【绘图】下拉菜单选择【样条曲线】命令选项。
- ■ 单击【绘图】工具栏上的【样条曲线】命令图标。
- ■ 在“命令:”命令行提示下直接输入 SPLINE 或 SPL 命令（不能使用“样条曲线”作为命令输入）。

以在“命令:”直接输入 SPLINE 命令为例，说明样条曲线的绘制方法，如图 3.10 所示。

命令：SPLINE（输入绘制样条曲线命令）

当前设置：方式=拟合　　节点=弦

指定第一个点或 [方式(M)/节点(K)/对象(O)]：（指定样条曲线的第 1 点 A 或选择对象进行样条曲线转换）

输入下一个点或 [起点切向(T)/公差(L)]：（指定下一点 C 位置或选择备选项）

输入下一个点或 [端点相切(T)/公差(L)/放弃(U)/闭合(C)]：（指定下一点 D 位置或选择备选项）

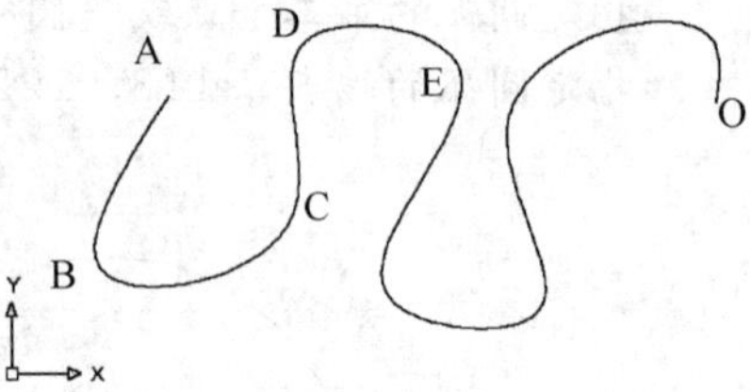


图 3.10　绘制样条曲线

......

输入下一个点或 [端点相切(T)/公差(L)/放弃(U)/闭合(C)]：（指定下一点 O 位置或选择备选项）

输入下一个点或 [端点相切(T)/公差(L)/放弃(U)/闭合(C)]：（回车）

指定切向：（回车）

（2）绘制多线

多线也称多重平行线，指由两条相互平行的直线构成的线型。其 AutoCAD 绘制命令为 MLINE（简写形式为 ML）。其中的比例因子参数 Scale 是控制多线的全局宽度（这个比例不影响线型比例），该比例基于在多线样式定义中建立的宽度。比例因子为 2 绘制多线时，其宽度是样式定义的宽度的两倍。负比例因子将翻转偏移线的次序，即当从左至右绘制多线时，偏移最小的多线绘制在顶部。负比例因子的绝对值也会影响比例。比例因子为 0 将使多线变为单一的直线。

启动 MLINE 命令可以通过以下 3 种方式：

- ■ 打开【绘图】下拉菜单选择【多线】命令选项。
- ■ 单击绘图工具栏上的多线命令图标。
- ■ 在“命令:”命令行提示下直接输入 MLINE 或 ML 命令（不能使用“多线”作为命令

输入）。

多线的样式，打开【绘图】下拉菜单，选择命令【多线样式】选项。在弹出的对话框中就可以新建多线形式、修改名称、设置特性和加载新的多行线的样式等，如图 3.11 所示。

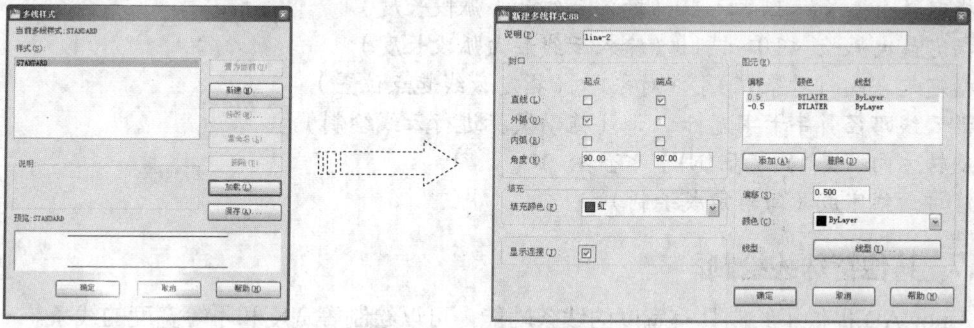

图 3.11　设置多线

以在“命令:”直接输入 MLINE 命令为例，说明多线的绘制方法，如图 3.12 所示。

命令：MLINE（绘制多线）

当前设置：对正 = 上，比例 = 20.00，样式 = STANDARD

指定起点或 [对正（J）/比例（S）/样式（ST）]：S（输入 S 设置多线宽度）

输入多线比例 <20.00>： 120（输入多线宽度）

当前设置：对正 = 上，比例 = 120.00，样式 = STANDARD

指定起点或 [对正(J)/比例(S)/样式(ST)]：(指定多线起点位置)

指定下一点：（指定多线下一点位置）

指定下一点或 [放弃（U）]：（指定多线下一点位置）

指定下一点或 [闭合（C）/放弃（U）]：（指定多线下一点位置）

指定下一点或 [闭合（C）/放弃（U）]：（指定多线下一点位置）

指定下一点或 [闭合（C）/放弃（U）]：（指定多线下一点位置）

......

指定下一点或 [闭合（C）/放弃（U）]：C（回车）

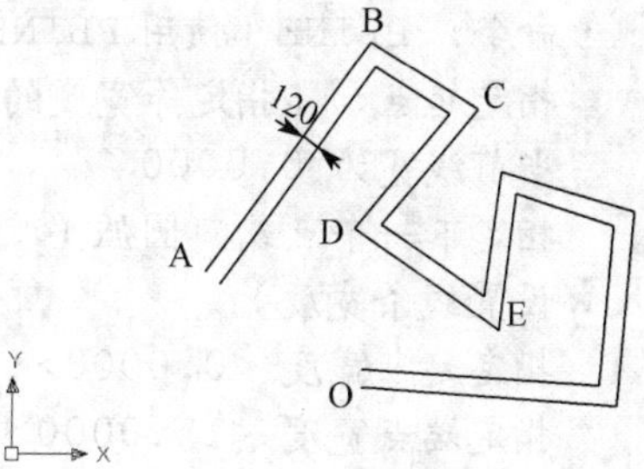


图 3.12　绘制多线

### 3.1.6　云线（云彩线）绘制

云线是指由连续圆弧组成的线条造型。云线的 AutoCAD 命令是 REVCLOUD，REVCLOUD 在系统注册表中是存储上一次使用的圆弧长度，当程序和使用不同比例因子的图形一起使用时，用 DIMSCALE 乘以此值以保持统一。

启动命令可以通过以下 3 种方式：

- 打开【绘图】下拉菜单选择【修订云线】命令选项。
- 单击【绘图】工具栏上的【修订云线】命令图标。
- 在“命令:”直接输入 REVCLOUD 命令。

其绘制方法如下所述，如图 3.13 所示：

图 3.13　绘制云线（云彩线）

命令：REVCLOUD（绘制云线）

最小弧长：15　最大弧长：15　样式：普通

指定起点或 [弧长(A)/对象(O)] <对象>：A（输入 A 设置云线的大小）

指定最小弧长 <15>：10（输入云线最小弧段长度）

指定最大弧长 <10>：18（输入云线最大弧段长度）

指定起点或 [对象(O)] <对象>：（指定云线起点位置）

沿云线路径引导十字光标...（拖动鼠标进行云线绘制）

反转方向 [是(Y)/否(N)] <否>：N

修订云线完成（回车完成绘制）

### 3.1.7 其他特殊线绘制

AutoCAD 提供了绘制具有宽度的线条功能，可以绘制等宽度和不等宽度的线条。

（1）等宽度的线条　绘制等宽度的线条，可以使用 PLINE、TRACE 命令来实现，具体绘制方法如下所述：

① 使用 PLINE 命令绘制等宽度的线条，如图 3.14 所示。

命令：PLINE（使用 PLINE 命令绘制等宽度的线条）

指定起点：（指定等宽度的线条起点 A）

当前线宽为 0.0000

指定下一个点或 [圆弧（A）/半宽（H）/长度（L）/放弃（U）/宽度（W）]：W（输入 W 设置线条宽度）

指定起点宽度 <0.0000>：15（输入起点宽度）

指定端点宽度 <15.0000>：15（输入端点宽度）

指定下一个点或 [圆弧（A）/半宽（H）/长度（L）/放弃（U）/宽度（W）]：（依次输入多段线端点坐标或直接在屏幕上使用鼠标点取 B）

指定下一点或 [圆弧（A）/闭合（C）/半宽（H）/长度（L）/放弃（U）/宽度（W）]：（指定下一点位置 C）

指定下一点或 [圆弧（A）/闭合（C）/半宽（H）/长度（L）/放弃（U）/宽度（W）]：（指定下一点位置 D）

......

指定下一点或 [圆弧（A）/闭合（C）/半宽（H）/长度（L）/放弃（U）/宽度（W）]：（指定下一点位置）

指定下一点或 [圆弧（A）/闭合（C）/半宽（H）/长度（L）/放弃（U）/宽度（W）]：（回车结束操作）

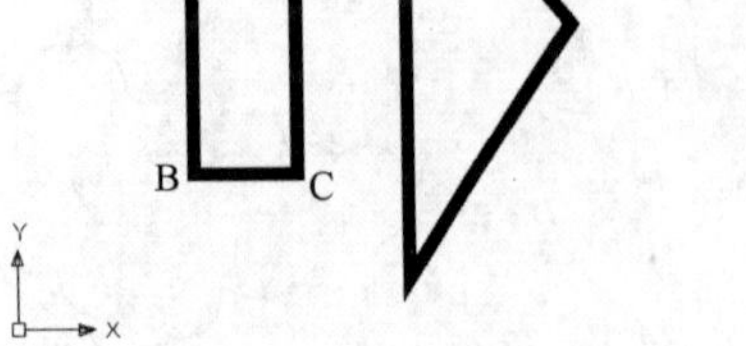


图 3.14　使用 PLINE 命令绘制

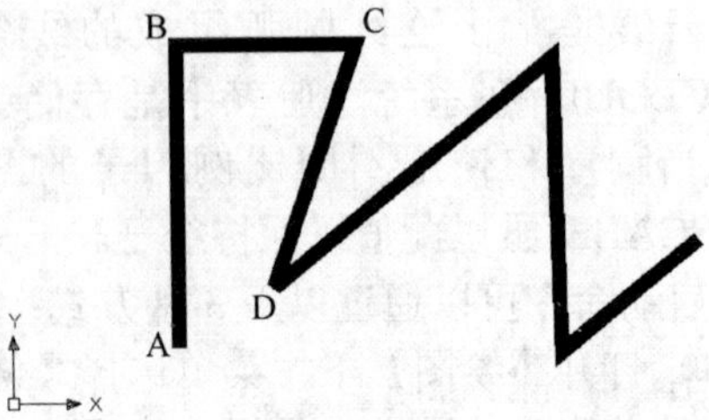


图 3.15　使用 TRACE 命令绘制

② 使用 TRACE 命令绘制宽度线。如图 3.15 所示。使用 TRACE 命令时，只有下一个线

段的终点位置确定后，上一段的线段才在屏幕上显示出来。宽线的端点在宽线的中心线上，而且总是被剪切成矩形。TRACE 自动计算连接到邻近线段的合适倒角。AutoCAD 直到指定下一线段或按 Enter 键之后才画出每条线段。考虑到倒角的处理方式，TRACE 没有放弃选项。如果“填充”模式打开，则宽线是实心的。如果“填充”模式关闭，则只显示宽线的轮廓。

命令：TRACE（使用 TRACE 绘制等宽度的线条）

指定宽线宽度 <1.2000>：8

指定起点：（指定起点位置 A）

指定下一点：（指定下一点位置 B）

指定下一点：（指定下一点位置 C）

......

指定下一点：（回车）

（2）不等宽度的线条　绘制不等宽度的线条，可以使用 PLINE 命令来实现，具体绘制方法如下所述，其他不等宽线条按相同方法绘制，如图 3.16 所示。

命令：PLINE（使用 PLINE 命令绘制不等宽度的线条）

指定起点：（指定等宽度的线条起点 A）

当前线宽为 0.0000

指定下一个点或 [圆弧（A）/半宽（H）/长度（L）/放弃（U）/宽度（W）]：W（输入 W 设置线条宽度）

指定起点宽度 <0.0000>：15（输入起点宽度）

指定端点宽度 <15.0000>：3（输入线条宽度与前面不一致）

指定下一个点或 [圆弧（A）/半宽（H）/长度（L）/放弃（U）/宽度（W）]：（依次输入多段线端点坐标或直接在屏幕上使用鼠标点取 B）

指定下一点或 [圆弧（A）/闭合（C）/半宽（H）/长度（L）/放弃（U）/宽度（W）]：W（输入 W 设置线条宽度）

指定起点宽度 <3.0000>：5（输入起点宽度）

指定端点宽度 <5.0000>：1（输入线条宽度与前面不一致）

指定下一点或 [圆弧（A）/闭合（C）/半宽（H）/长度（L）/放弃（U）/宽度（W）]：（指定下一点位置 C）

......

指定下一点或 [圆弧（A）/闭合（C）/半宽（H）/长度（L）/放弃（U）/宽度（W）]：（指定下一点位置）

指定下一点或 [圆弧（A）/闭合（C）/半宽（H）/长度（L）/放弃（U）/宽度（W）]：（回车结束操作）

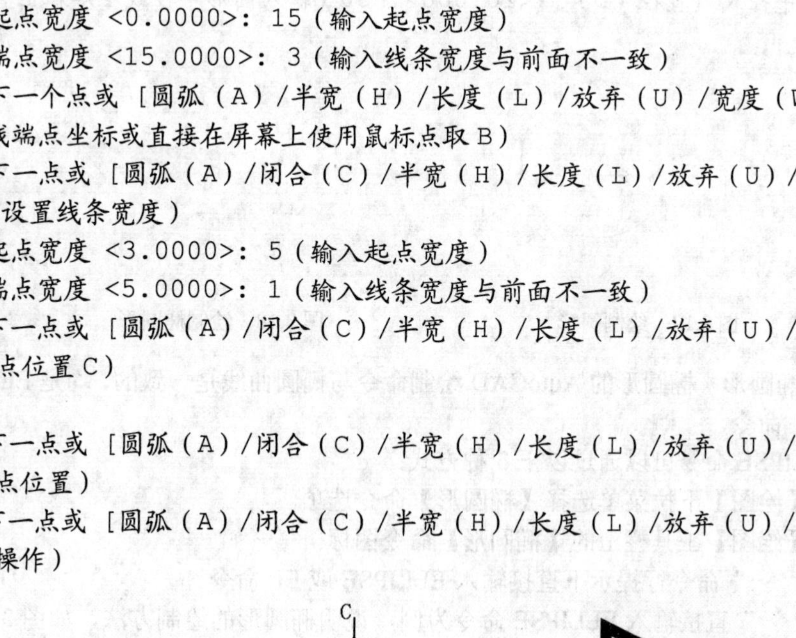


（a）绘制不等宽度的线条 ABC　　（b）其他形式

图 3.16　绘制不等宽度线条

## 3.2 常见城乡规划设计平面图形CAD快速绘制

AutoCAD提供了一些可以直接绘制得到的基本的平面图形，包括圆形、矩形、椭圆形和正多边形等基本图形。

### 3.2.1 圆形和椭圆形绘制

（1）绘制圆形　常常使用到的AutoCAD基本图形是圆形，其AutoCAD绘制命令是CIRCLE（简写形式为C）。启动CIRCLE命令可以通过以下3种方式：

■ 打开【绘图】下拉菜单选择【圆形】命令选项。

■ 单击【绘图】工具栏上的【圆形】命令图标。

■ 在“命令:”命令行提示下直接输入CIRCLE或C命令。

可以通过中心点或圆周上三点中的一点创建圆，还可以选择与圆相切的对象。以在“命令:”直接输入CIRCLE命令为例，说明圆形的绘制方法，如图3.17所示。

命令：CIRCLE（绘制圆形）

指定圆的圆心或［三点（3P）/两点（2P）/相切、相切、半径（T）］：（指定圆心点位置O）

指定圆的半径或［直径（D）］<20.000>：50（输入圆形半径或在屏幕上直接点取）

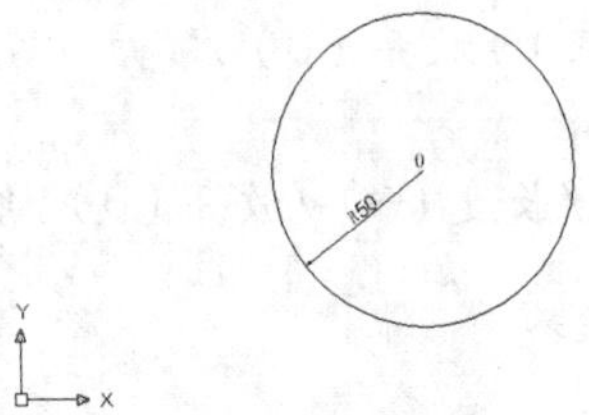

图3.17　绘制圆形

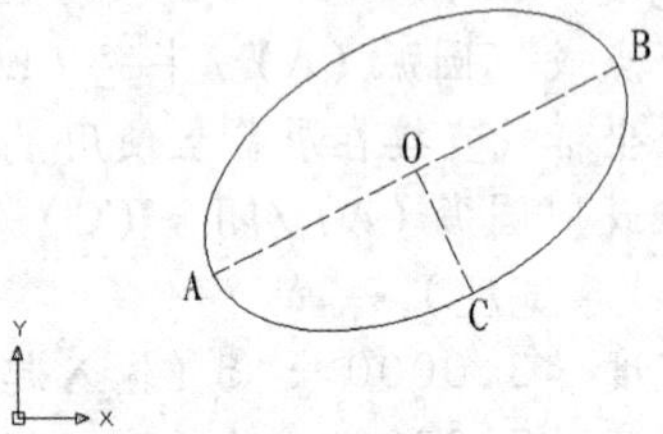

图3.18　绘制椭圆形

（2）绘制椭圆形　椭圆形的AutoCAD绘制命令与椭圆曲线是一致的，均是ELLIPSE（简写形式为EL）命令。

启动ELLIPSE命令可以通过以下3种方式：

■ 打开【绘图】下拉菜单选择【椭圆形】命令选项。

■ 单击【绘图】工具栏上的【椭圆形】命令图标。

■ 在“命令:”命令行提示下直接输入ELLIPSE或EL命令。

以在“命令:”直接输入ELLIPSE命令为例，说明椭圆形的绘制方法，如图3.18所示。

命令：ELLIPSE（绘制椭圆形）

指定椭圆的轴端点或［圆弧（A）/中心点（C）］：（指定一个椭圆形轴线端点A）

指定轴的另一个端点：（指定该椭圆形轴线另外一个端点B）

指定另一条半轴长度或［旋转（R）］：（指定与另外一个椭圆轴线长度距离OC）

### 3.2.2 矩形和正方形绘制

（1）绘制矩形　矩形是最为常见的基本图形，其AutoCAD绘制命令是RECTANG或RECTANGLE（简写形式为REC）。当使用指定的点作为对角点创建矩形，矩形的边与当前

UCS 的 X 或 Y 轴平行。

启动 RECTANG 命令可以通过以下 3 种方式：

■ 打开【绘图】下拉菜单选择【矩形】命令选项。

■ 单击【绘图】工具栏上的【矩形】命令图标。

■ 在“命令:”命令行提示下直接输入 RECTANG 或 REC 命令。

使用长和宽创建矩形时，第 2 个指定点将矩形定位在与第一角点相关的四个位置之一内。以在“命令:”直接输入 RECTANG 命令为例，说明矩形的绘制方法，如图 3.19 所示。

命令:RECTANG（绘制矩形）

指定第一个角点或 [倒角(C)/标高(E)/圆角(F)/厚度(T)/宽度(W)]:

指定另一个角点或 [面积(A)/尺寸(D)/旋转(R)]: D（输入 D 指定尺寸）

指定矩形的长度 <0.0000>: 1000（输入矩形的长度）

指定矩形的宽度 <0.0000>:1500（输入矩形的宽度）

指定另一个角点或 [面积(A)/尺寸(D)/旋转(R)]:（移动光标以显示矩形可能的四个位置之一并单击需要的一个位置）

图 3.19　绘制矩形

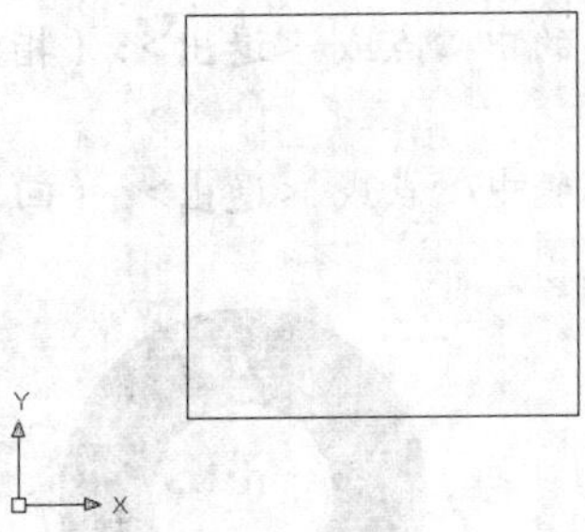


图 3.20　绘制正方形

（2）绘制正方形　绘制正方形可以使用 AutoCAD 的绘制正多边形命令 POLYGON 或绘制矩形命令 RECTANG。启动命令可以通过以下 3 种方式：

■ 打开【绘图】下拉菜单选择【正多边形】或【矩形】命令选项。

■ 单击【绘图】工具栏上的【正多边形】或【矩形】命令图标。

■ 在“命令:”命令行提示下直接输入 POLYGON 或 RECTANG 命令。

以在“命令:”直接输入 POLYGON 或 RECTANG 命令为例，说明正方形的绘制方法。如图 3.20 所示。

① 命令:RECTANG（绘制正方形）

指定第一个角点或 [倒角(C)/标高(E)/圆角(F)/厚度(T)/宽度(W)]:

指定另一个角点或 [面积(A)/尺寸(D)/旋转(R)]: D（输入 D 指定尺寸）

指定矩形的长度 <0.0000>: 1000（输入正方形的长度）

指定矩形的宽度 <0.0000>:1000（输入正方形的宽度）

指定另一个角点或 [面积(A)/尺寸(D)/旋转(R)]:（移动光标以显示矩形可能的四个位置之一并单击需要的一个位置）

② 命令: POLYGON （绘制正方形）

输入边的数目 <4>: 4（输入正方形边数）

指定正多边形的中心点或 [边(E)]: E（输入 E 绘制正方形）

指定边的第一个端点: （在屏幕上指定边的第一个端点位置）

指定边的第二个端点: 50（输入正方形边长长度，若输入“-50”，是负值其位置相反）

### 3.2.3 圆环和螺旋线绘制

（1）绘制圆环　圆环是由宽弧线段组成的闭合多段线构成的。圆环是具有内径和外径的图形，可以认为是圆形的一种特例，如果指定内径为零，则圆环成为填充圆，其 AutoCAD 功能命令是 DONUT。圆环内的填充图案取决于 FILL 命令的当前设置。

启动命令可以通过以下 2 种方式：

■ 打开【绘图】下拉菜单选择【圆环】命令选项。

■ 在“命令:”命令行提示下直接输入 DONUT 命令。

AutoCAD 根据中心点来设置圆环的位置。指定内径和外径之后，AutoCAD 提示用户输入绘制圆环的位置。以在“命令:”直接输入 DONUT 命令为例，说明圆环的绘制方法，如图 3.21 所示。

命令：DONUT（绘制圆环）

指定圆环的内径 <0.5000>: 20（输入圆环内半径）

指定圆环的外径 <1.0000>: 50（输入圆环外半径）

指定圆环的中心点或 <退出>:（在屏幕上点取圆环的中心点位置 O）

指定圆环的中心点或 <退出>:（指定下一个圆环的中心点位置）

......

指定圆环的中心点或 <退出>:（回车）

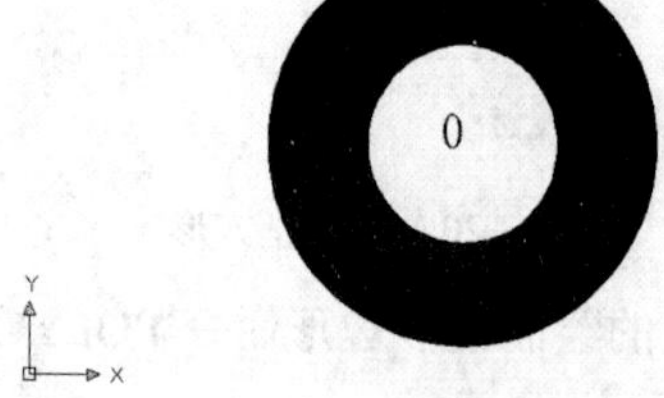


图 3.21　绘制圆环

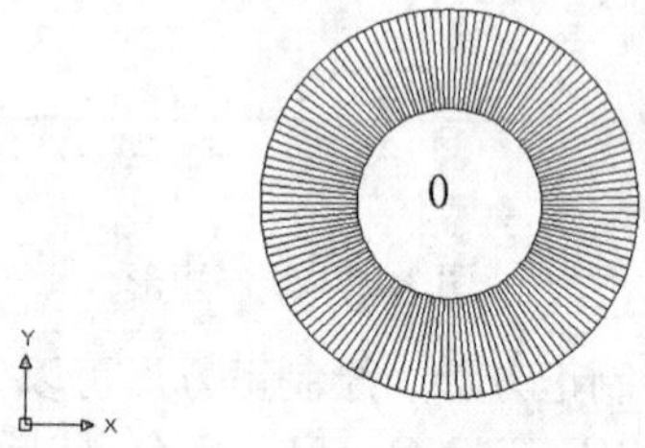


图 3.22　圆环以线框显示

若先将填充（FILL）命令关闭，再绘制圆环，则圆环以线框显示，如图 3.22 所示。

① 关闭填充命令

命令：FILL（填充控制命令）

输入模式 [开（ON） / 关（OFF）] <开>:OFF（输入 OFF 关闭填充）

② 绘制圆环

命令：DONUT（绘制圆环）

指定圆环的内径 <10.5000>: 50（输入圆环内半径）

指定圆环的外径 <15.0000>: 150（输入圆环外半径）

指定圆环的中心点或 <退出>:（在屏幕上点取圆环的中心点位置 O）

指定圆环的中心点或 <退出>:（指定下一个圆环的中心点位置）

......

指定圆环的中心点或 <退出>:（回车）

（2）绘制螺旋　螺旋就是开口的二维或三维螺旋（可以通过 SWEEP 命令将螺旋用作路径。例如，可以沿着螺旋路径来绘制圆，以创建弹簧实体模型，在此略，如图 3.23 所示）。其 AutoCAD 功能命令是 HELIX。螺旋与真实螺旋的样条曲线近似，长度值可能不十分准确。

如果指定一个值来同时作为底面半径和顶面半径，将创建圆柱形螺旋。默认情况下，为

顶面半径和底面半径设置的值相同。不能指定 0 来同时作为底面半径和顶面半径。如果指定不同的值来作为顶面半径和底面半径，将创建圆锥形螺旋。如果指定的高度值为 0，则将创建扁平的二维螺旋。

启动螺旋命令可以通过以下 2 种方式：

■ 打开【绘图】下拉菜单选择【螺旋】命令选项。

■ 在“命令:”命令行提示下直接输入 HELIX 命令。

以在“命令:”直接输入 HELIX 命令为例，说明二维螺旋的绘制方法，如图 3.24 所示。

命令：HELIX（绘制二维螺旋）

圈数 = 3.0000　　扭曲=CCW

指定底面的中心点：

指定底面半径或 [直径(D)] <14.3880>: 15

指定顶面半径或 [直径(D)] <15.0000>: 50

指定螺旋高度或 [轴端点(A)/圈数(T)/圈高(H)/扭曲(W)] <40.2430>: T（输入 T 设置螺旋圈数）

输入圈数 <3.0000>: 6

指定螺旋高度或 [轴端点(A)/圈数(T)/圈高(H)/扭曲(W)] <40.2430>: H（输入 H 指定的高度值）

指定圈间距 <13.4143>: 0（指定的高度值为 0，则将创建扁平的二维螺旋）

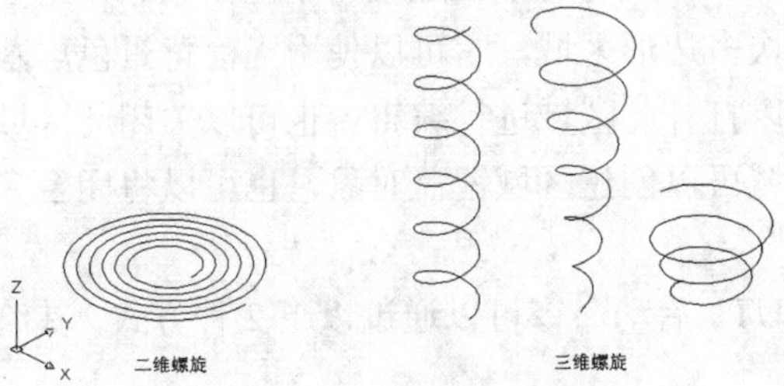


图 3.23　二、三维螺旋对比

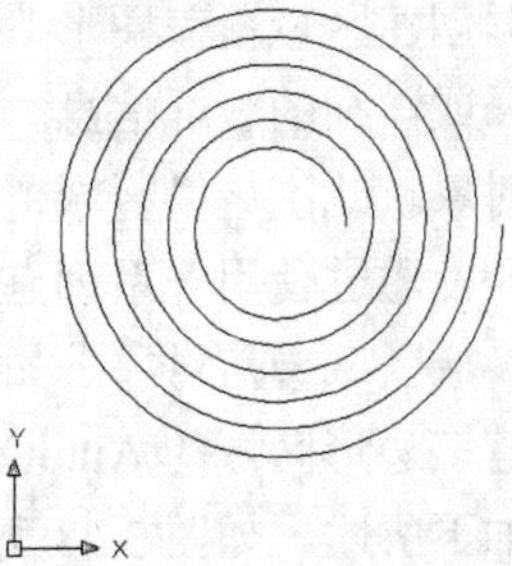


图 3.24　绘制二维螺旋

## 3.2.4　正多边形绘制和创建区域覆盖

（1）绘制正多边形　正多边形也称等边多边形，其 AutoCAD 绘制命令是 POLYGON，可以绘制包括正方形、等六边形等图形。当正多边形边数无限大时，其形状逼近圆形。正多边形是一种多段线对象，AutoCAD 以零宽度绘制多段线，并且没有切线信息。可以使用 PEDIT 命令修改这些值。

启动命令可以通过以下 3 种方式：

■ 打开【绘图】下拉菜单选择【正多边形】命令选项。

■ 单击【绘图】工具栏上的【正多边形】命令图标。

■ 在“命令:”命令行提示下直接输入 POLYGON 命令。

以在“命令:”直接输入 POLYGON 命令为例，说明等边多边形的绘制方法。

① 以内接圆确定等边多边形，如图 3.25 所示。内接圆是指定外接圆的半径，正多边形的所有顶点都在此圆周上。

命令：POLYGON（绘制等边多边形）

输入边的数目 <4>: 6（输入等边多边形的边数）

指定正多边形的中心点或 [边（E）]：（指定等边多边形中心点位置 O）

输入选项 [内接于圆（I）/外切于圆（C）] <I>：I（输入 I 以内接圆确定等边多边形）

指定圆的半径：50（指定内接圆半径）

② 以外切圆确定等边多边形，如图 3.26 所示。外切圆是指定从正多边形中心点到各边中点的距离。

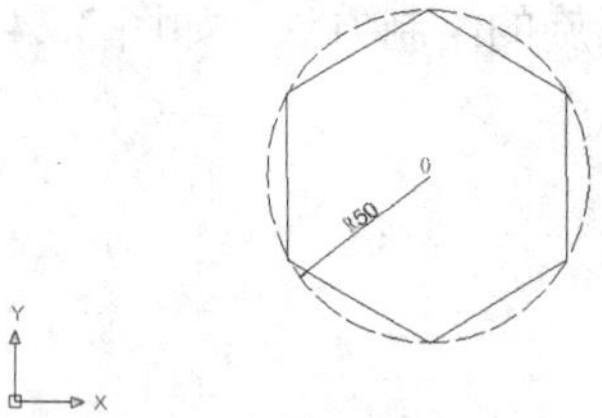


图 3.25　使用内接圆确定

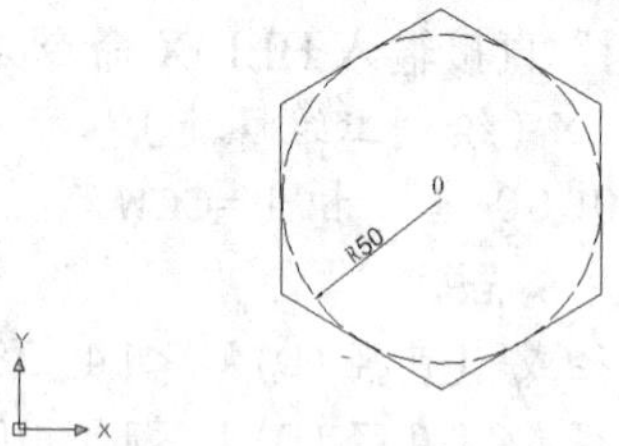


图 3.26　使用外切圆确定

命令：POLYGON（绘制等边多边形）

输入边的数目 <4>：6（输入等边多边形的边数）

指定正多边形的中心点或 [边（E）]：（指定等边多边形中心点位置 O）

输入选项 [内接于圆（I）/外切于圆（C）] <I>:C（输入 C 以外切圆确定等边多边形）

指定圆的半径：50（指定外切圆半径）

（2）创建区域覆盖图形　使用区域覆盖对象可以在现有对象上生成一个空白区域，用于添加注释或详细的蔽屏信息。区域覆盖对象是一块多边形区域，它可以使用当前背景色屏蔽底层的对象。此区域以区域覆盖线框为边框，可以打开此区域进行编辑，也可以关闭此区域进行打印。通过使用一系列点来指定多边形的区域可以创建区域覆盖对象，也可以将闭合多段线转换成区域覆盖对象。如图 3.27 所示。

创建多边形区域的 AutoCAD 命令是 WIPEOUT。启动命令可以通过以下 2 种方式，其绘制方法如下所述，如图 3.28 所示：

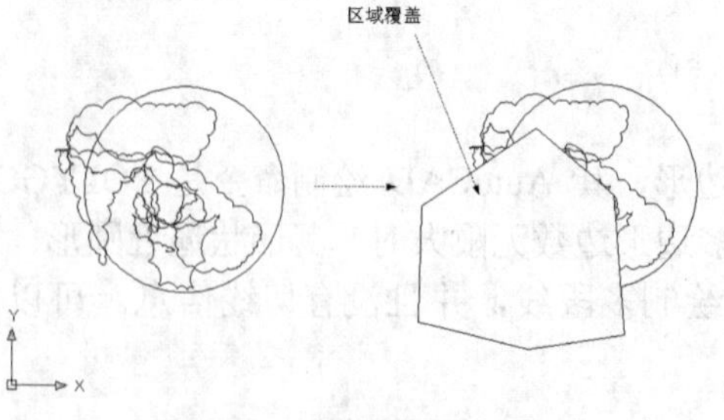


图 3.27　区域覆盖效果

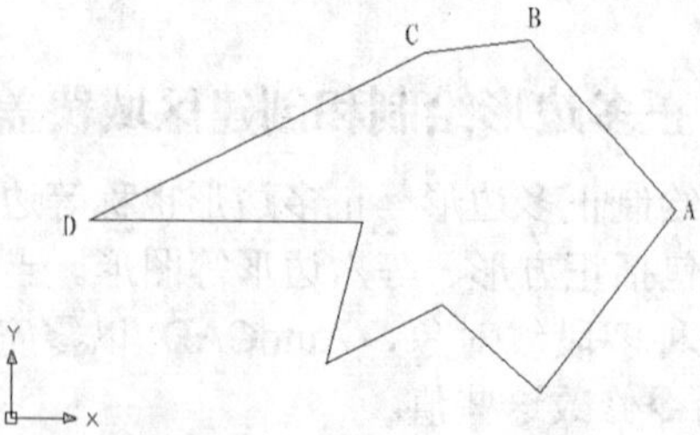


图 3.28　绘制区域覆盖

■ 打开【绘图】下拉菜单选择【区域覆盖】命令选项。

■ 在“命令:”直接输入 WIPEOUT 命令。

命令：WIPEOUT（创建多边形区域）

指定第一点或 [边框(F)/多段线(P)] <多段线>:（指定多边形区域的起点 A 位置）

指定下一点：（指定多边形区域下一点 B 位置）

指定下一点或 [放弃(U)]：（指定多边形区域下一点 C 位置）

指定下一点或 [闭合(C)/放弃(U)]：（指定多边形区域下一点 D 位置）

……

指定下一点或 [闭合(C)/放弃(U)]: (回车结束)

## 3.3 常见城乡规划设计 CAD 表格图形快速绘制

CAD 提供了多种方法绘制表格。一般可以通过如下两种方法完成表格绘制。

(1) 使用表格功能命令 TABLE 绘制　启动表格功能命令可以通过以下 3 种方式:

- 打开【绘图】下拉菜单选择【表格】命令选项。
- 单击【绘图】工具栏上的【表格】命令图标。
- 在“命令:”命令行提示下直接输入 TABLE 命令。

以在“命令:”直接输入 TABLE 命令为例，说明表格的绘制方法。

执行 TABLE 功能命令后，弹出“插入表格”对话框，设置相关的数值，包括表格的列数、列宽、行数、行高、单元样式等各种参数。单击“确定”后要求在屏幕上指定表格位置，点击位置后要求输入表格标题栏文字内容，然后单击“确定”得到表格。点击表格任意单元格，该单元格显示黄色，可以输入文字内容，如图 3.29 所示。

在“插入表格”对话框中，可以点击表格“启动表格样式对话框”，在弹出的“修改表格样式”对话框中对表格进行修改。如图 3.30 所示。

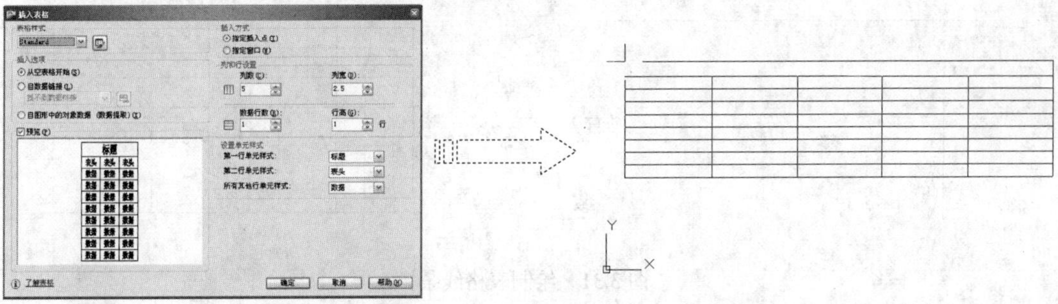

(a) 创建表格线

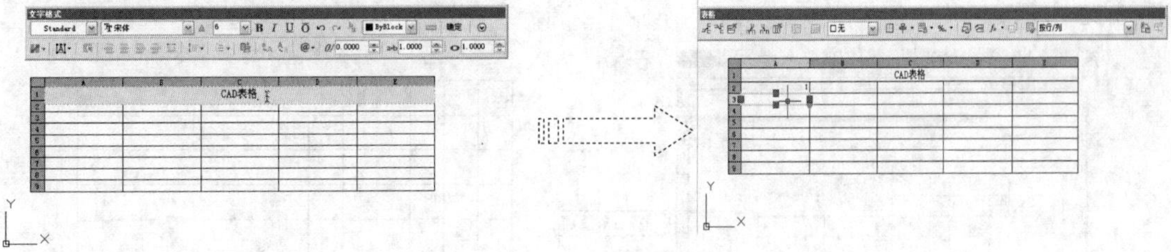


(b) 标注文字

图 3.29　绘制表格

(2) 使用 LINE\OFFSET\TRIM\TEXT 等功能命令绘制

① 先使用 LINE 命令绘制水平和竖直方向的表格定位线。再按表格宽度、高度要求使用 OFFSET 进行偏移。如图 3.31 所示。

- 命令: LINE

指定第一点:

指定下一点或 [放弃(U)]: <正交 开>

指定下一点或 [放弃(U)]:

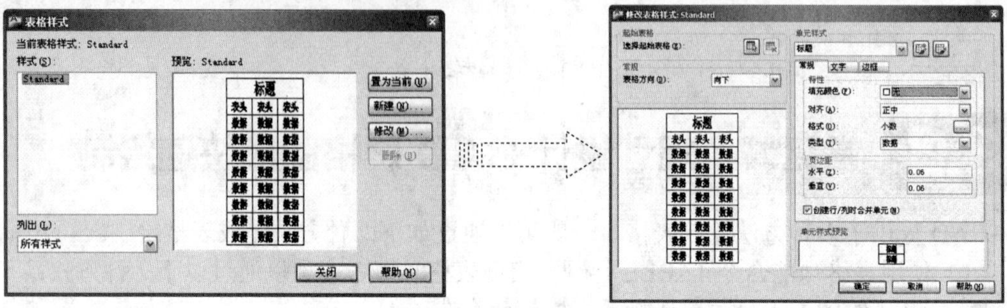


图 3.30　修改表格样式

● 命令: OFFSET

当前设置: 删除源=否　图层=源　OFFSETGAPTYPE=0

指定偏移距离或 [通过(T)/删除(E)/图层(L)] <通过>: 150

选择要偏移的对象, 或 [退出(E)/放弃(U)] <退出>:

指定要偏移的那一侧上的点, 或 [退出(E)/多个(M)/放弃(U)] <退出>:

选择要偏移的对象, 或 [退出(E)/放弃(U)] <退出>:

指定要偏移的那一侧上的点, 或 [退出(E)/多个(M)/放弃(U)] <退出>:

选择要偏移的对象, 或 [退出(E)/放弃(U)] <退出>:

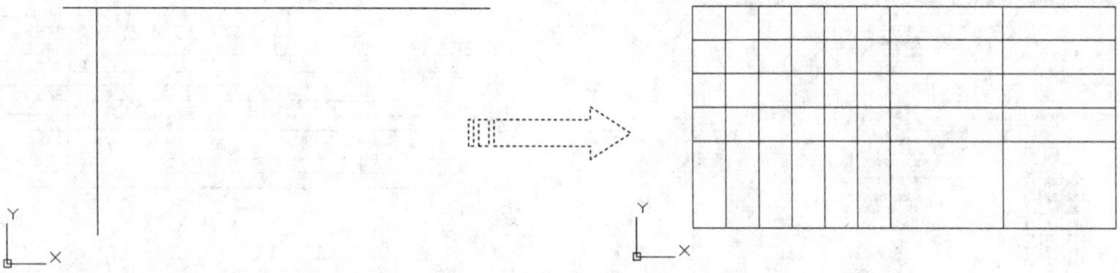


图 3.31　绘制表格线条

② 使用 MTEXT 功能命令标注文字内容即可。位置可以使用 MOVE 功能命令调整。如图 3.32 所示。

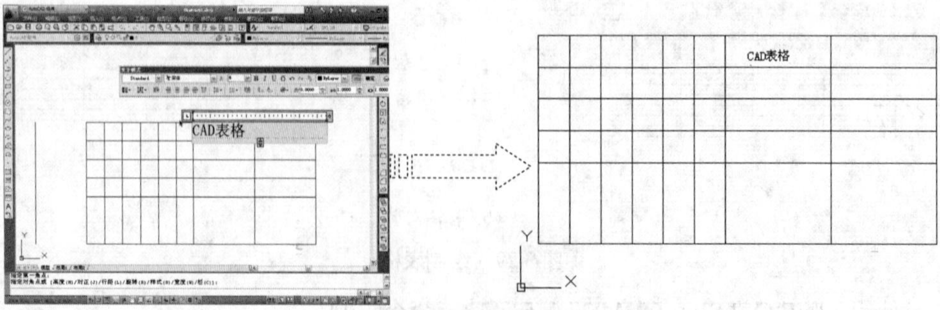


图 3.32　绘制文字内容

● 命令: MTEXT

当前文字样式: "Standard"　文字高度: 2.5　注释性: 否

指定第一角点:

指定对角点或 [高度(H)/对正(J)/行距(L)/旋转(R)/样式(S)/宽度(W)/栏(C)]:

● 命令: MOVE

选择对象: 找到 1 个

选择对象:

指定基点或 [位移(D)] <位移>:

指定第二个点或 <使用第一个点作为位移>:

## 3.4 城乡规划设计复杂 CAD 平面图形绘制

复合平面图形是指不能直接使用 AutoCAD 提供的基本命令一次生成的图形，但可以通过使用多个命令得到的组合图形。如图 3.33 所示的复合平面图形，由等边多边形、圆形和弧线等构成。下面以此图为例介绍复合平面图形的绘制方法。其他类型的复合图形，同样可以按此方法进行绘制（注：其中使用到的部分编辑修改命令，在后面章节将详细论述）。

（1）使用 CIRCLE 绘制 2 个小同心圆，如图 3.34 所示。

■ 命令: CIRCLE（绘制 1 个小圆形）

指定圆的圆心或 [三点（3P）/两点（2P）/相切、相切、半径（T）]：（指定圆心点位置）

指定圆的半径或 [直径（D）] <0.000>: 250（输入圆形半径或在屏幕上直接点取）

■ 命令: OFFSET（偏移得到同心圆）

当前设置：删除源=否 图 3.层=源 OFFSETGAPTYPE=0

指定偏移距离或 [通过(T)/删除(E)/图 3.层(L)] <0.0000>: 50

选择要偏移的对象，或 [退出(E)/放弃(U)] <退出>:(回车)

指定要偏移的那一侧上的点，或 [退出(E)/多个(M)/放弃(U)] <退出>:(指定要偏移的那一侧上的点)

选择要偏移的对象，或 [退出(E)/放弃(U)] <退出>:（回车）

图 3.33 复合平面图形

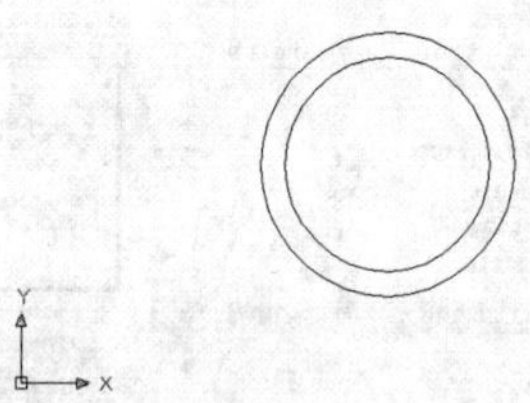

图 3.34 绘制 2 个同心圆

（2）使用 POLYGON 命令建立 3 个等八边形，其中心点位于圆心位置，如图 3.35 所示。

■ 命令: POLYGON （绘制等边多边形）

输入边的数目 <4>: 8（输入等边多边形的边数）

指定正多边形的中心点或 [边（E）]：（指定等边多边形中心点位置）

输入选项 [内接于圆（I）/外切于圆（C）] <I>: I（输入 I 以内接圆确定等边多边形）

指定圆的半径: 1500（指定内接圆半径）

■ 命令: OFFSET（偏移得到同心等八边形）

当前设置：删除源=否 图 3.层=源 OFFSETGAPTYPE=0

指定偏移距离或 [通过(T)/删除(E)/图 3.层(L)] <0.0000>: 50

选择要偏移的对象，或 [退出(E)/放弃(U)] <退出>:(回车)

指定要偏移的那一侧上的点，或 [退出(E)/多个(M)/放弃(U)] <退出>:(指定要偏移的那一侧上的点)

选择要偏移的对象，或 [退出(E)/放弃(U)] <退出>：(回车)

(3) 绘制 2 条弧线构成一个梭形状，如图 3.36 所示。

■ 命令: ARC (绘制弧线)

指定圆弧的起点或 [圆心 (C) ]: (指定起始点位置)

指定圆弧的第二个点或 [圆心 (C) /端点 (E) ]: (指定中间点位置)

指定圆弧的端点: (指定起终点位置)

■ 命令:MIRROR (生成对成弧线)

找到 1 个 (选择弧线)

指定镜像线的第一点:

指定镜像线的第二点:

要删除源对象吗? [是(Y)/否(N)] <N>:N (输入 N)

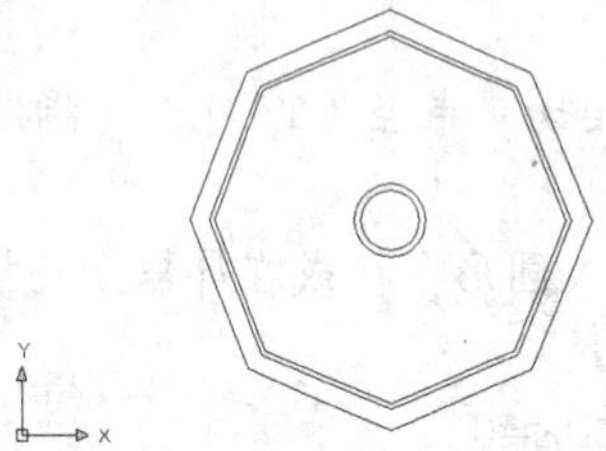


图 3.35 建立 3 个等八边形

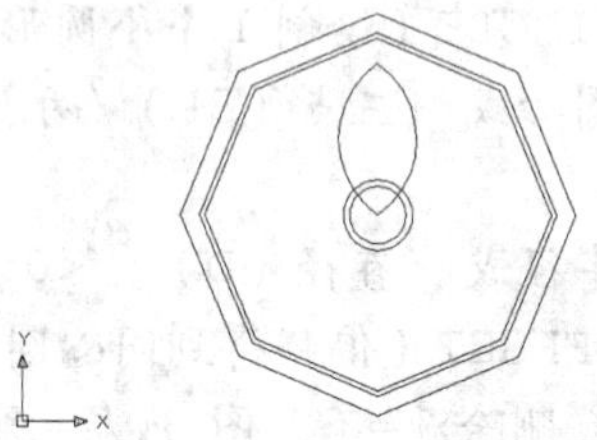


图 3.36 绘制 2 条弧线

(4) 利用阵列功能，将梭形弧线造型进行旋转阵列，生成全部梭形图形。如图 3.37 所示。

命令:ARRAY (阵列图形，在对话框中设置有关阵列参数)

找到 2 个 (选择弧线)

指定阵列中心点:

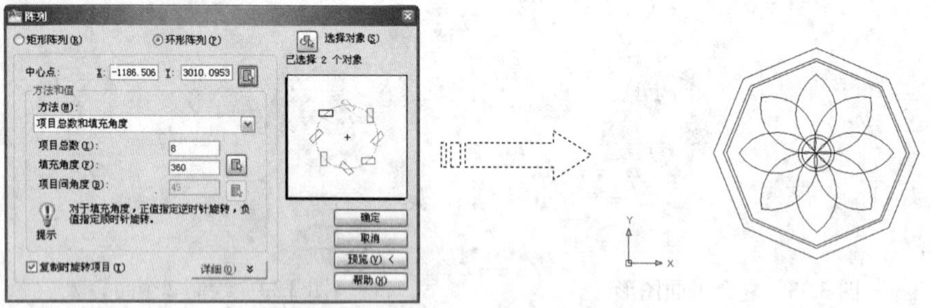


图 3.37 阵列生成全部梭形

(5) 按上述相同方法，绘制梭形夹角处的弧线，如图 3.38 所示。最后即可完成该复合平面图形绘制。

图 3.38 绘制夹角处弧线

第4章

# 城乡规划设计 CAD 图形修改和编辑基本方法

本章将详细阐述使用 AutoCAD 进行城乡规划设计绘图中的 CAD 图形修改和编辑功能的基本方法，包括删除、复制、移动、旋转、镜像和剪切等各种操作。AutoCAD 的编辑修改功能与其绘图功能一样强大，使用方便、用途广泛，是城乡规划设计绘图及文件制作的好帮手。

## 4.1 城乡规划设计 CAD 图形常用编辑与修改方法

### 4.1.1 删除和复制图形

（1）删除图形　删除编辑功能的 AutoCAD 命令为 ERASE（简写形式为 E）。启动删除命令可以通过以下 3 种方式。

- 打开【修改】下拉菜单选择【删除】命令选项。
- 单击“修改”工具栏上的“删除”命令图标。
- 在“命令:”命令行提示下直接输入 ERASE 或 E 命令。

选择图形对象后，按“Delete”按键同样可以删除图形对象，作用与 ERASE 一样。以在“命令:”直接输入 ERASE 或 E 命令为例，说明删除编辑功能的使用方法，如图 4.1 所示。

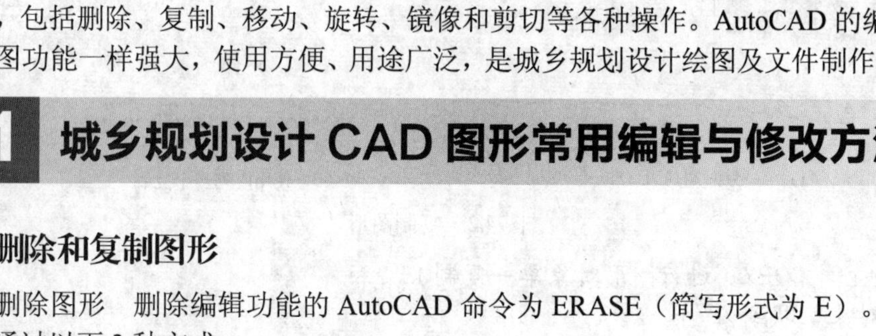


图 4.1　删除编辑功能

命令：ERASE（执行删除编辑功能）
选择对象：找到 1 个（依次选择要删除的图线）
选择对象：找到 1 个，总计 2 个
选择对象：找到 1 个，总计 3 个
选择对象：（回车，图形的一部分被删除）

（2）复制图形　要获得相同的图形对象，可以复制生成。复制编辑功能的 AutoCAD 命令为 COPY（简写形式为 CO 或 CP）。启动复制命令可以通过以下 3 种方式。

- 打开【修改】下拉菜单选择【复制】命令选项。
- 单击“修改”工具栏上的“复制”命令图标。
- 在“命令:”命令行提示下直接输入 COPY 或 CP 命令。

复制编辑操作有两种方式，即只复制一个图形对象和复制多个图形对象。以在“命令:”直接输入 COPY 或 CP 命令为例，说明复制编辑功能的使用方法，如图 4.2 所示。

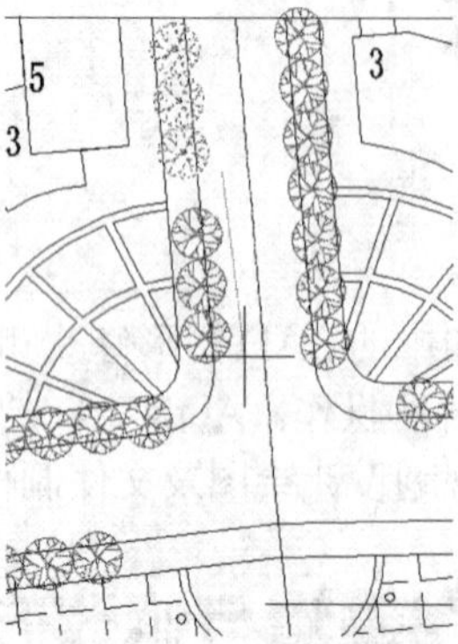

（a）单一复制图形

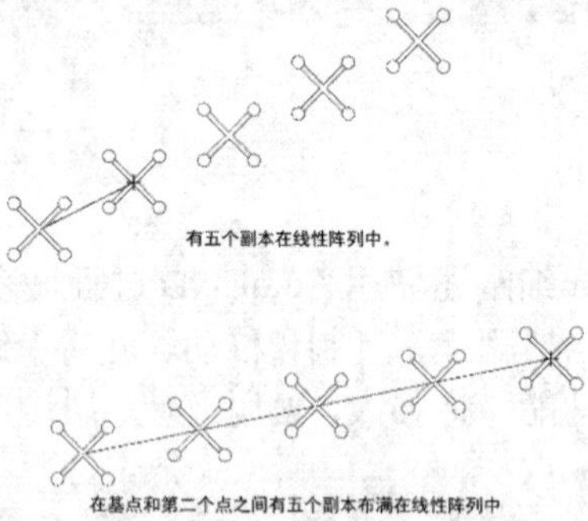

（b）使用阵列多个复制

图 4.2　复制图形

① 命令：COPY（进行图形对象单一复制）
选择对象：找到 1 个
选择对象：
当前设置：　复制模式 = 多个
指定基点或 [位移(D)/模式(O)] <位移>:
指定第二个点或 [阵列(A)] <使用第一个点作为位移>:
指定第二个点或 [阵列(A)/退出(E)/放弃(U)] <退出>:
……
指定第二个点或 [阵列(A)/退出(E)/放弃(U)] <退出>:

② 命令：COPY（进行图形对象阵列复制）
选择对象：找到 1 个（选择图形）
选择对象：（回车）
当前设置：　复制模式 = 多个
指定基点或 [位移(D)/模式(O)] <位移>:（指定复制图形起点位置）

指定第二个点或 [阵列(A)] <使用第一个点作为位移>:（进行复制，指定复制图形复制点位置）

指定第二个点或 [阵列(A)/退出(E)/放弃(U)] <退出>: a（输入 A 指定在线性阵列中排列的副本数量，确定阵列相对于基点的距离和方向。默认情况下，阵列中的第一个副本

将放置在指定的位移；其余的副本使用相同的增量位移放置在超出该点的线性阵列中）

输入要进行阵列的项目数：5

指定第二个点或 [布满(F)]:

指定第二个点或 [阵列(A)/退出(E)/放弃(U)] <退出>:

指定第二个点或 [阵列(A)/退出(E)/放弃(U)] <退出>:（回车）

### 4.1.2 镜像和偏移图形

(1) 镜像图形　镜像编辑功能的 AutoCAD 命令为 MIRROR（简写形式为 MI）。镜像生成的图形对象与原图形对象呈某种对称关系（如左右对称、上下对称）。启动 MIRROR 命令可以通过以下 3 种方式。

■ 打开【修改】下拉菜单选择【镜像】命令选项。

■ 单击"修改"工具栏上的"镜像"命令图标。

■ 在"命令:" 命令行提示下直接输入 MIRROR 或 MI 命令。

镜像编辑操作有两种方式，即镜像后将源图形对象删除和镜像后将源图形对象保留。以在"命令:"直接输入 MIRROR 或 MI 命令为例，说明镜像编辑功能的使用方法，如图 4.3 所示。

命令：MIRROR（进行镜像得到一个对称部分）

选择对象：找到 21 个(选择图形)

选择对象:（回车）

指定镜像线的第一点：（指定镜像第一点位置）

指定镜像线的第二点：（指定镜像第二点位置）

要删除源对象吗? [是(Y)/否(N)] <N>: N（输入 N 保留原有图形，输入 Y 删除原有图形）

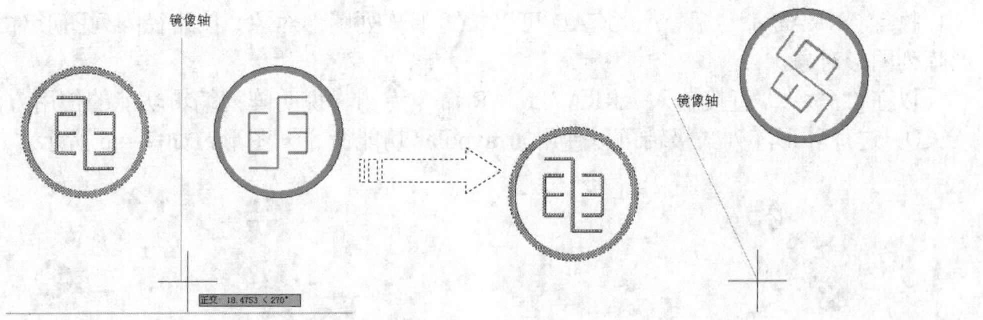


图 4.3　不同方向镜像图形

(2) 偏移图形　偏移编辑功能主要用来创建平行的图形对象，其命令为 OFFSET（简写形式为 O）。启动 OFFSET 命令可以通过以下 3 种方式。

■ 打开【修改】下拉菜单选择【偏移】命令选项。

■ 单击"修改"工具栏上的"偏移"命令图标。

■ 在"命令:" 命令行提示下直接输入 OFFSET 或 O 命令。

以在"命令:"直接输入 OFFSET 或 O 命令为例，说明偏移编辑功能的使用方法，如图 4.4 所示。在进行偏移编辑操作时，若输入的偏移距离或指定通过点位置过大，则得到的图形将有所变化，如图 4.5 所示。

命令：OFFSET（偏移生成形状相似的图形）

当前设置：删除源=否　图层=源　OFFSETGAPTYPE=0

指定偏移距离或 [通过(T)/删除(E)/图层(L)] <0.0000>:100（输入偏移距离或指

定通过点位置)

选择要偏移的对象，或 [退出(E)/放弃(U)] <退出>:(选择要偏移的图形)

指定要偏移的那一侧上的点，或 [退出(E)/多个(M)/放弃(U)] <退出>:(指定偏移方向位置)

选择要偏移的对象，或 [退出(E)/放弃(U)] <退出>:(回车结束)

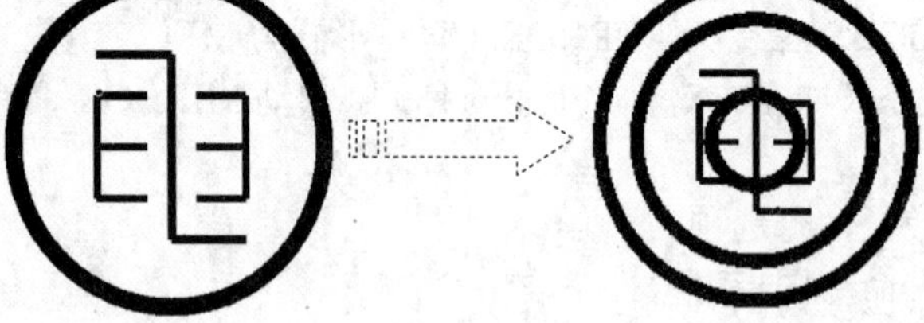

图 4.4　偏移编辑功能

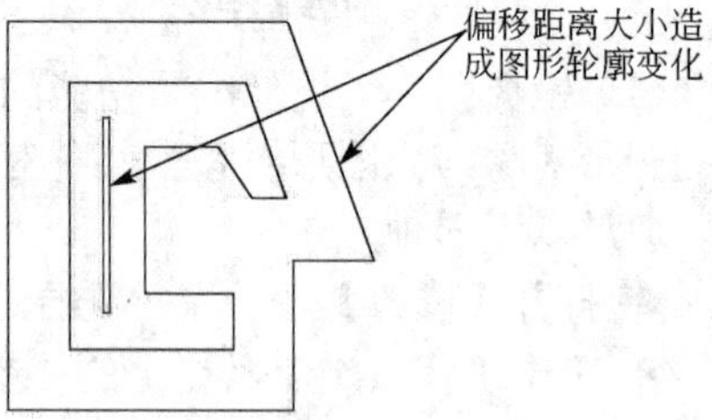


图 4.5　偏移后图形改变

### 4.1.3　阵列与移动图形

(1) 阵列图形　利用阵列编辑功能可以快速生成多个图形对象，其 AutoCAD 的命令为 ARRAY（简写形式为 AR）命令。启动 ARRAY 命令可以通过以下 3 种方式。

■ 打开【修改】下拉菜单选择【阵列】命令选项。

■ 单击"修改"工具栏上的"阵列"命令图标。

■ 在"命令:"命令行提示下直接输入 ARRAY 或 AR 命令。

执行 ARRAY 命令后，AutoCAD 可以按矩形阵列图形对象、按路径阵列图形对象或按环形阵列图形对象。

以在"命令:"直接输入 ARRAY 或 AR 命令为例，说明阵列编辑功能的使用方法:

① 进行环形阵列（极轴可以使用 arraypolar 功能命令）图形，如图 4.6 所示。

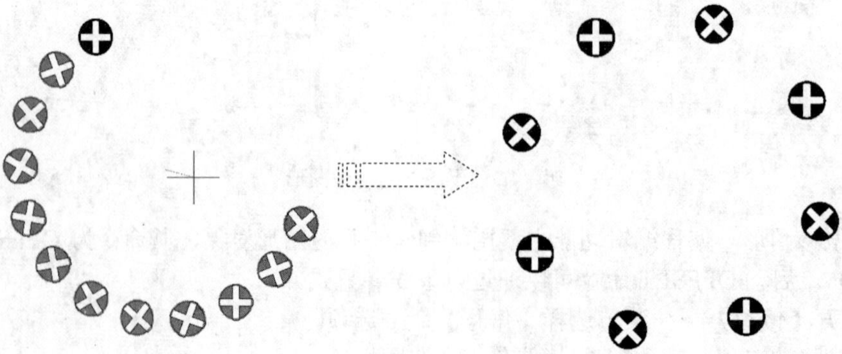

图 4.6　环形（极轴）阵列图形

命令: ARRAY 或 arraypolar

选择对象: 找到 1 个

选择对象:

输入阵列类型 [矩形(R)/路径(PA)/极轴(PO)] <极轴>: po

类型 = 极轴　关联 = 是

指定阵列的中心点或 [基点(B)/旋转轴(A)]:

输入项目数或 [项目间角度(A)/表达式(E)] <4>: 8

指定填充角度(+=逆时针、-=顺时针)或 [表达式(EX)] <360>:360

按 Enter 键接受或 [关联(AS)/基点(B)/项目(I)/项目间角度(A)/填充角度(F)/行(ROW)/层(L)/旋转项目(ROT)/退出(X)] <退出>: (回车)

② 进行路径阵列(可以使用 ARRAYPATH 功能命令)图形，如图 4.7 所示。

命令:ARRAYPATH

选择对象: 指定对角点: 找到 14 个

选择对象:

类型 = 路径　关联 = 是

选择路径曲线:

输入沿路径的项数或 [方向(O)/表达式(E)] <方向>: 6

指定沿路径的项目之间的距离或 [定数等分(D)/总距离(T)/表达式(E)] <沿路径平均定数等分(D)>: D

按 Enter 键接受或 [关联(AS)/基点(B)/项目(I)/行(R)/层(L)/对齐项目(A)/Z 方向(Z)/退出(X)] <退出>:

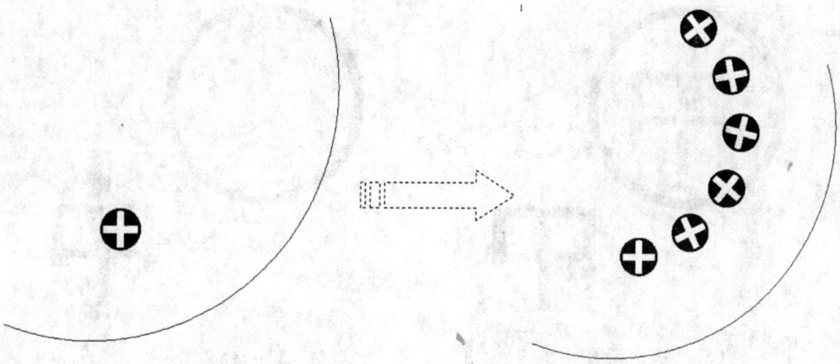

图 4.7　路径阵列

③ 进行矩形阵列（可以使用 ARRAYRECT 功能命令）图形，如图 4.8 所示。

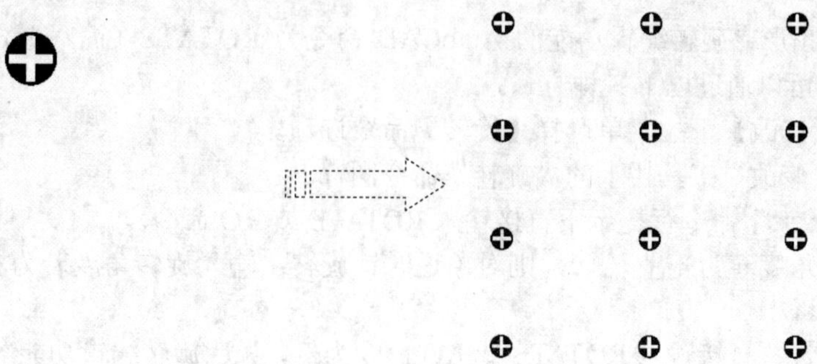

图 4.8　矩形阵列

命令: ARRAYRECT

选择对象: 指定对角点: 找到 14 个

选择对象:

类型 = 矩形　关联 = 是

为项目数指定对角点或 [基点(B)/角度(A)/计数(C)] <计数>: c

输入行数或 [表达式(E)] <4>: 4

输入列数或 [表达式(E)] <4>: 3

指定对角点以间隔项目或 [间距(S)] <间距>: 200

按 Enter 键接受或 [关联(AS)/基点(B)/行(R)/列(C)/层(L)/退出(X)] <退出>:

(2)移动图形 移动编辑功能的AutoCAD命令为MOVE(简写形式为M)。启动MOVE命令可以通过以下3种方式。

■ 打开【修改】下拉菜单选择【移动】命令选项。

■ 单击“修改”工具栏上的“移动”命令图标。

■ 在“命令:”命令行提示下直接输入MOVE或M命令。

以在“命令:”直接输入MOVE或M命令为例，说明移动编辑功能的使用方法，如图4.9所示。

命令: MOVE(移动命令)

选择对象: 指定对角点: 找到 22 个(选择对象)

选择对象:(回车)

指定基点或 [位移(D)] <位移>:(指定移动基点位置)

指定第二个点或 <使用第一个点作为位移>:(指定移动位置)

(a) 移动进行中　　(b) 移动结果

图4.9 移动图形

### 4.1.4 旋转与拉伸图形

(1) 旋转图形 旋转编辑功能的AutoCAD命令为ROTATE(简写形式为RO)。启动ROTATE命令可以通过以下3种方式。

■ 打开【修改】下拉菜单选择【旋转】命令选项。

■ 单击“修改”工具栏上的“旋转”命令图标。

■ 在“命令:”命令行提示下直接输入ROTATE或RO命令。

输入旋转角度若为正值(+)，则对象逆时针旋转；输入旋转角度若为负值(—)，则对象顺时针旋转。

以在“命令:”直接输入ROTATE或RO命令为例，说明旋转编辑功能的使用方法，如图4.10所示。

命令: ROTATE(将图形对象进行旋转)

UCS 当前的正角方向: ANGDIR=逆时针 ANGBASE=0

选择对象: 找到 1 个(选择图形)

选择对象: (回车)

指定基点: (指定旋转基点)

指定旋转角度，或 [复制(C)/参照(R)] <0>: 60(输入旋转角度为负值按顺时针旋

转，若输入为正值则按逆时针旋转）

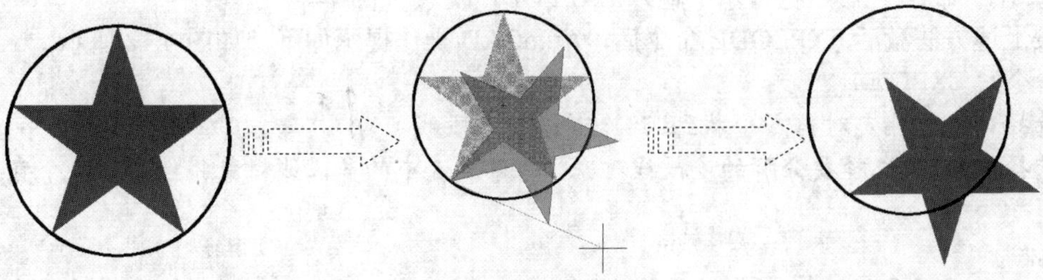

图 4.10 旋转图形

（2）拉伸图形 拉伸编辑功能的 AutoCAD 命令为 STRETCH（简写形式为 S）。启动 STRETCH 命令可以通过以下 3 种方式。

■ 打开【修改】下拉菜单选择【拉伸】命令选项。

■ 单击“修改”工具栏上的“拉伸”命令图标。

■ 在“命令:”命令行提示下直接输入 STRETCH 或 S 命令。

以在“命令:”直接输入 STRETCH 或 S 命令为例，说明拉伸编辑功能的使用方法，拉伸图形时常常使用穿越方式选择图形比较方便，如图 4.11 所示。

命令：STRETCH（将图形对象进行拉伸）
以交叉窗口或交叉多边形选择要拉伸的对象...
选择对象：指定对角点：找到 1 个（以穿越方式选择图形）
选择对象：（回车）
指定基点或 [位移(D)] <位移>:（指定拉伸基点）
指定第二个点或 <使用第一个点作为位移>:(指定拉伸位置点)

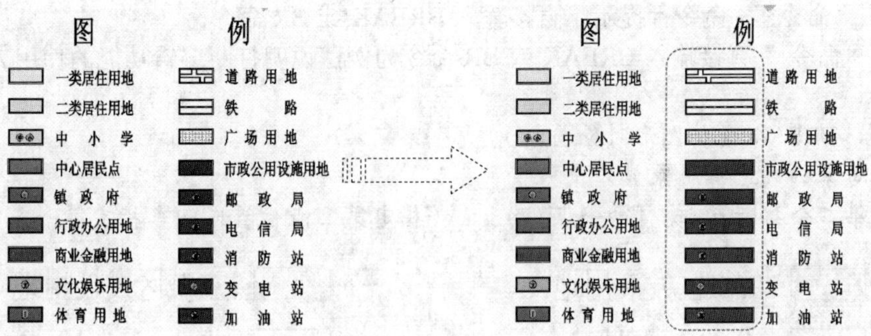


图 4.11 拉伸图形

## 4.1.5 分解与打断图形

(1)分解图形 AutoCAD 提供了将图形对象分解的功能命令 EXPLODE(简写形式为 X)。EXPLODE 命令可以将多段线、多行线、图块、填充图案和标注尺寸等从创建时的状态转换或化解为独立的对象。许多图形无法编辑修改时，可以试一试分解功能命令，或许会有帮助。但图形分解保存退出文件后不能复原。注意若线条是具有一定宽度的多段线，分解后宽度为默认的 0 宽度线条。

启动 EXPLODE 命令可以通过以下 3 种方式。

■ 打开【修改】下拉菜单中的【分解】命令。

■ 单击“修改”工具栏上的“分解”图标按钮。

■ 在“命令:”命令行提示下输入 EXPLODE 或 X 并回车。

按上述方法激活 EXPLODE 命令后，AutoCAD 操作提示如下，如图 4.12 所示。

命令：EXPLODE

选择对象：指定对角点：找到 1 个（选择多段线）

选择对象：（选择要分解的多段线对象，回车后选中的多段线对象将被分解多个直线段）

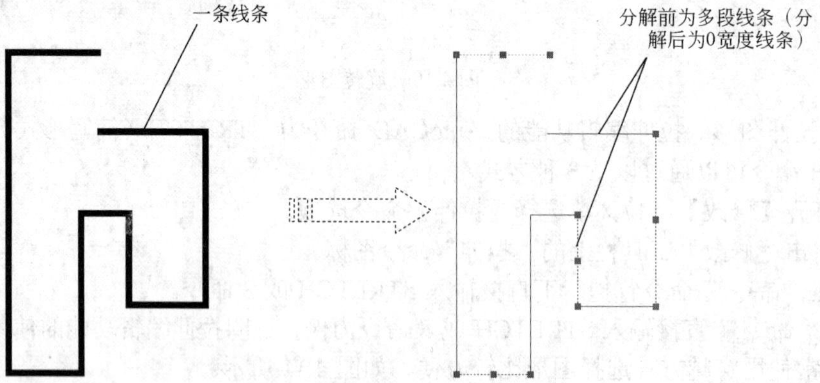


图 4.12 分解图形对象

（2）打断图形 打断编辑功能的 AutoCAD 命令为 BREAK（简写形式为 BR）。启动 BREAK 命令可以通过以下 3 种方式。

■ 打开【修改】下拉菜单选择【打断】命令选项。

■ 单击“修改”工具栏上的“打断”命令图标。

■ 在“命令:” 命令行提示下直接输入 BREAK 或 BR 命令。

以在“命令:”直接输入 BREAK 或 BR 命令为例，说明打断编辑功能的使用方法，如图 4.13 所示。

命令：BREAK （将图形对象打断）

选择对象：（选择对象）

指定第二个打断点 或 [第一点(F)]：（指定第 2 点位置或回车指定第一点）

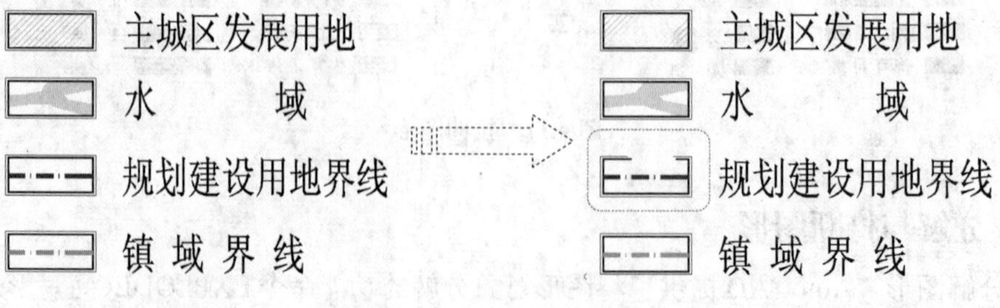


图 4.13 打断编辑功能

### 4.1.6 修剪与延伸图形

（1）修剪图形 修剪编辑功能的 AutoCAD 命令为 TRIM（简写形式为 TR）。启动 TRIM 命令可以通过以下 3 种方式。

■ 打开【修改】下拉菜单选择【修剪】命令选项。

■ 单击“修改”工具栏上的“修剪”命令图标。

■ 在“命令:” 命令行提示下直接输入 TRIM 或 TR 命令。

以在“命令:”直接输入 TRIM 或 TR 命令为例，说明修剪编辑功能的使用方法，如图 4.14 所示。

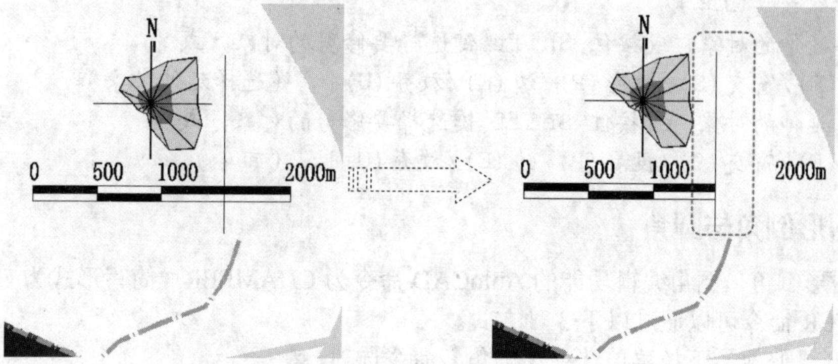


图 4.14 修剪图形

命令: TRIM (对图形对象进行修剪)

当前设置:投影=UCS, 边=无

选择剪切边...

选择对象或 <全部选择>: 找到 1 个 (选择修剪边界)

选择对象: (回车)

选择要修剪的对象, 或按住 Shift 键选择要延伸的对象, 或

[栏选(F)/窗交(C)/投影(P)/边(E)/删除(R)/放弃(U)]: (选择修剪对象)

选择要修剪的对象, 或按住 Shift 键选择要延伸的对象, 或

[栏选(F)/窗交(C)/投影(P)/边(E)/删除(R)/放弃(U)]: (回车)

(2) 延伸图形 延伸编辑功能的 AutoCAD 命令为 EXTEND（简写形式为 EX）。启动 EXTEND 命令可以通过以下 3 种方式。

■ 打开【修改】下拉菜单选择【延伸】命令选项。

■ 单击“修改”工具栏上的“延伸”命令图标。

■ 在“命令:”命令行提示下直接输入 EXTEND 或 EX 命令。

以在“命令:”直接输入 EXTEND 或 EX 命令为例，说明延伸编辑功能的使用方法，如图 4.15 所示。

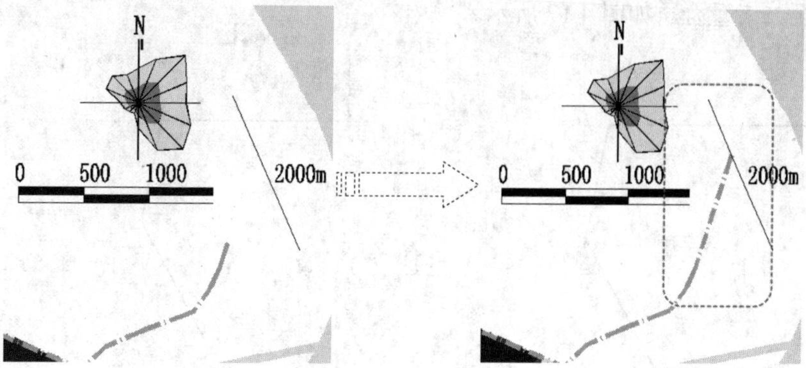


图 4.15 延伸图形

```
命令: EXTEND（对图形对象进行延伸）
当前设置:投影=UCS, 边=无
选择边界的边...
选择对象或 <全部选择>:  找到 1 个（选择延伸边界）
选择对象: （回车）
选择要延伸的对象，或按住 Shift 键选择要修剪的对象，或
[栏选(F)/窗交(C)/投影(P)/边(E)/放弃(U)]: （选择延伸对象）
选择要延伸的对象，或按住 Shift 键选择要修剪的对象，或
[栏选(F)/窗交(C)/投影(P)/边(E)/放弃(U)]: （回车）
```

### 4.1.7 图形倒角与圆角

（1）图形倒角　倒角编辑功能的 AutoCAD 命令为 CHAMFER（简写形式为 CHA）。启动 CHAMFER 命令可以通过以下 3 种方式。

- 打开【修改】下拉菜单选择【倒角】命令选项。
- 单击“修改”工具栏上的“倒角”命令图标。
- 在“命令:”命令行提示下直接输入 CHAMFER 或 CHA 命令。

以在“命令:”直接输入 CHAMFER 或 CHA 命令为例，说明倒直角编辑功能的使用方法，如图 4.16 所示。

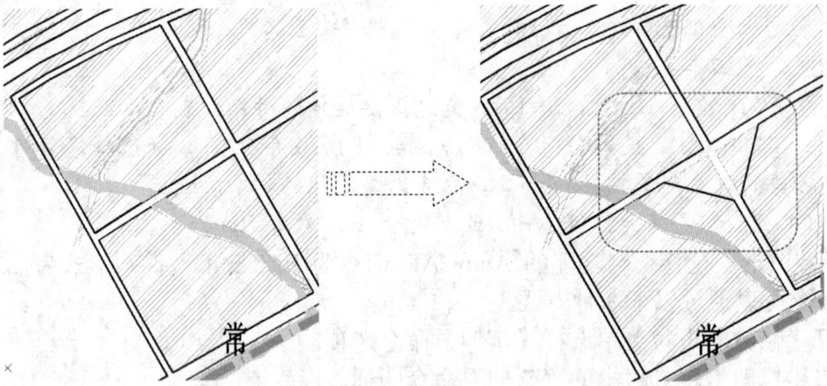


图 4.16　图形倒角

若倒直角距离太大，则不能进行倒直角编辑操作。倒角距离可以相同，也可以不相同，根据图形需要设置；当两条线段还没有相遇在一起，设置倒角距离为 0，则执行倒直角编辑后将延伸直至二者重合。如图 4.17 所示。

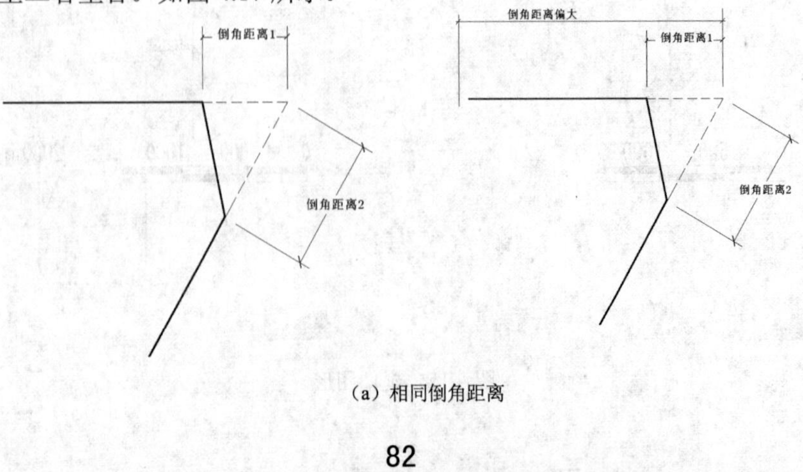


（a）相同倒角距离

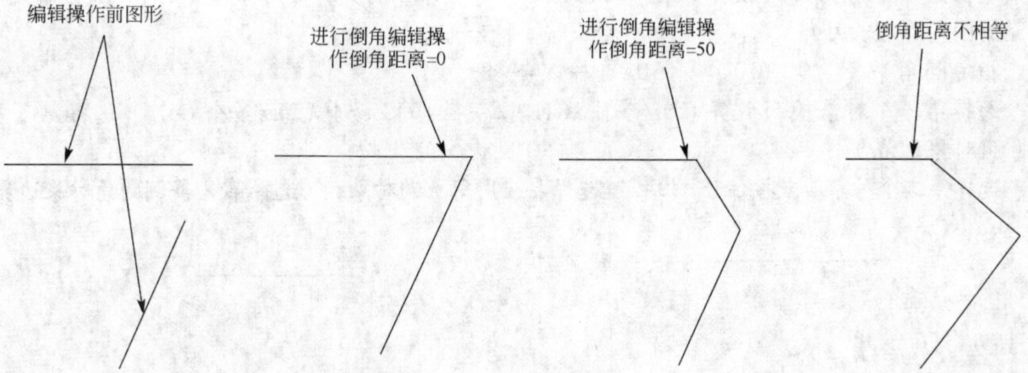


（b）不同倒角距离

图 4.17　图形倒角修改效果

命令：CHAMFER（对图形对象进行倒角）

（“修剪”模式）当前倒角距离 1 = 0.0000，距离 2 = 0.0000

选择第一条直线或 [放弃(U)/多段线(P)/距离(D)/角度(A)/修剪(T)/方式(E)/多个(M)]： D（输入 D 设置倒直角距离大小）

指定第一个倒角距离 <0.0000>：500（输入第 1 个距离）

指定第二个倒角距离 <0.0000>:500（输入第 2 个距离

选择第一条直线或 [放弃(U)/多段线(P)/距离(D)/角度(A)/修剪(T)/方式(E)/多个(M)]：（选择第 1 条倒直角对象边界）

选择第二条直线，或按住 Shift 键选择要应用角点的直线：（选择第 2 条倒直角对象边界）

（2）图形圆角　倒圆角编辑功能的 AutoCAD 命令为 FILLET（简写形式为 F）。启动 FILLET 命令可以通过以下 3 种方式。

■ 打开【修改】下拉菜单选择【圆角】命令选项。

■ 单击“修改”工具栏上的“圆角”命令图标。

■ 在“命令:”命令行提示下直接输入 FILLET 或 F 命令。

以在“命令:”直接输入 FILLET 或 F 命令为例，说明倒圆角编辑功能的使用方法，如图 4.18 所示。若倒圆角半径太大，则不能进行倒圆角编辑操作。当两条线段还没有相遇在一起，设置倒角半径为 0，执行倒圆角编辑后将延伸直至二者重合。如图 4.19 所示。

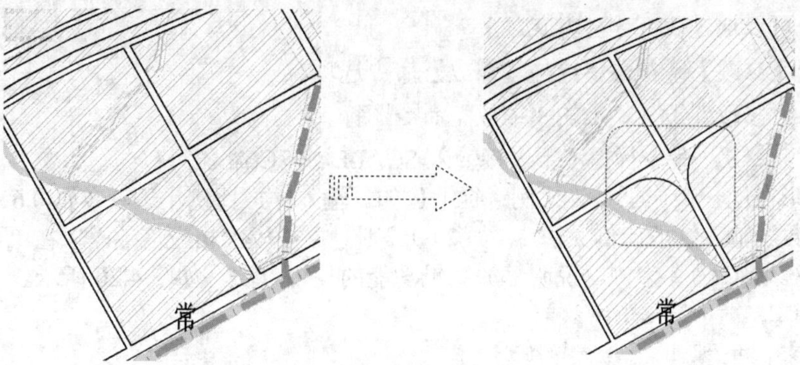


图 4.18　图形倒圆角

命令：FILLET（对图形对象进行倒圆角）

当前设置：模式 = 修剪，半径 = 0.0000

选择第一个对象或 [放弃(U)/多段线(P)/半径(R)/修剪(T)/多个(M)]: R(输入 R 设置倒圆角半径大小)

指定圆角半径 <0.0000>: 900(输入半径大小)

选择第一个对象或 [放弃(U)/多段线(P)/半径(R)/修剪(T)/多个(M)]:选择第 1 条倒圆角对象边界)

选择第二个对象，或按住 Shift 键选择要应用角点的对象:（选择第 2 条倒圆角对象边界）

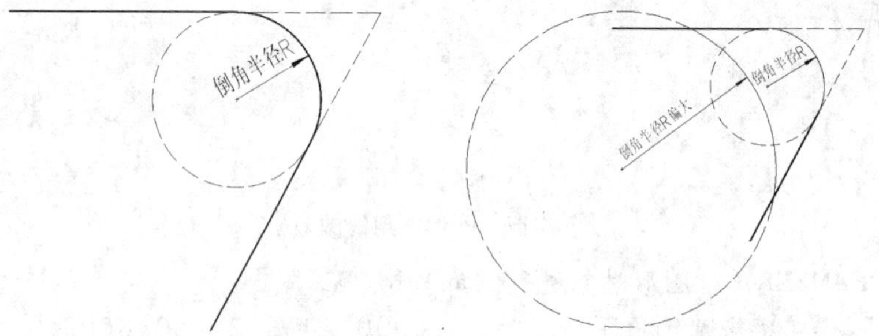


（a）倒圆角半径大小

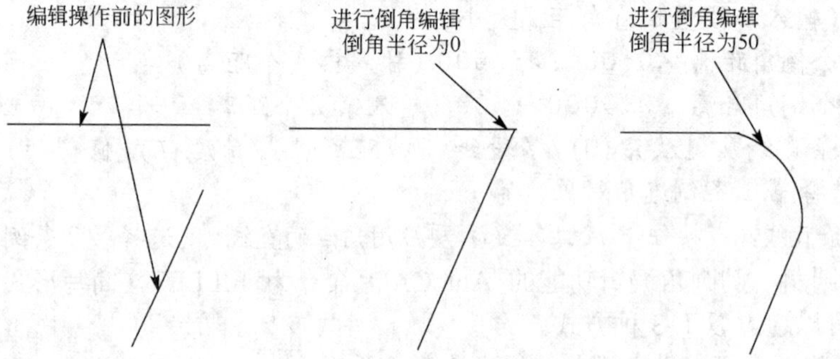


（b）不同倒角半径

图 4.19　图形倒圆角修改

## 4.1.8 缩放（放大与缩小）图形

放大与缩小（即缩放）编辑功能的 AutoCAD 命令均为 SCALE（简写形式为 SC）。启动 SCALE 命令可以通过以下 3 种方式。

■ 打开【修改】下拉菜单选择【缩放】命令选项。

■ 单击“修改”工具栏上的“缩放”命令图标。

■ 在“命令:” 命令行提示下直接输入 SCALE 或 SC 命令。

所有图形在同一操作下是等比例进行缩放的。输入缩放比例小于 1（如 0.6），则对象被缩小相应倍数。输入缩放比例大于 1（如 2.6），则对象被放大相应倍数。以在“命令:”直接输入 SCALE 或 SC 命令为例，说明缩放编辑功能的使用方法，如图 4.20 所示。

命令: SCALE(等比例缩放)

选择对象: 找到 1 个(选择图形)

选择对象:(回车)

指定基点:(指定缩放基点)

指定比例因子或 [复制(C)/参照(R)] <1.5000>:3(输入缩放比例)

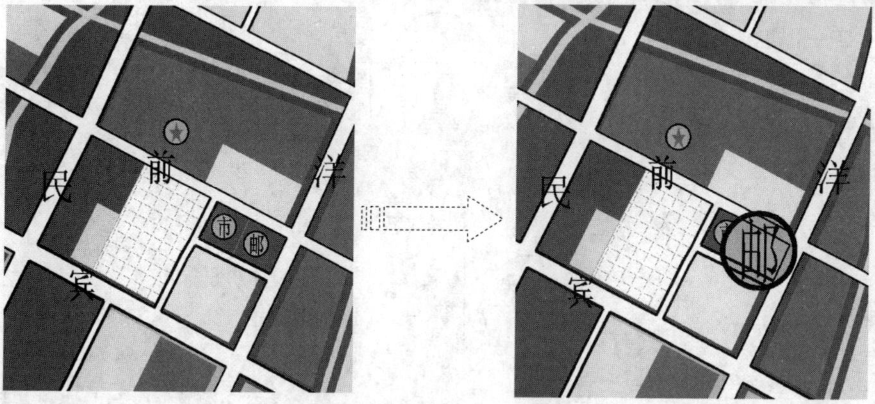


图 4.20　缩放图形

## 4.1.9　拉长图形

拉长编辑功能的 AutoCAD 命令为 LENGTHEN（简写形式为 LEN），可以将更改指定为百分比、增量或最终长度或角度。此功能命令仅适用于 LINE 或 ARC 绘制的线条，对 PLINE、SPLINE 绘制的线条不能使用。启动 SCALE 命令可以通过以下 3 种方式。

■ 打开【修改】下拉菜单选择【拉长】命令选项。

■ 单击“修改”工具栏上的“拉长”命令图标。

■ 在“命令:” 命令行提示下直接输入 LENGTHEN 或 LEN 命令。

所有图形输入数值小于 1，则对象被缩短相应倍数。输入数值大于 1，则对象被拉长相应倍数。以在“命令:”直接输入 LENGTHEN 或 LEN 命令为例，说明拉长编辑功能的使用方法，如图 4.21 所示。

命令：LENGTHEN（拉长图形）
选择对象或 [增量(DE)/百分数(P)/全部(T)/动态(DY)]: P（指定为百分比）
输入长度百分数 <0.0000>: 200
选择要修改的对象或 [放弃(U)]: （选择要修改的图形）
选择要修改的对象或 [放弃(U)]:
……
选择要修改的对象或 [放弃(U)]: （回车）

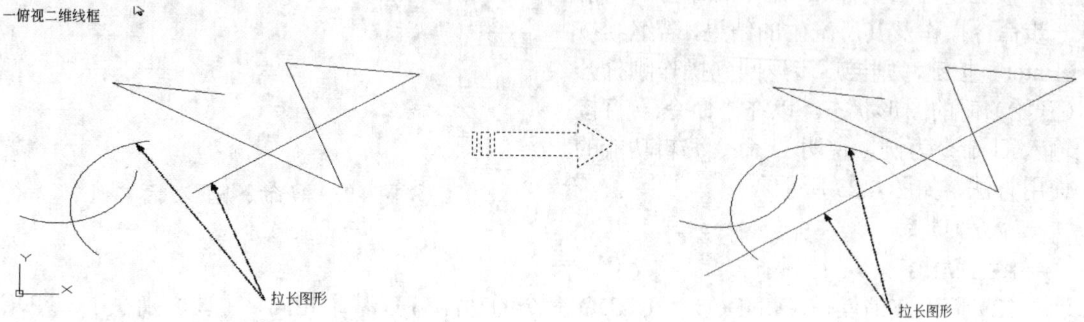


图 4.21　拉长图形

另外，点击方向与拉长或缩短方向有关，点击线段哪端则向该端方向拉长或缩短。如图 4.22 所示。

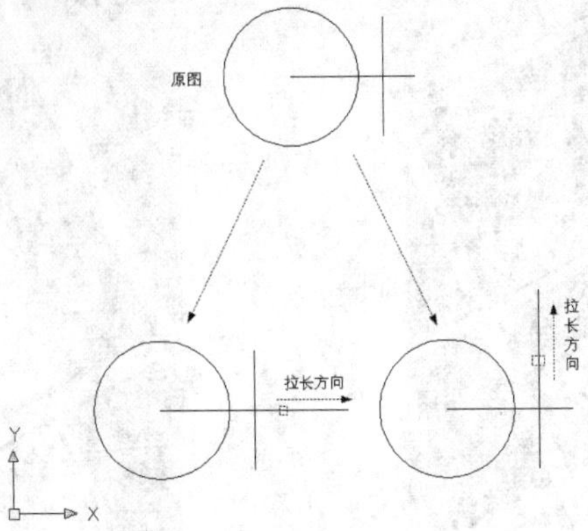


图 4.22　拉长图形方向

# 4.2 图形其他编辑和修改方法

除了复制、偏移、移动和修剪等基本编辑修改功能外，AutoCAD 提供了一些特殊的编辑与修改图形方法，包括多段线和样条曲线的编辑、取消和恢复操作步骤、对象属性的编辑等方法。

## 4.2.1 放弃和重做（取消和恢复）操作

在绘制或编辑图形时，常常会遇到错误或不合适的操作要取消或者想返回到前面的操作步骤状态中。AutoCAD 提供了几个相关的功能命令，可以实现前面的绘图操作要求。

（1）逐步取消操作（U）　U 命令的功能是取消前一步命令操作及其所产生的结果，同时显示该次操作命令的名称。启动 U 命令可以通过以下 4 种方式。

- 打开【编辑】下拉菜单选择【放弃（U）***】命令选项，其中“***”代表前一步操作功能命令。
- 单击“标准”工具栏上的“放弃”命令图标。
- 在“命令:”命令行提示下直接输入 U 命令。
- 使用快捷键【Ctrl】+【Z】。

按上述方法执行 U 命令后即可取消前一步命令操作及其所产生的结果，若继续按【Enter】按键，则会逐步返回到操作刚打开（开始）时的图形状态。以在“命令:”直接输入 U 命令为例，说明 U 命令编辑功能的使用方法，如图 4.23 所示。

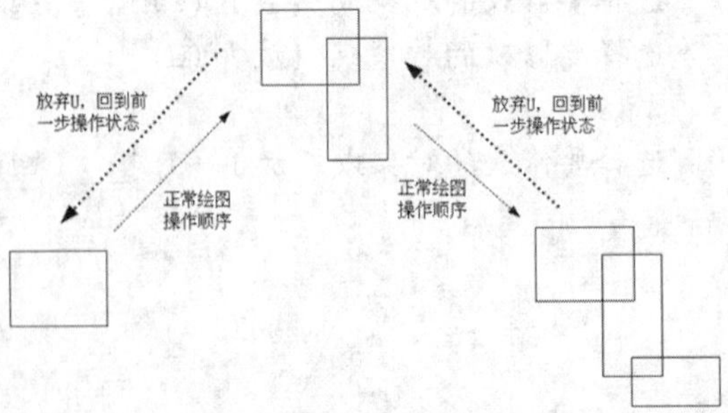


图 4.23　U 命令编辑功能

```
命令:U
RECTANG
```

（2）限次取消操作（UNDO）　UNDO 命令的功能与 U 基本相同，主要区别在于 UNDO 命令可以取消指定数量的前面一组命令操作及其所产生的结果，同时也显示有关操作命令的名称。启动 UNDO 命令可以通过在“命令:”命令行提示下直接输入 UNDO 命令。

```
执行 UNDO 命令后，AutoCAD 提示:
命令:UNDO
```

当前设置：自动 = 开，控制 = 全部，合并 = 是，图层 = 是

输入要放弃的操作数目或 [自动(A)/控制(C)/开始(BE)/结束(E)/标记(M)/后退(B)] <1>: 2

GROUP ERASE

(3) 恢复操作（REDO） REDO 功能命令允许恢复上一个 U 或 UNDO 所作的取消操作。要恢复上一个 U 或 UNDO 所作的取消操作，必须在该取消操作进行后立即执行，即 REDO 必须在 U 或 UNDO 命令后立即执行。

启动 REDO 命令可以通过以下 4 种方式。

- 打开【编辑】下拉菜单选择【重做（R）***】命令选项，其中“***”代表前一步取消的操作功能命令。
- 单击“标准”工具栏上的“重做”命令图标。
- 在“命令:”命令行提示下直接输入 REDO 命令。
- 使用快捷键【Ctrl】+【Y】。

## 4.2.2 对象特性的编辑和特性匹配

（1）编辑对象特性 对象特性是指图形对象所具有的全部特点和特征参数，包括颜色、线型、尺寸大小、角度、质量和重心等一系列性质。属性编辑功能的 AutoCAD 命令为 PROPERTIES（简写形式为 PROPS）。启动 PROPERTIES 命令可以通过以下 5 种方式。

- 打开【修改】下拉菜单选择【特性】命令选项。
- 单击“标准”工具栏上的“特性”命令图标。
- 在“命令:”命令行提示下直接输入 PROPERTIES 命令。
- 使用快捷键【Ctrl】+【1】。
- 选择图形对象后单击鼠标右键，在屏幕上弹出的快捷菜单中选择特性（Properties）命令选项。

按上述方法执行属性编辑功能命令后，AutoCAD 将弹出 Properties 对话框。如图 4.24 所示。在该对话框中，可以单击要修改的属性参数所在行的右侧，直接进行修改或在出现的一个下拉菜单选择需要的参数。如图 4.25 所示。可以修改的参数包括颜色、图层、线型、线型比例、线宽、坐标和长度、角度等各项相关指标。

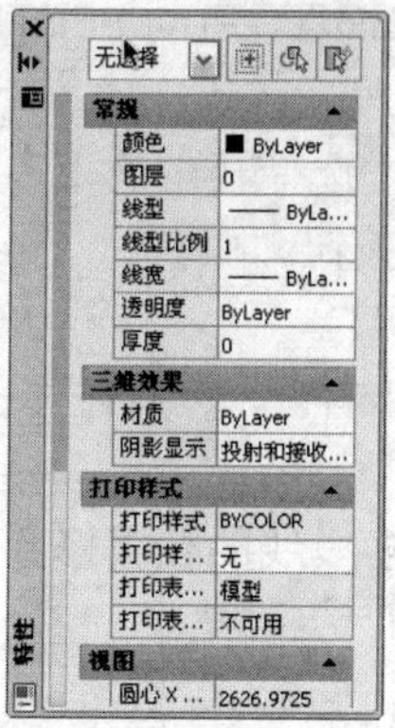


图 4.24 PROPERTIES 对话框

图 4.25 修改参数（颜色）

（2）特性匹配 特性匹配是指将所选图形对象的属性复制到另外一个图形对象上，使其具有某些相同的参数特征。特性匹配编辑功能的 AutoCAD 命令为 MATCHPROP（简写形式

为MA）。启动MATCHPROP命令可以通过以下3种方式。

■ 打开【修改】下拉菜单选择【特性匹配】命令选项。

■ 单击“标准”工具栏上的“特性匹配”命令图标。

■ 在“命令:”命令行提示下直接输入MATCHPROP命令。

执行该命令后，光标变为一个刷子形状，使用该刷子即可进行特性匹配，包括改变为相同的线型、颜色、字高、图层等。

以在“命令:”直接输入MATCHPROP命令为例，说明特性匹配编辑功能的使用方法，如图4.26所示。

命令:MATCHPROP（特性匹配）

当前活动设置:颜色 图层 线型 线型比例 线宽 厚度 打印样式 文字 标注 填充图案

选择目标对象或[设置(S)]:（使用该刷子选择源特性匹配图形对象）

选择目标对象或[设置(S)]:（使用该刷子即可进行特性匹配）

......

选择目标对象或[设置(S)]:（回车）

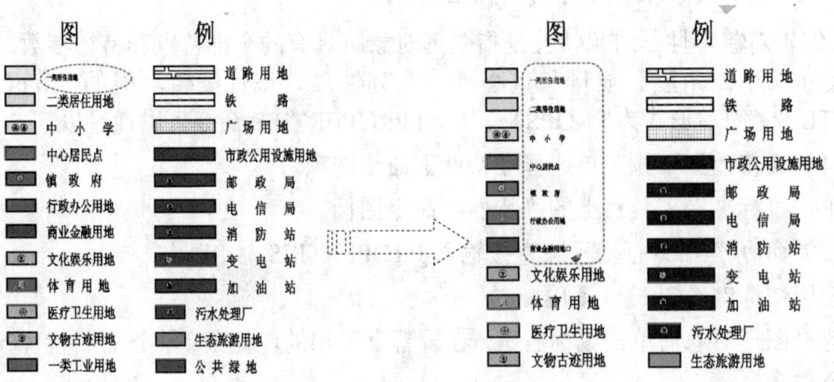


图4.26 进行特性匹配（文字）

### 4.2.3 多段线和样条曲线的编辑

多段线和样条曲线编辑修改，需使用其专用编辑命令。

(1) 多段线编辑修改 多段线专用编辑命令是PEDIT，启动PEDIT编辑命令可以通过以下4种方式。

■ 打开【修改】下拉菜单中的【对象】子菜单，选择其中的【多段线】命令。

■ 单击“修改 II”工具栏上的“编辑多段线”按钮。

■ 在“命令:”命令提示行下直接输入命令PEDIT。

■ 用鼠标选择多段线后，在绘图区域内单击鼠标右键，然后在弹出的快捷菜单上选择多段线命令。

以在“命令:”直接输入PEDIT命令为例，说明多段线的编辑修改方法，如图4.27所示。

命令:PEDIT（输入编辑命令）

选择多段线或[多条(M)]:（选择多段线）

输入选项[闭合(C)/合并(J)/宽度(W)/编辑顶点(E)/拟合(F)/样条曲线(S)/非曲线化(D)/线型生成(L)/反转(R)/放弃(U)]:W（输入W编辑宽度）

指定所有线段的新宽度:150（输入宽度）

输入选项[闭合(C)/合并(J)/宽度(W)/编辑顶点(E)/拟合(F)/样条曲线(S)/非曲

线化(D)/线型生成(L)/反转(R)/放弃(U)]:(回车)

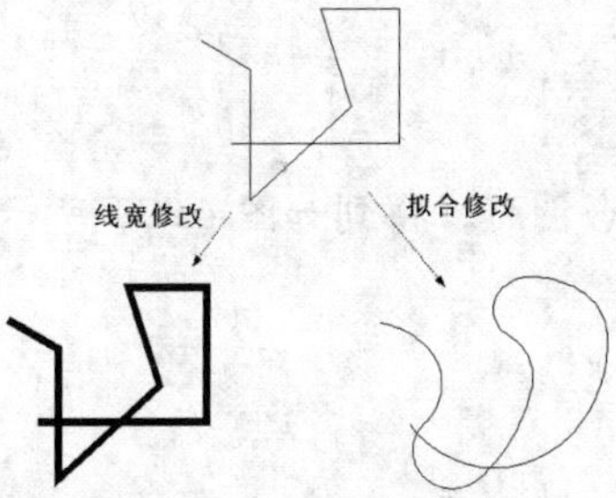


图 4.27 多段线编辑

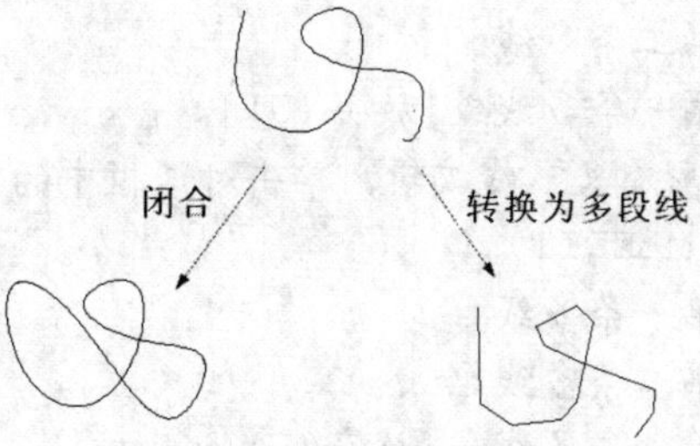


图 4.28 样条曲线编辑

（2）样条曲线编辑修改　样条曲线专用编辑命令是 SPLINEDIT，启动 SPLINEDIT 编辑命令可以通过以下 4 种方式。

■ 打开【修改】下拉菜单中的【对象】子菜单，选择其中的【样条曲线】命令。

■ 单击“修改 II”工具栏上的“编辑样条曲线”按钮。

■ 在“命令:”提示下输入命令 SPLINEDIT。

■ 用鼠标选择多段线后，在绘图区域内单击鼠标右键，然后在弹出的快捷菜单上选择样条曲线命令。

以在“命令:”直接输入 SPLINEDIT 命令为例，说明样条曲线的编辑修改方法，如图 4.28 所示。

命令:SPLINEDIT(编辑样条曲线)

选择样条曲线:(选择样条曲线图形)

输入选项[拟合数据(F)/闭合(C)/移动顶点(M)/优化(R)/反转(E)/转换为多段线(P)/放弃(U)]:p(输入 P 转换为多段线)

指定精度<99>:0

## 4.2.4 多线的编辑

多线专用编辑命令是 MLEDIT，启动 MLEDIT 编辑命令可以通过以下 2 种方式。

■ 打开【修改】下拉菜单中的【对象】子菜单，选择其中的【多线】命令。

■ 在“命令:”提示下输入命令 MLEDIT。

按上述方法执行 MLEDIT 编辑命令后，AutoCAD 弹出一个多线编辑工具对话框，如图 4.29 所示。若单击其中的一个图标，则表示使用该种方式进行多线编辑操作。

以在“命令:”直接输入 MLEDIT 命令为例，说明多线的编辑修改方法。

① 十字交叉多线编辑，单击对话框中的十字打开图标，得到如图 4.30 所示。

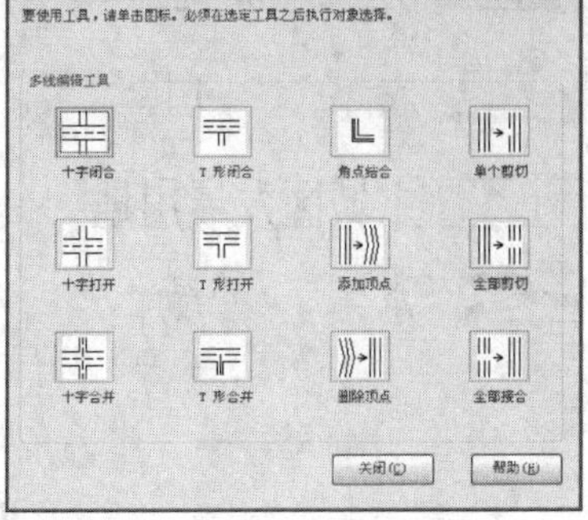


图 4.29 多线编辑工具

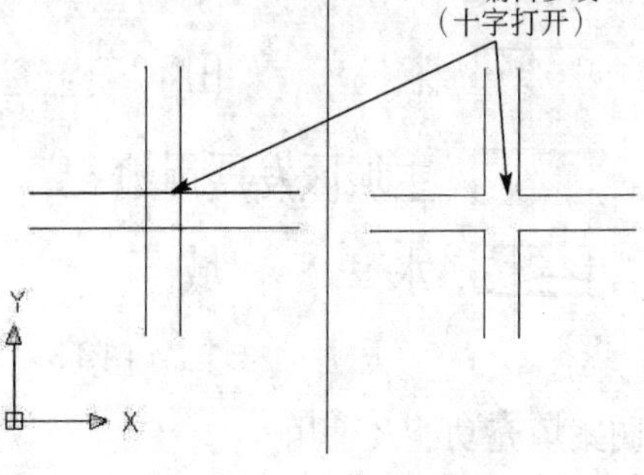


图 4.30 十字交叉多线编辑

命令:MLEDIT
选择第一条多线:
选择第二条多线:
选择第一条多线或[放弃(U)]:

② T 形交叉多线编辑，单击对话框中的 T 形闭合图标，得到如图 4.31 所示。

命令:MLEDIT
选择第一条多线:
选择第二条多线:
选择第一条多线或[放弃(U)]:

③ 多线的角点和顶点编辑，单击对话框中的角点结合图标，得到如图 4.32 所示。

命令:MLEDIT
选择第一条多线:
选择第二条多线:
选择第一条多线或[放弃(U)]:

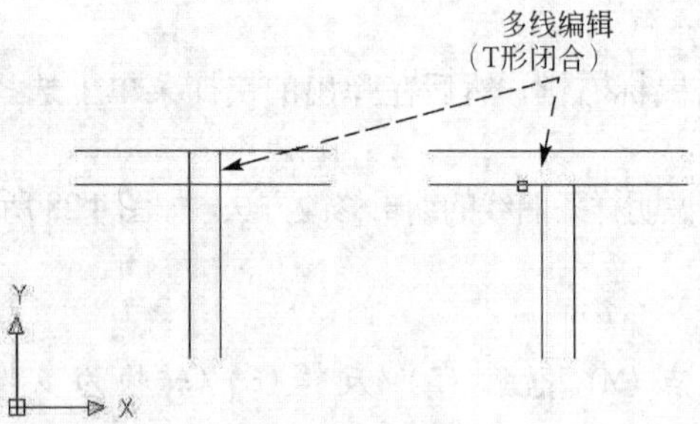


图 4.31　T 形闭合

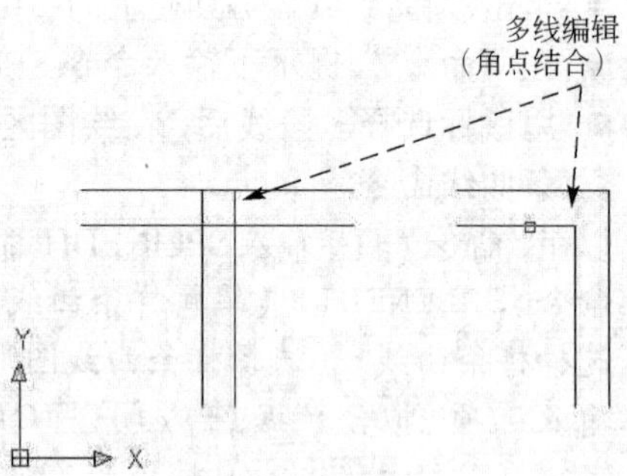


图 4.32　角点结合

### 4.2.5　图案的填充与编辑方法

图案的填充功能是指某种有规律的图案填充到其他图形整个或局部区域中，所使用的填充图案一般为 AutoCAD 系统提供，也可以建立新的填充图案。如图 4.33 所示。图案主要用来区分工程的部件或表现组成对象的材质，可以使用预定义的填充图案，用当前的线型定义简单直线图案，或者创建更加复杂的填充图案。图案的填充功能 AutoCAD 命令包括 BHATCH、HATCH，二者功能相同。

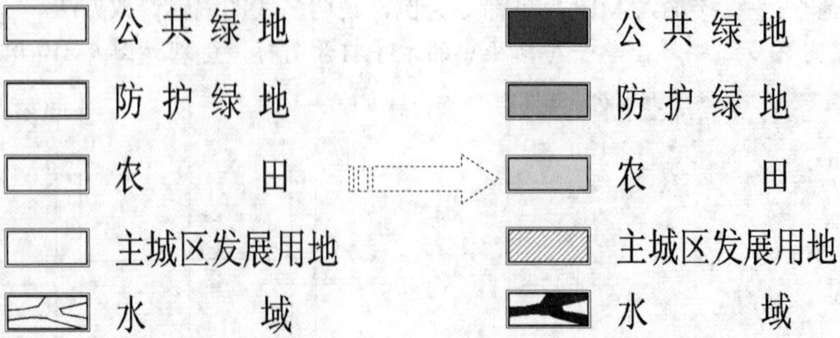


图 4.33　填充图案

(1) 图案填充功能及使用

启动图案填充功能命令可以通过以下 3 种方式。

■ 打开【绘图】下拉菜单中的【图案填充】命令。

■ 单击“绘图”工具栏上的“图案填充”按钮。

■ 在“命令:”提示下输入命令 HATCH 或 BHATCH。

按上述方法执行图案填充命令后，AutoCAD 弹出一个图案填充和渐变色对话框，如图 4.34 所示，在该对话框可以进行定义边界、图案类型、图案比例、图案角度和图案特性以及定制填充图案等参数设置操作。使用该对话框就可以实现对图形进行图案操作。下面结合图 4.35 所示的图形作为例子，说明有关参数设置和使用方法。

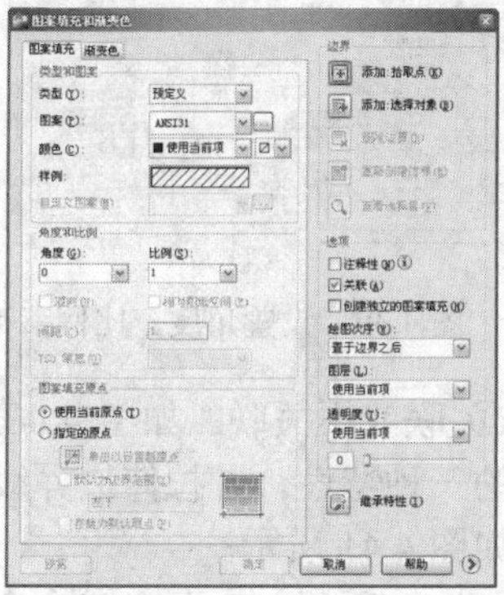

图 4.34 图案填充和渐变色对话框

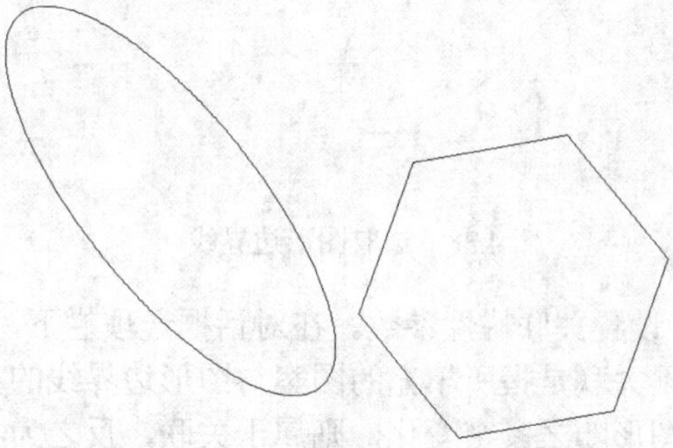

图 4.35 进行图案填充图形

在进行填充操作时，填充区域的边界必须是封闭的，否则不能进行填充或填充结果错误。

以在“命令:”直接输入 BHATCH 命令，及如图 4.35 所示的多边形、椭圆形等图形为例，说明对图形区域进行图案填充的方法。

① 在“命令:”提示下输入命令 HATCH。

② 在图案填充和渐变色对话框中选择图案填充选项，再在类型与图案栏下，单击图案右侧的三角图标选择填充图形的名称，或单击右侧的省略号（…）图标，弹出填充图案选项板对话框，根据图形的直观效果选择要填充图案类型，单击确定，如图 4.36 所示。

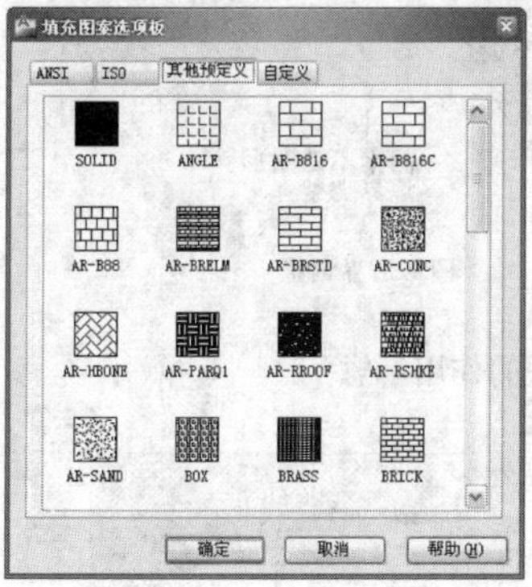


图 4.36 选择填充图形

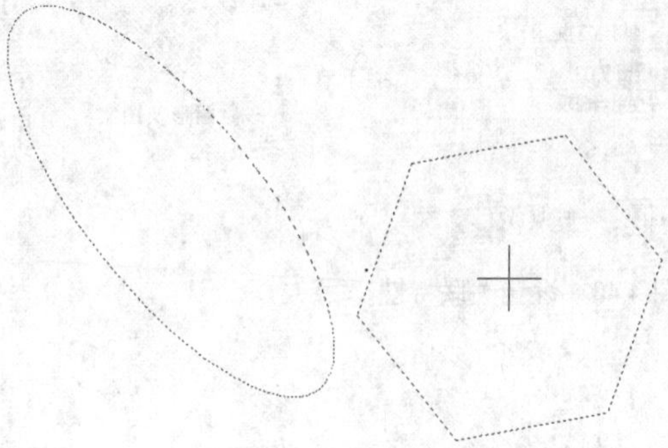

图 4.37 点取选择对象

③ 返回前一步图案填充和渐变色对话框，单击右上角边界栏下“添加：拾取点”或“添加：选择对象”图标，AutoCAD 将切换到图形屏幕中，在屏幕上选取图形内部任一位置点或选择图形，该图形边界线将变为虚线，表示该区域已选中，然后按下【Enter】键返回对话框。如图 4.37 所示。也可以选择逐个选择图形对象的边，如图 4.38 所示。

④ 接着在图案填充和渐变色对话框中，在角度和参数栏下，设置比例、角度等参数，

以此控制所填充的图案的密度大小、与水平方向的倾角大小。角度、比例可以直接输入需要的数字，如图4.39所示。

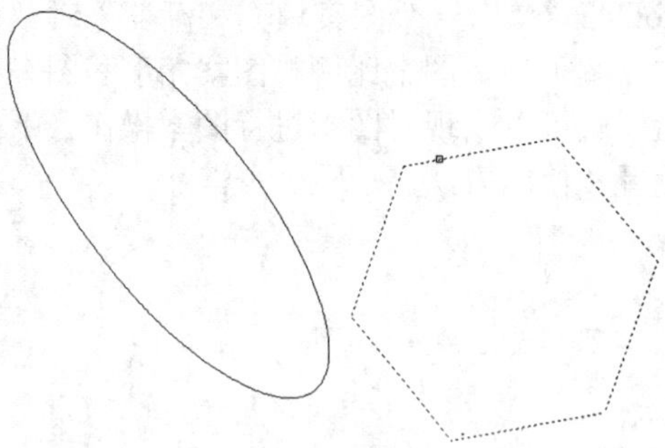

图4.38　选取图形边界线

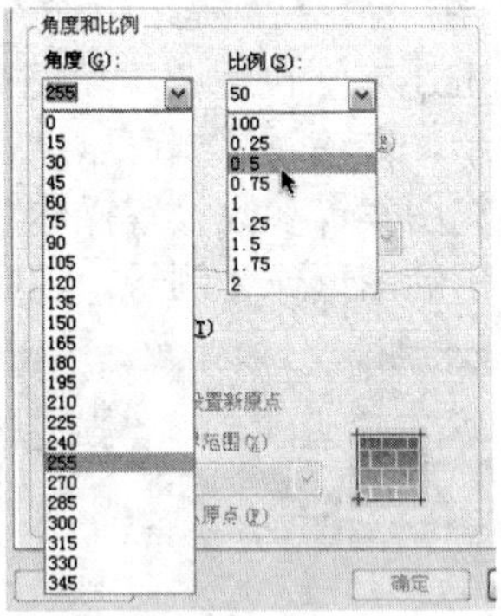


图4.39　设置角度、比例参数

⑤ 设置关联特性参数。在对话框选项栏下，选择勾取关联或不关联。如图4.40所示。关联或不关联是指所填充的图案与图形边界线的相互关系的一种特性。若拉伸边界线时，所填充的图形随之紧密变化，则属于关联，反之为不关联。如图4.41所示。

⑥ 单击“确定”确认进行填充，完成填充操作。如图4.42所示。对两个或多个相交图形的区域，无论其如何复杂，均可以使用与上述一样的方法，直接使用鼠标选取要填充图案的区域即可，其他参数设置完全一样。如图4.43所示。若填充区域内有文字时，在选择该区域进行图案填充时，所填充的图案并不穿越文字，文字仍可清晰可见。也可以使用“选择对象”分别选取边界线和文字，其图案填充效果一致，如图4.44所示。

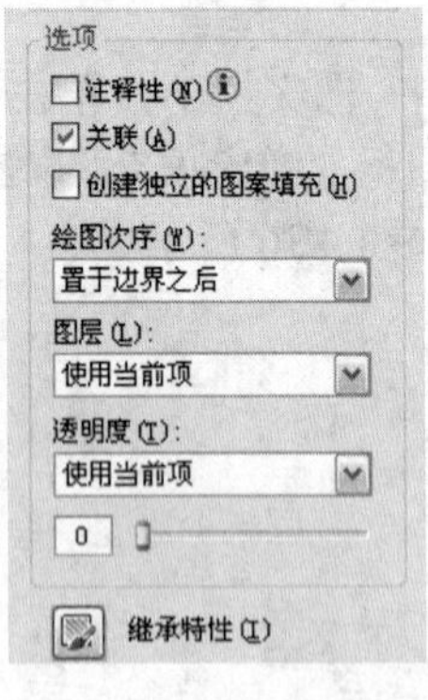


图4.40　设置关联特性

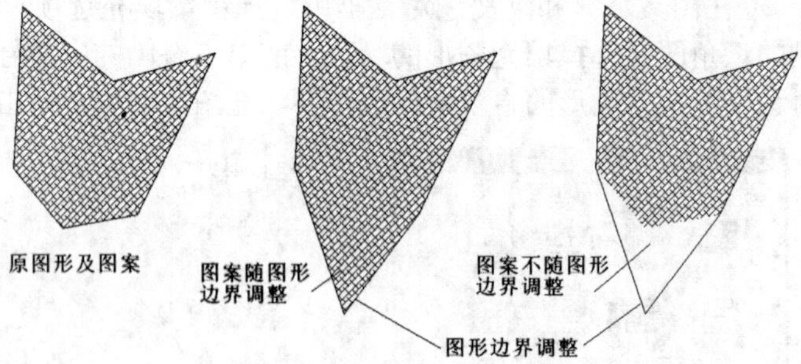


图4.41　关联的作用示意

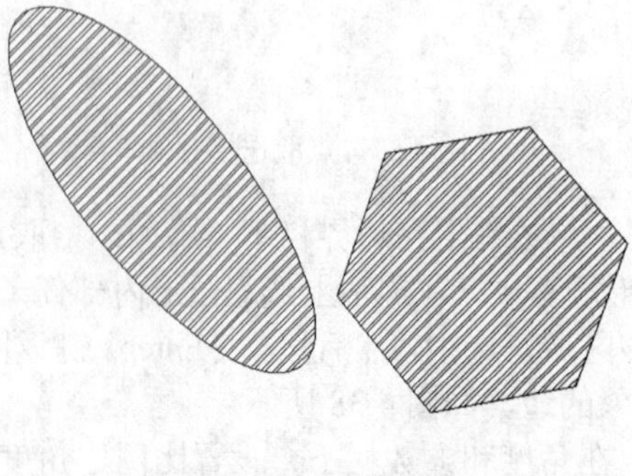

图4.42　完成填充操作

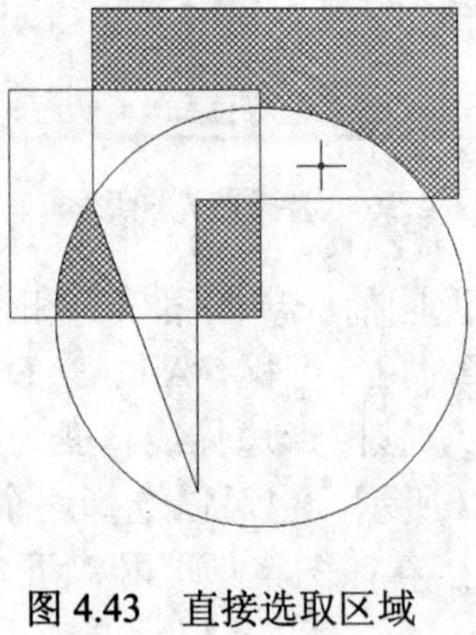

图4.43　直接选取区域

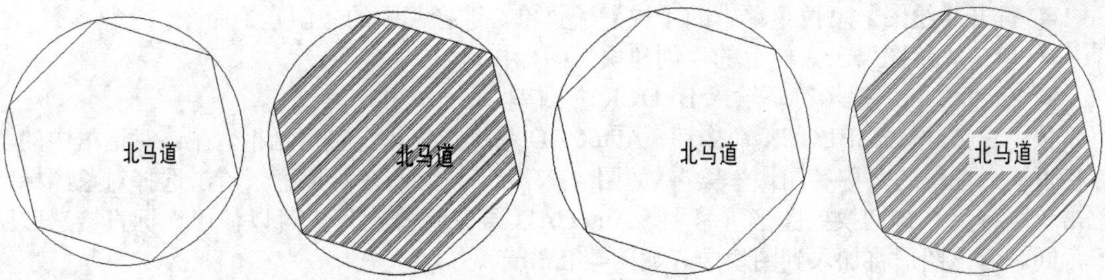


（a）图案穿越文字　　（b）图案不穿越文字

图 4.44　图案与文字关系

（2）编辑图案填充

编辑图案填充的功能是指修改填充图案的一些特性，包括其造型、比例、角度和颜色等。其 AutoCAD 命令为 HATCHEDIT。

启动 HATCHEDIT 编辑命令可以通过以下 3 种方式。

- 打开【修改】下拉菜单中的【对象】命令选项，在子菜单中选择【图案填充】命令。
- 单击“修改 II”工具栏上的“编辑图案填充”按钮。
- 在“命令:”提示下输入命令 HATCHEDIT。

按上述方法执行 HATCHEDIT 编辑命令后，AutoCAD 要求选择要编辑的填充图案，然后弹出一个对话框，如图 4.45 所示，在该对话框可以进行定义边界、图案类型、图案比例、图案角度和图案特性以及定制填充图案等参数修改，其操作方法与进行填充图案操作是一致的。填充图案经过编辑后，如图 4.46 所示。

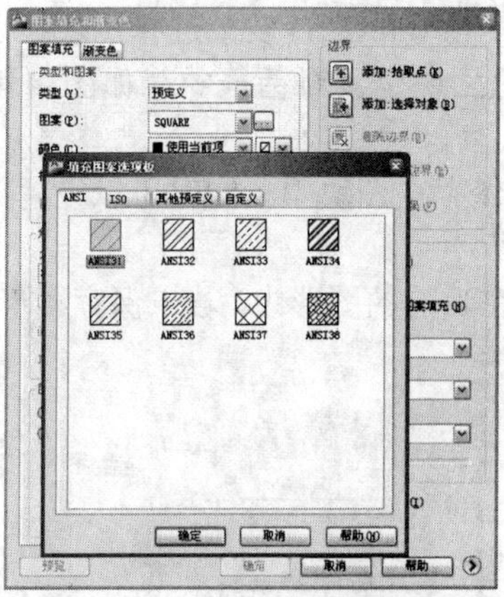

图 4.45　填充图案编辑对话框

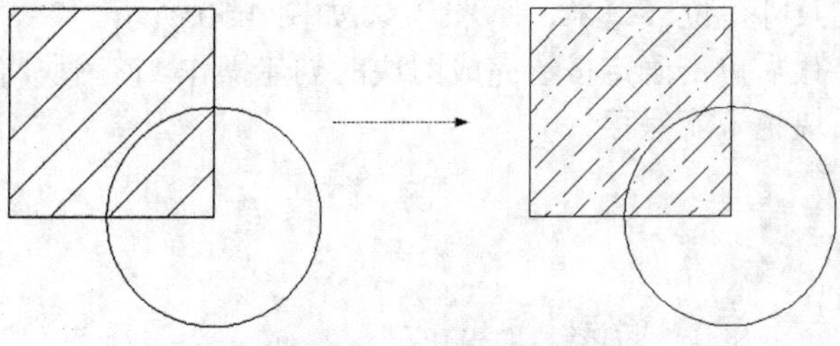

图 4.46　填充图案编辑

## 4.3 图块功能与编辑

将某个元素或多个元素组成的图形对象定制为一个整体图形，该整体图形即是 AutoCAD 中的图块。图块具有自己的特性，此外组成其中的各个对象有自己的图层、线型和颜色等特性。可以对图块进行复制、旋转、删除和移动等编辑修改操作。图块的作用主要是避免许多重复性的操作，提高设计与绘图效率和质量。

### 4.3.1 创建图块

AutoCAD 创建图块的功能命令是 BLOCK。启动 BLOCK 命令可以通过以下 3 种方式。

- ■ 打开【绘图】下拉菜单中的【块】子菜单，选择其中的【创建】命令。
- ■ 单击“绘图”工具栏上的“创建块”图标按钮。
- ■ 在“命令:”提示符下输入 BLOCK 并回车。

按上述方法激活 BLOCK 命令后，AutoCAD 系统弹出块定义对话框。在该对话框中的名称栏下输入图块的名称“图块—梁”。如图 4.47 所示。接着在对象栏下单击选择对象图标，单击该图标后系统切换到图形屏幕上，AutoCAD 要求选择图形，可以使用光标直接选取图形，回车后该图形将加入到图块中。如图 4.48 所示。

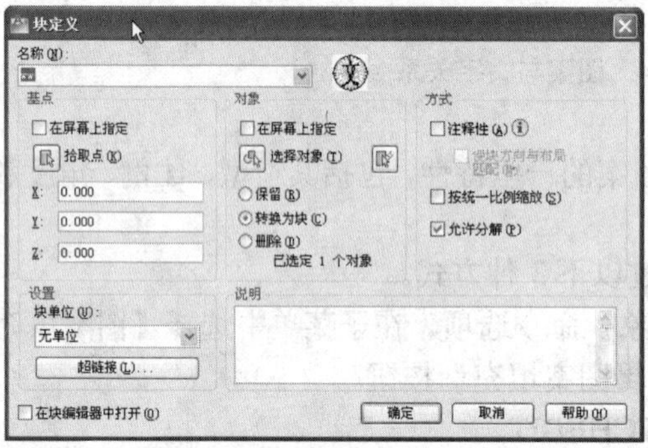


图 4.47　块定义对话框

图 4.48　选取图形

选择图形对象后按下【Enter】，系统将切换到对话框中，在基点栏下单击拾取点图标，指定该图块插入点的位置，也可以在其下面的 *X*、*Y*、*Z* 空白栏中直接输入坐标点（*X*、*Y*、*Z*）。图块插入点的位置为在绘图时插入该图块的基准点和图块的旋转与缩放基点。AutoCAD 默认的基点是坐标系的原点。单击该图标后系统切换到图形屏幕上，AutoCAD 要求选择图块插入点的位置。可以使用光标直接选取位置点，回车确认后将返回块定义对话框中。如图 4.49 所示。

此外在该对话框中，可以为图块设置一个预览图标，并保存在图块中。同时可以设置图块的尺寸单位（毫米、厘米等）。如图 4.50 所示。

最后单击确定按钮完成图块的创建操作。该图块将保存在当前的图形中，若未保存图形，则图块也未能保存。

图 4.49　指定图块插入点

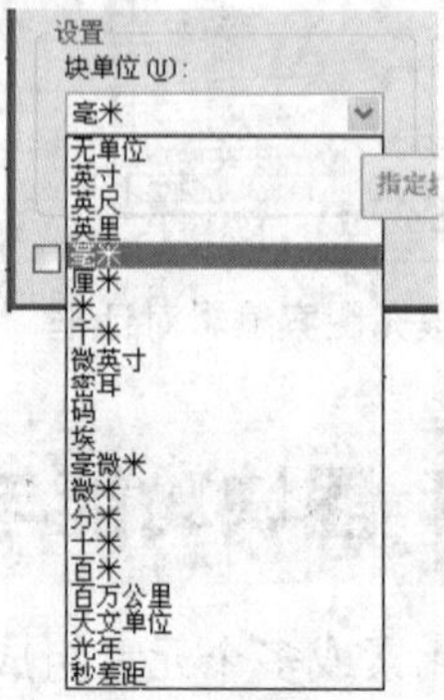


图 4.50　设置预览图标和单位

## 4.3.2　插入图块

（1）插入单个图块　单图块插入是指在图形中逐个插入图块。要在图形中插入图块，需先按前面有关论述定义图块。AutoCAD 插入图块的功能命令是 INSERT。启动 INSERT 命令

可以通过以下 3 种方式。

■ 打开【插入】下拉菜单中的【块】命令。

■ 单击“插入点”工具栏上的“插入块”图标按钮。

■ 在“命令:”提示符下输入 INSERT 并回车。

按上述方法激活插入图块命令后，AutoCAD 系统弹出插入对话框。在该对话框中的名称选项区域右边选择要插入的图块名称（可以单击小三角图标打开下拉栏选择），例如前面创建的“图块—梁”。在该对话框中还可以设置插入点、缩放比例和旋转角度等，如图 4.51 所示。

若选取各个参数下面的在屏幕上指定复选框，可以直接在屏幕上使用鼠标进行插入点、比例、旋转角度的控制，如图 4.52 所示。

命令:INSERT

输入 X 比例因子，指定对角点，或[角点(C)/XYZ(XYZ)]<1>:1.0

输入 Y 比例因子或<使用 X 比例因子>:1.0

此外，可以将已有的*.dwg 图形文件作为图块插入，其插入方法与插入图块完全一致。只需单击对话框右上角的浏览图标，在弹出的选择对话框中选择图形文件后单击确定按钮确认返回，按前面有关论述的方法进行操作即可。如图 4.53 所示。

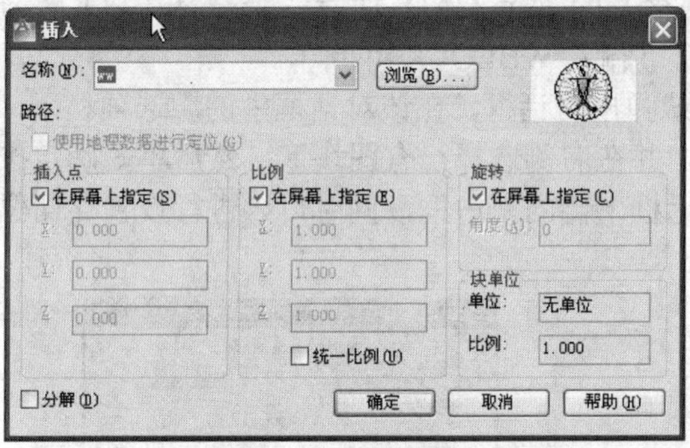


图 4.51 插入图块对话框

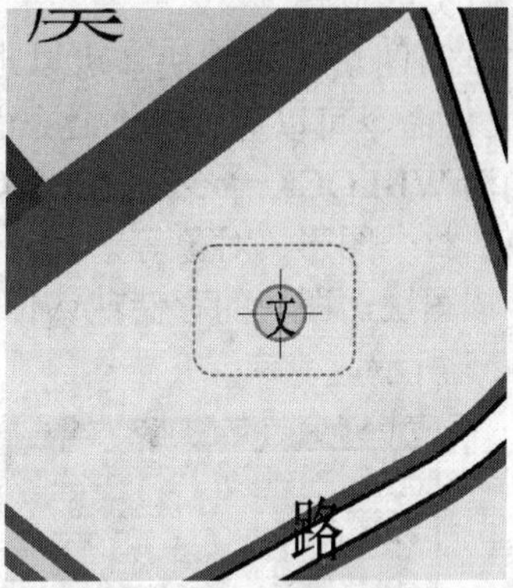


图 4.52 插入图块

(2) 多图块插入 多图块插入是指在图形中以矩形阵列形式插入多个图块。其 AutoCAD 功能命令为 MINSERT。启动 INSERT 命令可以通过在“命令:”提示符下输入 MINSERT 并回车。在进行多图块插入操作时，插入的图块是整体的。以在“命令:”直接输入 MINSERT 命令为例，说明多图块插入的方法，如图 4.54 所示。

命令:MINSERT

输入块名或[?]<儿童－002>:

单位:英寸 转换:1.0000

指定插入点或[基点(B)/比例(S)/X/Y/Z/旋转(R)]:

输入 X 比例因子，指定对角点，或[角点(C)/XYZ(XYZ)]<1>:

输入 Y 比例因子或<使用 X 比例因子>:

指定旋转角度<0>:

输入行数(---)<1>:3

输入列数(|||)<1>:2

输入行间距或指定单位单元(---):122

指定列间距(|||):360

注意，采用多块插入方法，得到的图形是 1 个整体块，不是分开的。如图 4.54 示意。

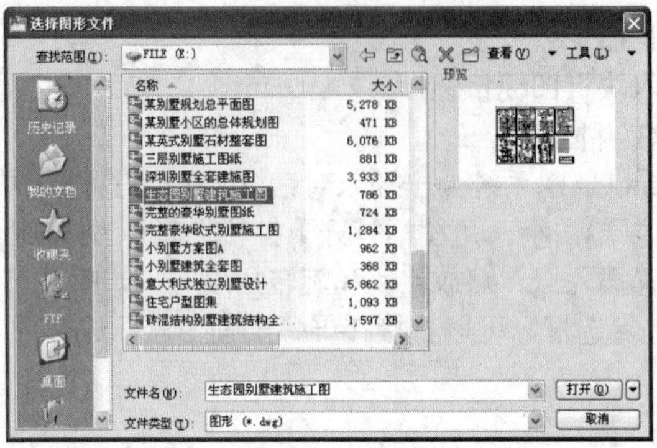


图 4.53　插入图形文件

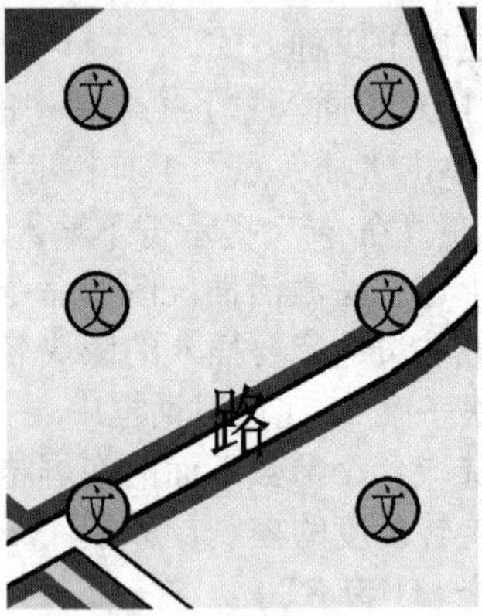


图 4.54　多图块插入

## 4.3.3　图块编辑

图块编辑包括写图块（WBLOCK）、图块分解（EXPLODE）和属性编辑（DDATTE、ATTEDIT）等操作。

（1）写图块　写图块（可以理解为保存）的 AutoCAD 功能命令是 WBLOCK。启动 WBLOCK 命令可以通过在“命令:”提示符下输入 WBLOCK 并回车。

激活 WBLOCK 命令后，AutoCAD 系统弹出对话框，在该对话框中的源选项栏下，可以选择块 / 整个图形 / 对象等方式的复选框，并在右侧选择已有图块 K，然后单击确定按钮即可保存该图块，图块的存储默认位置在对话框下侧的空白框，同时可以进行设置存储位置。如图 4.55 所示。

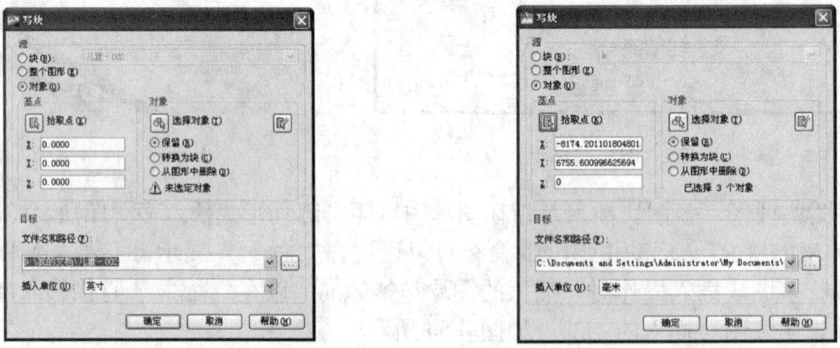


（a）选择块选项　　（b）选择对象选项

图 4.55　写图块对话框

（2）图块分解　在定义图块后，图块是一个整体，若要对图块中的某个图形元素对象进行修改，则在整体组合的图块中无法进行。为此，AutoCAD 提供了将图块分解的功能命令 EXPLODE。EXPLODE 命令可以将块、填充图案和标注尺寸从创建时的状态转换或化解为独立的对象。

启动 EXPLODE 命令可以通过以下 3 种方式。

- 打开【修改】下拉菜单中的【分解】命令。
- 单击“修改”工具栏上的“分解”图标按钮。
- 在“命令:”提示符下输入 EXPLODE 并回车。

按上述方法激活 EXPLODE 命令后，AutoCAD 操作提示如下：

命令： EXPLODE

选择对象：指定对角点：找到 1 个

选择对象：(回车)

选择要分解的图块对象，回车后选中的图块对象将被分解。如图 4.56 所示。

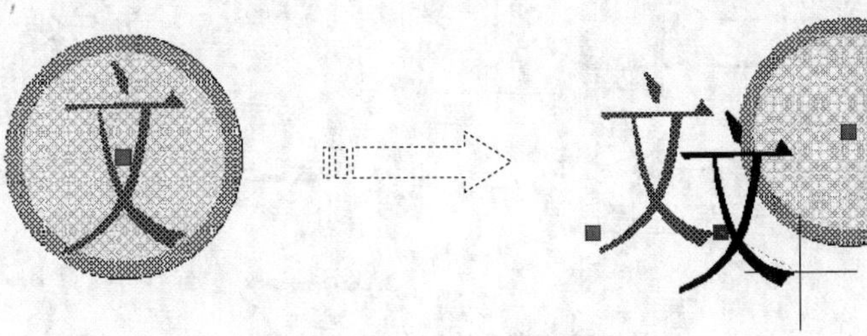

图 4.56　分解图块

# 4.4 文字与尺寸标注

文字与尺寸标注是图形绘制主要表达内容之一，也是 AutoCAD 绘制图形的重要内容。

## 4.4.1　标注文字

标注文字，是工程设计不可缺少的一部分，文字与图形一起才能表达完整的设计思想。文字标注包括图形名称、注释、标题和其他图纸说明等。AutoCAD 提供了强大的文字处理功能，如可以设置文字样式、单行标注、多行标注、支持 Windows 字体、兼容中英文字体等。

（1）文字样式设置　AutoCAD 文字样式是指文字字符和符号的外观形式，即字体。AutoCAD 字体除了可以使用 Windows 操作系统的 TrueType 字体外，还有其专用字体（其扩展名为*.SHX）。AutoCAD 默认的字体为 TXT.SHX，该种字体全部由直线段构成（没有弯曲段），因此存储空间较少，但外观单一不美观。

可以通过文字样式（STYLE 命令）修改当前使用字体。启动 STYLE 命令可以通过以下 3 种方式。

- 打开【格式】下拉菜单选择命令【文字样式】选项。
- 单击“样式”工具栏上的“文字样式”命令图标。
- 在“命令:”命令行提示下直接输入 STYLE 或 ST 命令。

按上述方法执行 STYLE 命令后，AutoCAD 弹出文字样式对话框，在该对话框中可以设置相关的参数，包括样式、新建样式、字体、高度和效果等。如图 4.57 所示。

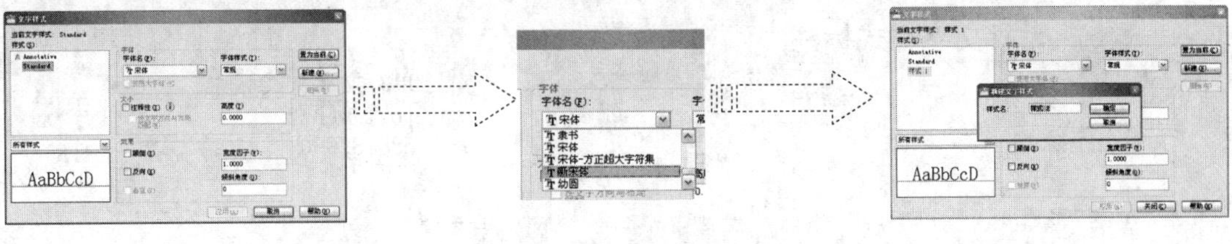


图 4.57　文字样式对话框

其中在字体类型中，带@的字体表示该种字体是水平倒置的，如图 4.58 所示。此外，在

字体选项栏中可以使用大字体，该种字体是扩展名为.SHX 的 AutoCAD 专用字体，如 chineset.shx、bigfont.shx 等，大字体前均带一个圆规状的符号。如图 4.59 所示。

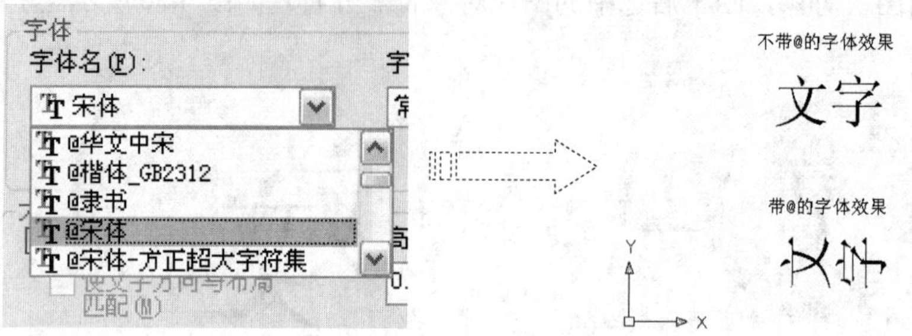


图 4.58　带@的字体文字效果

（2）单行文字标注方法　单行文字标注是指进行逐行文字输入。单行文字标注功能的 AutoCAD 命令为 TEXT。启动单行文字标注 TEXT 命令可以通过以下 2 种方式。

- 打开【绘图】下拉菜单选择【文字】命令选项，再在子菜单中选择【单行文字】命令。
- 在“命令:”命令行提示下直接输入 TEXT 命令。

图 4.59　AutoCAD 专用字体

可以使用 TEXT 输入若干行文字，并可进行旋转、对正和大小调整。在“输入文字”提示下输入的文字会同步显示在屏幕中。每行文字是一个独立的对象，要结束一行并开始另一行，可在“输入文字”提示下输入字符后按 ENTER 键。要结束 TEXT 命令，可直接按 ENTER 键，而不用在“输入文字”提示下输入任何字符。通过对文字应用样式，用户可以使用多种字符图案或字体。这些图案或字体可以在垂直列中拉伸、压缩、倾斜、镜像或排列。

以在“命令:”直接输入 TEXT 命令为例，说明单行文字标注方法，完成文字输入后回车确认即可。如图 4.60 所示。

命令: TEXT（输入 TEXT 命令）
当前文字样式:“Standard”　文字高度:2.5000　注释性:否
指定文字的起点或[对正(J)/样式(S)]:
指定高度<2.5000>:10
指定文字的旋转角度<0>:

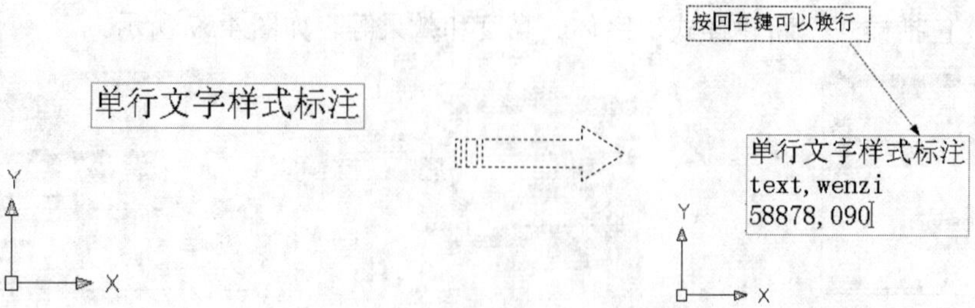


图 4.60　单行文字标注

（3）多行文字标注方法　除了使用 TEXT 进行单行文字标注外，还可以进行多行文字标

注。其 AutoCAD 命令为 MTEXT。启动单行文字标注 TEXT 命令可以通过以下 3 种方式：

■ 打开【绘图】下拉菜单选择【文字】命令选项，再在子菜单中选择【多行文字】命令。

■ 单击“绘图”工具栏上的“多行文字”命令图标。

■ 在“命令:”命令行提示下直接输入 MTEXT 命令。

激活 MTEXT 命令后，要求在屏幕上指定文字的标注位置,可以使用鼠标直接在屏幕上点取。如图 4.61 所示。指定文字标注位置后，AutoCAD 弹出文字格式对话框，在该对话框中设置字形、字高、颜色等，然后输入文字，输入文字后单击“OK”按钮，文字将在屏幕上显示出来。如图 4.62 所示。

以在“命令:”直接输入 MTEXT 命令为例，说明多行文字标注方法。

命令:MTEXT（标注文字）

当前文字样式:"Standard"　文字高度:10　注释性:否

指定第一角点:（指定文字位置）

指定对角点或[高度(H)/对正(J)/行距(L)/旋转(R)/样式(S)/宽度(W)/栏(C)]:（指定文字对角位置，在弹出的对话框中可以设置字形、字高、颜色等，并输入文字）

Current text style:"DIM_FONT"　Text height:400

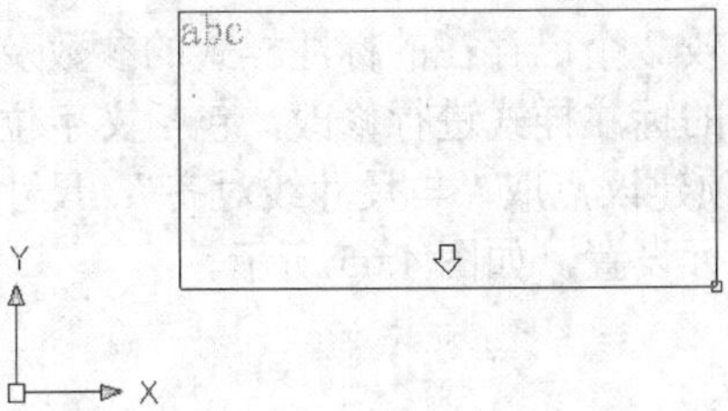


图 4.61　指定文字位置

图 4.62　输入文字

## 4.4.2　尺寸标注

尺寸的标注，在工程制图中同样是十分重要的内容。尺寸大小，是进行工程建设定位的主要依据。AutoCAD 提供了多种尺寸标注方法，以适应不同工程制图的需要。

AutoCAD 提供的尺寸标注形式，与工程设计实际相一致。一个完整的尺寸一般由尺寸界线、尺寸线、箭头、标注文字构成。通常以一个整体出现。如图 4.63 所示。

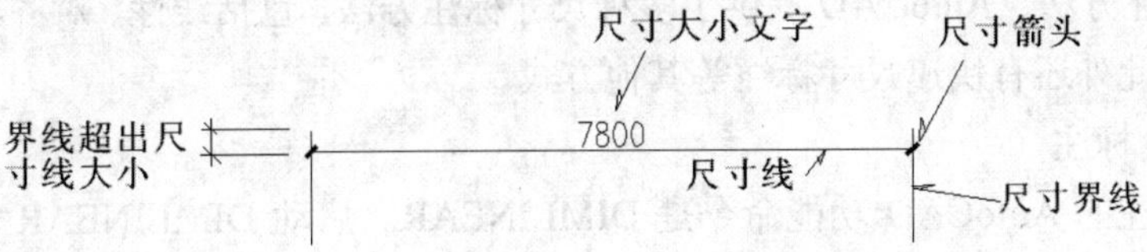


图 4.63　CAD 尺寸标注的构成示意

（1）尺寸样式设置　尺寸标注样式是指尺寸界线、尺寸线、箭头、标注文字等的外观形式。通过设置尺寸标注样式，可以有效地控制图形标注尺寸界线、尺寸线、箭头、标注文字的布局和外观形式。

尺寸标注样式设置的 AutoCAD 命令为 DIMSTYLE（简写形式为 DDIM）。启动单行文字标注 DIMSTYLE 命令可以通过以下 3 种方式。

■ 打开【格式】下拉菜单选择【标注样式】命令选项。

■ 单击“标注”工具栏上的“标注样式”命令图标。

■ 在“命令:”命令行提示下直接输入DIMSTYLE或DDIM命令。

激活DIMSTYLE命令后，在屏幕上弹出标注样式管理器对话框，通过该对话框，可以对尺寸线、标注文字、箭头、尺寸单位、尺寸位置和方向等尺寸样式进行部分或全部设置和修改。如图4.64所示。

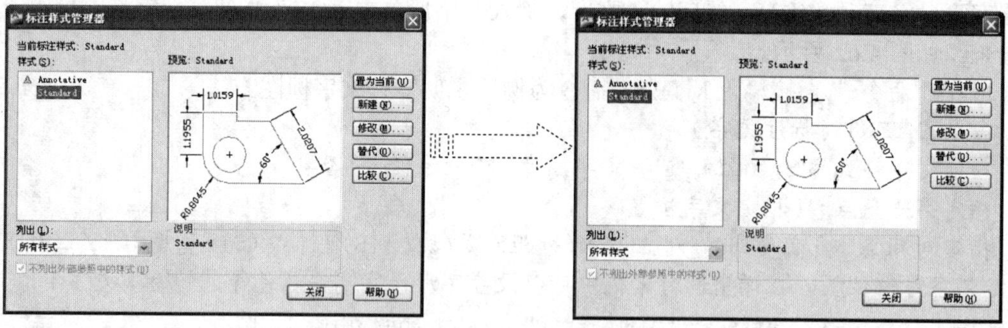

图4.64　标注样式及其修改选项

其中，创建新的标注样式是新定义一个标注模式；比较2个已存在的标注样式的参数及特性，二者不同之处显示出来；修改标注样式可以对当前的标注样式进行修改，包括文字位置、箭头和尺寸线长短等各种参数。其中“文字对齐”选项建议点取“与尺寸线对齐”；尺寸标注文字是否带小数点，在线性标注选项下的“精度”进行设置，如图4.65所示。

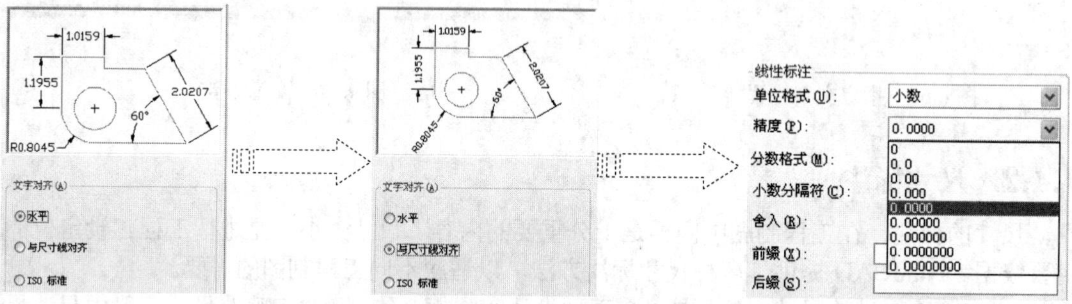

图4.65　尺寸标注相关参数修改

(2) 尺寸标注方法　AutoCAD提供了多种尺寸标注方法，包括线性、对齐、坐标、半径、直径、角度等。此外还有快速尺寸标注等其他方式。

① 线性尺寸标注

线性尺寸标注的AutoCAD功能命令是DIMLINEAR。启动DIMLINEAR命令可以通过以下3种方式。

■ 打开【标注】下拉菜单，选择其中的【线性】命令选项。

■ 单击“标注”工具栏上的“线性命令”功能图标。

■ 在命令行“命令:”提示符下输入DIMLINEAR并回车。

以在命令行启动DIMLINEAR为例，线性尺寸标注的使用方法如下所述，如图4.66所示。

命令:DIMLINEAR

指定第一条延伸线原点或<选择对象>:

指定第二条延伸线原点:
创建了无关联的标注
指定尺寸线位置或[多行文字(M)/文字(T)/角度(A)/水平(H)/垂直(V)/旋转(R)]:
标注文字=600

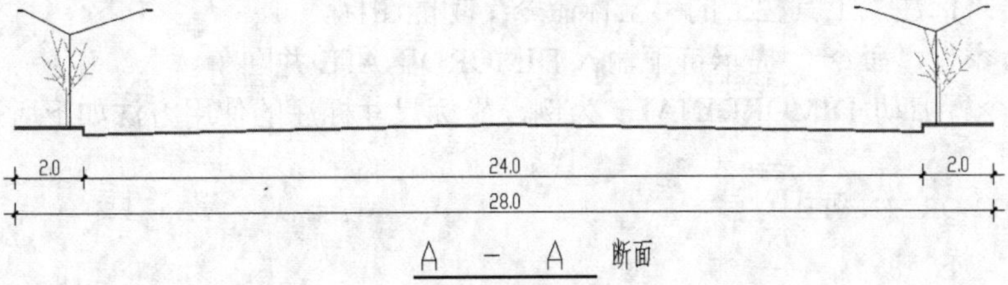


图 4.66 线性尺寸标注样式

② 对齐尺寸标注

对齐尺寸标注是指所标注的尺寸线与图形对象平行，其 AutoCAD 功能命令是 DIMALIGNED。启动 DIMALIGNED 命令可以通过以下 3 种方式。

■ 打开【标注】下拉菜单，选择其中的【对齐】命令选项。
■ 单击“标注”工具栏上的“对齐命令”功能图标。
■ 在命令行“命令:”提示符下输入 DIMALIGNED 并回车。

以在命令行启动 DIMALIGNED 为例，对齐尺寸标注的使用方法如下所述，如图 4.67 所示。

命令:DIMALIGNED
指定第一条延伸线原点或<选择对象>:
指定第二条延伸线原点:
创建了无关联的标注
指定尺寸线位置或[多行文字(M)/文字(T)/角度(A)]:
标注文字=227

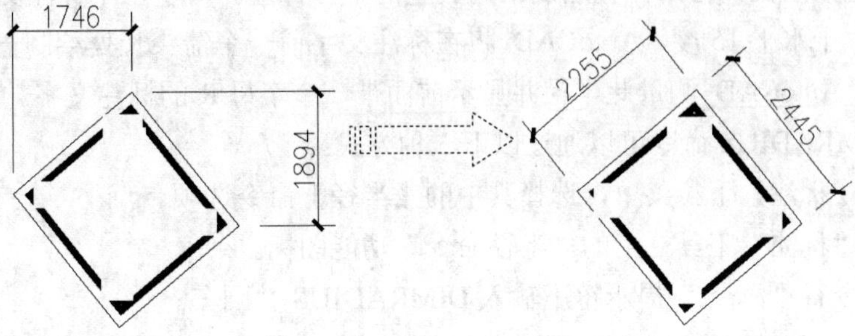


(a) 线性标注方式 (b) 对齐标注方式

图 4.67 对齐尺寸标注样式

③ 坐标尺寸标注

坐标尺寸标注是指所标注的是图形对象的 $X$ 或 $Y$ 坐标，其 AutoCAD 功能命令是

DIMORDINATE。坐标标注沿一条简单的引线显示部件的 *X* 或 *Y* 坐标，这些标注也称为基准标注。AutoCAD 使用当前用户坐标系 (UCS) 确定测量的 *X* 或 *Y* 坐标，并且沿与当前 UCS 轴正交的方向绘制引线。按照通用的坐标标注标准，采用绝对坐标值。启动 DIMORDINATE 命令可以通过以下 3 种方式：

- 打开【标注】下拉菜单，选择其中的【坐标】命令选项。
- 单击“标注”工具栏上的“坐标命令”功能图标。
- 在命令行“命令:”提示符下输入 DIMORDINATE 并回车。

以在命令行启动 DIMORDINATE 为例，坐标尺寸标注的使用方法如下所述，如图 4.68 所示。

命令:DIMORDINATE
指定点坐标:
指定引线端点或[X 基准(X)/Y 基准(Y)/多行文字(M)/文字(T)/角度(A)]:
标注文字=620

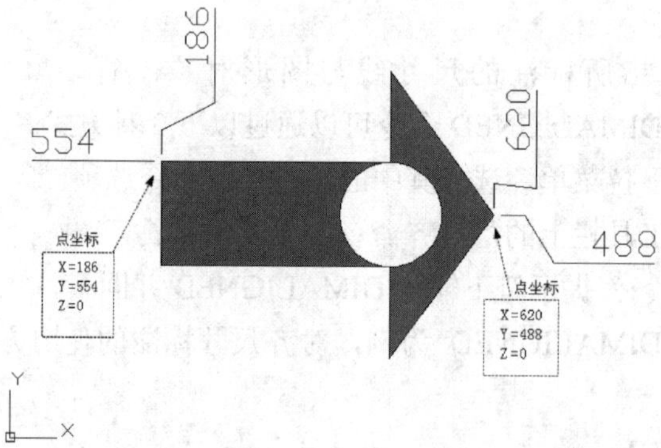


图 4.68　坐标尺寸标注样式

④ 半径尺寸标注

半径尺寸标注由一条具有指向圆或圆弧的箭头的半径尺寸线组成。如果 DIMCEN 系统变量未设置为零，AutoCAD 将绘制一个圆心标记。其 AutoCAD 功能命令是 DIMRADIUS。DIMRADIUS 根据圆或圆弧的大小、“新建标注样式”、“修改标注样式”和“替代当前样式”对话框中的选项以及光标的位置绘制不同类型的半径标注。对于水平标注文字，如果半径尺寸线的角度大于水平 15 度，AutoCAD 将在标注文字前一个箭头长处绘制一条钩线，也称为弯钩或着陆。AutoCAD 测量此半径并显示前面带一个字母 R 的标注文字。

启动 DIMRADIUS 命令可以通过以下 3 种方式：

- 打开【标注】下拉菜单，选择其中的【半径】命令选项。
- 单击“标注”工具栏上的“半径命令”功能图标。
- 在命令行“命令:”提示符下输入 DIMRADIUS 并回车。

以在命令行启动 DIMRADIUS 为例，半径尺寸标注的使用方法如下所述，如图 4.69 所示。

命令:DIMRADIUS
选择圆弧或圆:
标注文字=4560
指定尺寸线位置或[多行文字(M)/文字(T)/角度(A)]:

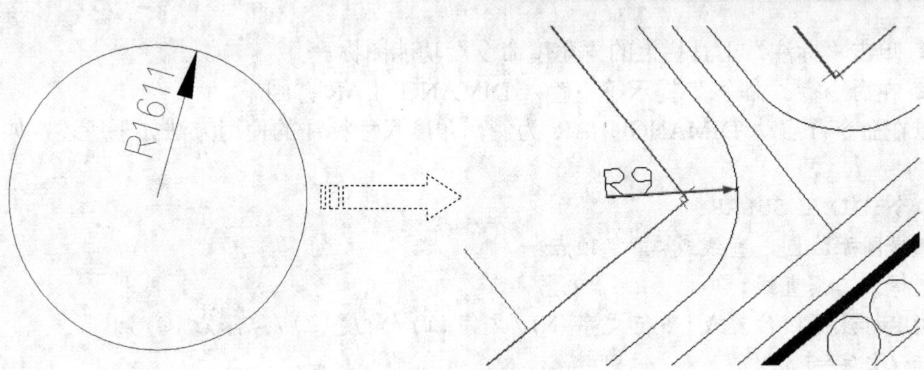


图 4.69　半径尺寸标注样式

⑤ 直径尺寸标注

直径尺寸标注是根据圆和圆弧的大小、标注样式的选项设置以及光标的位置来绘制不同类型的直径标注。标注样式控制圆心标记和中心线。当尺寸线画在圆弧或圆内部时，AutoCAD 不绘制圆心标记或中心线。其 AutoCAD 功能命令是 DIMDIAMETER。对于水平标注文字，如果直径线的角度大于水平15 度并且在圆或圆弧的外面，那么 AutoCAD 将在标注文字旁边绘制一条一个箭头长的钩线。

启动 DIMDIAMETER 命令可以通过以下 3 种方式：

■ 打开【标注】下拉菜单，选择其中的【直径】命令选项。

■ 单击“标注”工具栏上的“直径命令”功能图标。

■ 在命令行“命令:”提示符下输入 DIMDIAMETER 并回车。

以在命令行启动 DIMDIAMETER 为例，直径尺寸标注的使用方法如下所述，如图 4.70 所示。

命令：DIMDIAMETER
选择圆弧或圆：
标注文字=137
指定尺寸线位置或[多行文字(M)/文字(T)/角度(A)]：

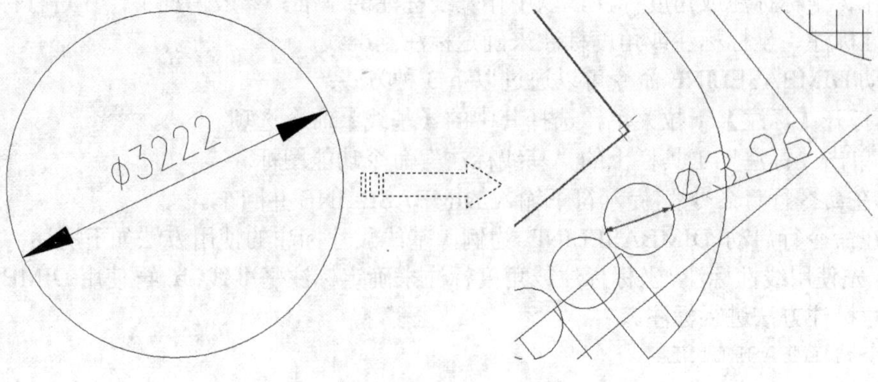


图 4.70 直径尺寸标注样式

⑥ 角度尺寸标注

角度尺寸标注是根据 2 条以上的图形对象构成的角度进行标注。其 AutoCAD 功能命令是 DIMANGULAR。启动 DIMANGULAR 命令可以通过以下 3 种方式：

■ 打开【标注】下拉菜单，选择其中的【角度】命令选项。

■ 单击“标注”工具栏上的“角度命令”功能图标。

■ 在命令行“命令:”提示符下输入 DIMANGULAR 并回车。

以在命令行启动 DIMANGULAR 为例，角度尺寸标注的使用方法如下所述，如图 4.71 所示。

```
命令:DIMANGULAR
选择圆弧、圆、直线或<指定顶点>:
选择第二条直线:
指定标注弧线位置或[多行文字(M)/文字(T)/角度(A)/象限点(Q)]:
标注文字=135
```

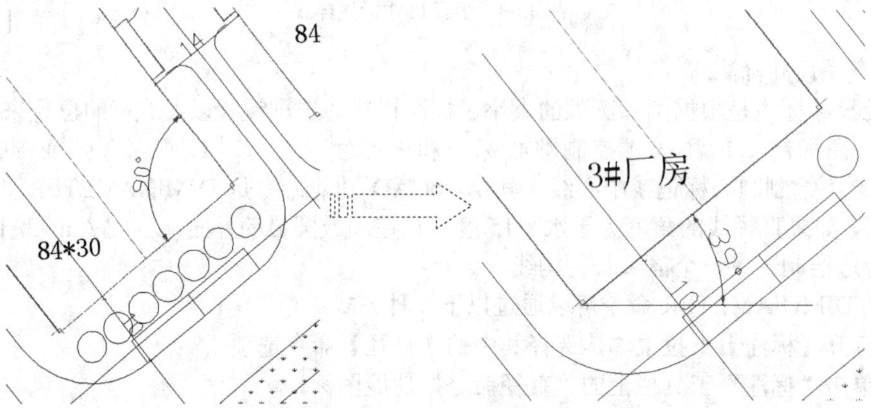


图 4.71 角度尺寸标注样式

⑦ 基线尺寸标注

基线尺寸标注是指创建自相同基线测量的一系列相关标注，其 AutoCAD 功能命令为 DIMBASELINE。AutoCAD 使用基线增量值偏移每一条新的尺寸线并避免覆盖上一条尺寸线。基线增量值在“新建标注样式”、“修改标注样式”和“替代标注样式”对话框的“直线和箭头”选项卡上基线间距指定。如果在当前任务中未创建标注，AutoCAD 将提示用户选择线性标注、坐标标注或角度标注，以用作基线标注的基准。一般情况下，在进行标注前，需使用线性标注、坐标标注或角度标注来确定标注基准线。

启动 DIMBASELINE 命令可以通过以下 3 种方式：

■ 打开【标注】下拉菜单，选择其中的【基线】命令选项。

■ 单击“标注”工具栏上的“基线标注”命令功能图标。

■ 在命令行“命令:”提示符下输入 DIMBASELINE 并回车。

以在命令行启动 DIMBASELINE 为例，基线尺寸标注的使用方法如下所述，如图 4.72 所示。a. 先使用线性标注、坐标标注或角度标注来确定标注基准线；b. 再使用 DIMBASELINE 基线尺寸标注方法进行标注。

```
命令:DIMBASELINE
选择基准标注:
指定第二条尺寸界线原点或[放弃(U)/选择(S)]<选择>:
标注文字=2574
指定第二条尺寸界线原点或[放弃(U)/选择(S)]<选择>:
标注文字=4981
指定第二条尺寸界线原点或[放弃(U)/选择(S)]<选择>:
```

……
选择基准标注：

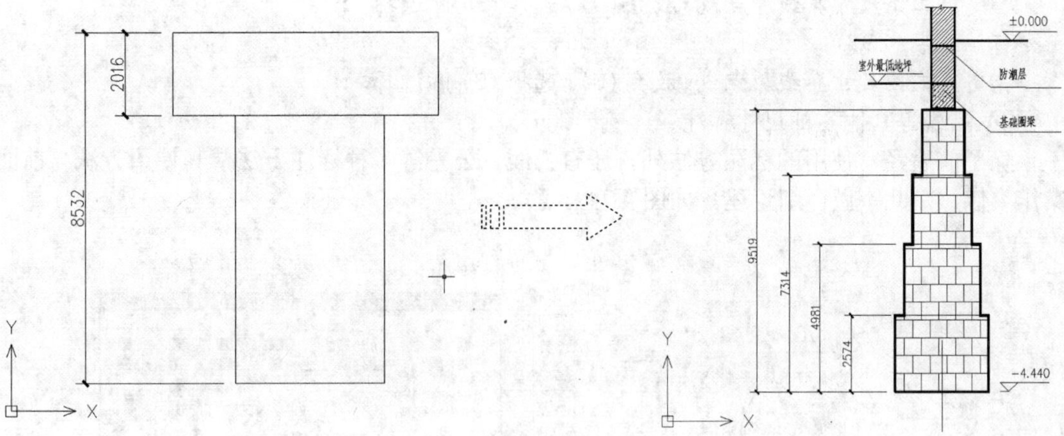


图 4.72　基线尺寸标注样式

⑧ 连续尺寸标注

连续尺寸标注是指绘制一系列相关的尺寸标注，例如添加到整个尺寸标注系统中的一些短尺寸标注。连续标注也称为链式标注，其 AutoCAD 功能命令为 DIMCONTINUE。创建线性连续标注时，第一条尺寸界线将被禁止，并且文字位置和箭头可能会包含引线，这种情况作为连续标注的替代而出现（DIMSE1 系统变量打开，DIMTMOVE 系统变量为 1 时）。如果在当前任务中未创建标注，AutoCAD 将提示用户选择线性标注、坐标标注或角度标注，以用作连续标注的基准。一般情况下，在进行标注前，需使用线性标注、坐标标注或角度标注来确定标注基准线。

启动 DIMCONTINUE 命令可以通过以下 3 种方式：

■ 打开【标注】下拉菜单，选择其中的【连续】命令选项。
■ 单击“标注”工具栏上的“标注连续”命令功能图标。
■ 在命令行“命令:”提示符下输入 DIMCONTINUE 并回车。

以在命令行启动 DIMCONTINUE 为例，连续尺寸标注的使用方法如下所述，如图 4.73 所示。先使用线性标注、坐标标注或角度标注来确定标注基准线。再使用 DIMCONTINUE 连续尺寸标注方法进行标注。

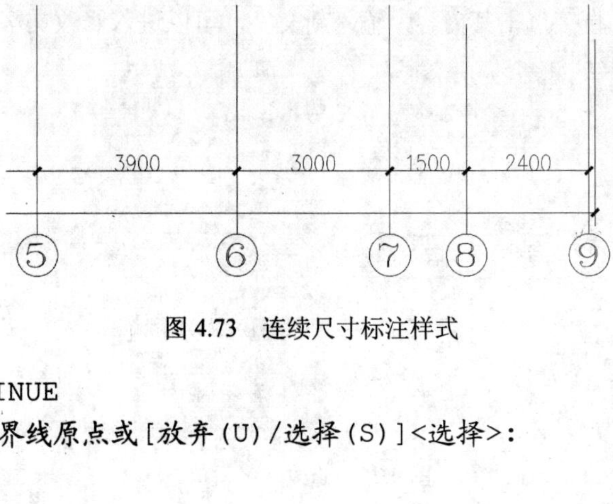


图 4.73　连续尺寸标注样式

```
命令:DIMCONTINUE
指定第二条尺寸界线原点或[放弃(U)/选择(S)]<选择>:
标注文字=298
```

指定第二条尺寸界线原点或[放弃(U)/选择(S)]<选择>:

标注文字=97

指定第二条尺寸界线原点或[放弃(U)/选择(S)]<选择>:

标注文字=298

指定第二条尺寸界线原点或[放弃(U)/选择(S)]<选择>:

⑨ 弧线等其他各种尺寸标注

除了前述经常使用的标注方法外，还有弧线、公差等多种标注方法，其使用方法与前面操作类似，在此不做详细论述。如图 4.74 示意。

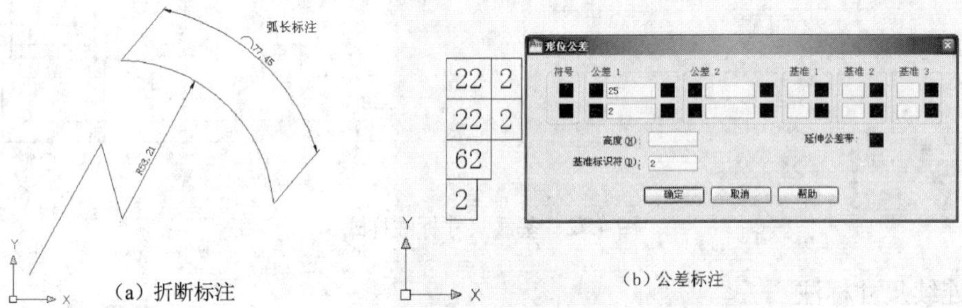


（a）折断标注　（b）公差标注

图 4.74　其他尺寸标注方式

## 4.4.3　文字与尺寸的编辑与修改

与其他图形对象一样，AutoCAD 同样提供了对文字和尺寸的编辑与修改功能。

（1）文字编辑与修改方法　除了可以使用移动、复制、删除、旋转和镜像等基本的编辑与修改方法外，文字对象的编辑与修改方法还包括修改其内容、高度、字体和特性等。AutoCAD 提供了如下几种对文字的编辑与修改方法。

① 修改文字内容

修改文字内容是最为基本的文字编辑与修改功能。其 AutoCAD 功能命令为 DDEDIT。启动 DDEDIT 命令可以通过以下 3 种方式。

- 打开【修改】下拉菜单，在【对象】子菜单中选择【文字】命令选项中的编辑。
- 在命令行“命令:”提示符下输入 DDEDIT 并回车。
- 点击文字，再点击右键屏幕将出现快捷菜单，选择“特性”选项，弹出的对话框中展开“文字”选项，直接点击其内容，输入新文字，可以进入修改文字。如图 4.75 所示。

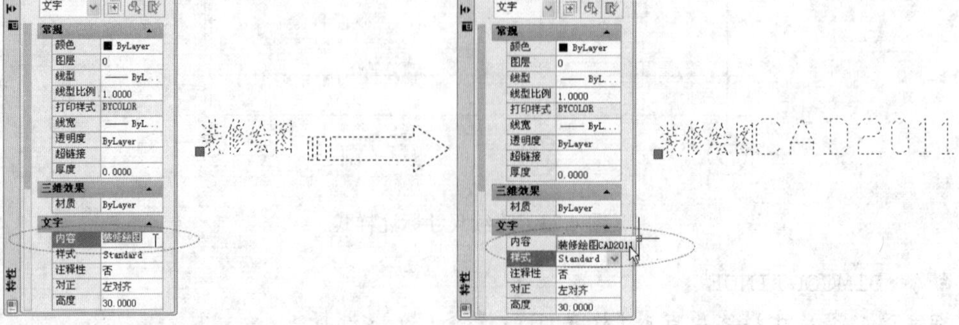


图 4.75　修改文字窗口

② 修改文字特性

修改文字特性是指对文字的内容、颜色、插入点、样式和对齐方式等相关性质参数进行修改。其 AutoCAD 功能命令为 PROPERTIES。启动 PROPERTIES 命令可以通过以下 3 种方式。

- 打开【修改】下拉菜单，选择【特性】命令选项。
- 单击“标准”工具栏上的“特性命令”功能图标。
- 使用快捷菜单，选择要查看或修改其特性的对象，在绘图区域单击右键，然后选择“特性”。或者，可以在大多数对象上双击以显示“特性”窗口。在特性对话框中可以对文字的高度、字体、颜色等各种特性参数进行修改，如图 4.76 所示。

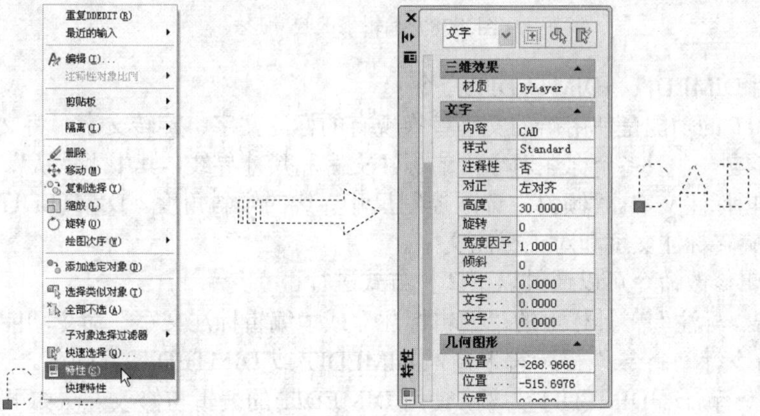


图 4.76　修改文字特性窗口

③ 文字编辑系统变量

AutoCAD 控制文字镜像的系统变量为 MIRRTEXT。在进行文字镜像（MIRROR）时，若系统变量 MIRRTEXT 设置不正确，将使文字倒置。当 MIRRTEXT=0 时，文字镜像后的效果与原文字一致；当 MIRRTEXT=1 时，文字镜像后将倒置，如图 4.77 所示。改变系统变量为 MIRRTEXT 的值可以通过如下方法。

命令:MIRRTEXT（设置新的系统变量）

输入 MIRRTEXT 的新值<0>:1（输入新的系统变量数值）

设置 MIRRTEXT=0 后，再进行文字操作，可以保证文字镜像与原文字一致。

（2）尺寸编辑与修改方法　AutoCAD 尺寸编辑与修改的内容，包括对尺寸线、标注文字和尺寸界线、箭头型式等的颜色、位置、方向、高度等的修改。AutoCAD 提供了如下几种对尺寸的编辑与修改方法。

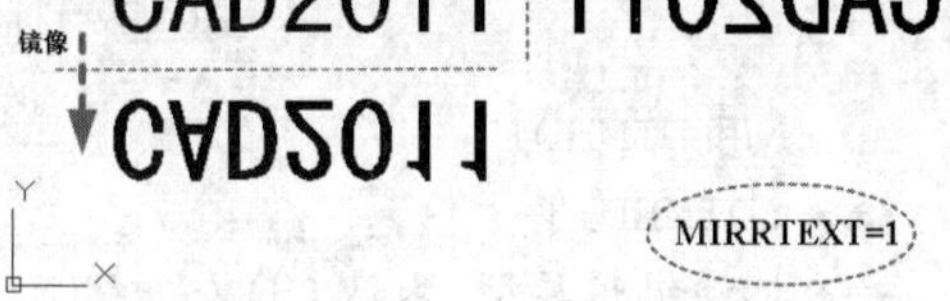


图 4.77　文字系统变量设置

① 使用特性对话框

利用特性管理器对话框，可以方便地管理、编辑尺寸标注的各个组成要素。选择要查看或修改其特性的尺寸对象，在绘图区域单击右键，然后选择“特性”。在特性窗口，要修改某个参数，只需单击该项参数右侧的表格栏，展开该特性参数，点击参数选项即可进行修改。如图 4.78 所示。

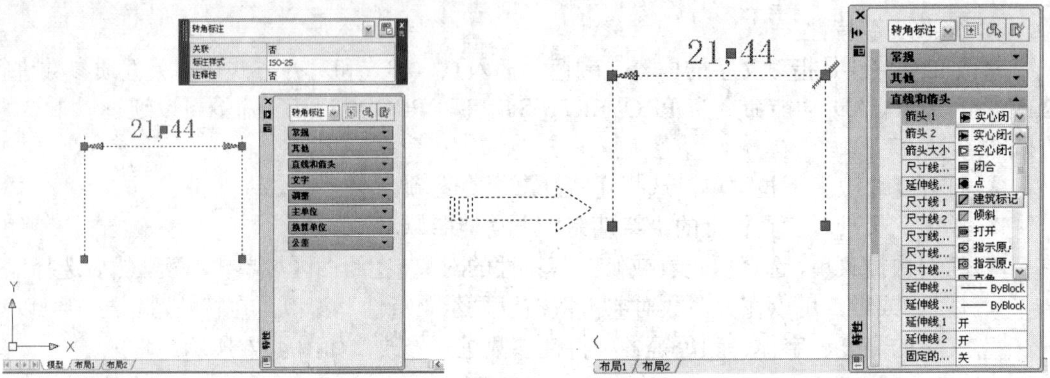


图 4.78　编辑修改尺寸形式

② 使用 DIMEDIT、DIMTEDIT 命令

DIMEDIT 的功能是使用新的文字替换现有的标注文字、旋转文字、将文字移动位置等。DIMEDIT 影响一个或多个标注对象上的标注文字和尺寸界线，其中“默认”、“新值”和“旋转”选项影响标注文字。“倾斜”选项控制尺寸界线的倾斜角度。DIMTEDIT 命令的功能主要是移动和旋转标注文字和对正标注文字。

标注编辑修改命令可以通过以下 2 种方式进行：

■ 单击“标注”工具栏上的“编辑标注”或“编辑标注文字”命令功能图标。

■ 在命令行“命令:”提示符下输入 DIMEDIT 或 DIMTEDIT 并回车。

以在命令行启动 DIMEDIT 为例，使用 DIMEDIT 的编辑与修改方法如下所述，各种编辑修改效果如图 4.79 所示。使用 DIMTEDIT 的编辑与修改方法如下所述，如图 4.80 所示。

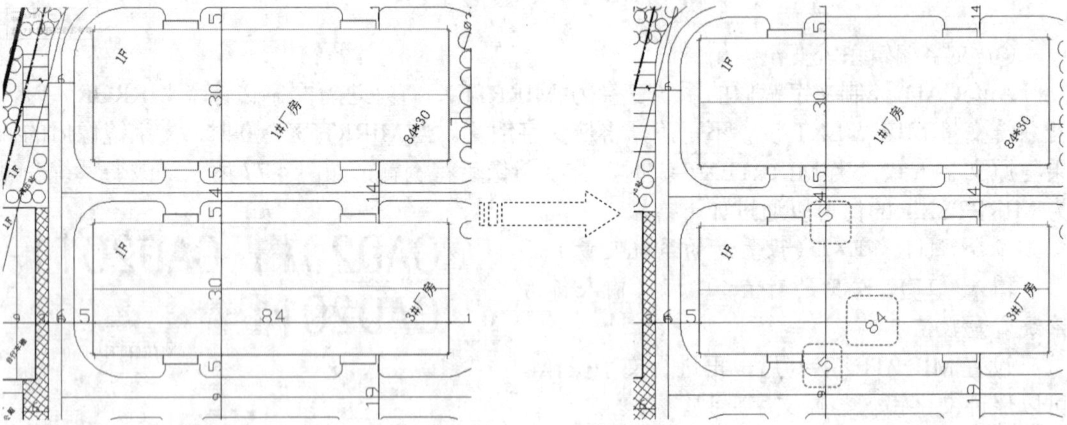


图 4.79　标注编辑（倾斜等）

a. 使用 DIMEDIT

命令:DIMEDIT

输入标注编辑类型[默认(H)/新建(N)/旋转(R)/倾斜(O)]<默认>:o

选择对象:找到 1 个

选择对象:

输入倾斜角度(按 ENTER 表示无):30

其中上述相关命令选项含义如下:

默认(H)——将旋转标注文字移回默认位置。选中的标注文字移回到由标注样式指定的

默认位置和旋转角。

新建(N)——使用多行文字编辑器修改标注文字并进行替换。

旋转(R)——旋转标注文字

倾斜(O)——调整线性标注尺寸界线的倾斜角度。AutoCAD 创建尺寸界线与尺寸线方向垂直的线性标注。当尺寸界线与图形的其他部件冲突时“倾斜”选项将很有用处。

b. 使用 DIMTEDIT

命令:DIMTEDIT

选择标注:

为标注文字指定新位置或[左对齐(L)/右对齐(R)/居中(C)/默认(H)/角度(A)]:a

指定标注文字的角度:270

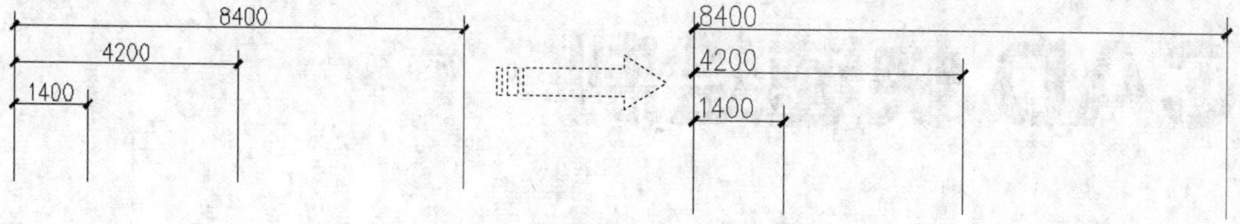


图 4.80　DIMTEDIT 编辑标注(左对齐)

第5章

# 建筑小区详细规划总平面图CAD快速绘制

本章以常见建筑小区详细规划总平面图为例，介绍其CAD快速绘制方法与技巧。

为便于学习详细规划设计 CAD 绘图技能，本书提供本章讲解案例实例的 CAD 图形（DWG格式图形文件）供学习使用。读者连接互联网后可以到如下任一地址下载，图形文件仅供学习参考：

华为网盘（下载地址为：http://dl.vmall.com/c046yoc8rk）

百度网盘（下载地址为：http://pan.baidu.com/share/link?shareid=3445253815&uk= 605274645）

## 5.1 居住小区详细规划总平面图CAD快速绘制

本小节以图5.1所示的某居住小区详细规划总平面图为例进行讲解，介绍其详细规划总平面图CAD绘制中的一些技巧与方法。注：因小区较大，仅介绍其中一部分即1期的规划总平面图绘制方法。

图5.1 某居住小区详细规划总平面图

### 5.1.1　居住小区现状地形图及建设用地红线 CAD 快速绘制

（1）启动 AutoCAD 软件后，打开现状地形图。

**操作方法** 总平面图一般在现状地形图上绘制，而现状地形图则由测绘部门提供，一般委托勘察设计研究院完成。因此，确定建设用地后，直接在其上面绘制总平面图即可。在命令行输入“OPEN”或点击“文件”下拉菜单选择“打开”命令选项。

**操作命令** OPEN，提示为对话框。

**操作示意** 图 5.2。

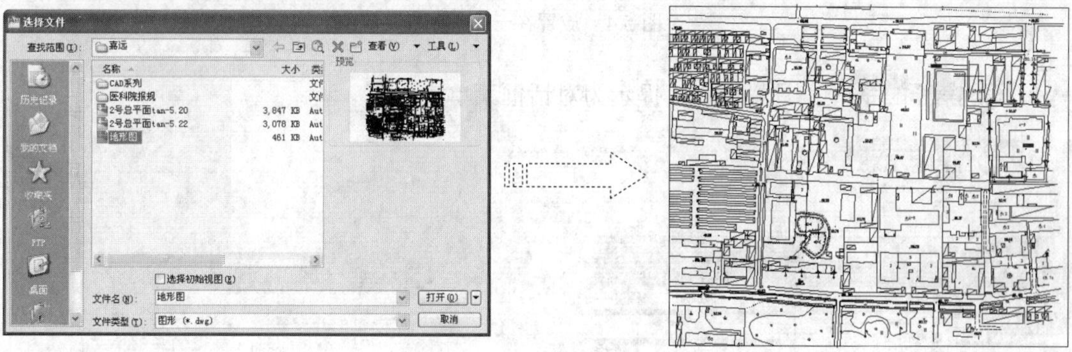


图 5.2　打开现状地形图

（2）建立一个新图层，作为地形图专用图层，图层命名可以为“现状地形图”或其他合适的名字。

**操作方法** 在命令行输入“LAYER”或点击“格式”下拉菜单选择“图层”命令选项。再在对话框点击新建图层并修改其名称即可。

**操作命令** LAYER，提示为对话框。

**操作示意** 图 5.3。

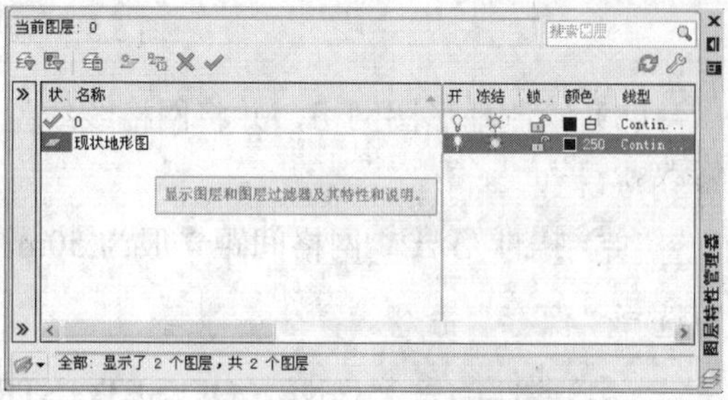


图 5.3　建立一个新图层

（3）将各个图块设置为一个图层，所有现状地形图图形放在该图层中。

**操作方法** 先使用穿越式（即窗交选择）选择全部图形，然后在图层工具栏点击图层控制三角“▼”下拉菜单选择“现状地形图”图层，光标返回绘图窗口即可。

**操作命令** 工具栏操作，提示为对话框菜单。

**操作示意** 图 5.4。

（4）将“现状地形图”图层设置为浅色进行淡化处理，作为绘图背景。

**操作方法** 先使用穿越式（即窗交选择）选择全部图形，接着在特性工具栏点击颜色控制三角“▼”下拉菜单选择“选择颜色”。然后在对话框中选择浅色（灰色），单击确

定按钮即可。

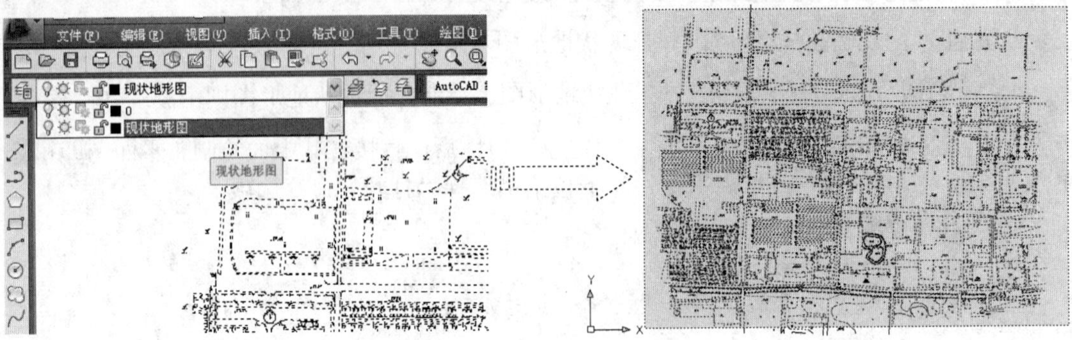


图 5.4　放置在一个图层

**操作命令** 工具栏操作，提示为对话框菜单。

**操作示意** 图 5.5。

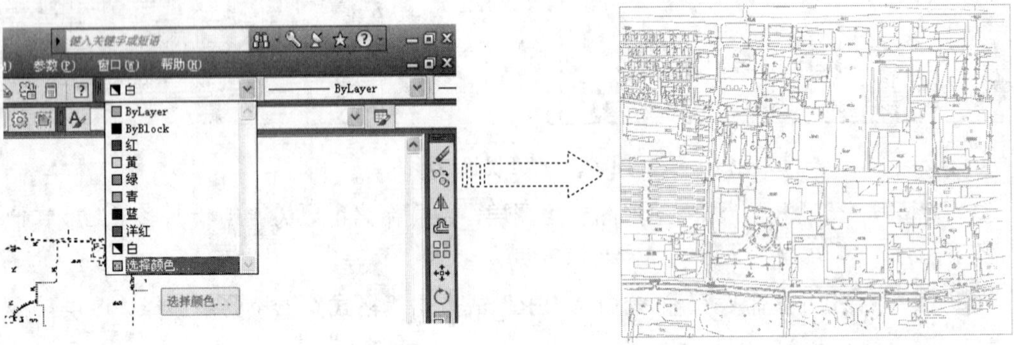


图 5.5　现状地形图淡化处理

（5）绘制地形图网格，并将网格线线型设置为虚线。然后保存图形文件，保存所作操作修改。

**操作方法** 网格间距一般为 50m。在命令行输入“SAVE”或点击“文件”下拉菜单选择“保存”命令。

**操作命令** LINE、OFFSET、STRETCH、COPY、LINETYPE、LTSCALE、SAVE 等，提示为对话框。

**操作示意** 图 5.6。

（6）根据规划要求及建设单位提供的设计条件，在现状地形图上绘制建设用地范围红线。先新建建设用地红线图层，并点击绿勾置为当前层。以后绘图，根据需要设置相应的图层，绘图时在相应的图层进行绘制，这将对图形管理极为有用。后面绘图时不再详细论述新建图层，可参考此方法进行绘制。

**操作方法** 在命令行输入“LAYER”或点击“格式”下拉菜单选择“图层”命令选项。再在对话框点击“新建图层”并修改其名称即可。同时图层颜色设置为红色。

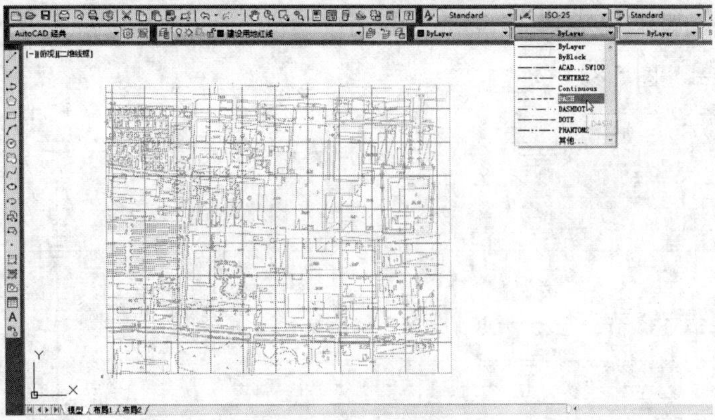

图 5.6　绘制网格

**操作命令** 工具栏操作。

**操作示意** 图 5.7。

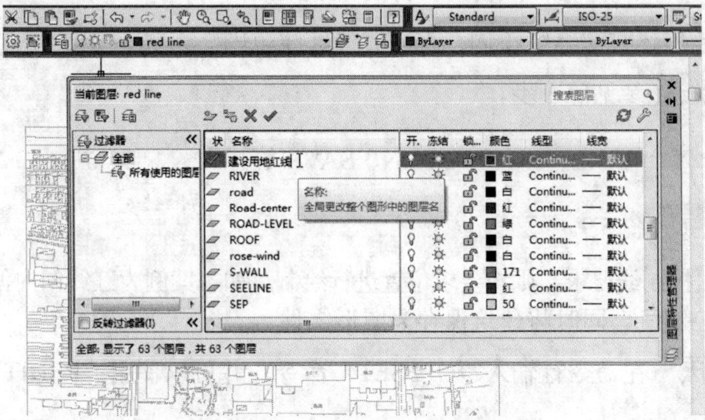


图 5.7　新建建设用地红线图层

（7）绘制红线，确定建设用地范围轮廓线。

**操作方法** 在命令行输入“PLINE”命令。结合地形图的坐标定位，绘制轮廓线定位点可以输入坐标数值（*X*,*Y*,*Z*），这由建设单位提供准确坐标，其中 *Z*=0。绘制时根据实际情况确定，开始点的位置可以是红线任何点。

**操作命令** PLINE、ZOOM、PAN 等。

```
命令:PLINE
指定起点:
当前线宽为 800.0000
指定下一个点或[圆弧(A)/半宽(H)/长度(L)/放弃(U)/宽度(W)]:W
指定起点宽度<0.0000>:800
指定端点宽度<800.0000>:800
指定下一个点或[圆弧(A)/半宽(H)/长度(L)/放弃(U)/宽度(W)]:
指定下一点或[圆弧(A)/闭合(C)/半宽(H)/长度(L)/放弃(U)/宽度(W)]:
......
```

指定下一点或[圆弧(A)/闭合(C)/半宽(H)/长度(L)/放弃(U)/宽度(W)]：

操作示意 图 5.8。

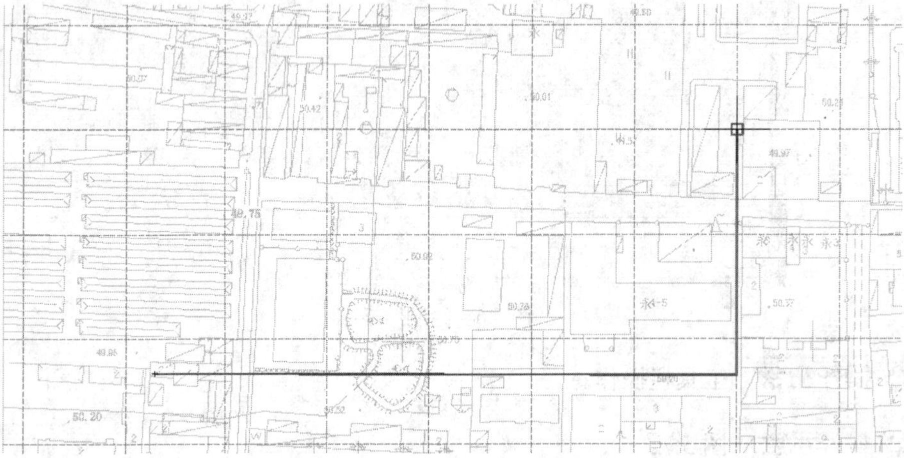

图 5.8 开始绘制用地红线

（8）按上一步所述方法继续绘制，直至完成红线范围。

操作方法 参见前一步。

操作命令 PLINE、ZOOM、PAN、SAVE 等。

操作示意 图 5.9。

（9）若有建筑控制线要求，则按要求位置进行绘制。如本案例为红线向内偏移 9.8m 或其他大小间距为建筑控制线。同时将建筑保存为图形文件。

操作方法 在命令行输入“OFFSET”命令，并可以使用“PEDIT”编辑命令改变其宽度。

操作命令 OFFSET、PLINE、PEDIT、LINETYPE、LTSCALE、ZOOMD、DIMLINEAR 等。

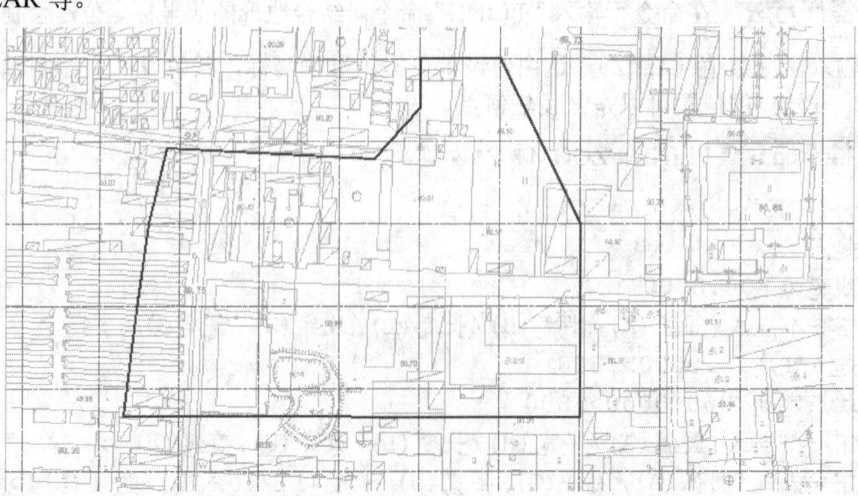

图 5.9 绘制建设用地红线

■ 命令: OFFSET

当前设置:删除源=否　图层=源　OFFSETGAPTYPE=0

指定偏移距离或[通过(T)/删除(E)/图层(L)]<通过>:9800

选择要偏移的对象，或[退出(E)/放弃(U)]<退出>:

指定要偏移的那一侧上的点，或[退出(E)/多个(M)/放弃(U)]<退出>:

选择要偏移的对象，或[退出(E)/放弃(U)]<退出>:

■ 命令: PEDIT

选择多段线或[多条(M)]:

输入选项[打开(O)/合并(J)/宽度(W)/编辑顶点(E)/拟合(F)/样条曲线(S)/非曲线化(D)/线型生成(L)/反转(R)/放弃(U)]:W

指定所有线段的新宽度:200

输入选项[打开(O)/合并(J)/宽度(W)/编辑顶点(E)/拟合(F)/样条曲线(S)/非曲线化(D)/线型生成(L)/反转(R)/放弃(U)]:

**操作示意** 图 5.10。

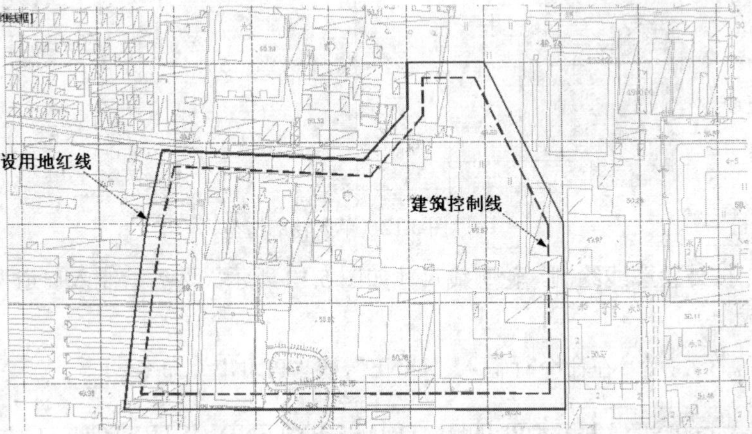


图 5.10　完成用地红线图线

（10）为了便于观察和绘图，在完成红线绘制后可以关闭地形图图层，若需要再打开。

**操作方法** 在命令行输入“LAYER”或点击“格式”下拉菜单选择“图层”命令选项。再在对话框点击“开”即可关闭图层。

**操作命令** LAYER，提示为对话框。

**操作示意** 图 5.11。

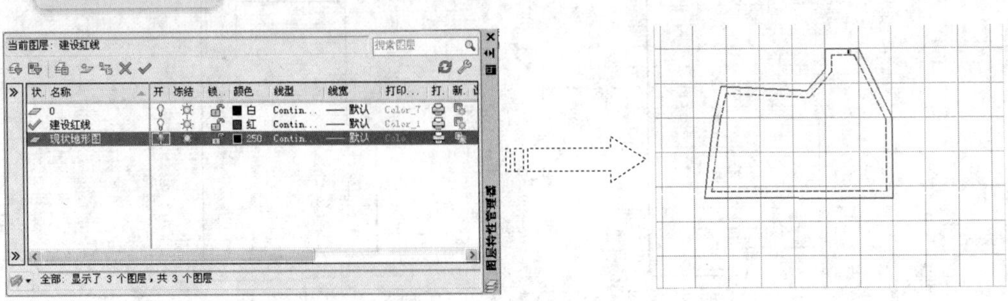


图 5.11　关闭地形图图层

### 5.1.2 居住小区详细规划总平面图 CAD 快速绘制

（1）绘制规划平面图中的建筑单体造型。

**操作方法** 建筑单体按照住宅首层平面图进行绘制。先绘制半个单元，因为另外一半是对称的。图中标注的尺寸单位为米，CAD 绘图的单位为毫米，因此，输入时应以毫米绘制，即 3.2m=3200mm，以 3200 进行操作。在命令行输入“LINE”或“PLINE”命令，并按照开间和进深长度输入相对长度。

**操作命令** LINE、PLINE 等。

**操作示意** 图 5.12。

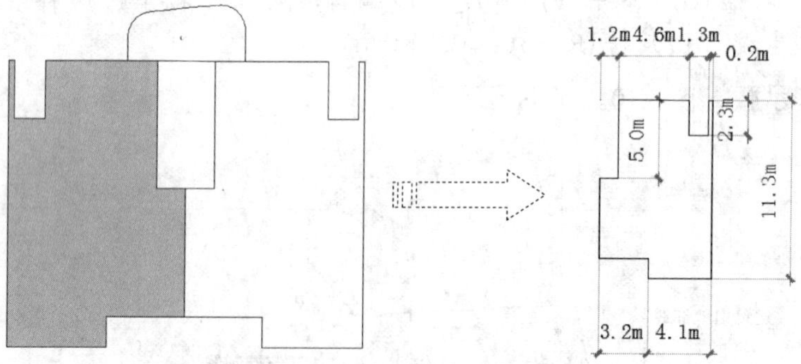


图 5.12　单元轮廓造型

（2）先按外轮廓线绘制，轮廓线尺寸如图 5.12 所示。然后绘制入口造型、阳台等单元的辅助轮廓线。

**操作方法** 在命令行输入“LINE”或“PLINE”命令。

**操作命令** LINE、PLINE、TRIM、EXTEND、STRETCH、CHAMFER、ARC、FILLET、ROTATE 等。

```
命令:LINE
指定第一点:
指定下一点或[放弃(U)]:@4100,0
指定下一点或[放弃(U)]:
```

**操作示意** 图 5.13。

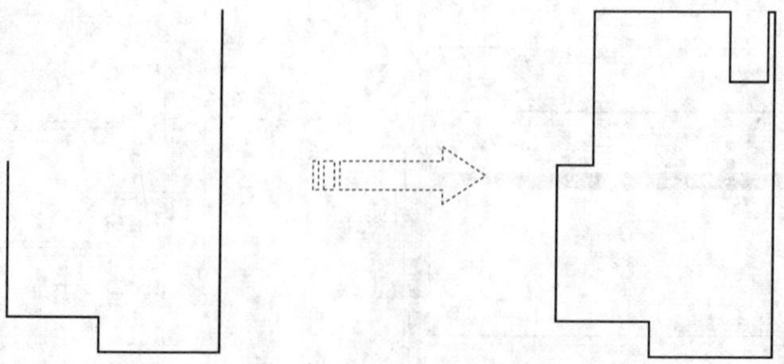

图 5.13　绘制建筑单体轮廓线

（3）选择全部单元图形，以左侧轮廓线为轴线进行镜像，得到整个单元造型。

**操作方法** 先选择全部单元图形，然后在命令行输入“MIRROR”或“MI”命令。

**操作命令** MIRROR、DIMLINEAR 等。

```
命令:MIRROR
选择对象: 找到 15 个
指定镜像线的第一点:
指定镜像线的第二点:
要删除源对象吗? [是(Y)/否(N)] <N>:N
```

**操作示意** 图 5.14。

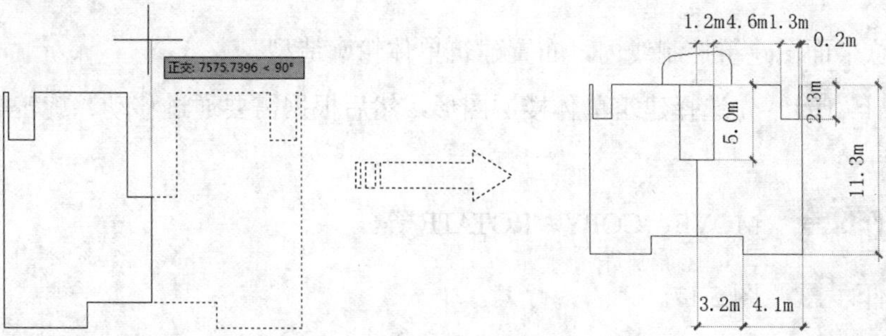


图 5.14 镜像得到单元图形

（4）选择整个单元图形，进行复制、镜像或旋转等，得到所需要的建筑楼层轮廓造型。

**操作方法** 先选择全部图形，然后在命令行输入“COPY”或“CO”、“CP”命令。其他形式的建筑单体按相同方法绘制。

**操作命令** CO、CP、COPY、ROTATE、MOVE、MIRROR 等。

**操作示意** 图 5.15。

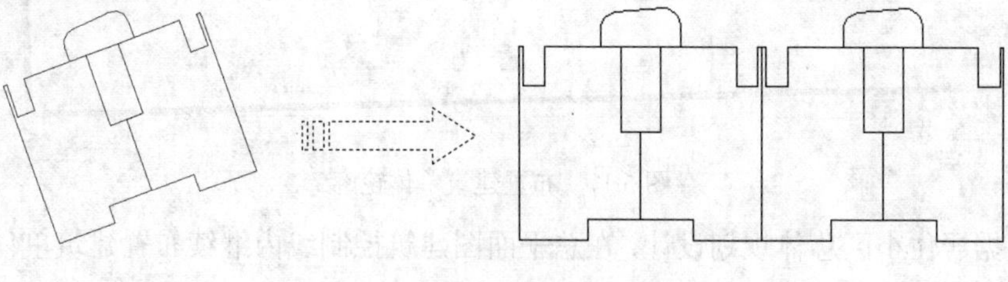

图 5.15 复制、旋转得到楼层

（5）建筑单体楼层组合数量可以根据需要确定。另外通过移动其中的单元，得到错落的楼层造型，以满足设计需要。

**操作方法** 先选择其中的某个单元图形，然后在命令行输入“MOVE”或“M”命令。根据需要移动不同位置的单元，得到不同楼层单元造型。

**操作命令** M、MOVE、ROTATE 等。

```
命令:M
```

选择对象：找到 214 个
指定基点或[位移(D)]<位移>:
指定第二个点或<使用第一个点作为位移>:

操作示意 图 5.16。

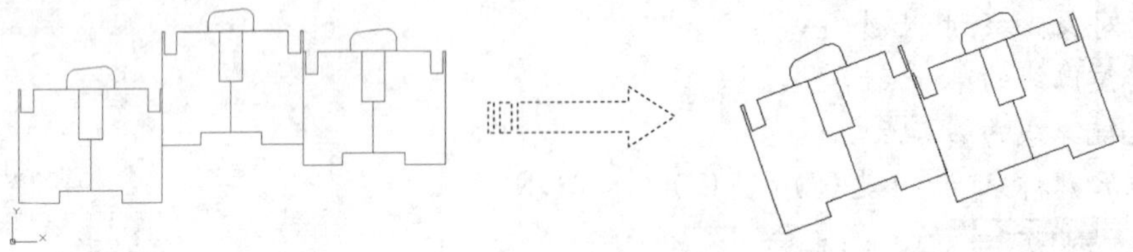

图 5.16 各种楼层组合

（6）在总平面图建筑控制线内，布置建筑单体轮廓造型。

操作方法 先选择建筑单体楼层图形，然后根据需要通过移动、旋转等功能命令，确定合适的位置。

操作命令 MOVE、COPY、ROTATE 等。

操作示意 图 5.17。

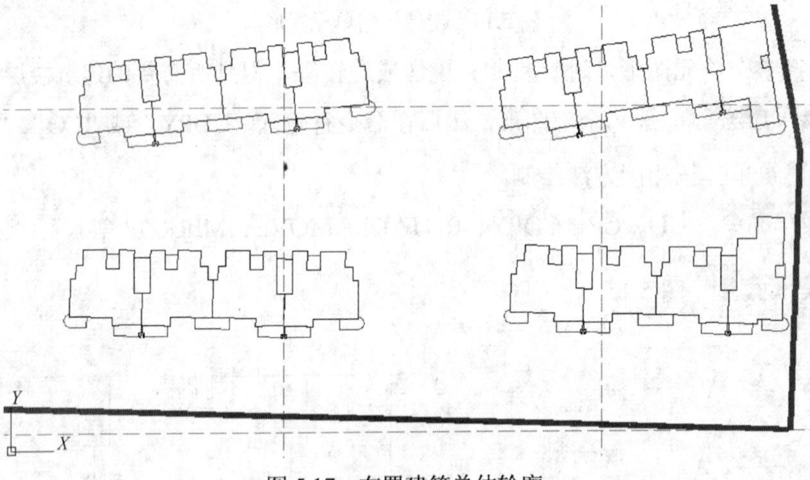

图 5.17 布置建筑单体轮廓

（7）根据居住小区总体规划设计，在总平面图建筑控制线内继续布置建筑单体楼层造型，完成整个建筑单体布置。

操作方法 随时根据需要，对各个建筑单体位置进行调整。

操作命令 MOVE、COPY、ROTATE 等。

操作示意 图 5.18。

（8）绘制布置其他设施造型。

操作方法 例如运动场的设计。

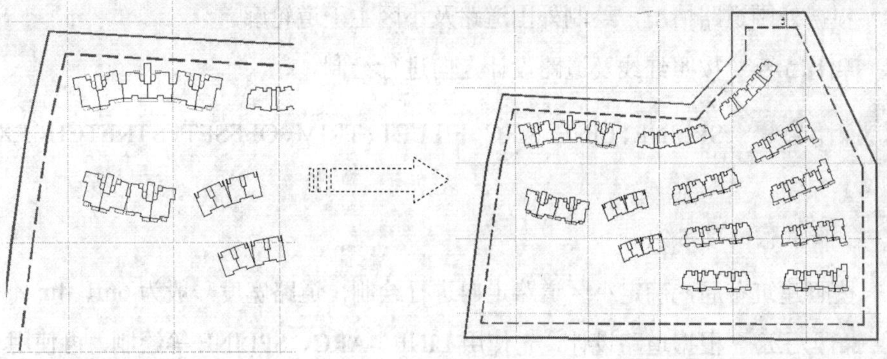

图 5.18 继续布置建筑单体

**操作命令** PLINE、RECTANG、OFFSET、COPY、CHAMFER、TRIM、MOVE 等。

**操作示意** 图 5.19。

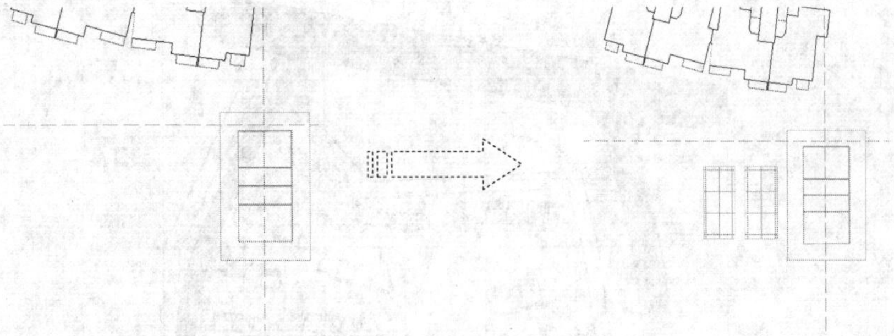

图 5.19 绘制运动场

（9）绘制外部市政道路及连接小区入口道路。

**操作方法** 外部市政道路及连接小区入口道路由规划确定。根据规划所确定的合适位置，绘制弧线定位出入口，宽度为 6～12m。直接使用“ARC”命令在屏幕上点取，出入口宽度可以通过移动（MOVE）进行调整。

**操作命令** LINE、LENGTHEN、STRETCH、ROTATE、OFFSET、MOVE、ARC、TRIM 等。

**操作示意** 图 5.20。

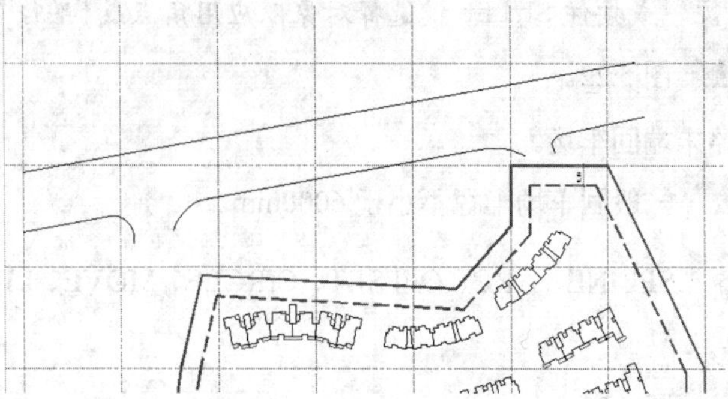

图 5.20 绘制小区入口

（10）根据外围道路情况，绘制外围道路及小区主干道轮廓。

**操作方法** 按照红线及道路设计走向进行绘制。

**操作命令** SPLINE、LINE、ARC、FILLET、TRIM、OFFSET、STRETCH、EXTEND、MOVE 等。

**操作示意** 图 5.21。

（11）按照建筑布局，确定小区道路走向进行绘制，道路宽度一般为 6m、4m 不等。

**操作方法** 根据道路设计，先使用 LINE、ARC、SPLINE 等绘制，再使用 FILLET 倒圆角，得到弧形道路转弯半径；对弧形段也可以直接使用 ARC 命令。

**操作命令** LINE、ARC、FILLET、SPLINE、OFFSET、LINETYPE、LTSCALE、TRIM、EXTEND、MOVE、ROTATE 等。

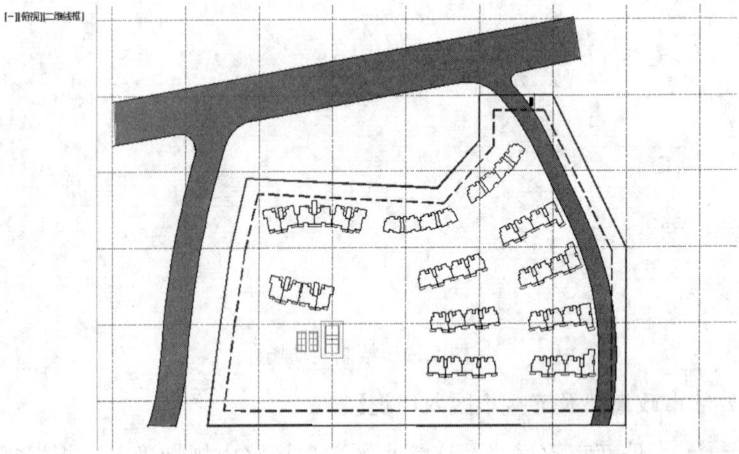

图 5.21　绘制外围道路

```
命令:FILLET
当前设置:模式=修剪，半径=15000.0000
选择第一个对象或[放弃(U)/多段线(P)/半径(R)/修剪(T)/多个(M)]:R
指定圆角半径<15000.0000>:9000
选择第一个对象或[放弃(U)/多段线(P)/半径(R)/修剪(T)/多个(M)]:
选择第二个对象，或按住 Shift 键选择对象以应用角点或[半径(R)]:
```

**操作示意** 图 5.22。

（12）绘制道路末端回车场。

**操作方法** 一般回车场半径不小于 6000mm。

**操作命令** SPLINE、ARC、OFFSET、CIRCLE、MOVE、LINETYPE、LTSCALE、FILLET、TRIM 等。

**操作示意** 图 5.23。

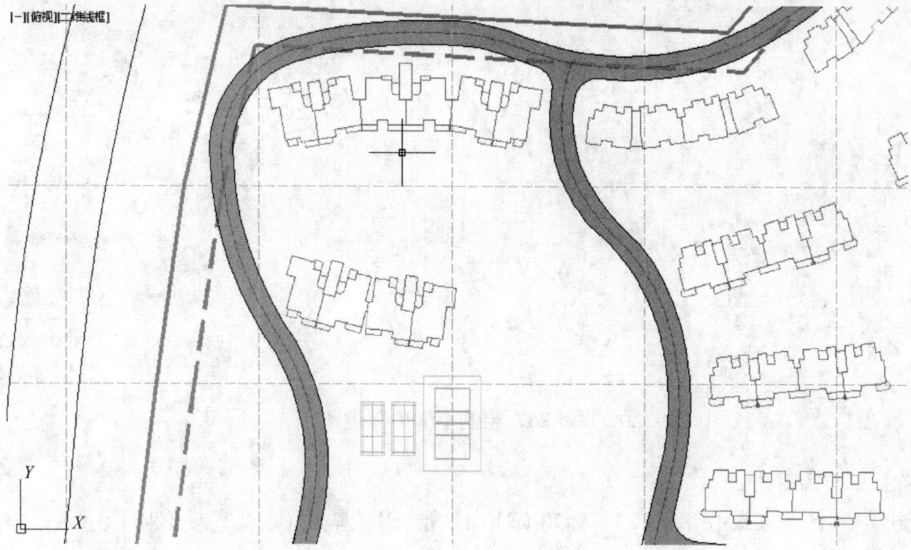


图 5.22　绘制小区道路

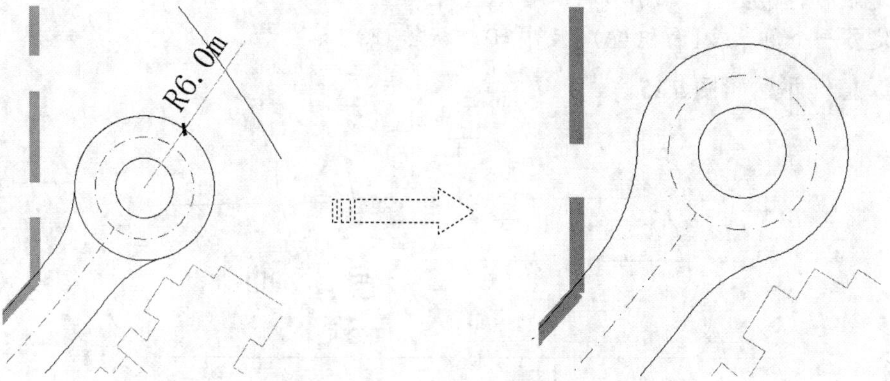


图 5.23　绘制道路末端回车场

（13）绘制小区内部道路。

**操作方法** 绘制内部道路情况，先使用 LINE 绘制，再使用 FILLET 倒圆角，得到弧形道路转弯半径；对弧形段则直接使用 ARC、SPLINE 命令。

**操作命令** LINE、ARC、SPLINE、FILLET 等。

**操作示意** 图 5.24。

（14）绘制地面车位轮廓，然后进行复制得到某区域地面整个车位。

**操作方法** 按照车位大小，使用相关命令在规划为地面停车场处绘制 1 个标准车位（2500mm×6000mm 或 2500mm×5000mm）。

**操作命令** RECTANG、PLINE、LINE、COPY、MOVE、TRIM、EXTEND、ROTATE 等。

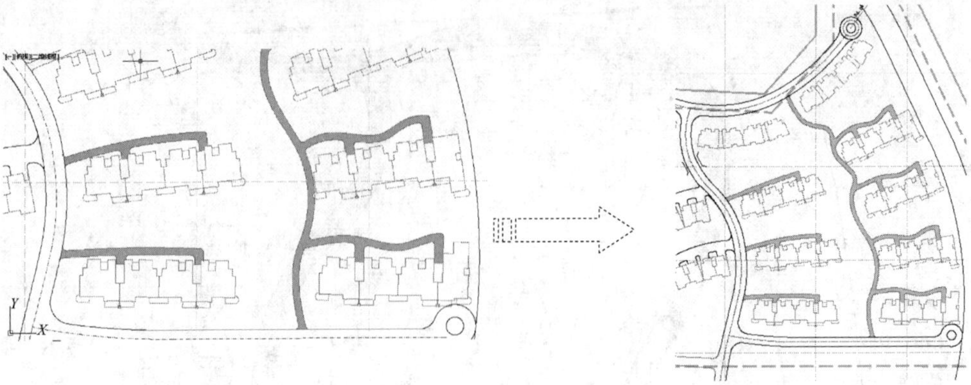

图 5.24 绘制小区内部道路

```
命令:RECTANG
指定第一个角点或[倒角(C)/标高(E)/圆角(F)/厚度(T)/宽度(W)]:
指定另一个角点或[面积(A)/尺寸(D)/旋转(R)]:D
指定矩形的长度<10.0000>:2500
指定矩形的宽度<10.0000>:5000
指定另一个角点或[面积(A)/尺寸(D)/旋转(R)]:
```

**操作示意** 图 5.25。

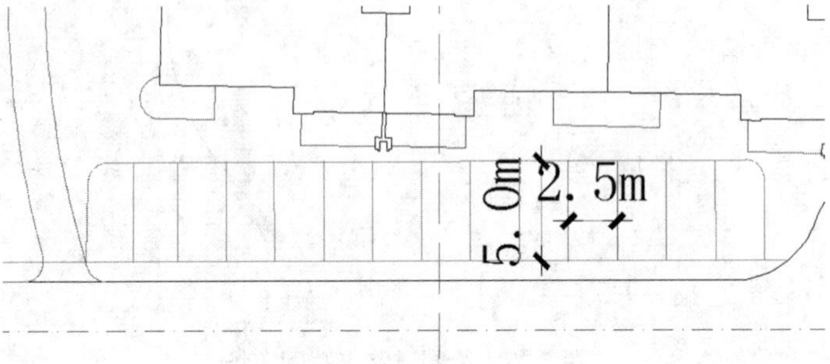


图 5.25 绘制地面车位

（15）按照前述方法，绘制小区总平面图其他位置的地面停车位。

**操作方法** 可以一次选择前面所绘制的多个标准车位（如 5 个或 10 个），然后通过复制得到其他位置的车位，如位置不合适，移动调整（利用 MOVE 功能命令）。

**操作命令** COPY、ROTATE、MOVE、ROTATE 等。

**操作示意** 图 5.26。

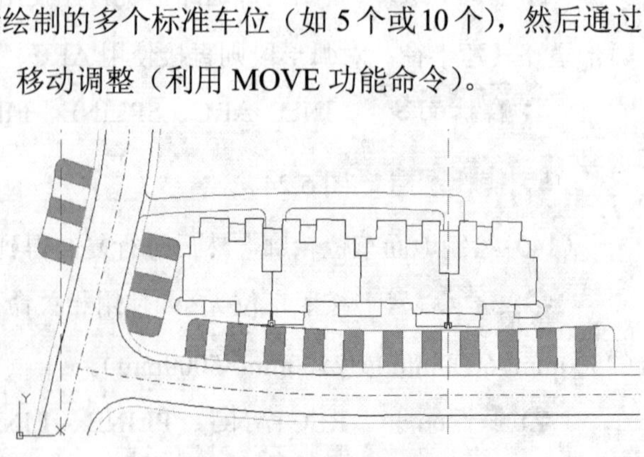

图 5.26 绘制其他位置车位

(16)居住小区规划总平面图的绿化景观绘制。绿化景观一般是在建筑和道路区域外，布置树木、花草植物等。一般花草树木等造型使用图库，即使用已有的花草树木等图形。因此，需要准备一些常用的

CAD 建筑图库资料（CAD 建筑图库可以通过购买、下载和自己绘制等途径获得）。如图 5.27 所示为部分植物图库资料。

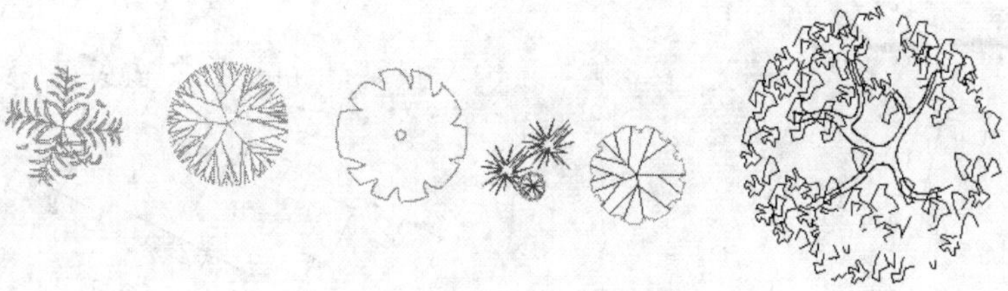

图 5.27　植物景观图库资料

（17）进行绿化景观布置。

**操作方法** 布置绿化景观的方法有多种，通过插入花草树木图形即可进行布置绿化景观，即点击“插入”下拉菜单选择“块”，在弹出的对话框中选择花草图即可。也可以通过打开花草树木图形进行带基点复制粘贴即可进行布置绿化景观，即先使用 OPEN 命令打开植物图形文件，点击“编辑”下拉菜单选择“带基点复制”，然后选择花草图形。切换到总平面图，再点击“编辑”下拉菜单选择“粘贴”即可复制花草。

**操作命令** INSERT、OPEN、SCALE、MOVE、ROTATE 等。

**操作示意** 图 5.28。

（18）在规划总平面图中，沿着道路、绿地等进行复制布置花草。

**操作方法** 选择花草使用 COPY 命令进行操作。

**操作命令** COPY、MOVE 等。

**操作示意** 图 5.29。

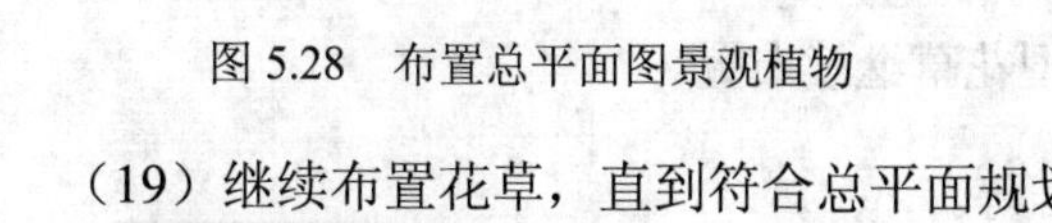

图 5.28　布置总平面图景观植物

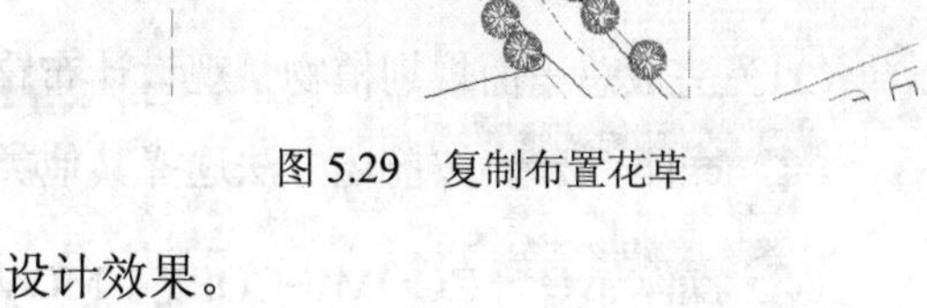

图 5.29　复制布置花草

（19）继续布置花草，直到符合总平面规划设计效果。

**操作方法** 按前述方法选择其他类型花草继续布置。

**操作命令** ZOOM、COPY、MOVE 等。

**操作示意** 图 5.30。

（20）绘制园林景观、亭台花园及广场造型。

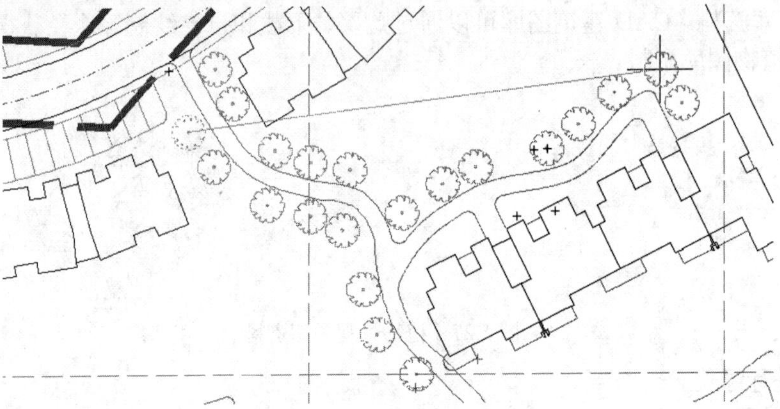

图 5.30　总规划平面图绿化布置

**操作方法** 按总平面规划设计确定的内容绘制。

**操作命令** SPLINE、ARC、TRIM、INSERT、OFFSET、ZOOM、COPY、MOVE 等。

**操作示意** 图 5.31。

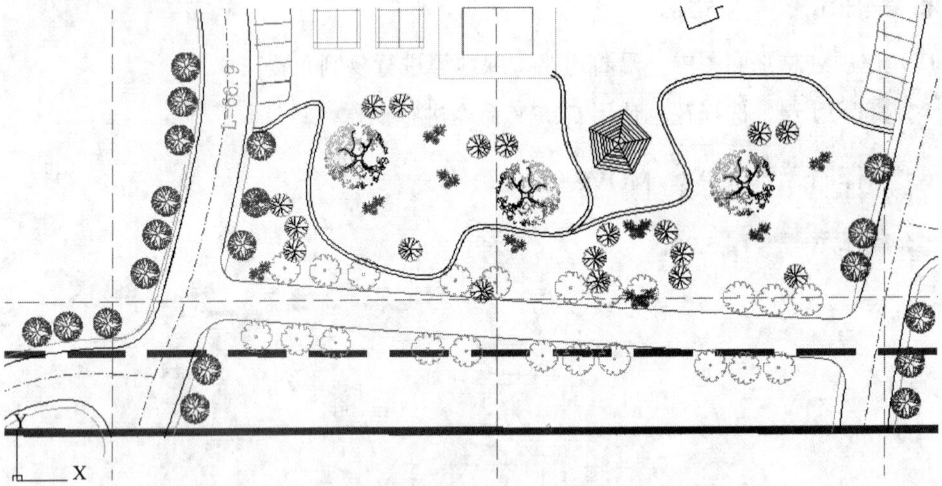


图 5.31　绘制园林景观、亭台花园及广场造型

（21）完成总平面规划植物景观设计布置，最后缩放视图并及时保存图形。

**操作方法** 按前述方法选择其他类型花草继续布置。

**操作命令** ZOOM、COPY、MOVE 等。

**操作示意** 图 5.32。

### 5.1.3　居住小区详细规划文字和尺寸标注 CAD 快速绘制

（1）标注标高，先绘制高程符号。

**操作方法** 使用 PLINE 或 LINE 命令绘制，然后通过图案填充得到半实体三角型

高程符号。

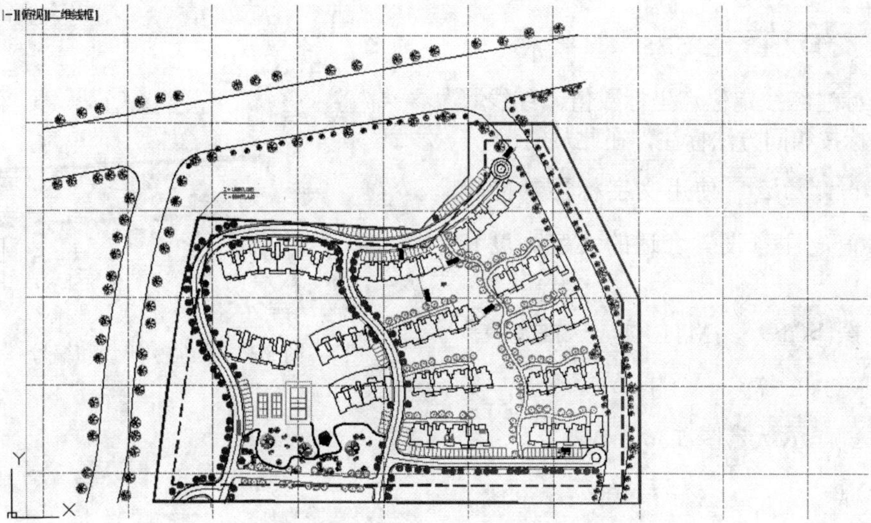

图 5.32 继续总规划平面图绿化布置

操作命令 LINE、TRIM、CHAMFER、HATCH 等。

操作示意 图 5.33。

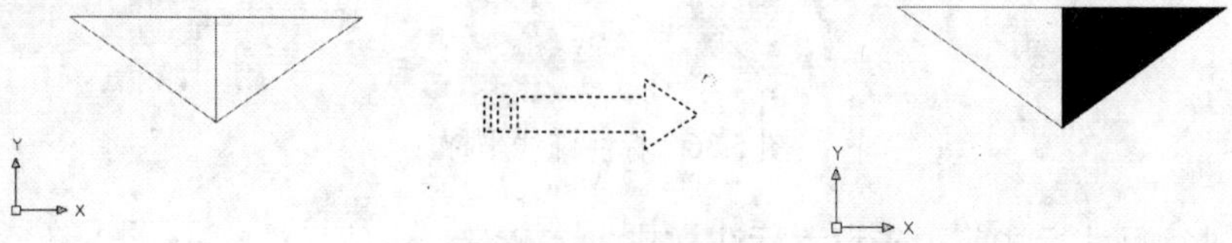

图 5.33 绘制高程符号

（2）标注高程数值。其他位置高程按相同方法标注，在此从略。

操作方法 使用文字标注功能输入高程数值，注意设置合适的文字高度和字体。

操作命令 MTEXT、TEXT、SCALE、MOVE 等。

操作示意 图 5.34。

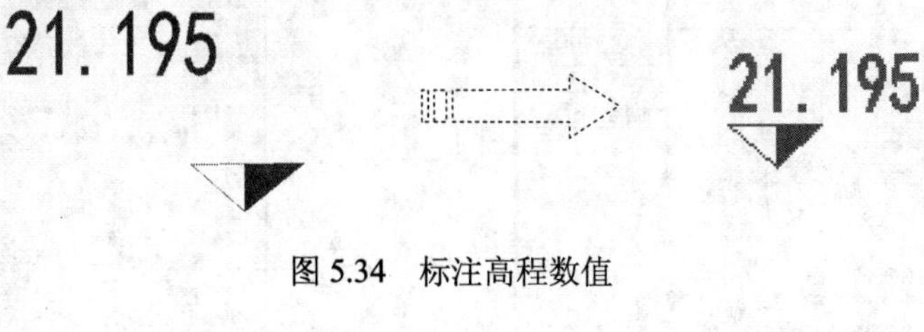


图 5.34 标注高程数值

（3）从红线定位点处绘制坐标引出线，并标注点编号。

操作方法 使用文字标注功能输入编号，注意设置合适的文字高度和字体。

**操作命令** PLINE、LINE、TRIM、MOVE、STRETCH、EXTEND 等。

**操作示意** 图 5.35。

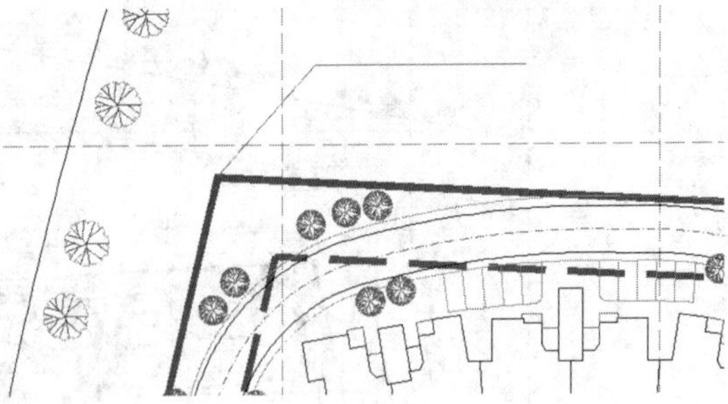

图 5.35　绘制引出线和编号

（4）标注红线定位点坐标数值。红线其他位置坐标按相同方法标注，在此从略。

**操作方法** 使用文字标注功能输入坐标数值，注意设置合适的文字高度和字体。

**操作命令** MTEXT、TEXT、SCALE、MOVE 等。

**操作示意** 图 5.36。

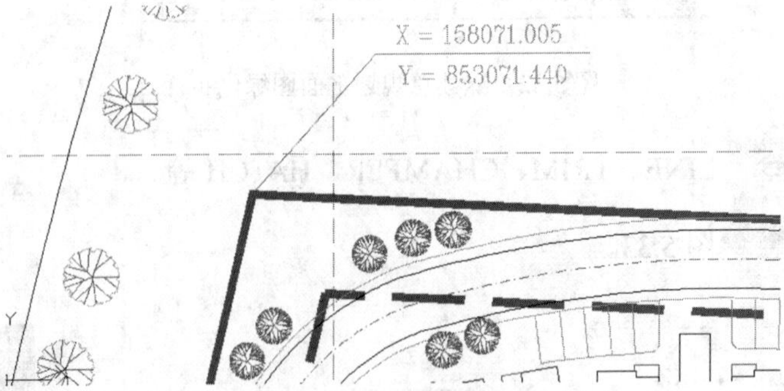


图 5.36　标注红线坐标

（5）在进行尺寸标注前，先设置标注样式。

**操作方法** 点击“格式”下拉菜单选择“标注样式”，在弹出的对话框中设置合适的箭头、尺寸线、文字等相关参数。

**操作命令** DIMSTYLE 等。

**操作示意** 图 5.37。

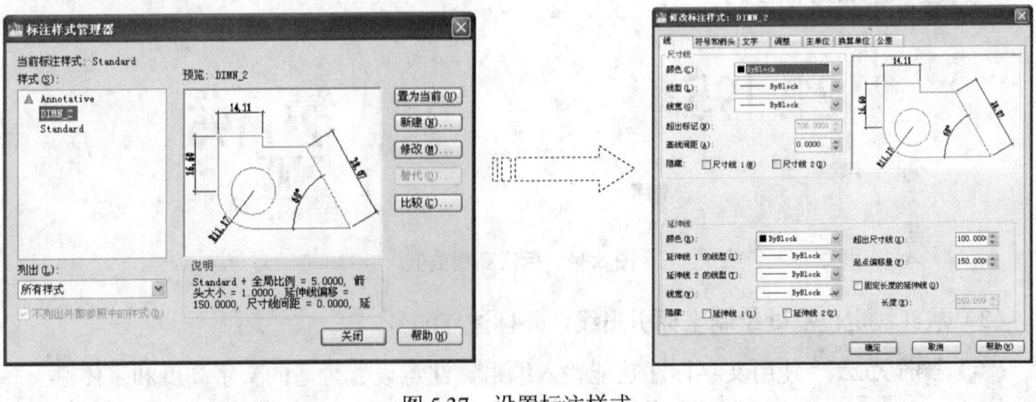


图 5.37　设置标注样式

（6）进行道路、建筑间距等尺寸标注。其他位置的尺寸标注方法相同，在此从略。

**操作方法** 点击“标注”下拉菜单选择“线性”或“对齐”。

**操作命令** DIMLINEAR、DIMALIGNED 等。

**操作示意** 图 5.38。

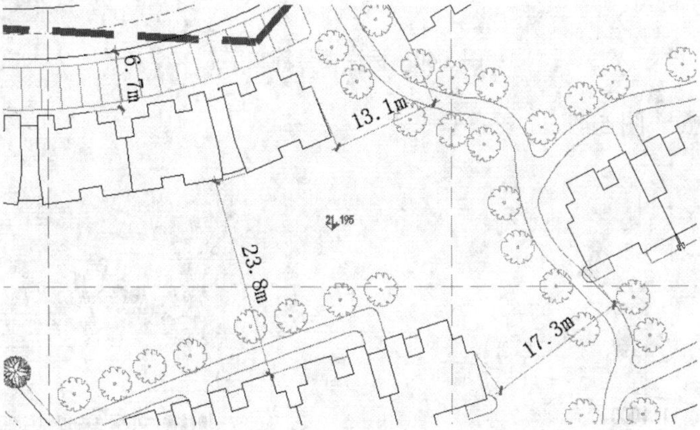


图 5.38　标注间距等尺寸

（7）在进行图名标注前，先设置文字样式，并置为当前。

**操作方法** 点击“格式”下拉菜单选择“文字样式”，在弹出的对话框中设置合适的文字字体、高度等相关参数。

**操作命令** STYLE 等。

**操作示意** 图 5.39。

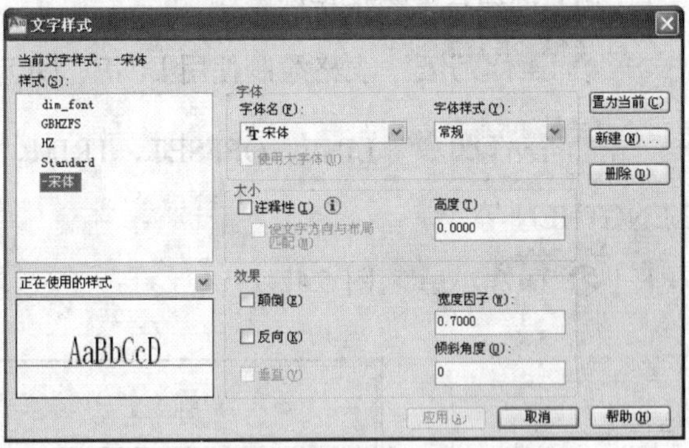


图 5.39　设置文字样式

（8）标注图形文字，包括楼号、道路和出入口等相关文字。

**操作方法** 在命令行下输入命令或点击绘图工具栏上的“多行文字”进行标注。

**操作命令** TEXT、MTEXT、SCALE、MOVE、ROTATE 等。

**操作示意** 图 5.40。

（9）创建风玫瑰及比例，标注图名，并加粗线。

**操作方法** 风玫瑰使用当地的气候风玫瑰图形。插入风玫瑰或指北针，风玫瑰和指北针使用已有图库图形，绘制方法从略。位置不合适通过移动功能调整。

**操作命令** INSERT、LINE、TRIM、HATCH、TRIM、TEXT、MTEXT 等。

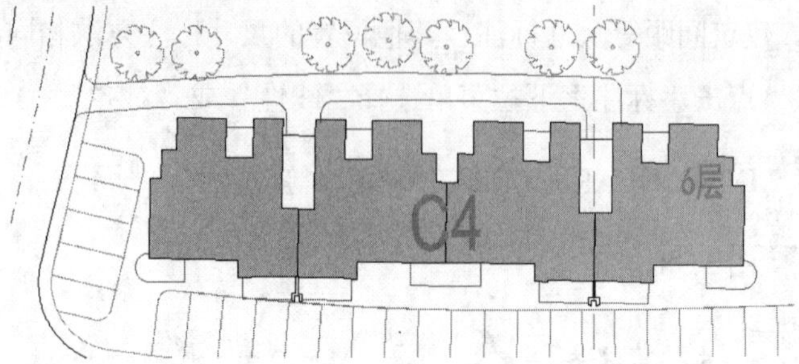


图 5.40　标注楼号等文字

**操作示意** 图 5.41。

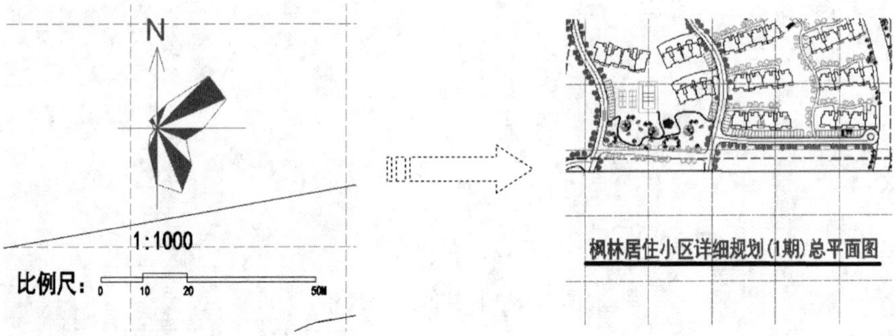


图 5.41　标注图名

（10）创建技术经济指标表格。

**操作方法** 表格绘制使用 LINE、OFFSET、TRIM 等绘制。

**操作命令** LINE、OFFSET、TRIM、PEDIT、PLINE、CHAMFER、STRETCH、LENGTHEN 等。

**操作示意** 图 5.42。

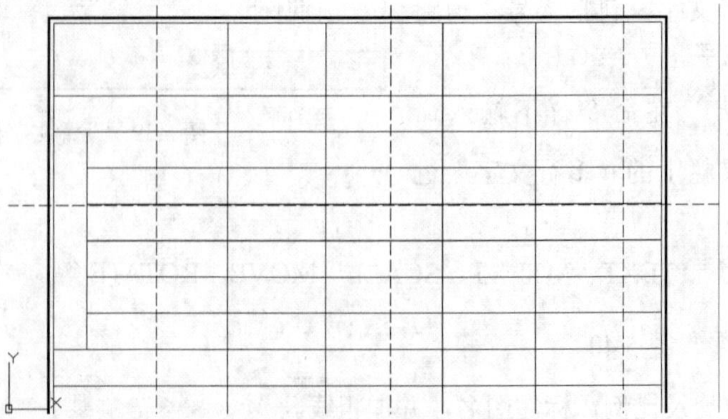

图 5.42　创建技术经济指标表格

（11）标注技术经济指标表格中的说明文字。

**操作方法** 表格中的内容按规划设计计算。

**操作命令** MTEXT、TEXT、COPY、MOVE、SCALE、DDEDIT 等。

**操作示意** 图 5.43。

附表一：|期综合技术经济指标

| 项　目 | | 计量单位 | 数　值 | 比　重（%） | 人均面积（m²/人） |
|---|---|---|---|---|---|
| 规划总用地 | | hm² | 3.50 | | 54.1 |
| 其中 | 1、居住区用地 | m² | 31097.2 | 89.0 | 47.4 |
| | (1) 住宅用地 | m² | 6592.1 | 18.9 | 9.84 |
| | (2) 公建用地 | m² | 0 | 0 | 0.8 |
| | (3) 公共绿地 | m² | 21055.4 | 60.2 | 34.4 |
| | (4) 道路用地 | m² | 3449.7 | 9.9 | 2.3 |
| | 2、其他用地 | m² | 3854 | 11.0 | 6.7 |
| 总居住户（套）数 | | 户（套） | 362 | | |

图 5.43　标注表格中的说明文字

（12）绘制建筑居住小区规划总平面图图例。

**操作方法** 图例内容按规划总平面图中的内容确定。对于总平面图图中的相关文字标注（如外围市政道路名称、建筑技术指标、地面标高等），其标注方法是采用 MTEXT 功能命令即可完成，限于篇幅，在此不做详细论述，可以参考前面标注图名等操作。

**操作命令** LINE、RECTANG、COPY、MOVE、SCALE、HATCH、OFFSET、TRIM、ROTATE 等。

**操作示意** 图 5.44。

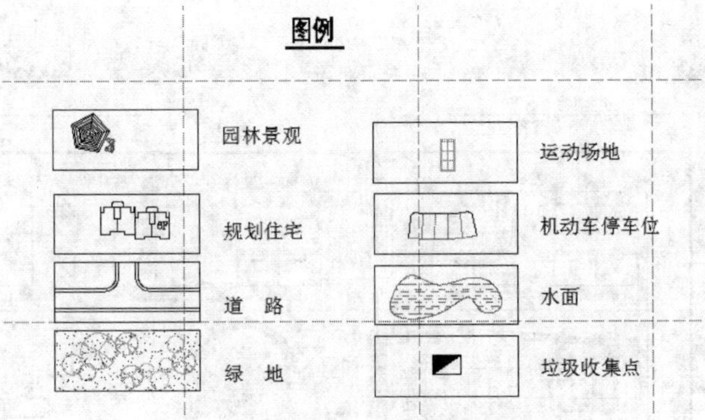


图 5.44　完成规划总平面图的图例

（13）完成居住小区详细规划总平面图绘制。

**操作方法** 缩放视图，保存总平面图。

**操作命令** ZOOM、SAVE 等。

**操作示意** 图 5.45。

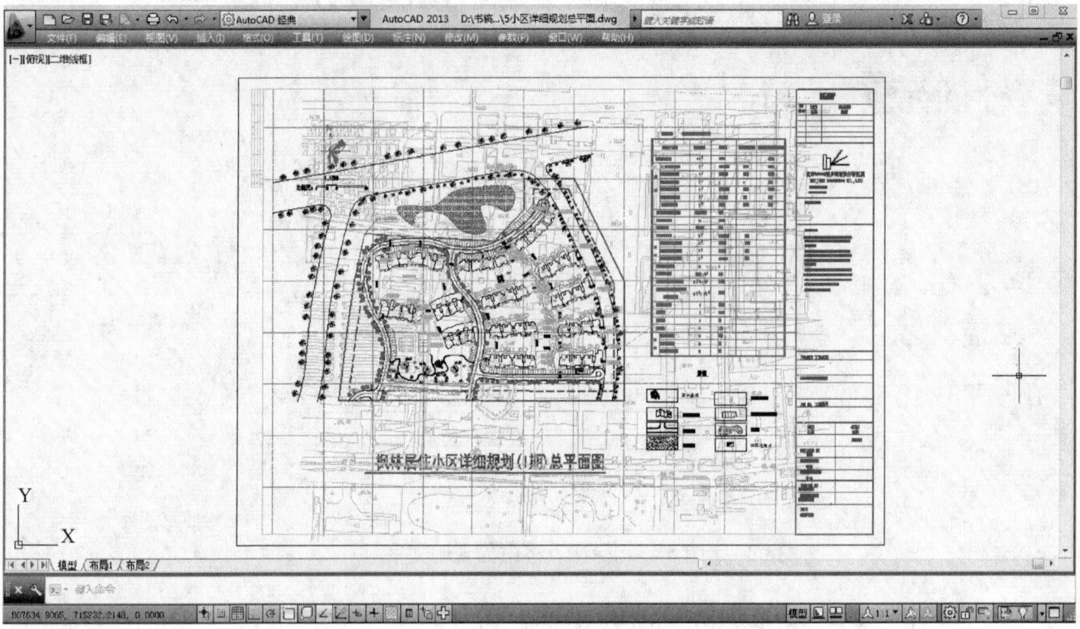

图 5.45　完成总平面图

# 5.2 新农村详细规划总平面图 CAD 快速绘制

本小节以图 5.46 所示的某市新农村详细规划总平面图为例进行讲解，介绍其详细规划总平面图 CAD 绘制中的一些技巧与方法。

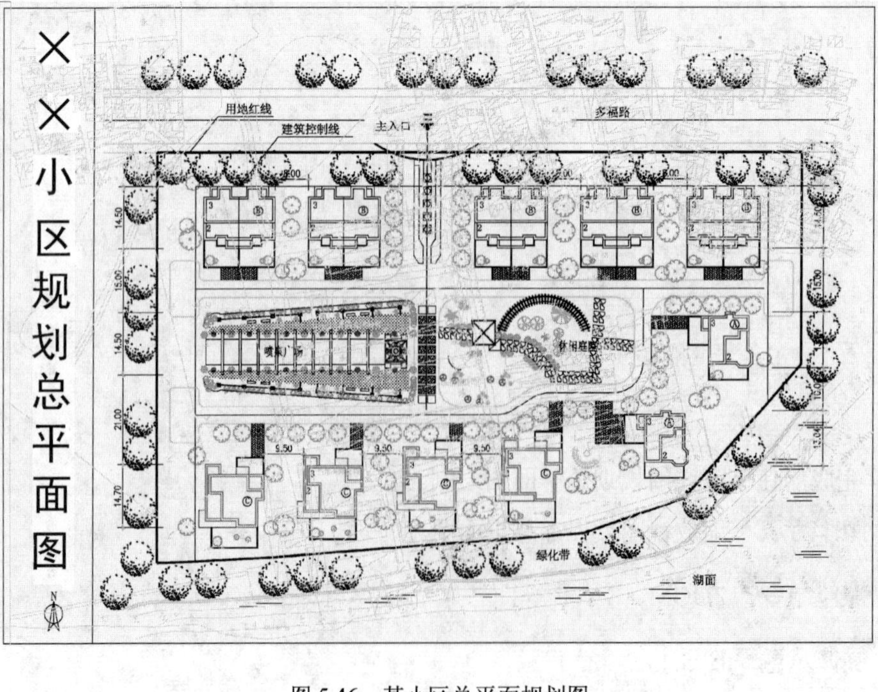


图 5.46　某小区总平面规划图

## 5.2.1 新农村详细规划总平面图中现状地形图使用

（1）启动 AutoCAD 软件后，打开现状地形图。然后建立一个新图层，作为现状地形图专用图层，图层命名可以为“现状地形图”或其他合适的名字。

**操作提示** 操作方法是在命令行输入“LAYER”或点击“格式”下拉菜单选择“图层”命令选项；再在“图层图形管理器”对话框点击新建图层并修改其名称即可，如“现状地形图”。

**操作命令** LAYER 等。

**操作参考** 图 5.47。

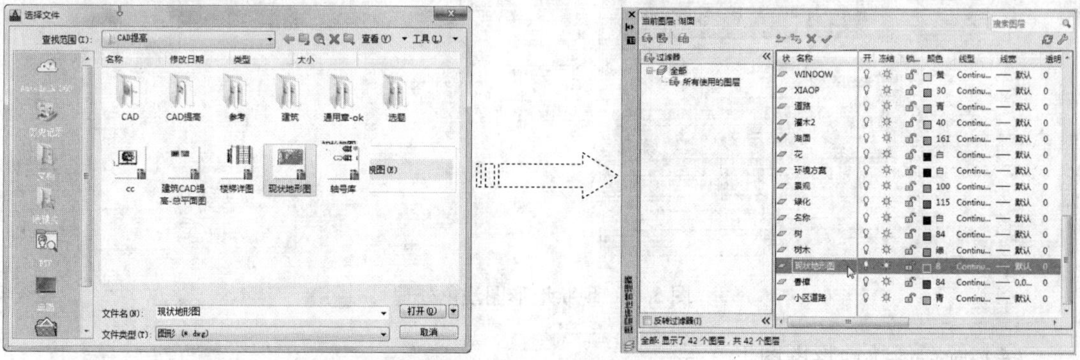

图 5.47 建立一个新图层

（2）将所有现状地形图图形放在“现状地形图”图层中。

**操作提示** 操作方法是先使用穿越式（即窗交选择）或窗口方式选择全部地形图图形，然后在图层工具栏点击图层控制三角“▼”下拉菜单选择“现状地形图”图层，光标点击窗口其他位置，返回绘图窗口即可。

**操作命令** LAYER 等。

**操作参考** 图 5.48。

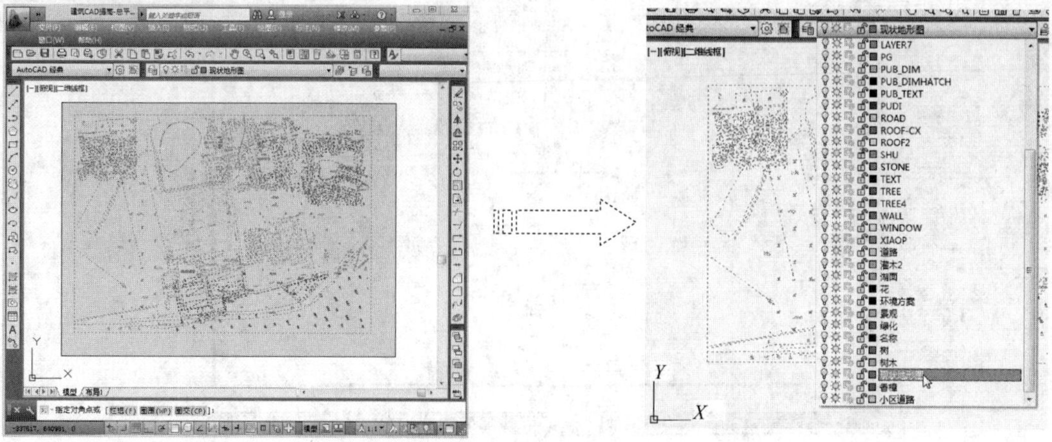

图 5.48 放置在“现状地形图”图层中

（3）将“现状地形图”图层设置为浅色进行淡化处理，作为绘图背景。

**操作提示** 先使用穿越式（即窗交选择）选择全部图形，接着在特性工具栏点击颜色控制三角“▼”下拉菜单选择“选择颜色”。然后在对话框中选择浅色（灰色），单击“确定”按钮即可。

**操作命令** 工具栏对话框操作。

**操作参考** 图 5.49。

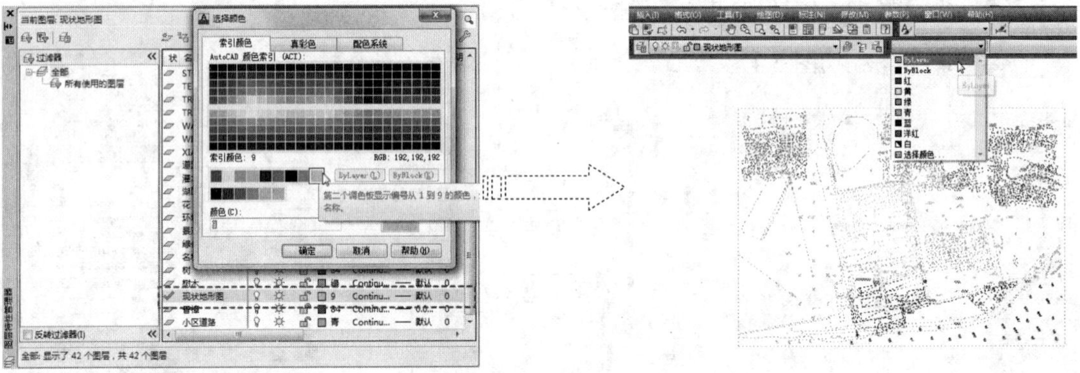

图 5.49　现状地形图浅色处理

（4）保存现状地形图图形文件。

**操作提示** 保存所作操作修改，然后即可进行总平面图规划布置绘制。在这里注意使用现状地形图淡化处理等技巧。

**操作命令** ZOOM、SAVE 等。

**操作参考** 图 5.50。

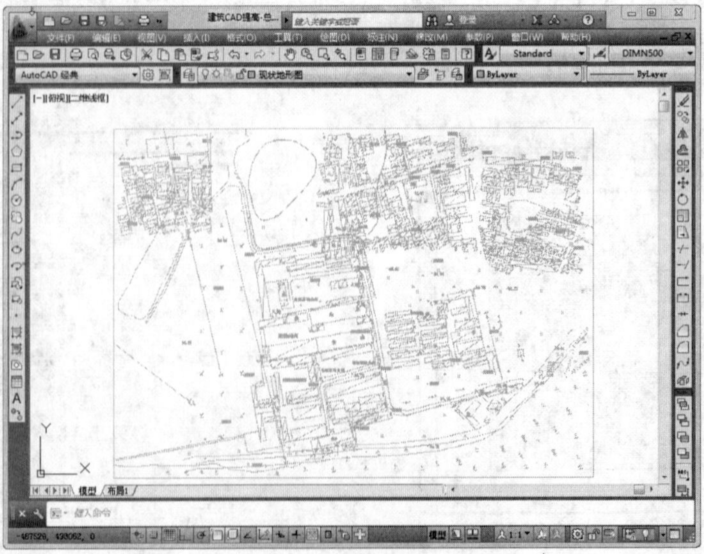

图 5.50　保存现状地形图

### 5.2.2 新农村详细规划总平面图建设用地红线绘制

（1）根据规划要求及建设单位提供的设计条件，在现状地形图上绘制建设用地范围红线。

**操作提示** 先新建建设用地红线图层，并点击勾置为当前图层。以后绘图，根据需要设置相应的图层，绘图时在相应的图层进行绘制，这将对图形管理极为有用。

**操作命令** LAYER、ZOOM、PAN 等。

**操作参考** 图 5.51。

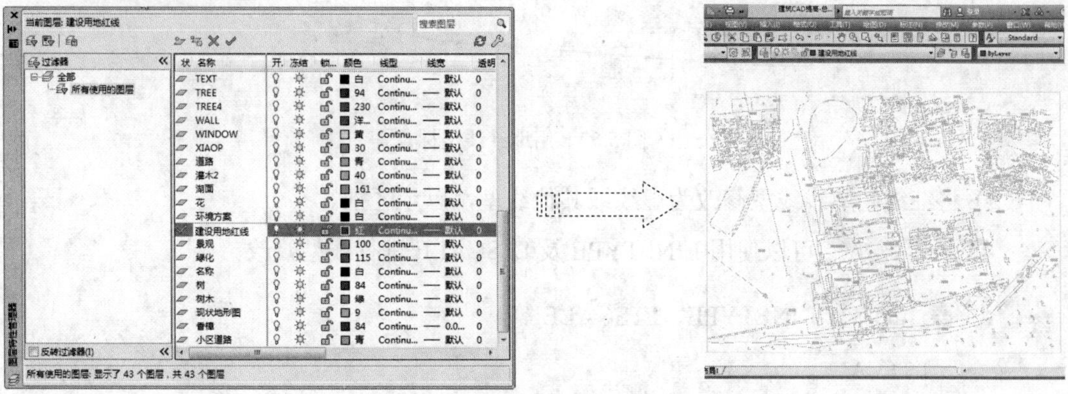


图 5.51 新建建设用地红线图层

（2）绘制红线，确定建设用地范围轮廓线。

**操作提示** 一般是按建设单位提供本案例红线的定位坐标数值进行绘制定位红线位置，此处坐标红线仅作为参考（其中 $Z = 0.0000$）。使用“PLINE”命令绘制。结合地形图的坐标定位，绘制轮廓线定位点可以输入坐标数值（$X,Y,Z$），这由建设单位提供准确坐标。绘制时根据实际情况确定。开始点的位置可以是红线任何点。

**操作命令** PLINE、LINE、PEDIT 等。

```
命令:PLINE
指定起点:
当前线宽为 0
指定下一个点或[圆弧(A)/半宽(H)/长度(L)/放弃(U)/宽度(W)]:W
指定起点宽度<0.0000>:50
指定端点宽度<50.0000>:50
指定下一个点或[圆弧(A)/半宽(H)/长度(L)/放弃(U)/宽度(W)]:465034,
522055, 0
指定下一个点或[圆弧(A)/半宽(H)/长度(L)/放弃(U)/宽度(W)]:567761,
528959, 0
……
指定下一点或[圆弧(A)/闭合(C)/半宽(H)/长度(L)/放弃(U)/宽度(W)]:
指定下一点或[圆弧(A)/闭合(C)/半宽(H)/长度(L)/放弃(U)/宽度(W)]:C
```

**操作参考** 图 5.52。

图 5.52　用地红线坐标

（3）将红线轮廓线线型修改为虚线或其他线型，以示区别。

**操作提示** 可以使用 LINETYPE 及 LTSCALE 进行线型修改。

**操作命令** LINETYPE、LTSCALE 等。

```
命令: LTSCALE
输入新线型比例因子<50.0000>:5000
```

**操作参考** 图 5.53。

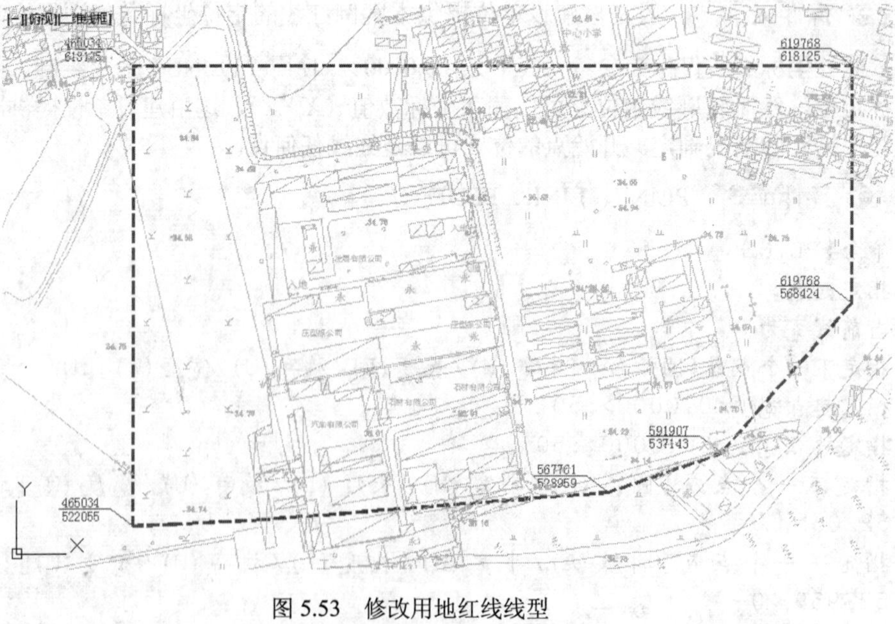


图 5.53　修改用地红线线型

（4）若有建筑控制线要求，则按要求位置进行绘制。

**操作提示** 如本案例为红线向内偏移 8～9m 为建筑控制线。通过偏移红线然后进行剪切可以快速得到建筑控制线轮廓。保存图形文件。

**操作命令** PLINE、OFFSET、LINETYPE、LTSCALE 等。

**操作参考** 图 5.54。

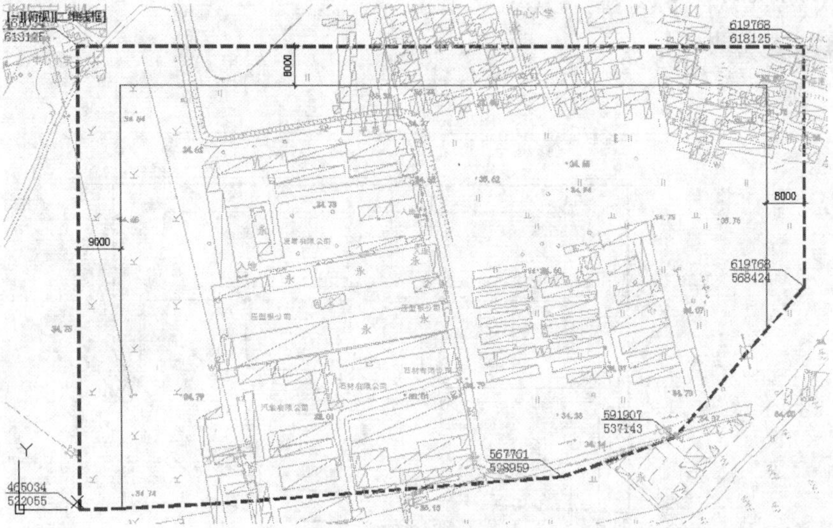


图 5.54　绘制建筑控制线

（5）为了便于观察和绘图，在完成红线绘制后可以关闭现状地形图图层，若需要再打开。

**操作提示** 在命令行输入“LAYER”或点击“格式”下拉菜单选择“图层”命令选项。再在对话框点击“关”即可关闭图层。

**操作命令** LAYER 等。

**操作参考** 图 5.55。

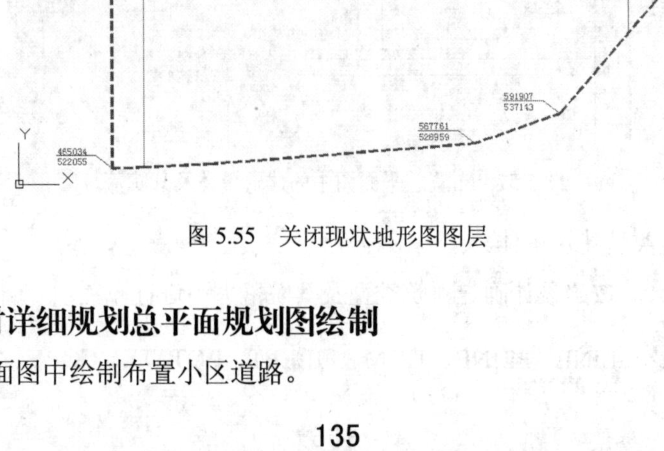


图 5.55　关闭现状地形图图层

## 5.2.3　新农村详细规划总平面规划图绘制

（1）在总平面图中绘制布置小区道路。

**操作提示** 按照设计确定道路大小进行布置。

**操作命令** LINE、OFFSET、STRETCH、FILLET、CHAMFER、TRIM、EXTEND、LENGTHEN、ZOOM、PAN 等。

**操作参考** 图 5.56。

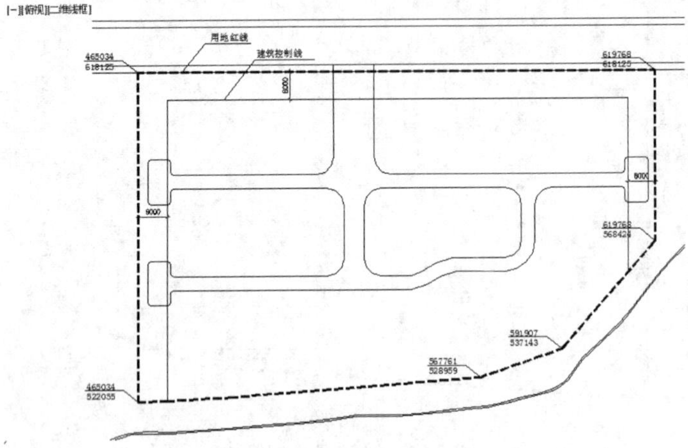


图 5.56　绘制布置道路

（2）布置总平面图中的建筑单体及其院落。

**操作提示** 按照设计确定建筑及其院落大小进行布置。

**操作命令** PLINE、LINE、ARC、MIRROR、COPY、MOVE、TRIM、HATCH 等。

**操作参考** 图 5.57。

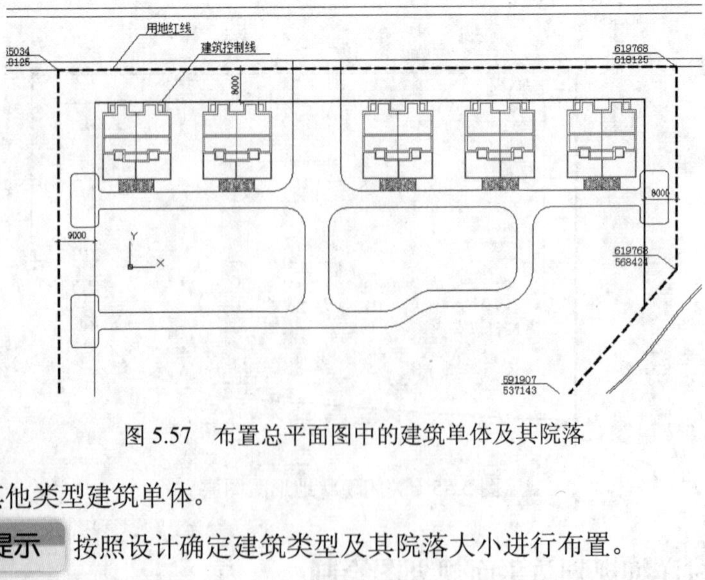


图 5.57　布置总平面图中的建筑单体及其院落

（3）布置其他类型建筑单体。

**操作提示** 按照设计确定建筑类型及其院落大小进行布置。

**操作命令** LINE、PLINE、TRIM、FILLET、ROTATE、COPY、MOVE、ARC 等。

**操作参考** 图 5.58。

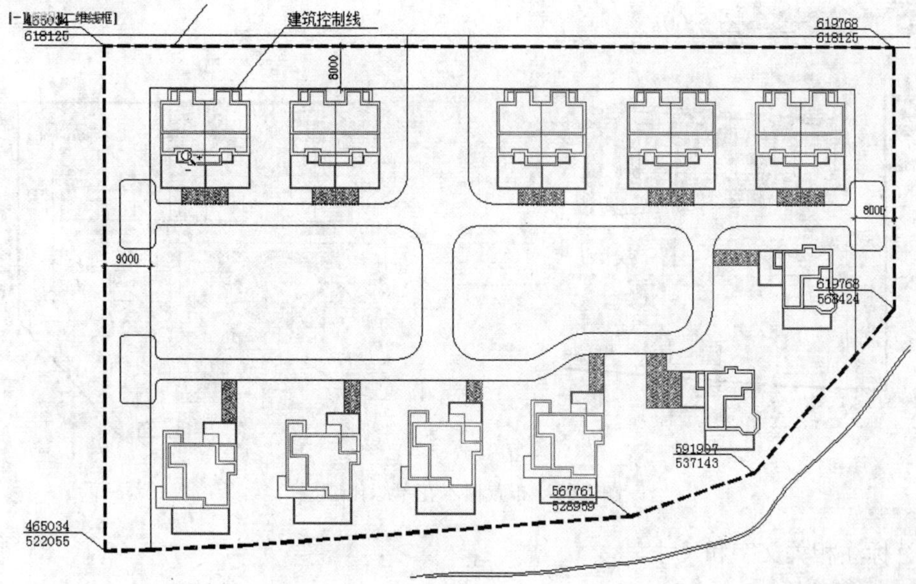


图 5.58 布置其他类型建筑单体

（4）绘制布置绿地和广场等造型。

**操作提示** 按总体规划设计确定的园林景观进行布置。

**操作命令** LINE、OFFSET、TRIM、RECTANG、PLINE、CIRCLE、ARC、HATCH、ARRAY、INSERT、COPY、SCALE、MOVE 等。

**操作参考** 图 5.59。

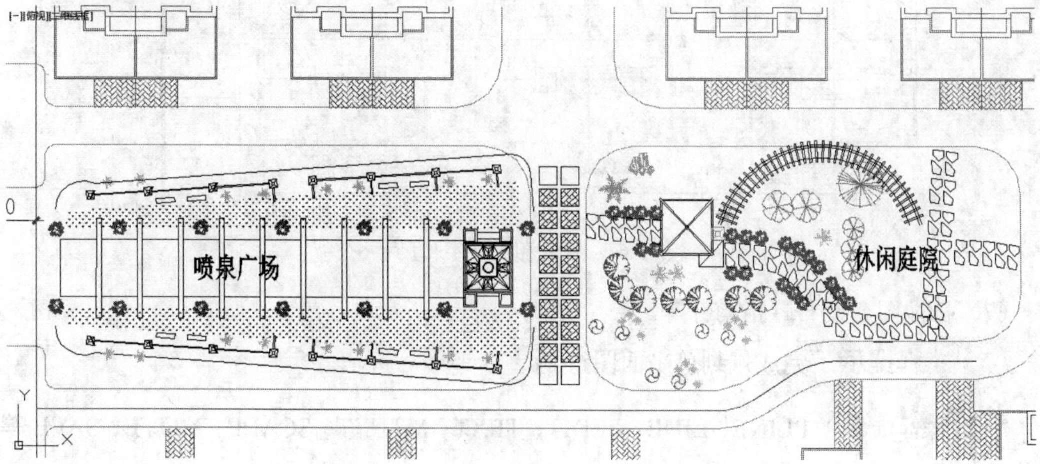


图 5.59 绘制布置绿地和广场等造型

（5）布置总平面规划图中的树木花草绿化造型。

**操作提示** 树木花草绿化造型使用已有图库图形。

**操作命令** INSERT、MOVE、SCALE、COPY、ZOOM、ROTATE 等。

**操作参考** 图 5.60。

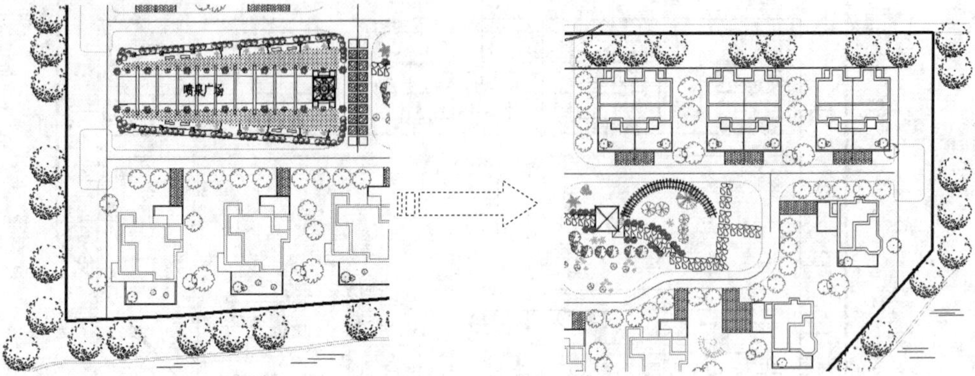


图 5.60 布置树木花草绿化造型

（6）标注相关文字和尺寸。

**操作提示** 包括建筑单体楼号、层数、间距等。

**操作命令** DIMSTYLE、DIMLINEAR、DIMALIGNED 等。

**操作参考** 图 5.61。

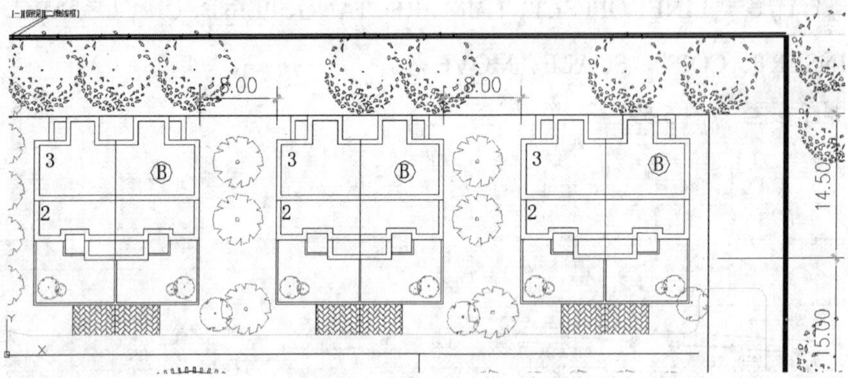


图 5.61 标注相关文字和尺寸

（7）标注图名及布置指南针等。

**操作提示** 完成规划总平面图绘制。

**操作命令** PLINE、LINE、PEDIT、TEXT、MTEXT、SCALE、MOVE、SAVE 等。

**操作参考** 图 5.62。

## 5.2.4 新农村详细规划总平面图主要经济技术指标计算

（1）先计算建设用地面积。

**操作提示** 在绘制建设用地红线时是使用 PLINE 绘制的封闭轮廓线，因此通过建设用地红线利用 LIST 功能命令按“F2”键即可快速查询计算其面积为 13423.72m$^2$（注意文本窗口中显示的面积单位是 mm$^2$）。若建设用地红线不是闭合的图形，可以使用 PEDIT 编辑连接为封闭图形，或用 PLINE 功能描绘一圈即可。

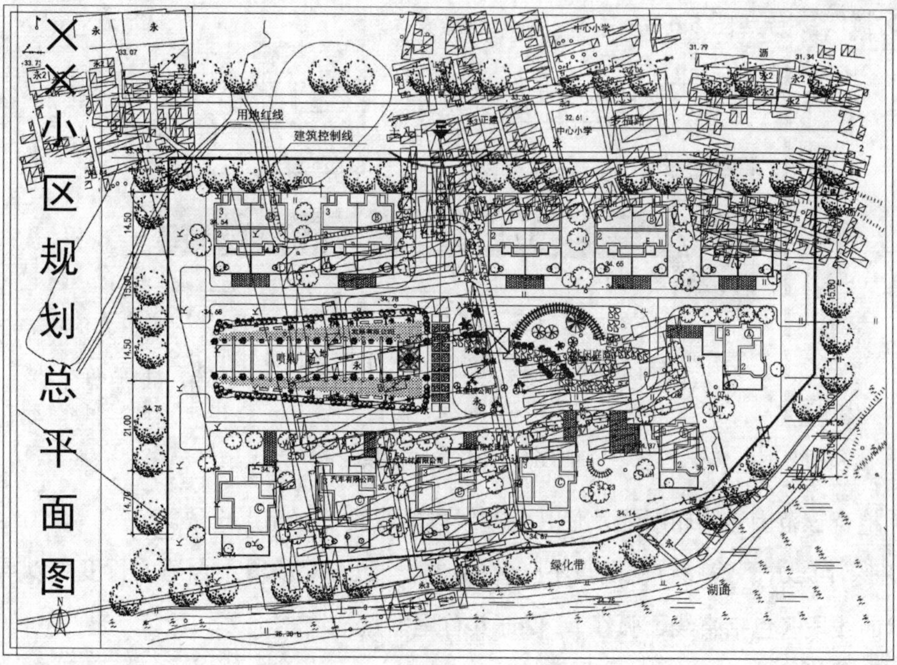


图 5.62　完成规划总平面图绘制

**操作命令** PLINE、LIST、F2 按键等。

**操作参考** 图 5.63。

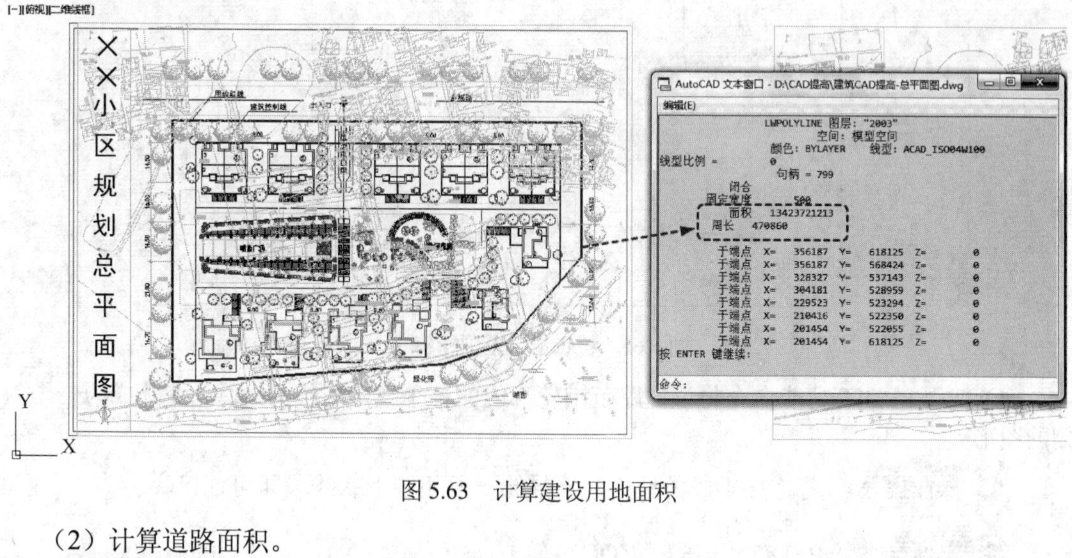


图 5.63　计算建设用地面积

（2）计算道路面积。

**操作提示** 此处仅以其中一段道路为例进行计算，其他道路按此方法计算，最后

加起来即可得到道路总面积。先使用 ARC、LINE 绘制轮廓范围，注意线条首尾要连接，然后使用 PEDIT 功能命令连接为一体，具体参见下一步论述。

**操作命令** ARC、LINE、FILLET、TRIM、CHAMFER、ZOOM、PEDIT、LIST 等。

**操作参考** 图 5.64。

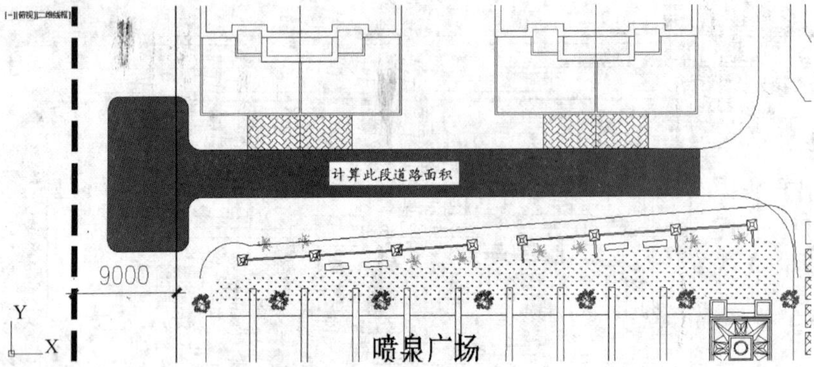


图 5.64 计算道路面积示意

（3）检查该范围道路轮廓线，使其各段线段的线段首尾端点一致。

**操作提示** 线段首尾端点不一致的调整一致，对线段不合适的长度可以重新描绘同样形状的线段（包括直线、弧线），保证其首尾端点一致。

**操作命令** ZOOM、PAN、ARC、LINE、FILLET 等。

**操作参考** 图 5.65。

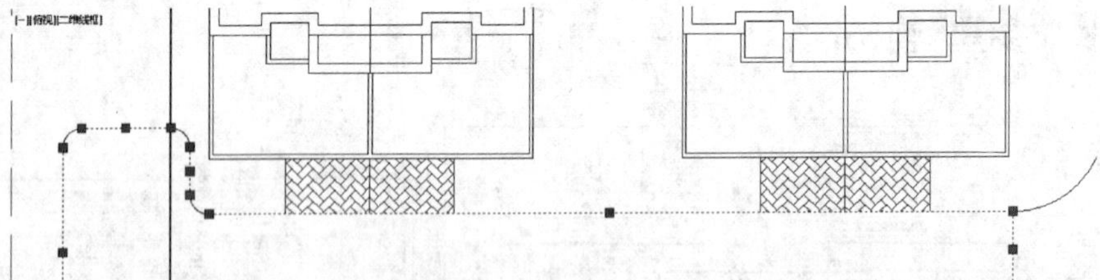


图 5.65 检查道路范围轮廓线

（4）使用 PEDIT 功能命令将该道路范围轮廓线的各个线段连接为一体，使其成为一个封闭的图形。

**操作提示** 若连接不成的地方，新描绘一段相同形状线段即可连接。

**操作命令** PEDIT、LIST、ZOOM 等。

命令:PEDIT

选择多段线或[多条(M)]:M
选择对象:
指定对角点:找到 9 个
选择对象:找到 1 个，总计 5 个
选择对象:找到 1 个，总计 11 个
选择对象:找到 1 个，总计 12 个
选择对象:找到 1 个，总计 13 个
选择对象:找到 1 个，总计 14 个
选择对象:
是否将直线、圆弧和样条曲线转换为多段线？[是(Y)/否(N)]<Y>:Y
输入选项[闭合(C)/打开(O)/合并(J)/宽度(W)/拟合(F)/样条曲线(S)/非曲线化(D)/线型生成(L)/反转(R)/放弃(U)]:J
合并类型=延伸
输入模糊距离或[合并类型(J)]<0.0000>:0
多段线已增加 13 条线段
输入选项[闭合(C)/打开(O)/合并(J)/宽度(W)/拟合(F)/样条曲线(S)/非曲线化(D)/线型生成(L)/反转(R)/放弃(U)]:

**操作参考** 图 5.66。

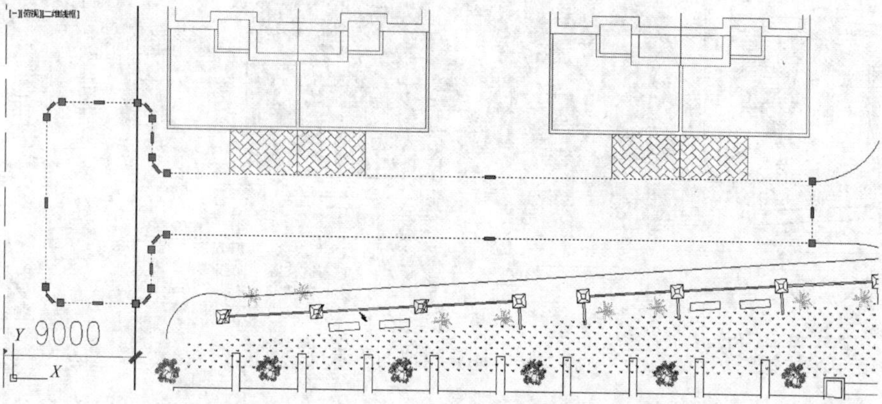

图 5.66 将该道路范围轮廓线各个线段连接为一体

（5）选中该道路封闭轮廓图形，执行 LIST 功能命令。

**操作提示** 然后按“F2”键即可得到该范围道路面积 266.61$m^2$（注意文本窗口中显示的面积单位是 $mm^2$）。

**操作命令** LIST 等。

**操作参考** 图 5.67。

（6）计算绿地面积。

**操作提示** 此处仅以其中一块绿地为例进行计算，其他范围绿地按此方法计算，最后加起来即可得到绿地总面积。

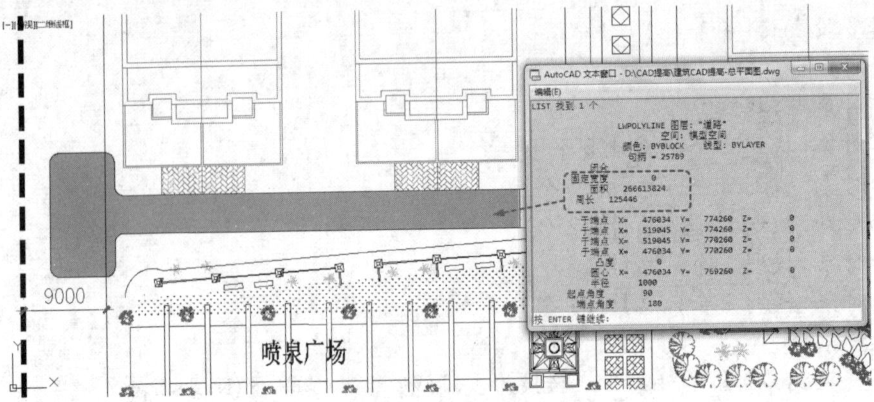


图 5.67　查询道路面积大小

操作命令 ARC、LINE、FILLET、TRIM、CHAMFER、ZOOM、PEDIT、LIST、SPLINE 等。

操作参考 图 5.68。

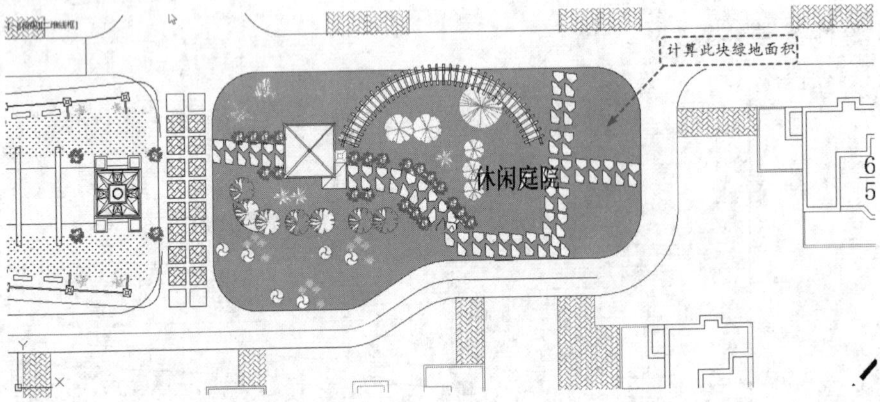


图 5.68　计算绿地面积示意

（7）检查该绿地范围轮廓线（主要是外围轮廓线，其他的线段不必理会），使其各段线段的线段首尾端点一致。

操作提示 线段首尾端点不一致的调整一致，对线段不合适的长度可以重新描绘同样形状的线段（包括直线、弧线），保证其首尾端点一致。

操作命令 PEDIT、LIST、ZOOM 等。

操作参考 图 5.69。

（8）然后使用 PEDIT 功能命令将该绿地范围轮廓线各个线段连接为一体，使其成为一个封闭的图形。

操作提示 若连接不成的地方，新描绘一段相同形状的线段即可连接。

操作命令 PEDIT、ARC、LINE、TRIM、EXTEND、SPLINE 等。

**操作参考** 图 5.70。

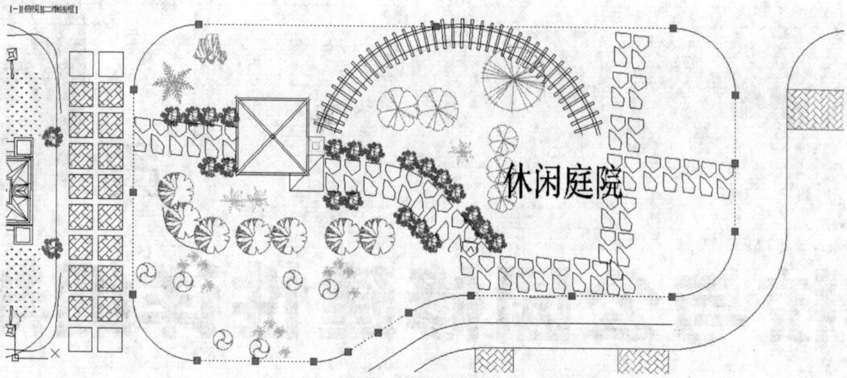


图 5.69 检查该绿地范围轮廓线

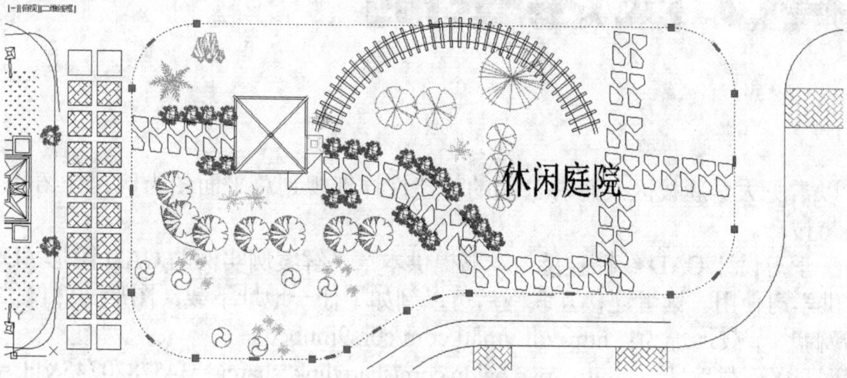


图 5.70 连接绿地范围轮廓线为一体

（9）选中该绿地封闭轮廓图形，执行 LIST 功能命令。

**操作提示** 然后按“F2”键即可得到该范围绿地面积 $1033m^2$（注意文本窗口中显示的面积单位是 $mm^2$）。

**操作命令** LIST、ZOOM、SAVE 等。

**操作参考** 图 5.71。

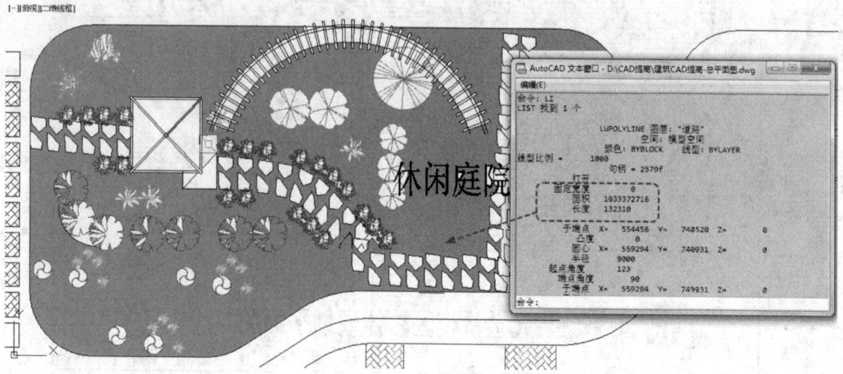


图 5.71 查询绿地面积大小

# 第6章

# 学校与公园修建性详细规划 CAD 快速绘制

本章以常见大学新校区及森林公园的修建性详细规划总平面图为例，介绍其 CAD 快速绘制方法与技巧。

为便于学习设计 CAD 绘图技能，本书提供本章讲解案例实例的 CAD 图形（DWG 格式图形文件）供学习使用。读者连接互联网后可以到如下任一地址下载，图形文件仅供学习参考：

华为网盘（下载地址为：http://dl.vmall.com/c0rs9ihnbc）

百度网盘（下载地址为：http://pan.baidu.com/share/link?shareid=3457820745&uk=605274645）

## 6.1 大学新校区修建性详细规划图 CAD 快速绘制

本小节如图 6.1 所示常见某大学新校区修建性详细规划总平面图为例，介绍其 CAD 绘制方法与技巧。

图 6.1　某大学新校区修建性详细规划总平面图

### 6.1.1 大学校区建筑规划布局 CAD 快速绘制

（1）调用需进行大学校园规划的现状地形图。

**操作提示** 现状地形图一般由建设单位委托测绘单位进行测量绘制，由建设单位提供。

**操作命令** OPEN、SAVEAS、ZOOM 等。

**操作参考** 如图 6.2 所示。

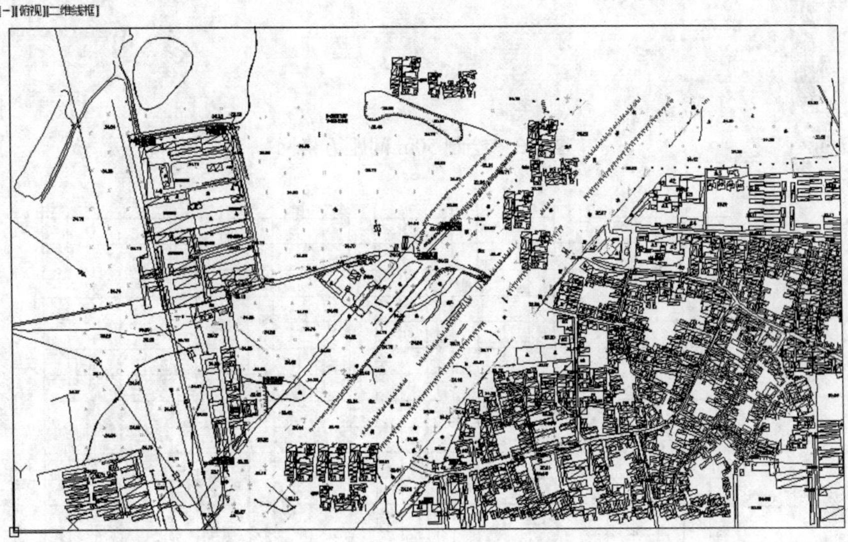

图 6.2 调用新校区现状地形图

（2）绘制 50m 间距方格网。

**操作提示** 按 50m 间距绘制水平及垂直方向的方格网，并设置为浅色（颜色 9）。

**操作命令** LAYER、LINE、OFFSET、STRECTH、TRIM、SAVE、DIMLINEAR 等。

```
命令:OFFSET
当前设置:删除源=否  图层=源  OFFSETGAPTYPE=0
指定偏移距离或[通过(T)/删除(E)/图层(L)]<通过>:50000
选择要偏移的对象，或[退出(E)/放弃(U)]<退出>:
指定要偏移的那一侧上的点，或[退出(E)/多个(M)/放弃(U)]<退出>:
选择要偏移的对象，或[退出(E)/放弃(U)]<退出>:
```

**操作参考** 如图 6.3 所示。

（3）继续进行 50m 方格网绘制。

**操作提示** 完成全部网格绘制。

**操作命令** LINE、OFFSET、EXTEND、TRIM、CHAMFER 等。

**操作参考** 如图 6.4 所示。

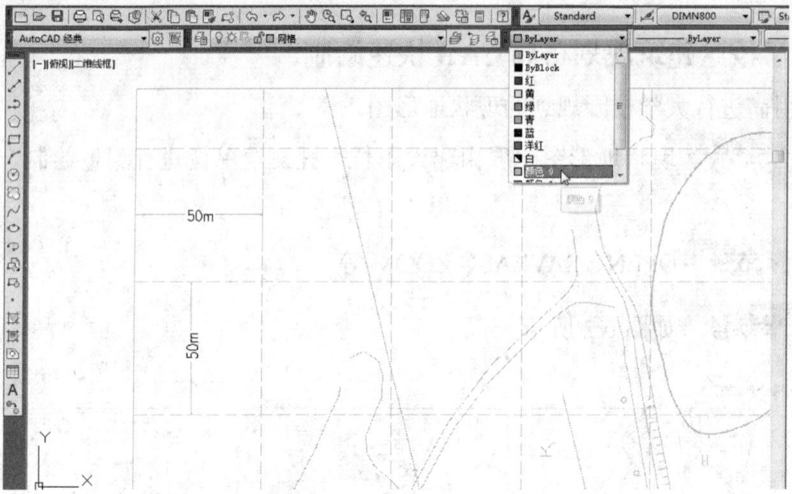


图 6.3　绘制 50m 间距方格网

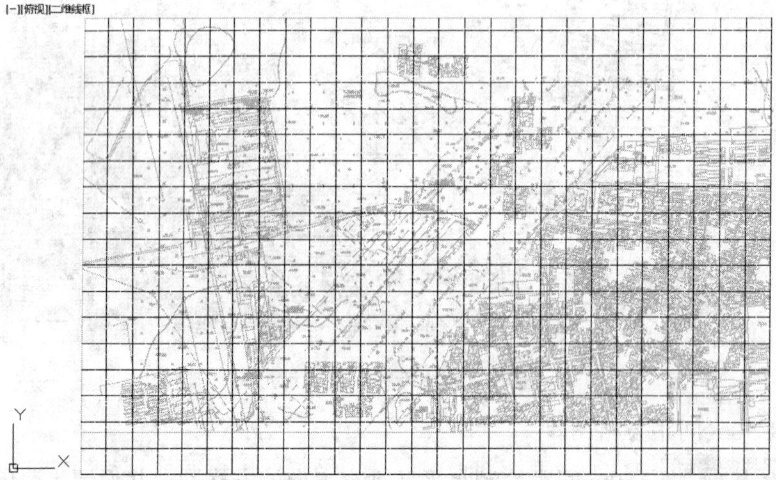


图 6.4　完成全部网格绘制

（4）创建新校区规划建设用地红线轮廓，并将用地红线轮廓线线型修改为虚线或其他线型。

**操作提示** 按城市规划主管部门确定的规划用地范围坐标绘制，使用 PLINE 绘制有一点宽度的线条。

**操作命令** ID、PLINE、CHAMFER、ZOOM、LINETYPE、LTSCALE 等。

```
命令:PLINE
指定起点:
当前线宽为 0.0000
指定下一个点或[圆弧(A)/半宽(H)/长度(L)/放弃(U)/宽度(W)]:W
指定起点宽度<0.0000>:50
指定端点宽度<50.0000>:50
指定下一个点或[圆弧(A)/半宽(H)/长度(L)/放弃(U)/宽度(W)]:
指定下一点或[圆弧(A)/闭合(C)/半宽(H)/长度(L)/放弃(U)/宽度(W)]:
```

……
指定下一点或 [圆弧(A)/闭合(C)/半宽(H)/长度(L)/放弃(U)/宽度(W)]: C

**操作参考** 如图 6.5 所示。

图 6.5 创建新校区规划建设用地红线轮廓

（5）绘制外围市政道路轮廓线。

**操作提示** 市政道路按现状已有或城市总体规划所确定路网位置及范围绘制。道路宽度 12~32m 不等。

**操作命令** ARC、LINE、FILLET、CHAMFER、OFFSET、TRIM、EXTEND、ZOOM、LINETYPE、LTCALE 等。

命令:FILLET
当前设置:模式=修剪，半径=0.0000
选择第一个对象或[放弃(U)/多段线(P)/半径(R)/修剪(T)/多个(M)]:R
指定圆角半径<0.0000>:6000
选择第一个对象或[放弃(U)/多段线(P)/半径(R)/修剪(T)/多个(M)]:
选择第二个对象，或按住 Shift 键选择对象以应用角点或[半径(R)]:

**操作参考** 如图 6.6 所示。

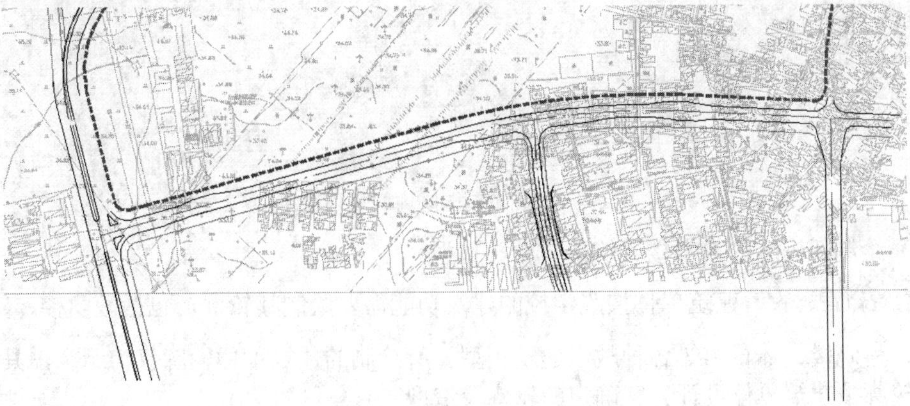

图 6.6 绘制外围市政道路轮廓线

（6）继续进行市政路网绘制。

**操作提示** 直至完成新校区周围的市政道路路网。

**操作命令** ARC、LINE、FILLET、CHAMFER、OFFSET、TRIM、EXTEND、ZOOM、LINETYPE、LTCALE、LAYER、SAVEAS等。

**操作参考** 如图6.7所示。

图6.7 继续进行市政路网绘制

（7）勾画校园园区内的规划道路。

**操作提示** 园区道路造型及走向按设计师确定的路线。

**操作命令** ARC、SPLINE、OFFSET、PEDIT、LINE、FILLET等。

**操作参考** 如图6.8所示。

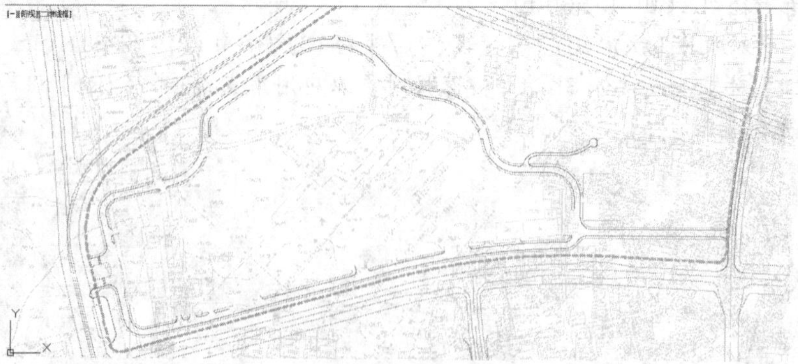

图6.8 勾画校园园区内的规划道路

（8）绘制新校区的教学楼建筑单体轮廓造型。

**操作提示** 建筑单体按照学校的建筑功能需要绘制其轮廓，包括教学楼、实验楼、办公楼、科研楼、体育馆等各种教学建筑类型。所绘制的建筑单体轮廓仅为示意，具体准确大小及轮廓按建筑单体设计方案确定的轮廓及造型。

**操作命令** PLINE、LINE、TRIM、STRETCH、CHAMFER、ROTATE、MOVE、

SCALE、COPY 等。

**操作参考** 如图 6.9 所示。

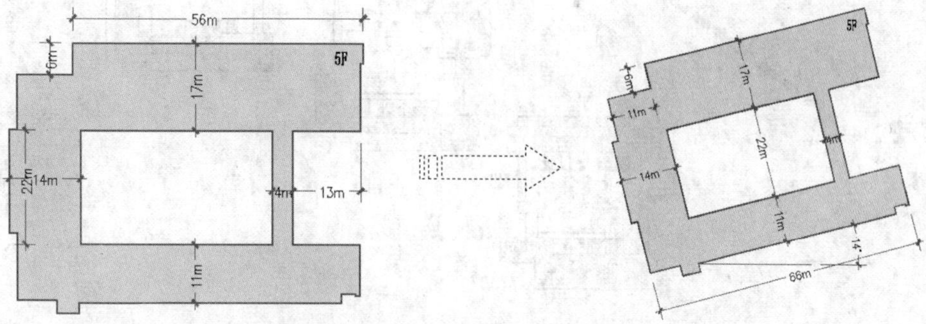


图 6.9 绘制新校区的教学楼建筑单体

（9）将教学楼建筑单体造型轮廓布置到平面图合适的位置。

**操作提示** 各个教学楼建筑单体的位置按设计确定的位置。

**操作命令** MOVE、ROTATE、COPY、MIRROR 等。

**操作参考** 如图 6.10 所示。

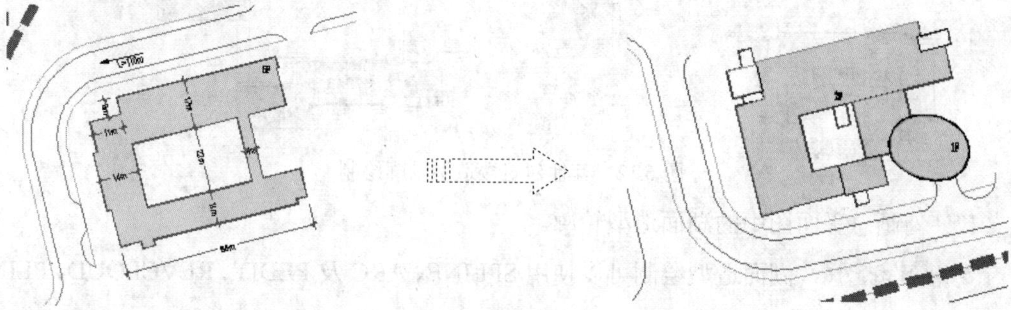


图 6.10 布置到平面图合适的位置

（10）创建科研楼建筑单体轮廓造型并布置到平面图合适的位置中。

**操作提示** 各个科研楼建筑单体的位置按设计确定的位置。

**操作命令** PLINE、LINE、TRIM、STRETCH、CHAMFER、ROTATE、MOVE、SCALE、COPY、MIRROR 等。

**操作参考** 如图 6.11 所示。

（11）按前述方法继续进行其他建筑楼造型轮廓绘制。

**操作提示** 规划布置的建筑类型根据大学教学需要按设计确定。

**操作命令** LINE、RECTANG、CHAMFER、STRETCH、MIRROR、COPY、MOVE、EXTEND、MTEXT、LENGTHEN、ZOOM、SAVE 等。

**操作参考** 如图 6.12 所示。

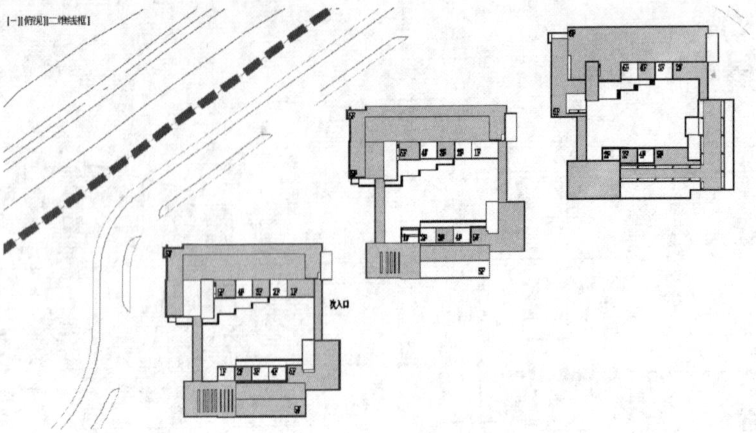


图 6.11　创建科研楼建筑单体

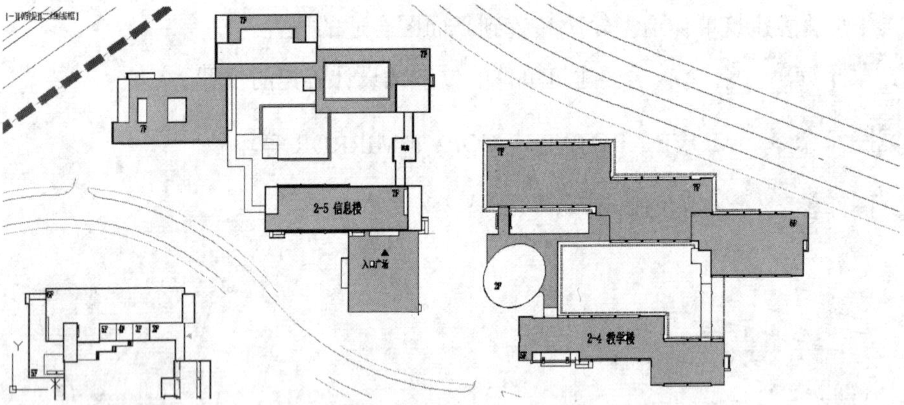


图 6.12　其他建筑楼造型轮廓绘制

（12）勾画总平面图中的湖面造型轮廓。

**操作提示** 湖面造型绘制可以使用 SPLINE、ARC 及 PEDIT、REVCLOUD、PLINE 等功能命令绘制。

**操作命令** SPLINE、ARC、PEDIT、REVCLOUD、PLINE、LINE、TRIM、EXTEND 等。

**操作参考** 如图 6.13 所示。

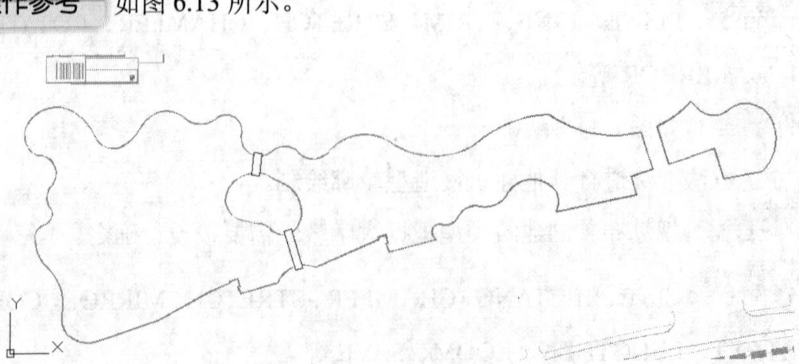

图 6.13　勾画总平面图中的湖面造型

（13）对湖面轮廓填充图案。

**操作提示** 图案填充造型选择点状或虚线状，形成波纹效果。

**操作命令** HATCH 等。

**操作参考** 如图 6.14 所示。

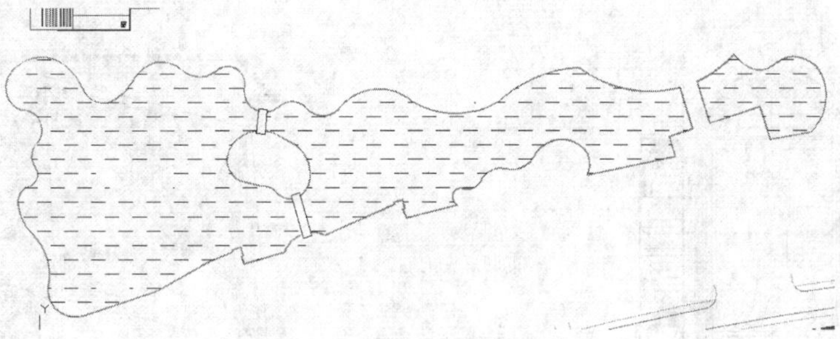

图 6.14　对湖面轮廓填充图案

（14）按前述方法绘制其他位置湖面或河面平面效果。

**操作提示** 湖面或河面平面的大小及位置按总平面图规划设计确定。

**操作命令** SPLINE、PLINE、ARC、TRIM、HATCH 等。

**操作参考** 如图 6.15 所示。

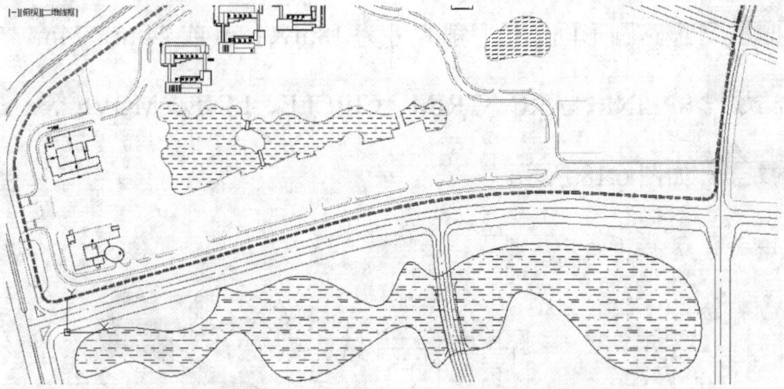

图 6.15　绘制其他位置湖面或河面

（15）绘制体育运动场地。

**操作提示** 体育运动场地包括排球场、篮球场等，其大小按国际标准绘制。

**操作命令** LINE 、 PLINE 、 RECTANG、TRIM、CHAMFER、MOVE、COPY 、 ARC 、 CIRCLE 、 MIRROR 、 STRETCH 等。

**操作参考** 如图 6.16 所示。

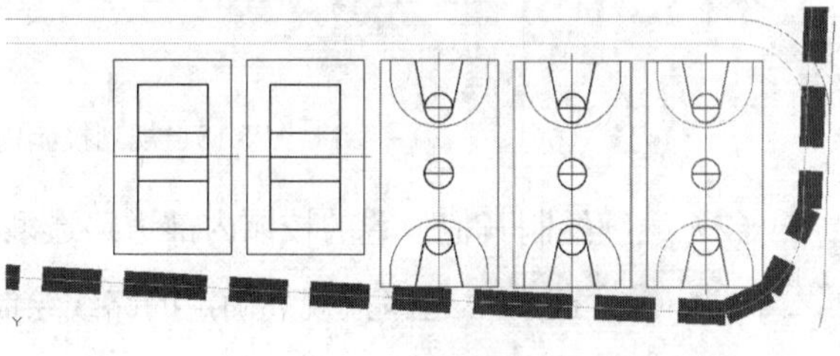

图 6.16　绘制体育运动场地

（16）布置体育场、体育馆等其他体育

建筑及设施。

**操作提示** 体育场造型使用已有图库中的造型。

**操作命令** LINE、OFFSET、CIRCLE、TRIM、STRETCH、POLYGON、EXTEND、INSERT、ROTATE、SCALE、MOVE 等。

**操作参考** 如图 6.17 所示。

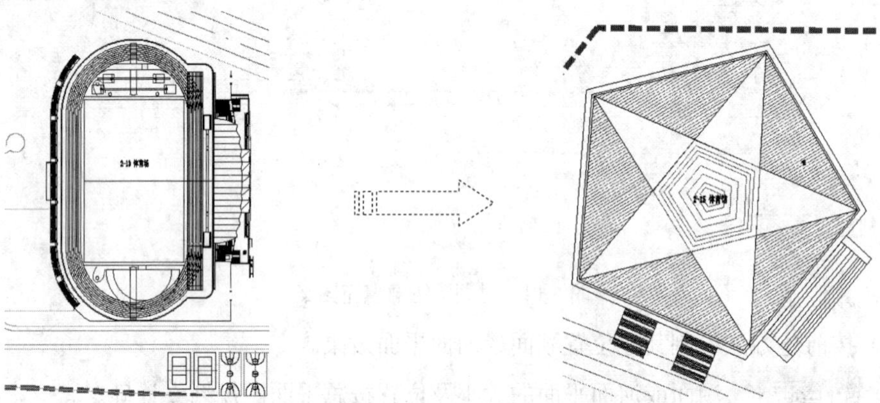

图 6.17 布置体育场、体育馆等

## 6.1.2 大学校区道路及文字尺寸标注 CAD 快速绘制

（1）规划校园内部的道路绘制。

**操作提示** 道路圆形回车场一般尺寸为 18m×18m 或 24 m×24m。

**操作命令** SPLINE、ARC、TRIM、CIRCLE、LINE、MOVE 等。

**操作参考** 如图 6.18 所示。

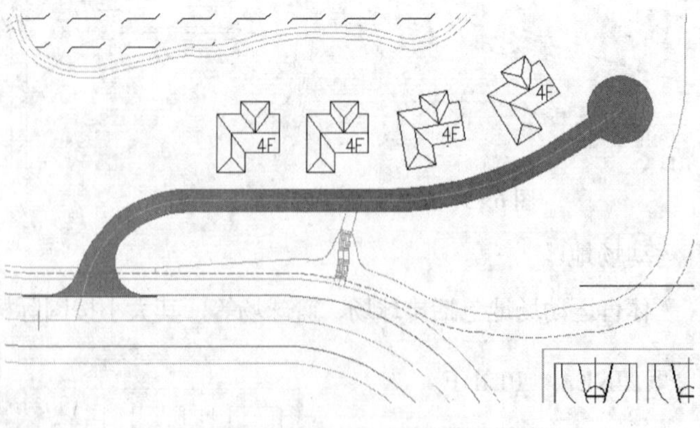


图 6.18 规划校园内部的道路绘制

（2）继续绘制其他位置的校园内部道路造型。

**操作提示** 道路按规划确定的路线绘制，宽度 6～18m。

**操作命令** LINE、EXTEND、STRETCH、SPLINE、ARC、TRIM、CIRCLE、

MOVE 等。

**操作参考** 如图 6.19 所示。

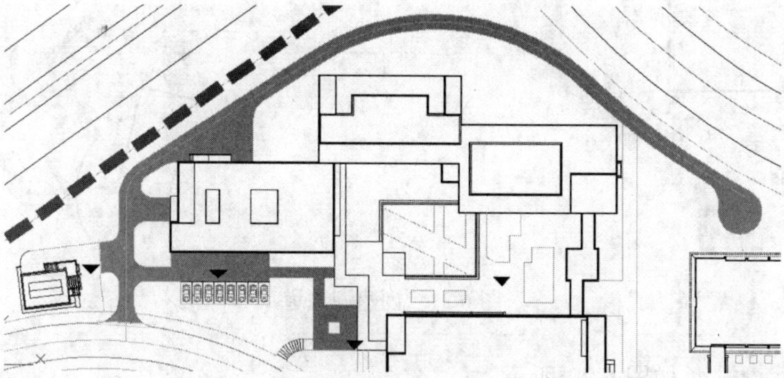

图 6.19 绘制其他位置的校园内部道路

（3）绘制道路铺地造型。

**操作提示** 铺地造型轮廓为方格。可以通过绘制水平或垂直直线，然后旋转一定角度得到倾斜的直线，再进行偏移即可。

**操作命令** LINE、ROTATE、OFFSET、TRIM、EXTEND 等。

**操作参考** 如图 6.20 所示。

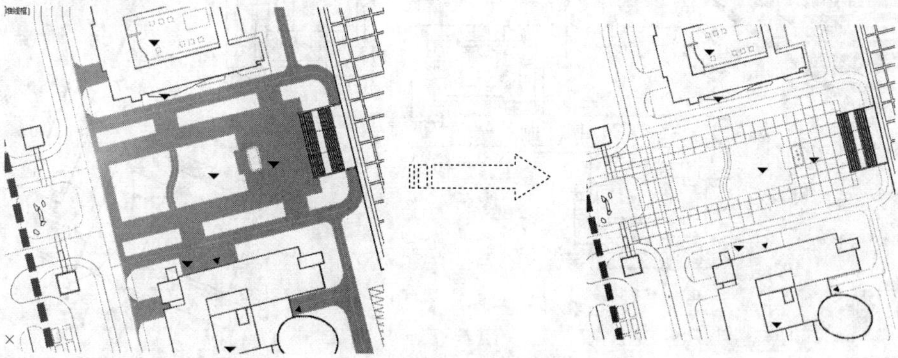

图 6.20 绘制道路铺地造型

（4）创建湖边道路造型。

**操作提示** 湖边道路按湖面轮廓造型走向绘制，宽度为步行道，宽为 2～3m。

**操作命令** SPLINE、ARC、TRIM、OFFSET、STRETCH、EXTEND 等。

**操作参考** 如图 6.21 所示。

（5）按前述方法绘制总平面图中其他位置的道路轮廓。

**操作提示** 道路性质（车道、人行道、步行道）按规划设计确定。

**操作命令** LINE、ROTATE、SPLINE、ARC、TRIM、OFFSET、STRETCH、EXTEND 等。

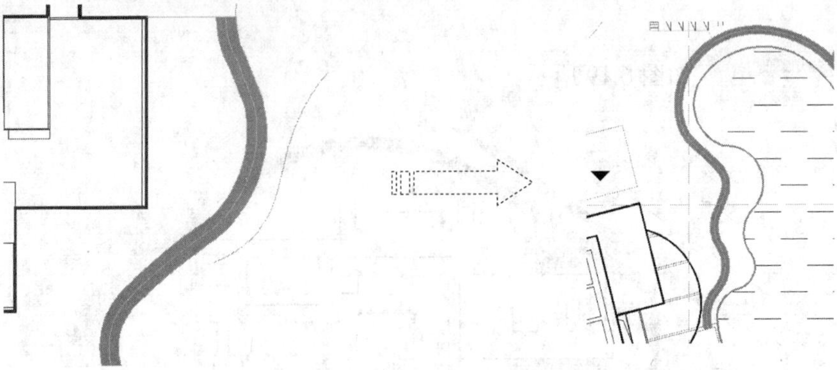

图 6.21　创建湖边道路

**操作参考** 如图 6.22 所示。

（6）绘制机动车停车位轮廓。

**操作提示** 机动车停车位大小为（2.5~3.0）m×6m。

**操作命令** LINE、TRIM、EXTEND、MOVE、COPY、OFFSET、STRETCH、DIMLINEAR 等。

**操作参考** 如图 6.23 所示。

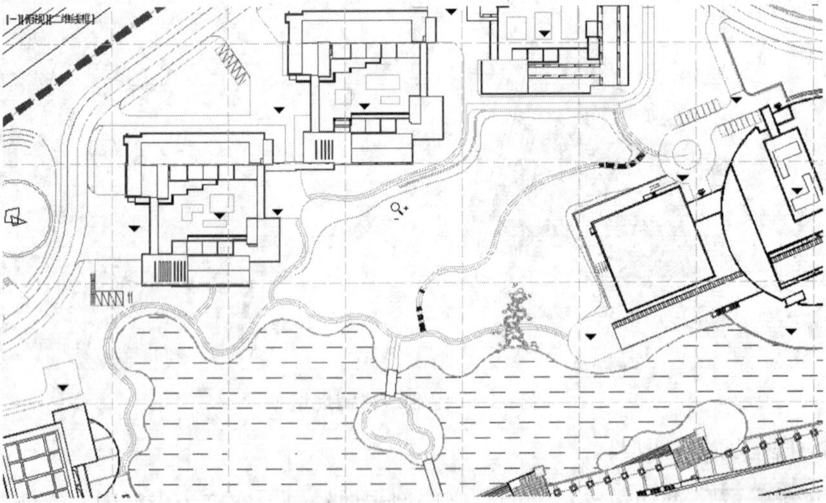

图 6.22　绘制总平面图中其他位置的道路

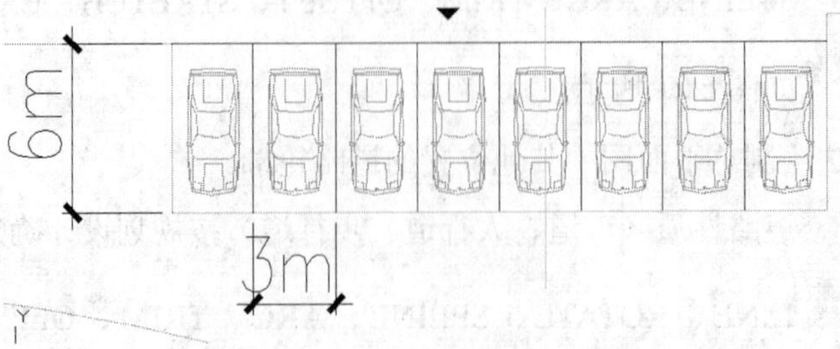


图 6.23　绘制机动车停车位

（7）绘制其他位置机动车位轮廓线。

**操作提示** 对倾斜位置机动车位轮廓线，可以先按水平车位绘制，然后旋转一定角度。

**操作命令** LINE、PLINE、ROTATE、OFFSET、TRIM、EXTEND 等。

```
命令:ROTATE
UCS 当前的正角方向:ANGDIR=逆时针  ANGBASE=0
选择对象:找到 16 个
指定基点:
指定旋转角度，或[复制(C)/参照(R)]<0>:R
指定参照角<0>:
指定第二点:
指定新角度或[点(P)]<0>:
```

**操作参考** 如图 6.24 所示。

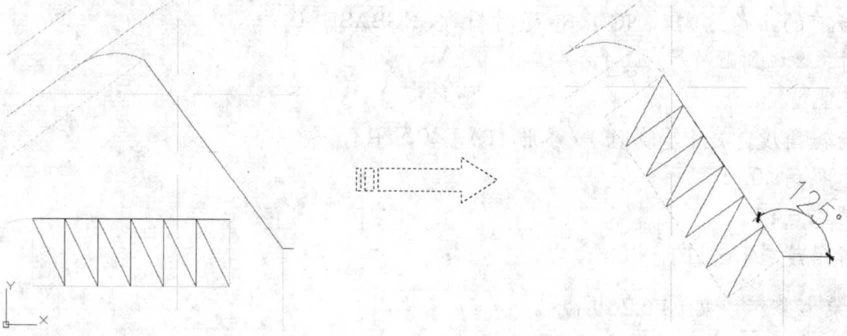


图 6.24　绘制其他位置机动车位

（8）标注道路等尺寸。

**操作提示** 先使用 DIMSTYLE 设置标注格式。

**操作命令** DIMSTYLE、DIMALIGNED、DIMLINEAR、ZOOM 等。

**操作参考** 如图 6.25 所示。

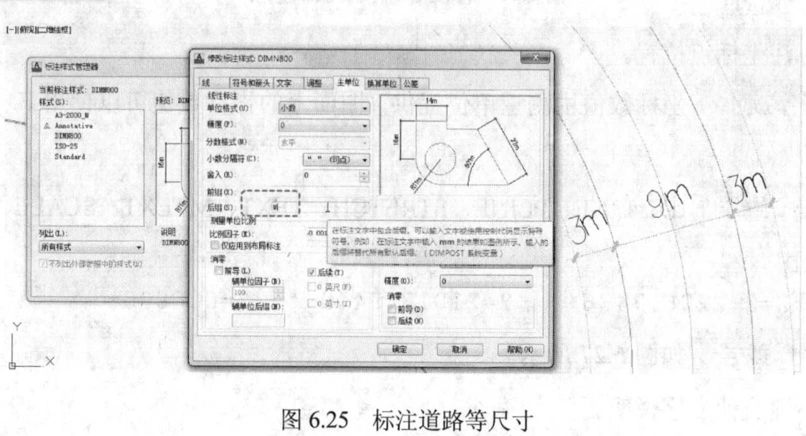


图 6.25　标注道路等尺寸

（9）标注道路坡度及箭头等。

操作提示 指示箭头使用 PLINE 直接绘制。先按水平方向绘制，然后按道路坡度方向旋转。

操作命令 PLINE、ROTATE、TEXT、MTEXT、SCALE、MOVE 等。

```
命令:PLINE
指定起点:
当前线宽为 0.0000
指定下一个点或[圆弧(A)/半宽(H)/长度(L)/放弃(U)/宽度(W)]:
指定下一点或[圆弧(A)/闭合(C)/半宽(H)/长度(L)/放弃(U)/宽度(W)]:W
指定起点宽度<0.0000>:15
指定端点宽度<15.0000>:0
指定下一点或[圆弧(A)/闭合(C)/半宽(H)/长度(L)/放弃(U)/宽度(W)]:
指定下一点或[圆弧(A)/闭合(C)/半宽(H)/长度(L)/放弃(U)/宽度(W)]:
命令:ROTATE
UCS 当前的正角方向:ANGDIR=逆时针  ANGBASE=0
选择对象:找到 5 个
指定基点:
指定旋转角度，或[复制(C)/参照(R)]<0>:R
指定参照角<0>:
指定第二点:
指定新角度或[点(P)]<0>:
```

操作参考 如图 6.26 所示。

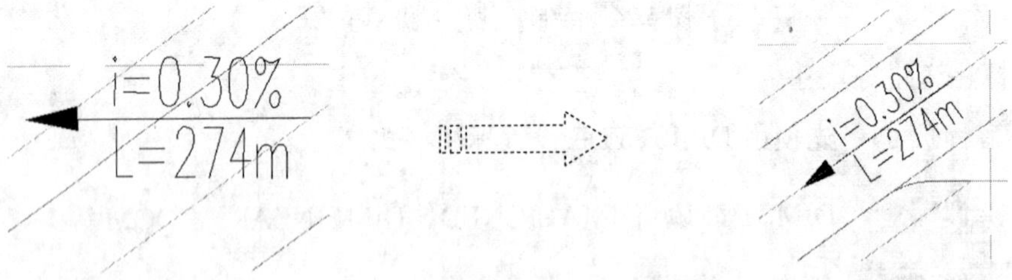


图 6.26 标注道路坡度及箭头等

（10）标注坐标点位置。

操作提示 坐标数值由测量单位提供，图面上的坐标数值可以使用 ID 功能命令查询得到。

操作命令 ID、LINE、PLINE、STRETCH、TEXT、MTEXT、SCALE、MOVE 等。

```
命令:ID
指定点:X=2 2206.7436     Y=21013.8440      Z=0.0000
```

操作参考 如图 6.27 所示。

（11）标注其他文字说明。

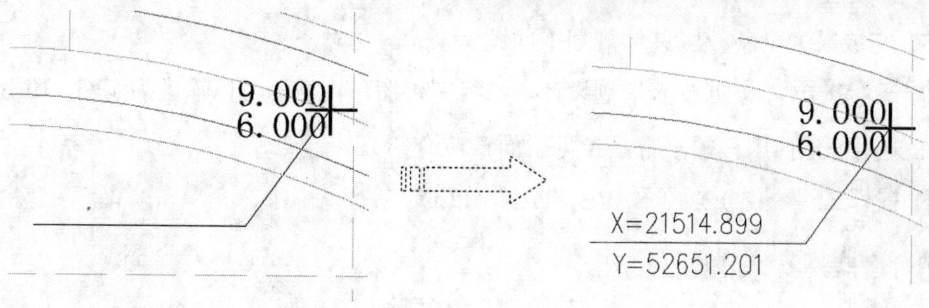


图 6.27 标注坐标点位置

**操作提示** 包括标高、楼号、建筑单体名称、层数、道路等。

**操作命令** TEXT、MTEXT、SCALE、MOVE、ROTATE、COPY、DDEDIT、LINE、PLINE 等。

**操作参考** 如图 6.28 所示。

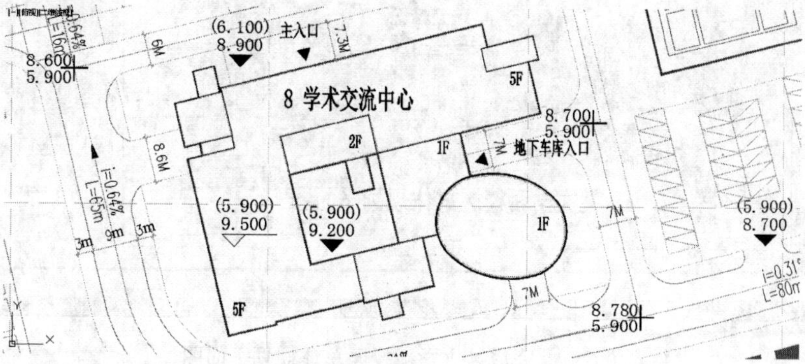


图 6.28 标注其他文字说明

（12）布置植物平面图。

**操作提示** 植物图形使用已有图库的植物平面图块，然后进行复制。

**操作命令** INSERT、SCALE、MOVE、ROTATE、COPY、ZOOM 等。

**操作参考** 如图 6.29 所示。

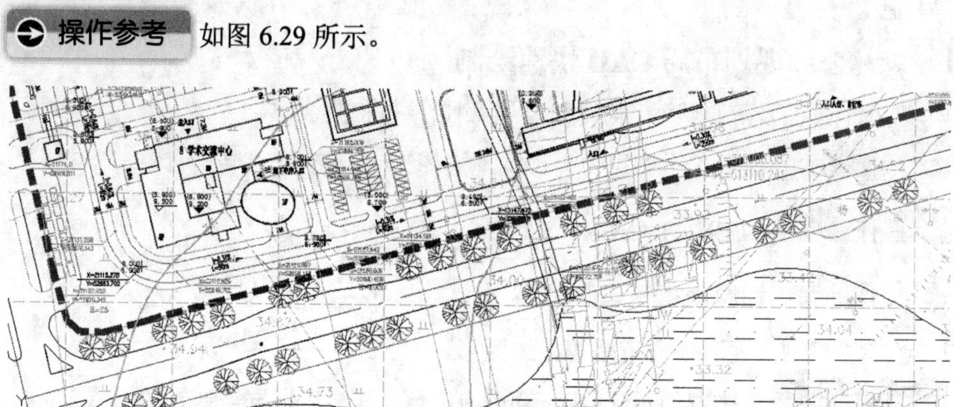

图 6.29 布置植物平面图

（13）完成某大学新校区总体规划平面图。

**操作提示** 根据校园规划设计，继续完善图形内容。可以输出为 JPG、BMP、PDF 格式供效果图处理使用（输出方法参见后面章节介绍）。

**操作命令** ZOOM、SAVE、PAN、PLOT 等。

**操作参考** 如图 6.30 所示。

图 6.30　完成某大学新校区总体规划平面图

## 6.2 城市公园修建性详细规划图 CAD 快速绘制

本小节如图 6.31 所示某城市森林公园整体规划总平面图为例 ，详细介绍其 CAD 绘制方法与技巧。

### 6.2.1　森林公园规划布局 CAD 快速绘制

（1）现状地形图及等高线等现状图形，由测量单位提供。

**操作提示** 设置 1 个图层为“现状地形图”，并设置为浅色。

**操作命令** OPEN、LAYER、SAVEAS 等。

**操作参考** 如图 6.32 所示。

（2）绘制方格网，便于绘制道路等曲线图形。

**操作提示** 方格网间距一般为 50m、100m。其线型根据需要设置。

**操作命令** LAYER、LINE、PLINE、STRETCH、EXTEND、TRIM、OFFSET、

MOVE、LINETYPE、LTSCALE 等。

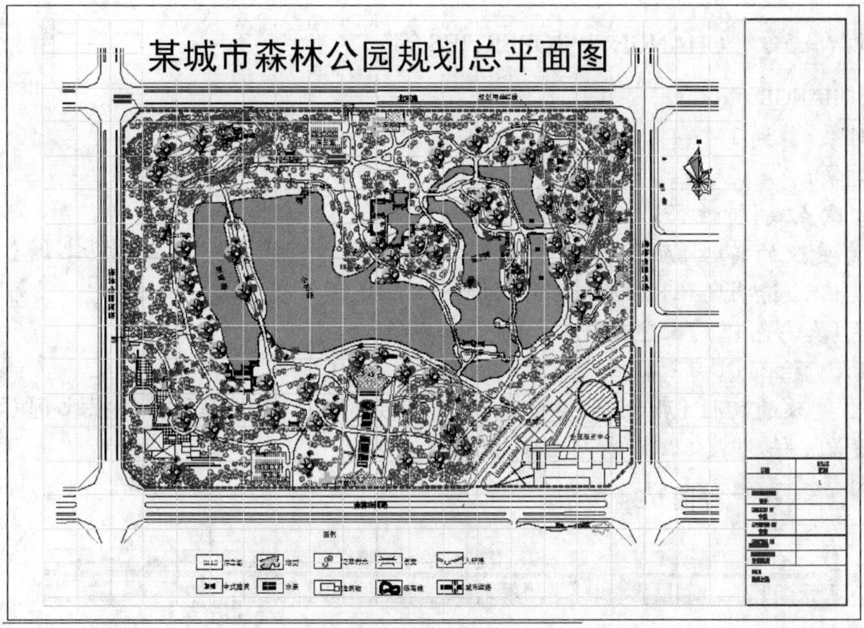


图 6.31 某城市森林公园整体规划总平面图

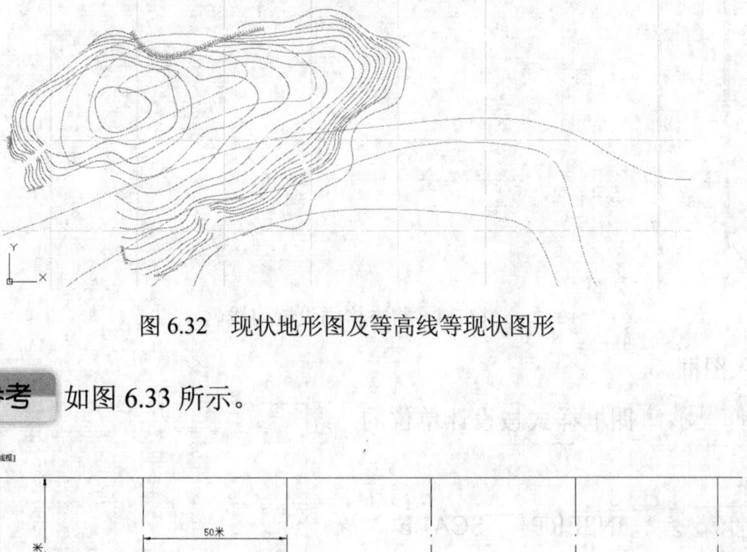

图 6.32 现状地形图及等高线等现状图形

**操作参考** 如图 6.33 所示。

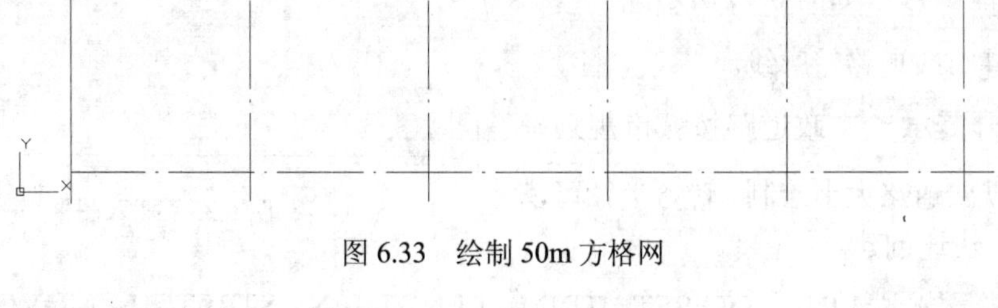


图 6.33 绘制 50m 方格网

（3）将方格网设置为浅色（颜色 9）。

**操作提示** 便于后面的图形绘制显示清楚。

**操作命令** CHANGE、PROPERTIES 等。

命令:CHANGE
选择对象:找到 1 个
选择对象:
指定修改点或[特性(P)]:P
输入要更改的特性[颜色(C)/标高(E)/图层(LA)/线型(LT)/线型比例(S)/线宽(LW)/厚度(T)/透明度(TR)/材质(M)/注释性(A)]:C
新颜色[真彩色(T)/配色系统(CO)]<BYLAYER>:T
红，绿，蓝:210，125，6
输入要更改的特性[颜色(C)/标高(E)/图层(LA)/线型(LT)/线型比例(S)/线宽(LW)/厚度(T)/透明度(TR)/材质(M)/注释性(A)]:

**操作参考** 如图 6.34 所示。

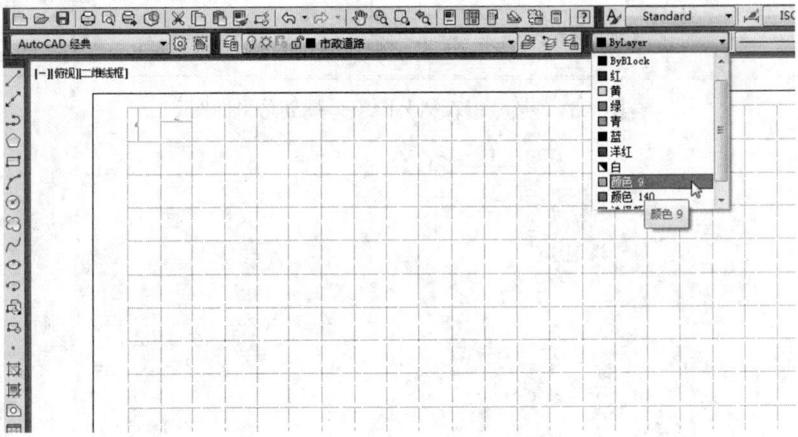


图 6.34 将方格网设置为浅色

（4）插入图框。

**操作提示** 图框样式按设计单位的 LOGO 绘制。

**操作命令** INSERT、SCALE、MOVE、STRETCH 等。

**操作参考** 如图 6.35 所示。

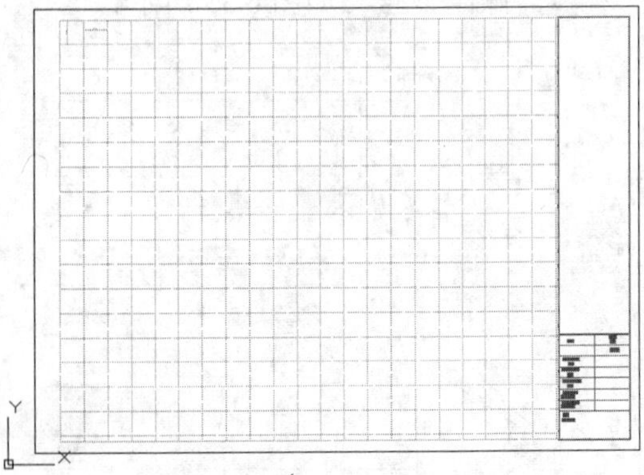


图 6.35 插入图框

（5）创建市政道路轮廓线。

**操作提示** 市政道路按城市规划确定的大小或现状道路大小绘制。转弯半径可以使用 FILLET 快速创建。

**操作命令** LINE、OFFSET、TRIM、LENGTHEN、STRETCH、MOVE、FILLET、

CHAMFER、PLINE、ZOOM、PAN 等。

命令:FILLET

当前设置:模式=修剪，半径=0.0000

选择第一个对象或[放弃(U)/多段线(P)/半径(R)/修剪(T)/多个(M)]:R

指定圆角半径<0.0000>:6000

选择第一个对象或[放弃(U)/多段线(P)/半径(R)/修剪(T)/多个(M)]:

选择第二个对象，或按住 Shift 键选择对象以应用角点或[半径(R)]:

命令:CHAMFER

("修剪"模式)当前倒角距离 1=0.0000，距离 2=0.0000

选择第一条直线或[放弃(U)/多段线(P)/距离(D)/角度(A)/修剪(T)/方式(E)/多个(M)]:D

指定第一个倒角距离<0.0000>:6000

指定第二个倒角距离<6000.0000>:9000

选择第一条直线或[放弃(U)/多段线(P)/距离(D)/角度(A)/修剪(T)/方式(E)/多个(M)]:

选择第二条直线，或按住 Shift 键选择直线以应用角点或[距离(D)/角度(A)/方法(M)]:

**操作参考** 如图 6.36 所示。

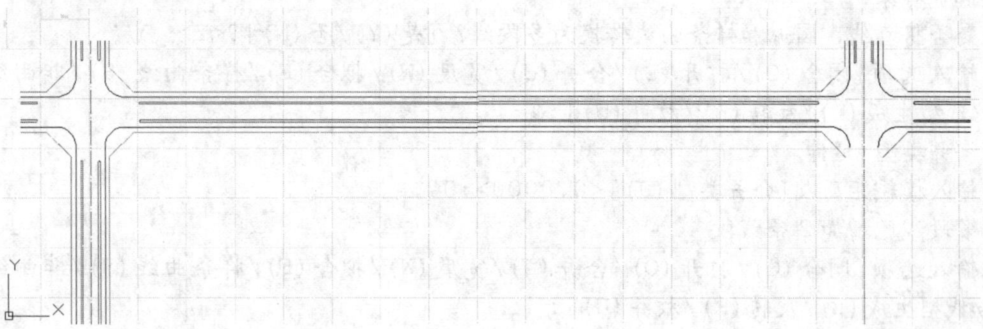

图 6.36 创建市政道路轮廓线

(6) 按前述方法绘制其他位置市政道路。

**操作提示** 市政道路按城市规划确定的大小或现状道路大小绘制。对相同的道路可以继续复制，然后修改即可。

**操作命令** LINE、OFFSET、TRIM、LENGTHEN、STRETCH、MOVE、FILLET、CHAMFER、PLINE、ZOOM、PAN、MIRROR、COPY 等。

**操作参考** 如图 6.37 所示。

(7) 绘制公园用地红线范围。

**操作提示** 公园用地红线范围按城市规划部门提供的条件范围。

**操作命令** PLINE、LINETYPE、LTSCALE、PEDIT、MOVE、TRIM、STRETCH 等。

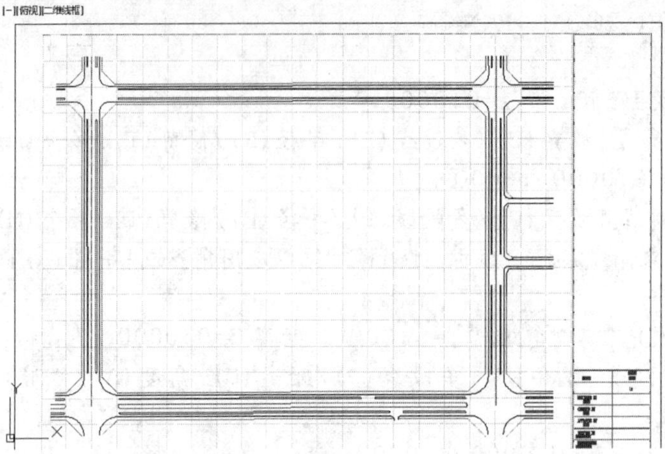

图 6.37　绘制其他位置市政道路

命令:PEDIT
选择多段线或[多条(M)]:M
选择对象:找到 1 个
选择对象:找到 1 个，总计 2 个
选择对象:找到 1 个，总计 3 个
选择对象:
是否将直线、圆弧和样条曲线转换为多段线? [是(Y)/否(N)]?<Y>: Y
输入选项[闭合(C)/打开(O)/合并(J)/宽度(W)/拟合(F)/样条曲线(S)/非曲线化(D)/线型生成(L)/反转(R)/放弃(U)]:J
合并类型=延伸
输入模糊距离或[合并类型(J)]<0.0000>:0
多段线已增加 2 条线段
输入选项[闭合(C)/打开(O)/合并(J)/宽度(W)/拟合(F)/样条曲线(S)/非曲线化(D)/线型生成(L)/反转(R)/放弃(U)]:

**操作参考** 如图 6.38 所示。

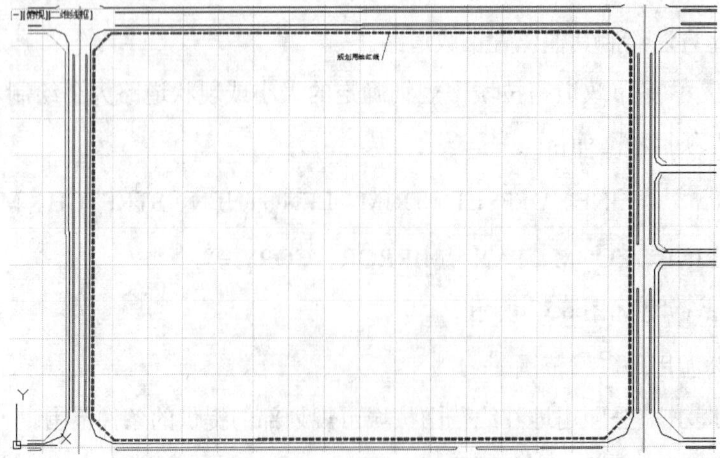

图 6.38　绘制公园用地红线范围

（8）勾画公园内部道路轮廓线。

**操作提示** 公园内部道路轮廓线按设计确定的方案及走向。曲线道路可以使用SPLINE、ARC 与 PEDIT 等功能命令绘制。

**操作命令** SPLINE、ARC、PEDIT、OFFSET、STRETCH、TRIM、ROTATE 等。

**操作参考** 如图 6.39 所示。

（9）按前述方法继续进行其他位置公园道路绘制。

**操作提示** 完成整个公园规划路网绘制。

**操作命令** LINE、PLINE、FILLET、CHAMFER、SPLINE、ARC、PEDIT、OFFSET、STRETCH、TRIM、ROTATE 等。

**操作参考** 如图 6.40 所示。

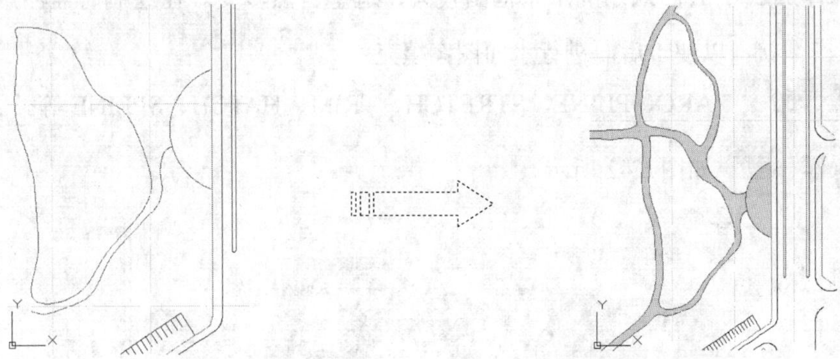

图 6.39 勾画公园内部道路轮廓线

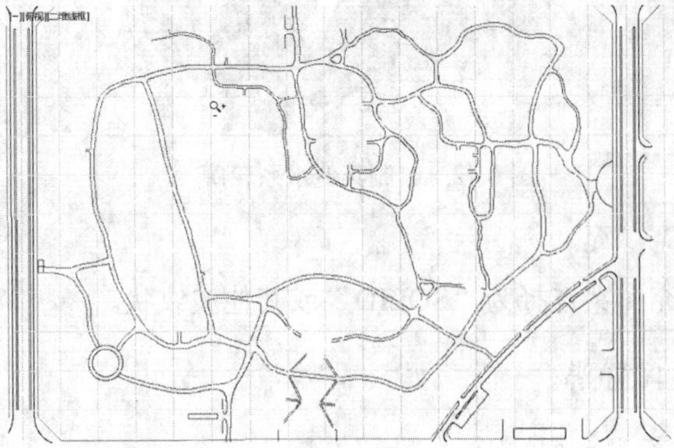

图 6.40　其他位置公园道路绘制

（10）绘制公园水系造型。

**操作提示** 水系包括河面、湖面等造型。

**操作命令** SPLINE、ARC、PLINE、STRETCH、TRIM、HATCH 等。

**操作参考** 如图 6.41 所示。

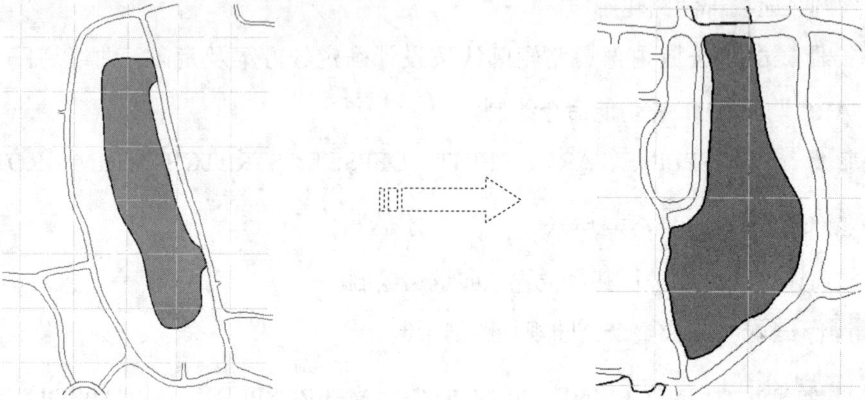

图 6.41　绘制公园水系造型

（11）继续绘制其他水系轮廓线。

操作提示　公园规划的水系范围较大，造型自然多变。在绘制时需注意轮廓线的端点前后紧密衔接，以便于后面进行水面图案填充。

操作命令　ARC、PLINE、STRETCH、TRIM、HATCH、SPLINE 等。

操作参考　如图 6.42 所示。

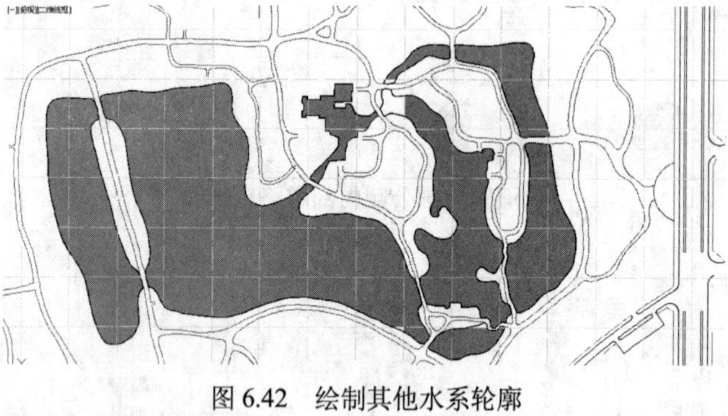

图 6.42　绘制其他水系轮廓

（12）对水系进行图案填充。

操作提示　填充图案选择为“SOLID”或其他波纹状。

操作命令　HATCH 等。

操作参考　如图 6.43 所示。

（13）将图案颜色设置为蓝色或其他颜色形成水面效果。

操作提示　在“图案填充和渐变色”对话框设置。

操作命令　HATCH 等。

操作参考　如图 6.44 所示。

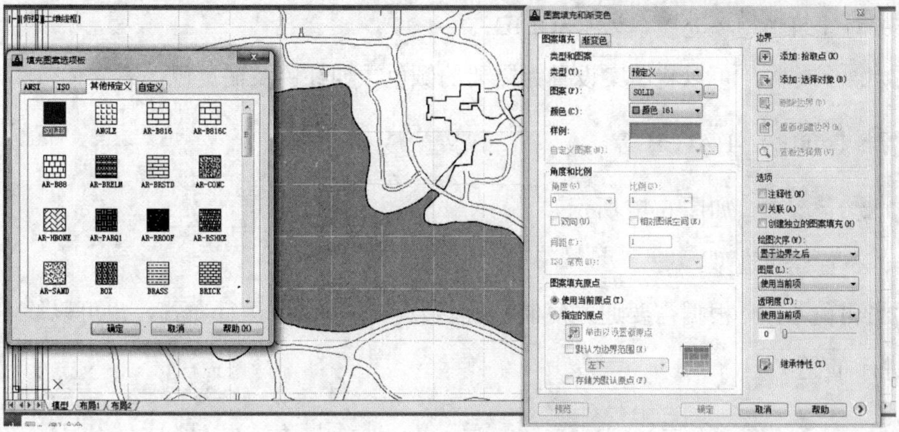


图 6.43　对水系进行图案填充

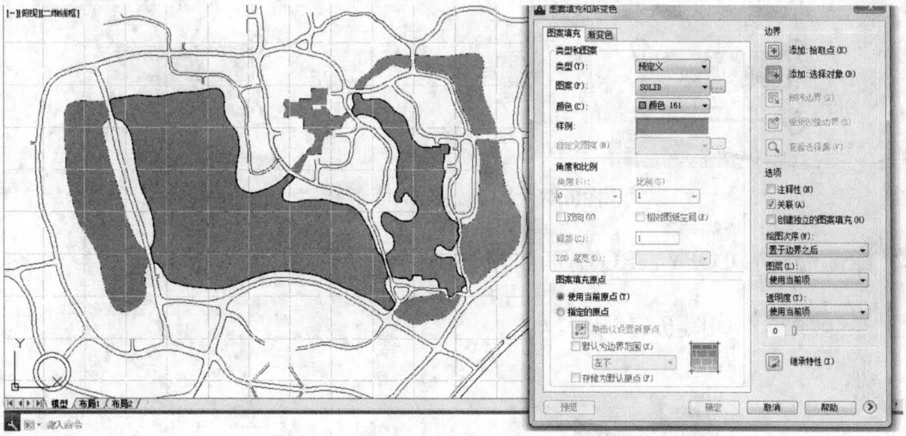


图 6.44　将图案颜色设置为蓝色水面效果

（14）创建公园内各种建筑造型轮廓。

**操作提示** 建筑造型轮廓按公园主题风格确定。

**操作命令** PLINE、RECTANG、PEDIT、CHAMFER、STRETCH、MIRROR、TRIM、EXTEND、ROTATE、MOVE 等。

**操作参考** 如图 6.45 所示。

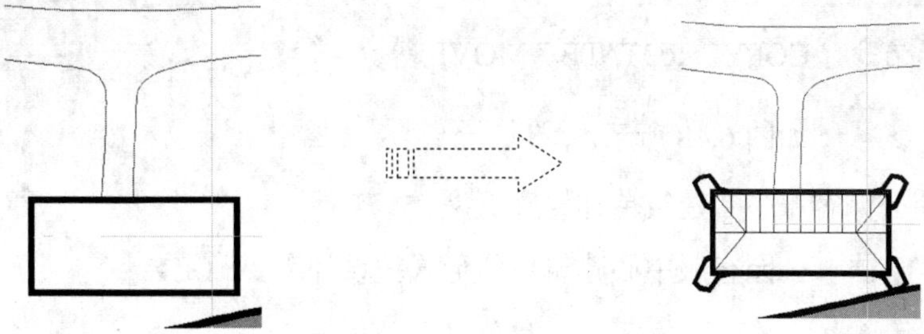

图 6.45　创建公园内各种建筑造型

（15）对建筑造型填充图案为“SOLID”。

操作提示 可以将图案设置为需要的颜色，如红色及橘黄色，有立体效果。

操作命令 HATCH 等。

操作参考 如图 6.46 所示。

（16）布置建筑造型。

操作提示 根据需要通过复制、旋转及移动等命令进行布置，也可以绘制其他建筑形式进行布置。

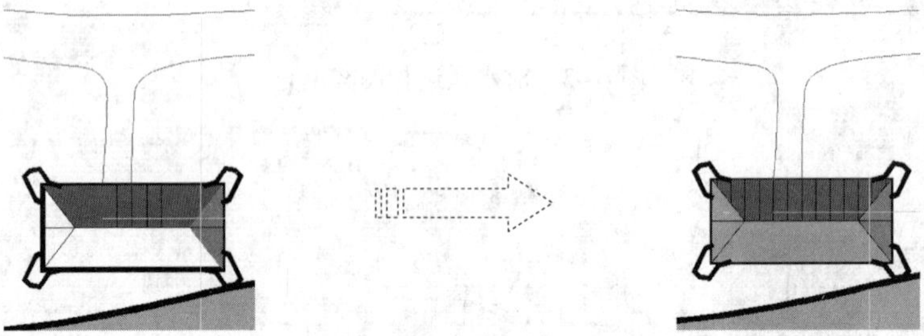

图 6.46　对建筑造型填充图案

操作命令 COPY、ROTATE、MOVE 等。

操作参考 如图 6.47 所示。

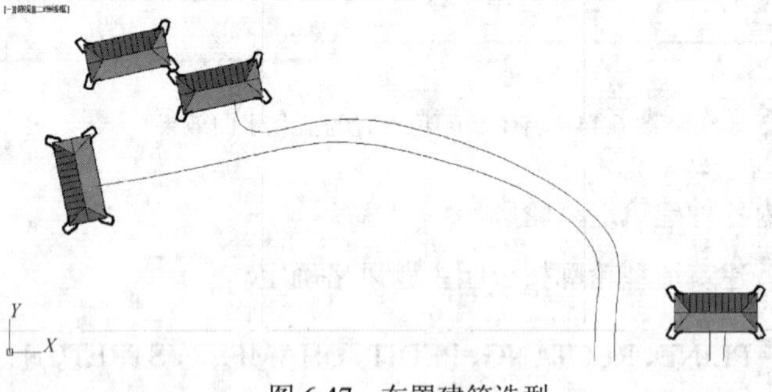

图 6.47　布置建筑造型

（17）继续进行上述建筑布置。

操作提示 可以进行适当的组合，形成各种功能建筑群或院落形式。

操作命令 COPY、ROTATE、MOVE 等。

操作参考 如图 6.48 所示。

（18）创建公园客服中心建筑单体轮廓造型。

操作提示 公园客服中心建筑单体形式按设计需要确定。

操作命令 CIRCLE、ELLIPSE、LINE、TRIM、ARC、OFFSET、EXTEND、STRETCH、RECTANG、FILLET 等。

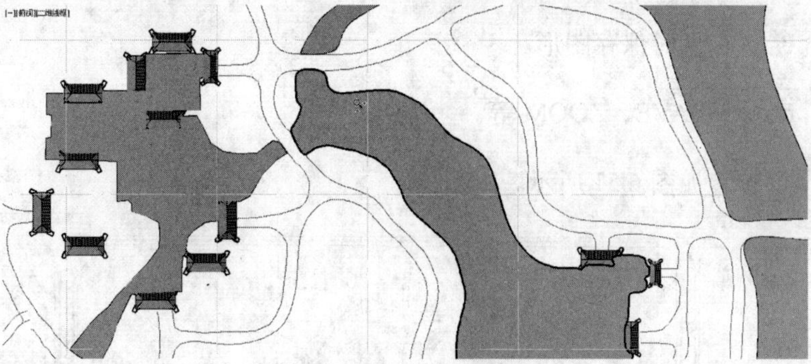

图 6.48 继续进行建筑布置

**操作参考** 如图 6.49 所示。

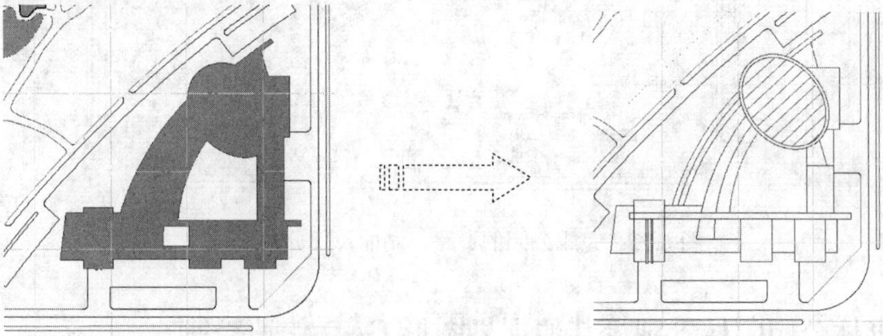

图 6.49 创建公园客服中心建筑单体轮廓

（19）绘制公园其他建筑物或构筑物形状。

**操作提示** 其他建筑形状按其功能进行绘制。

**操作命令** CIRCLE、OFFSET、ARC、PLINE、LINE、OFFSET、TRIM、FILLET、CHAMFER 等。

**操作参考** 如图 6.50 所示。

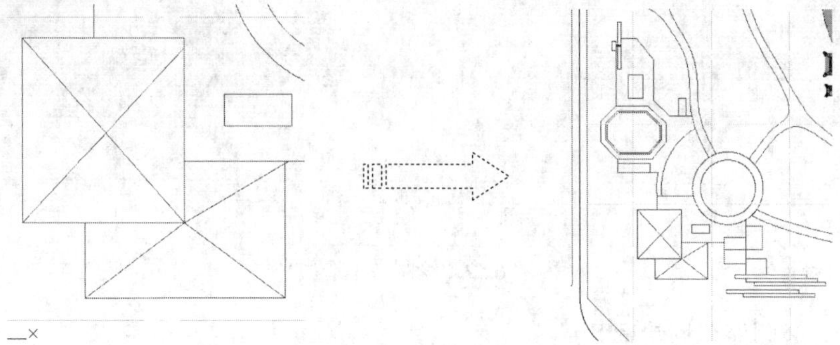

图 6.50 绘制公园其他建筑物或构筑物

（20）完成公园的道路、湖面及部分建筑轮廓绘制。

**操作提示** 及时保存图形。

**操作命令** SAVE、ZOOM 等。

**操作参考** 如图 6.51 所示。

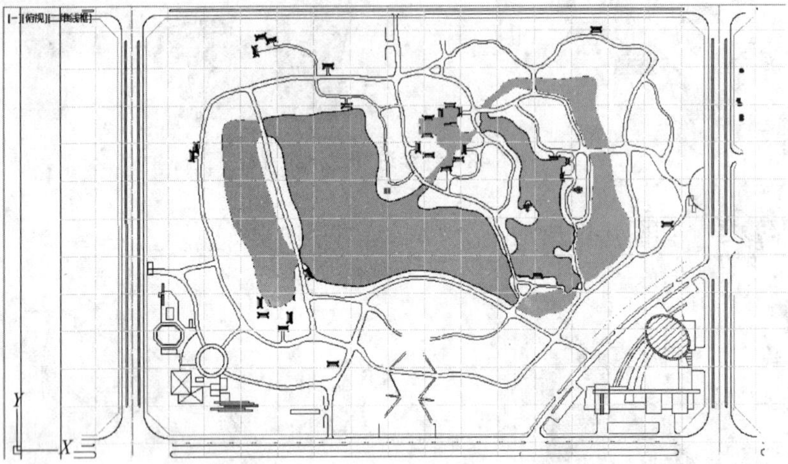

图 6.51　完成公园的道路、湖面及部分建筑轮廓

### 6.2.2　森林公园园林景观等其他规划图形 CAD 快速绘制

（1）绘制亭子造型。

**操作提示** 使用 POLYGON 绘制多边形亭子轮廓。

**操作命令** POLYGON、OFFSET、LINE、TRIM、EXTEND、COPY、SCALE、MOVE、ROTATE 等。

**操作参考** 如图 6.52 所示。

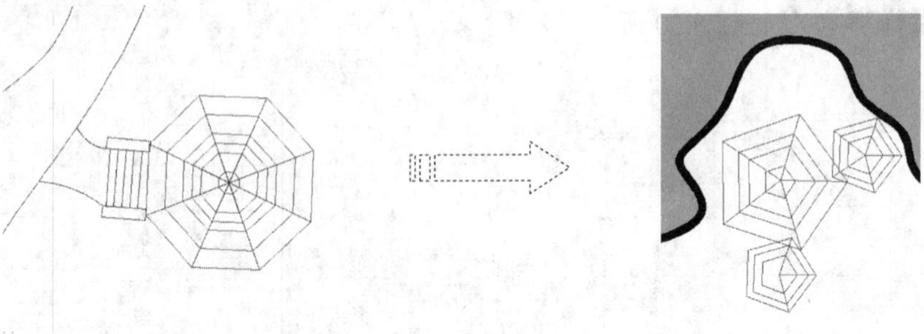

图 6.52　绘制亭子造型

（2）创建公园停车场轮廓。

**操作提示** 机动车停车场车位按 2.5～3.0m 宽，5～6m 长绘制。

**操作命令** LINE、OFFSET、STRETCH、COPY、MOVE、MIRROR 等。

**操作参考** 如图 6.53 所示。

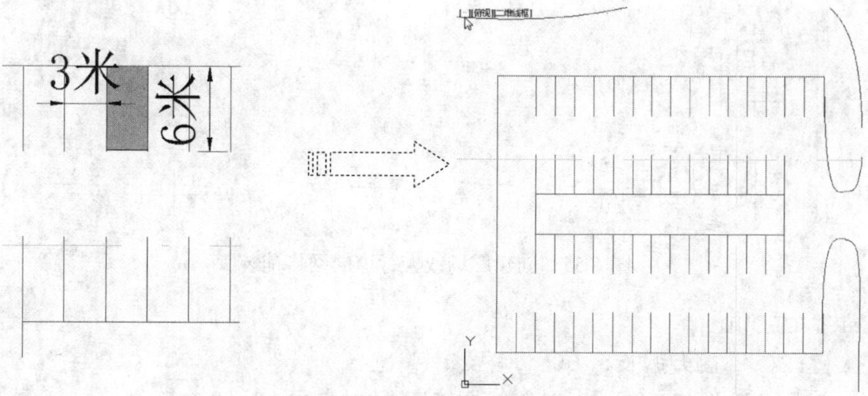


图 6.53 创建公园停车场轮廓

（3）创建公园广场及水景等景观造型。

**操作提示** 倾斜的方格也可以通过填充图案“ANSI37”得到，注意其填充比例。

**操作命令** LINE、OFFSET、ROTATE、HATCH、ARC、CIRCLE、TRIM、ELLIPSE、COPY、MIRROR、PLINE、POLYGON 等。

**操作参考** 如图 6.54 所示。

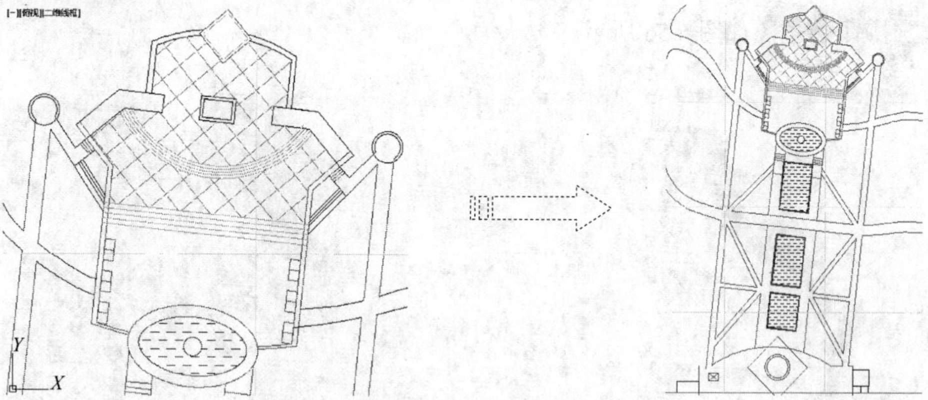


图 6.54 创建公园广场及水景等景观

（4）创建广场或人行道的网格铺装效果。

**操作提示** 通过填充不同方格图案“SOLID”得到。

**操作命令** HATCH 等。

**操作参考** 如图 6.55 所示。

（5）勾画绿化植物造型。

**操作提示** 可以使用云线功能绘制。

**操作命令** REVCLOUD、ARC、SPLINE、PLINE、ROTATE、MOVE 等。

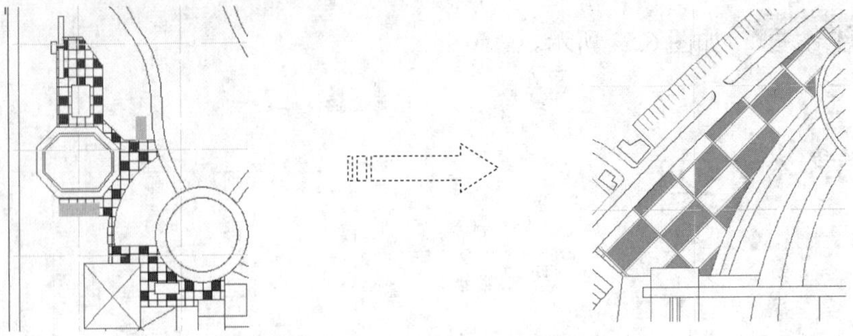

图 6.55　创建广场或人行道的网格铺装

```
命令:REVCLOUD
最小弧长:20    最大弧长: 60    样式: 普通
指定起点或 [弧长(A)/对象(O)/样式(S)] <对象>: A
指定最小弧长 <600>: 300
指定最大弧长 <300>: 120
(最大弧长必须等于或大于最小弧长。)
指定最大弧长 <300>: 1200
(最大弧长不能超过最小弧长的三倍。)
指定最大弧长 <300>: 800
指定起点或 [弧长(A)/对象(O)/样式(S)] <对象>:
沿云线路径引导十字光标，修订云线完成。
```

**操作参考** 如图 6.56 所示。

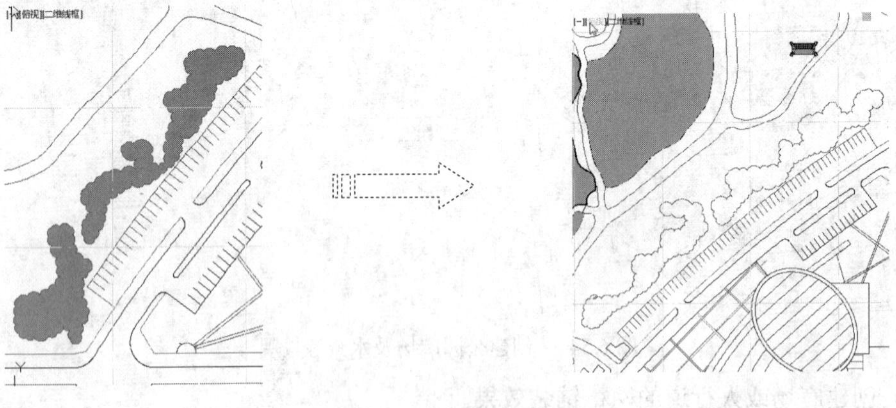

图 6.56　勾画绿化植物造型

（6）选择树木花草图库。

**操作提示** 此类图库需 CAD 学习者自己积累搜集或绘制得到。

**操作命令** OPEN、COPY、SCALE、RORATE、MOVE 等。

**操作参考** 如图 6.57 所示。

（7）通过复制进行树木花草布置。

图 6.57　选择树木花草图库

**操作提示** 花草布置根据公园绿地布置设计系统确定。

**操作命令** COPY、MOVE、ZOOM、PAN 等。

**操作参考** 如图 6.58 所示。

图 6.58　通过复制进行树木花草布置

（8）完成整个树木花草植物布置。

**操作提示** 植物布置效果按公园整体设计。

**操作命令** COPY、MOVE、ZOOM、PAN、SAVE 等。

**操作参考** 如图 6.59 所示。

（9）制作规划设计图例。

**操作提示** 部分图例可以进行复制缩小得到。

**操作命令** RECTANG、STRETCH、MOVE、COPY、TEXT、MTEXT、HATCH、LINE、OFFSET、TRIM、SPLINE、ARC、FILLET 等。

**操作参考** 如图 6.60 所示。

（10）标注公园说明文字。

**操作提示** 包括建筑单体名称、道路名称、湖面名称等。

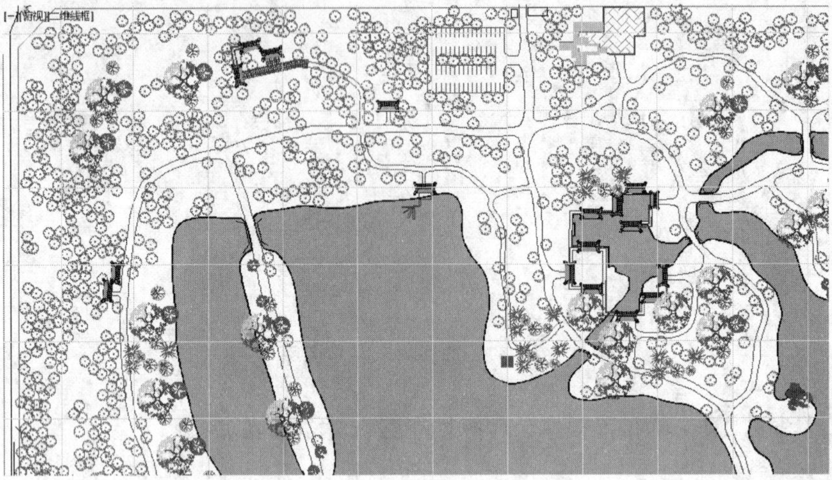

图 6.59　完成整个树木花草植物布置

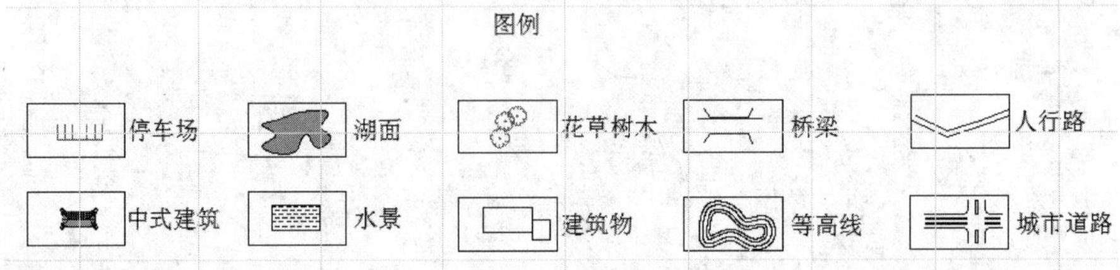


图 6.60　制作规划设计图例

**操作命令** TEXT、MTEXT、SCALE、MOVE、COPY、DDEDIT、PAN、ZOOM 等。

**操作参考** 如图 6.61 所示。

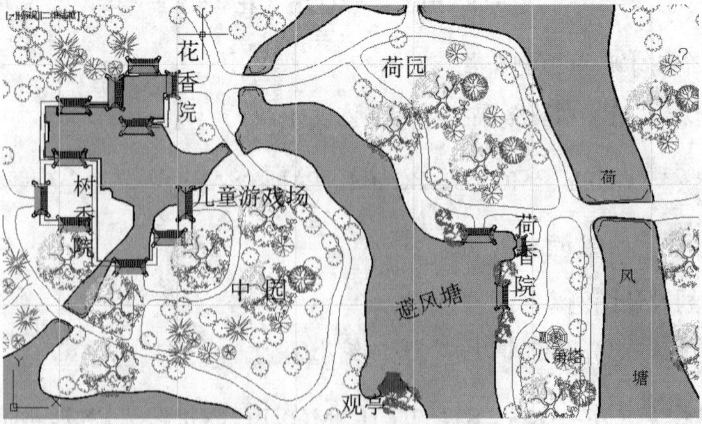


图 6.61　标注公园说明文字

（11）标注公园各个图形的定位坐标及标高等。

**操作提示** 坐标数值由测量单位提供，图面坐标大小可以使用 ID 查询（结合“F2”按键）得到。

**操作命令** PLINE、LINE、CHAMFER、TEXT、MTEXT、COPY、ID、DDEDIT 等。

**操作参考** 如图 6.62 所示。

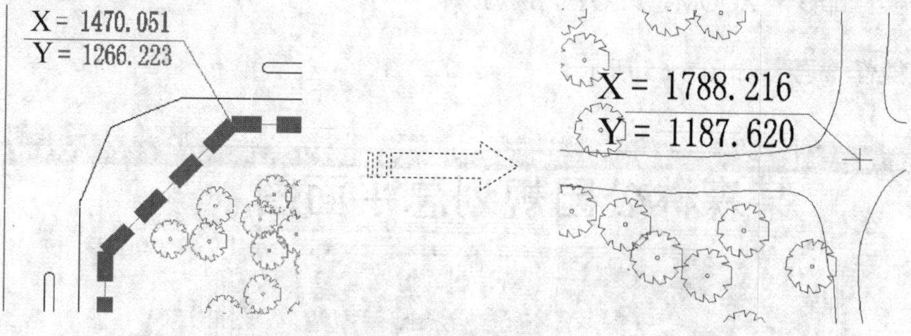


图 6.62　标注公园各个图形的定位坐标及标高等

（12）标注公园道路宽度及建筑间距等尺寸。

**操作提示** 包括道路坡度等文字，箭头造型使用 PLINE 绘制。

**操作命令** DIMLINEAR、DIMALIGNED、PLINE、TEXT、SCALE、MOVE、ROTATE 等。

**操作参考** 如图 6.63 所示。

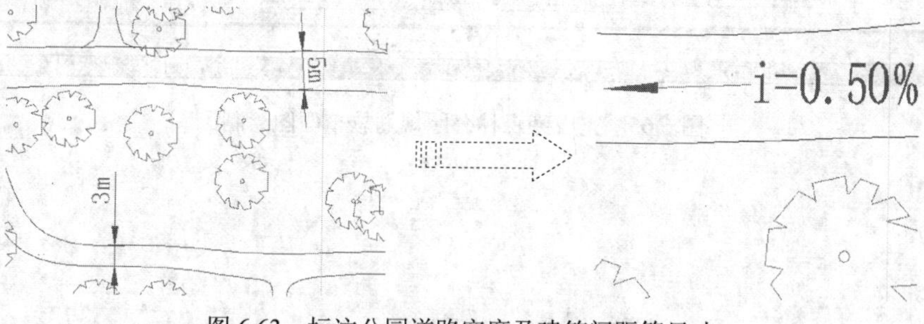


图 6.63　标注公园道路宽度及建筑间距等尺寸

（13）标注公园规划图图名及布置风玫瑰图形。

**操作提示** 风玫瑰为当地气候图形。

**操作命令** TEXT、SCALE、MOVE、ROTATE、INSERT 等。

**操作参考** 如图 6.64 所示。

图 6.64　标注规划图图名及风玫瑰

（14）完成某森林公园规划总平面图绘制。

**操作提示** 打印或输出 JPG、BMP、PDF 格式规划图供制作效果图使用。

**操作命令** ZOOM、PLOT、SAVE 等。

**操作参考** 如图 6.65 所示。

图 6.65　完成某森林公园规划总平面图绘制

第7章

# 城乡区域中心总体规划图 CAD 快速绘制

本章以常见城乡区域总体规划图及城乡区域中心交通规划图为例，介绍其 CAD 快速绘制方法与技巧。

为便于学习设计 CAD 绘图技能，本书提供本章讲解案例实例的 CAD 图形（DWG 格式图形文件）供学习使用。读者连接互联网后可以到如下任一地址下载，图形文件仅供学习参考：

华为网盘（下载地址为：http://dl.vmall.com/c0x3bm2pal）

百度网盘（下载地址为：http://pan.baidu.com/share/link?shareid=3477563537&uk=605274645）

## 7.1 城乡区域总体规划图 CAD 快速绘制

本小节以图 7.1 所示某镇的总体规划图为例，介绍其 CAD 绘制方法与技巧。

### 7.1.1 地块道路及河流等规划轮廓图形 CAD 快速绘制

（1）打开规划区域的现状图。

**操作提示** 现状图由测量单位测绘得到。

**操作命令** OPEN、MOVE、SCALE、TEXT、ZOOM、PAN 等。

**操作参考** 如图 7.2 所示。

（2）区域中心的边界轮廓线绘制。

**操作提示** 使用 PLINE 命令绘制有一定宽度的线条，线条宽度根据规划图形的比例确定。

**操作命令** PLINE、LINE、PEDIT、CHAMFER、TRIM、STRETCH、MOVE 等。

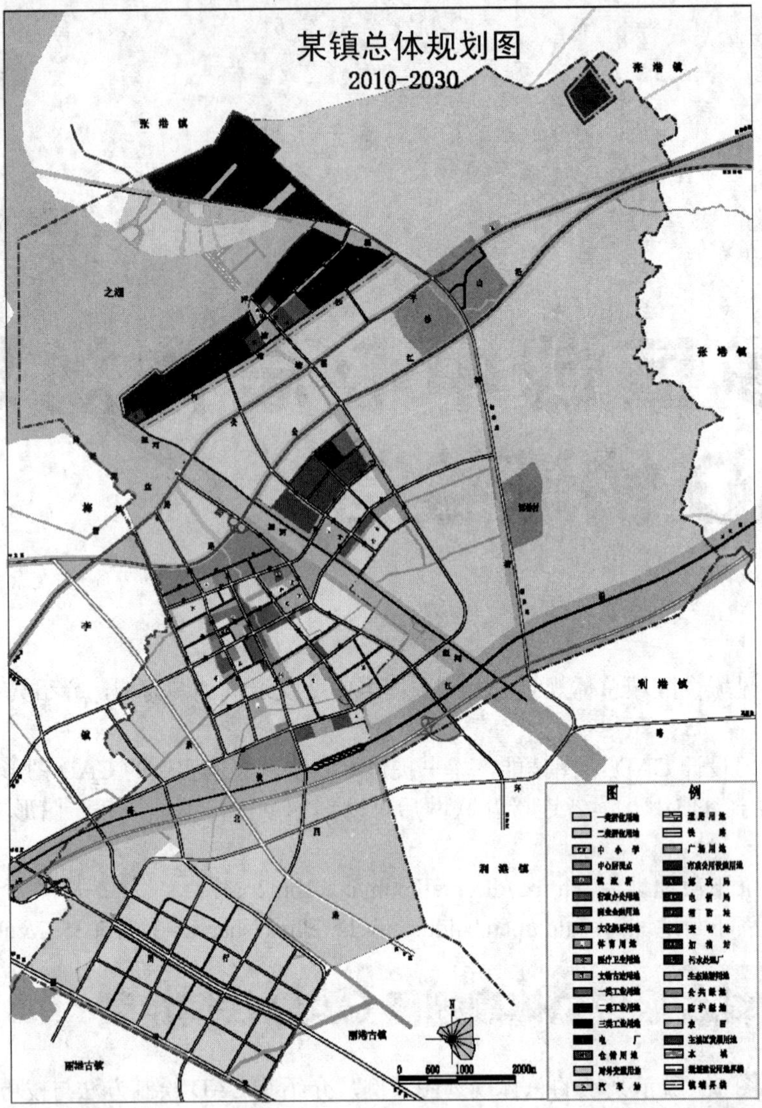


图 7.1　某镇的总体规划图

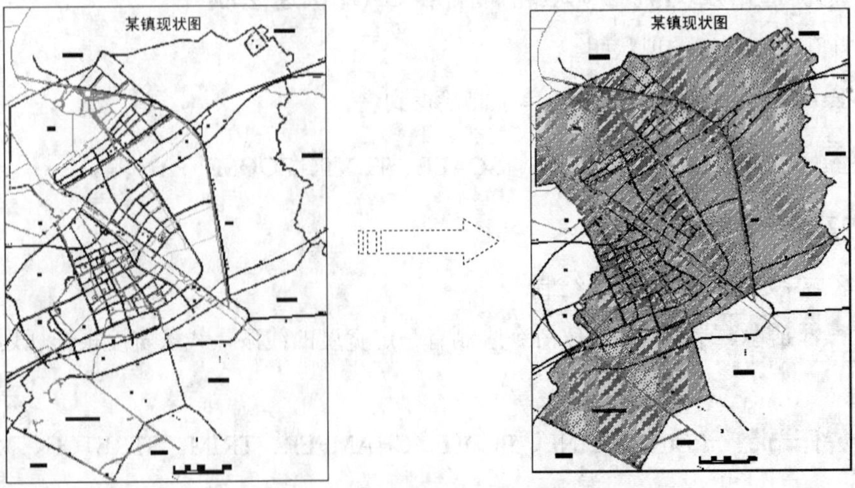


图 7.2　打开规划区域的现状图

命令：PLINE
指定起点：
当前线宽为 0.0000
指定下一个点或 [圆弧(A)/半宽(H)/长度(L)/放弃(U)/宽度(W)]：W
指定起点宽度 <0.0000>：500
指定端点宽度 <500.0000>：500
指定下一个点或 [圆弧(A)/半宽(H)/长度(L)/放弃(U)/宽度(W)]：
指定下一点或 [圆弧(A)/闭合(C)/半宽(H)/长度(L)/放弃(U)/宽度(W)]：
……
指定下一点或 [圆弧(A)/闭合(C)/半宽(H)/长度(L)/放弃(U)/宽度(W)]：

**操作参考** 如图 7.3 所示。

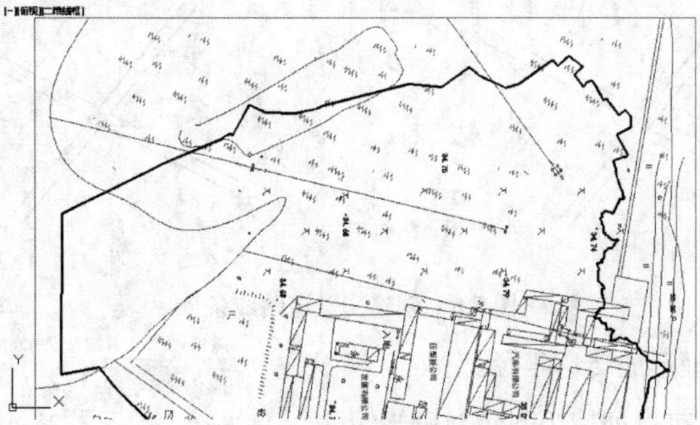

图 7.3 边界轮廓线绘制

（3）将边界线设置为虚线。

**操作提示** 可以设置为其他合适的线型，如“点划线”。

**操作命令** LINETYPE、LTSCALE、PAN 等。

**操作参考** 如图 7.4 所示。

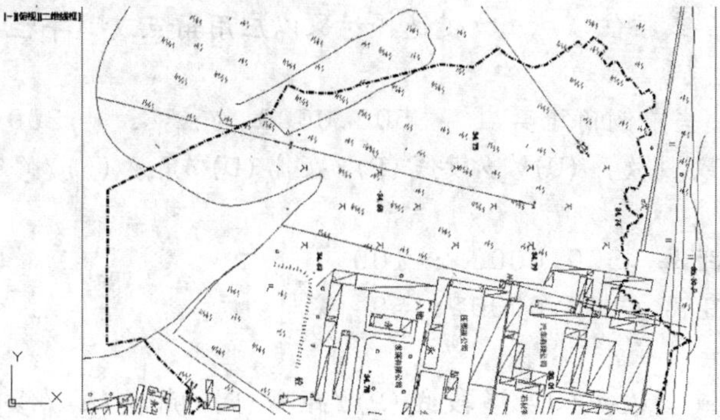

图 7.4 将边界线设置为虚线

（4）绘制道路平行线。

**操作提示** 使用 PLINE 或 LINE 与 OFFSET 快速绘制平行线。

**操作命令** PLINE、LINE、OFFSET、MOVE、ROTATE、STRETCH、LENGTHEN 等。

**操作参考** 如图 7.5 所示。

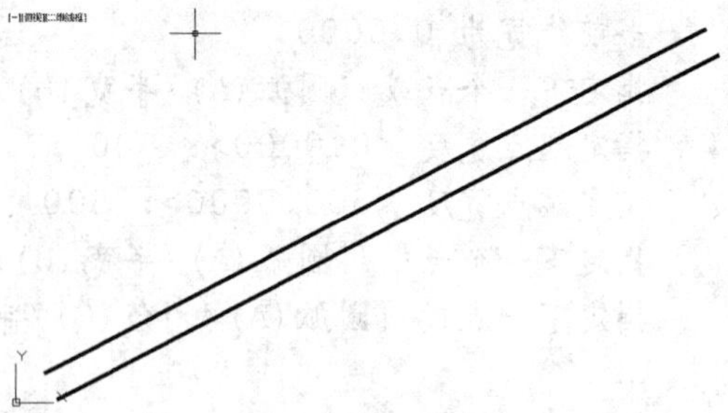

图 7.5 绘制道路平行线

（5）创建交叉道路线条。

**操作提示** 倾斜的线条通过旋转水平或垂直方向的线条得到。

**操作命令** 交叉处通过修剪（TRIM）进行处理等。

**操作参考** 如图 7.6 所示。

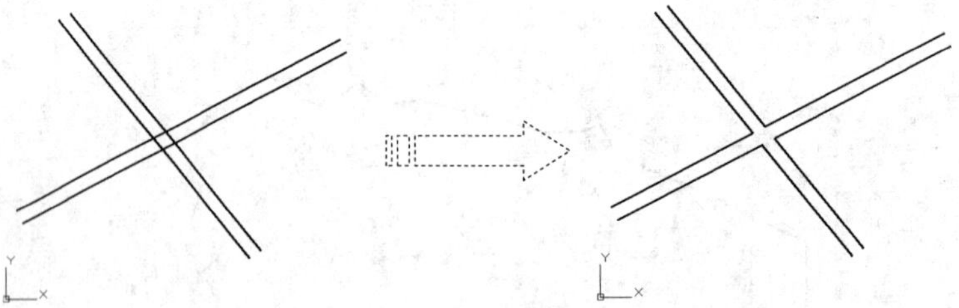

图 7.6 创建交叉道路线条

（6）进行倒角处理形成转弯半径。

**操作提示** 可以处理为斜角及圆形。

**操作命令** FILLET、CHAMFER 等。

命令：FILLET

当前设置：模式 = 修剪，半径 = 6000.0000

选择第一个对象或 [放弃(U)/多段线(P)/半径(R)/修剪(T)/多个(M)]：R

指定圆角半径 <0.0000>：30

选择第一个对象或 [放弃(U)/多段线(P)/半径(R)/修剪(T)/多个(M)]：

选择第一个对象或 [放弃(U)/多段线(P)/半径(R)/修剪(T)/多个(M)]：

选择第二个对象，或按住 Shift 键选择对象以应用角点或 [半径(R)]：

命令:CHAMFER

(“修剪”模式) 当前倒角距离 1 = 500.0000，距离 2 = 300.0000

选择第一条直线或 [放弃(U)/多段线(P)/距离(D)/角度(A)/修剪(T)/方式(E)/多个(M)]:D

指定第一个倒角距离 <500.0000>：100

指定第二个倒角距离 <100.0000>：50

……

选择第一条直线或 [放弃(U)/多段线(P)/距离(D)/角度(A)/修剪(T)/方式(E)/多个(M)]：

选择第二条直线，或按住Shift键选择直线以应用角点或[距离(D)/角度(A)/方法(M)]：

**操作参考** 如图 7.7 所示。

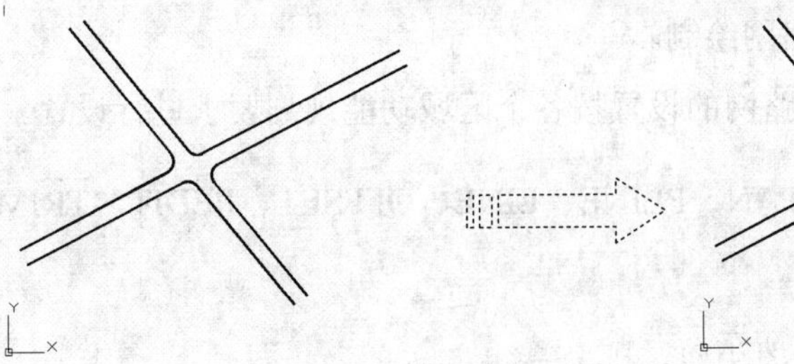

图 7.7　转弯半径处理

（7）按上述方法继续绘制道路网络线轮廓。

**操作提示** 道路的宽度及走向按规划设计及现状道路情况绘制。

**操作命令** PLINE、LINE、OFFSET、PEDIT、TRIM、FILLET、CHMAFER 等。

**操作参考** 如图 7.8 所示。

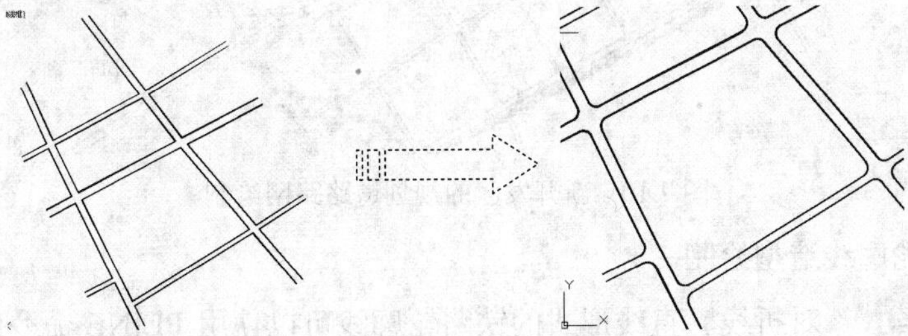

图 7.8　继续绘制道路网络线轮廓

（8）创建完成旧镇城区的道路路网轮廓线。

**操作提示** 城区现状路网按测量单位测绘得到的资料。

**操作命令** ZOOM、PAN、PLINE、LINE、OFFSET、PEDIT、TRIM、FILLET、CHMAFER 等。

**操作参考** 如图 7.9 所示。

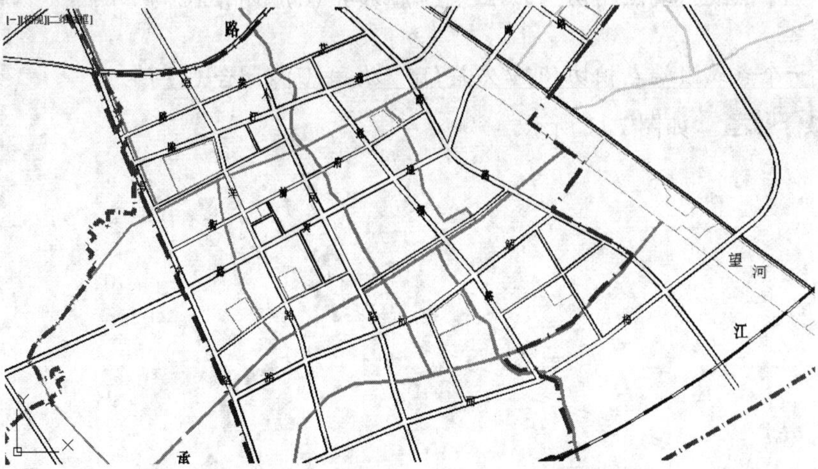


图 7.9　完成旧镇城区的道路路网轮廓线

（9）新开发区的规划道路路网绘制。

**操作提示** 规划道路路网的设置按各个区域功能规划要求进行设置。

**操作命令** ZOOM、PAN、PLINE、LINE、OFFSET、PEDIT、TRIM、FILLET、CHMAFER、SAVE 等。

**操作参考** 如图 7.10 所示。

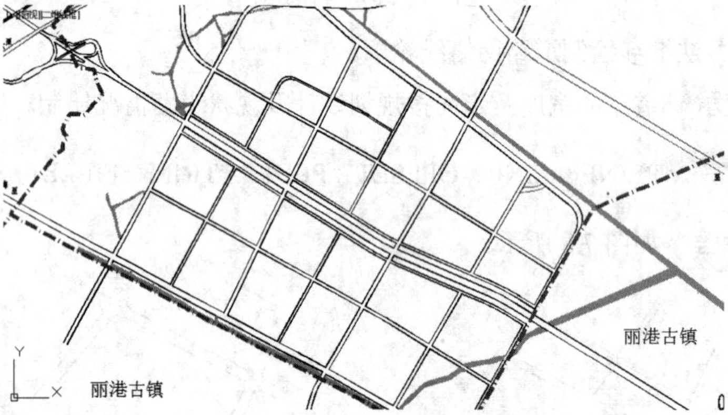


图 7.10　新开发区的规划道路路网绘制

（10）铁路轮廓线造型绘制。

**操作提示** 对折线、直线形式的铁路轮廓线可以使用 PLINE 命令绘制，对曲线形式的铁路轮廓线可以使用 ARC、SPLINE 命令绘制，再通过 OFFSET 命令偏移得到平行线。

**操作命令** PLINE、ARC、SPLINE、OFFSET、ZOOM、PAN 等。

```
命令: SPLINE
当前设置: 方式=拟合    节点=弦
指定第一个点或 [方式(M)/节点(K)/对象(O)]:
输入下一个点或 [起点切向(T)/公差(L)]:
输入下一个点或 [端点相切(T)/公差(L)/放弃(U)]:
输入下一个点或 [端点相切(T)/公差(L)/放弃(U)/闭合(C)]:
……
输入下一个点或 [端点相切(T)/公差(L)/放弃(U)/闭合(C)]:
```

**操作参考** 如图 7.11 所示。

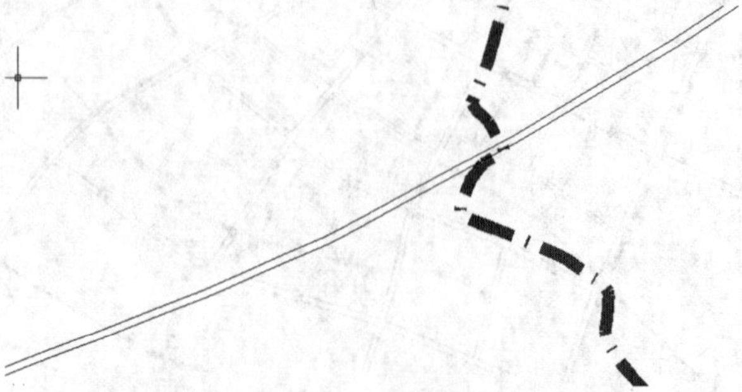

图 7.11　铁路轮廓线造型绘制

（11）按平行线的间距大小绘制等宽度线条。

**操作提示** 可以使用偏移方法快速创建该线条使其位于平行线的中部。

**操作命令** LINE、OFFSET 等。

命令：OFFSET
当前设置：删除源=否 图层=源 OFFSETGAPTYPE=0
指定偏移距离或 [通过(T)/删除(E)/图层(L)] <通过>:
选择要偏移的对象，或 [退出(E)/放弃(U)] <退出>:
指定通过点或 [退出(E)/多个(M)/放弃(U)] <退出>:

**操作参考** 如图 7.12 所示。

（12）编辑中间位置线条修改为宽度线。

**操作提示** 修改后的线条宽度与平行线的间距大小完全相同。

**操作命令** PEDIT 等。

命令：PEDIT
选择多段线或 [多条(M)]：M
选择对象：找到 1 个
选择对象：
输入选项 [闭合(C)/打开(O)/合并(J)/宽度(W)/拟合(F)/样条曲线(S)/非曲线化(D)/线型生成(L)/反转(R)/放弃(U)]：W
指定所有线段的新宽度：20
输入选项 [闭合(C)/打开(O)/合并(J)/宽度(W)/拟合(F)/样条曲线(S)/非曲线化(D)/线型生成(L)/反转(R)/放弃(U)]：

**操作参考** 如图 7.13 所示。

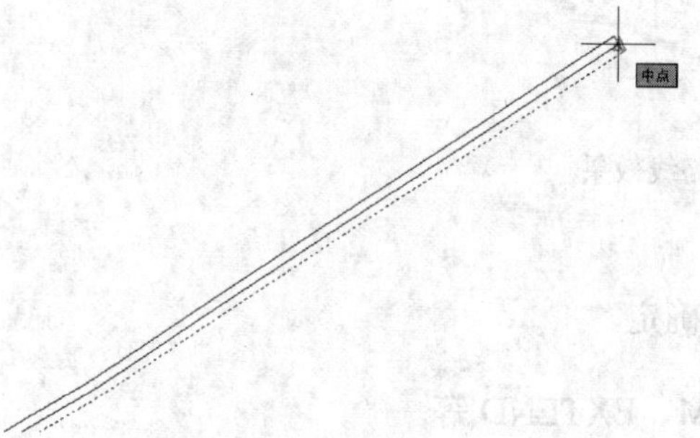


图 7.12 使用偏移方法快速创建中间位置线条

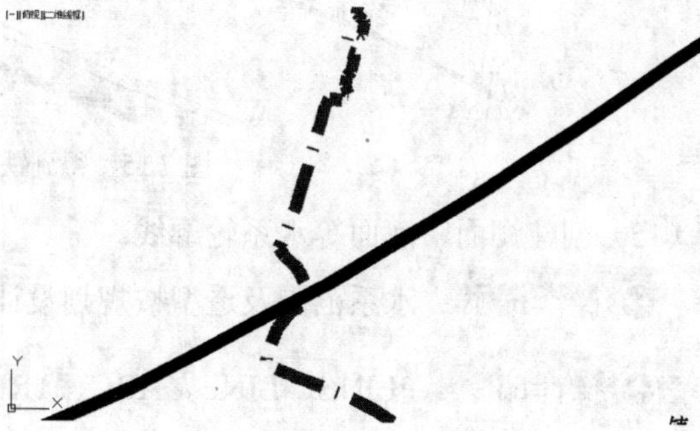

图 7.13 编辑中间位置线条修改为宽度线

（13）将中间位置线条修改为虚线线型。

**操作提示** 注意设置合适的线条比例，使其形成有规律的重复效果。

**操作命令** LINTYPE、LTSCALE 等。

**操作参考** 如图 7.14 所示。

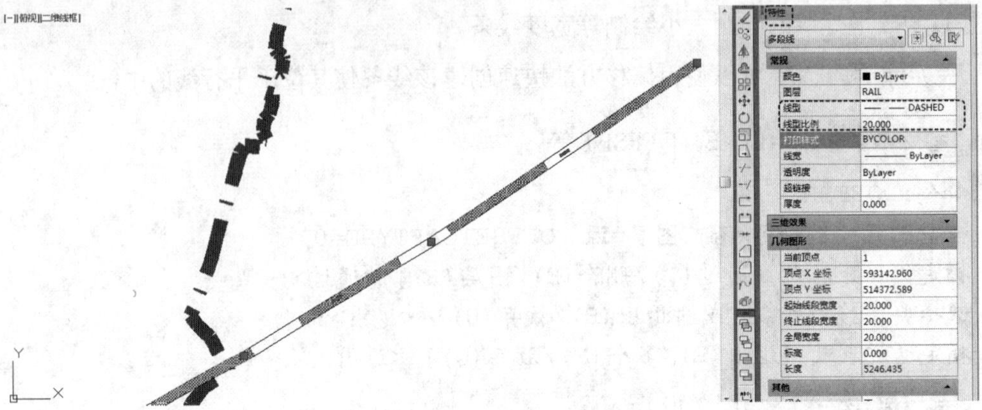


图 7.14　将中间位置线条修改为虚线

（14）得到铁路线效果。

**操作提示** 按此方法绘制完成所有铁路轮廓线。

**操作命令** LINE、OFFSET、PEDIT、LINTYPE、LTSCALE、SAVE 等。

**操作参考** 如图 7.15 所示。

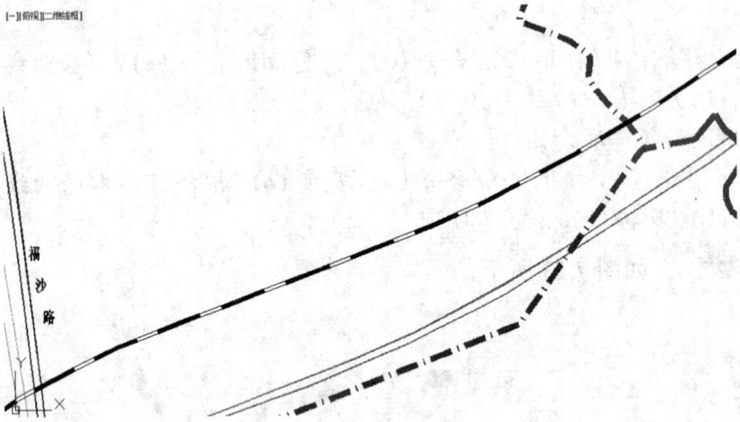


图 7.15　得到铁路线效果

（15）创建湖面、河面等水系轮廓线。

**操作提示** 水系范围及造型按规划设计确定。

**操作命令** PLINE、LINE、ARC、TRIM、EXTEND 等。

**操作参考** 如图 7.16 所示。

（16）继续其他位置的湖面、河面等水系轮廓绘制。

**操作提示** 对水系可以填充图案。

**操作命令** PLINE、LINE、ARC、TRIM、EXTEND、HATCH、ZOOM 等。

**操作参考** 如图 7.17 所示。

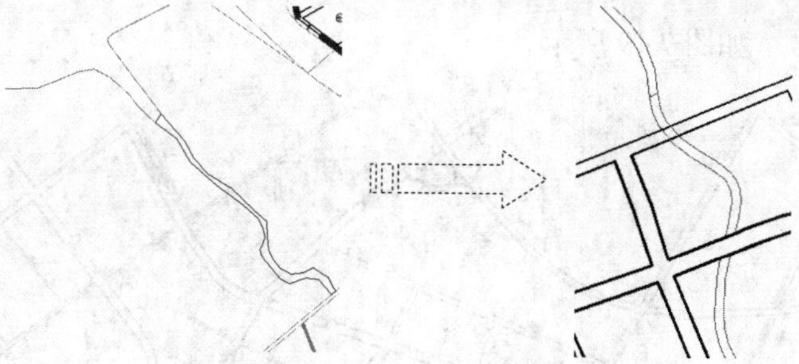

图 7.16　创建湖面、河面等水系轮廓线

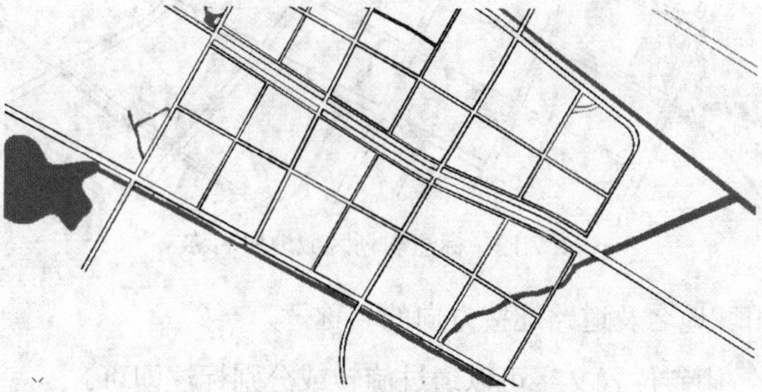

图 7.17　继续其他位置水系轮廓绘制

（17）完成镇域道路等轮廓图绘制。

**操作提示** 完成各种功能的地块划分。

**操作命令** ZOOM、SAVE 等。

**操作参考** 如图 7.18 所示。

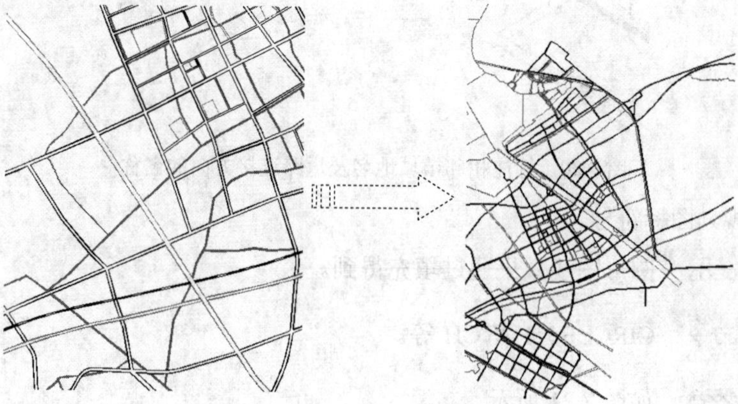

图 7.18　完成镇域道路等轮廓图绘制

### 7.1.2 文字图例及分块色彩等规划图形 CAD 快速绘制

（1）标注规划区域地块名称。

**操作提示** 包括道路、河流、湖面等名称。

**操作命令** MTEXT、TEXT、SCALE、MOVE、COPY 等。

**操作参考** 如图 7.19 所示。

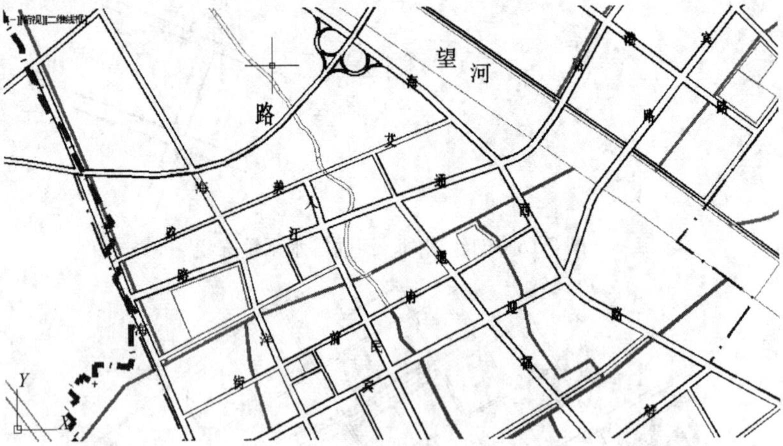


图 7.19　标注规划区域地块名称

（2）标注相邻镇域地名及道路连接方向的名称。

**操作提示** 倾斜位置文字可以通过旋转或分别标注即可。

**操作命令** TEXT、MTEXT、SCALE、MOVE、ROTATE 等。

**操作参考** 如图 7.20 所示。

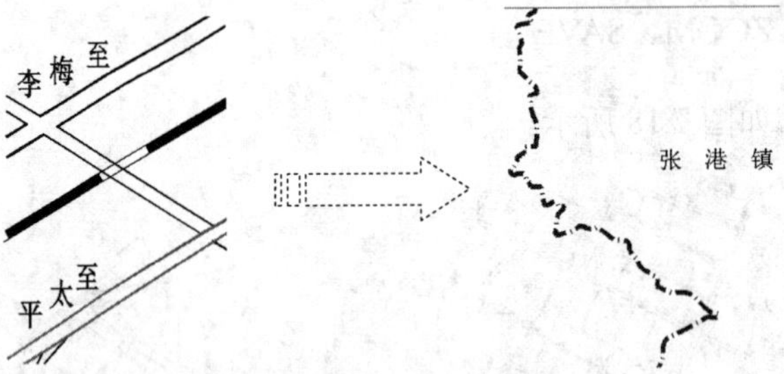


图 7.20　标注相邻镇域地名及道路连接方向的名称

（3）绘制规划图标符号。

**操作提示** 圆形图线效果通过填充得到。

**操作命令** CIRCLE、HATCH 等。

**操作参考** 如图 7.21 所示。

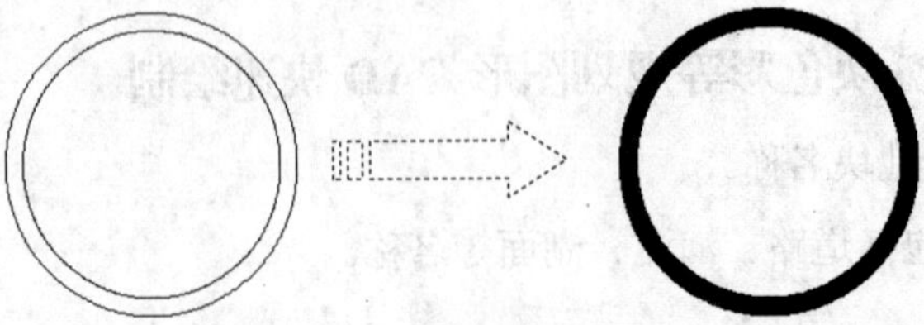

图 7.21　绘制规划图标符号

（4）标注规划图标文字。

**操作提示** 例如“文”。

**操作命令** MTEXT、TEXT、SCALE、MOVE 等。

**操作参考** 如图 7.22 所示。

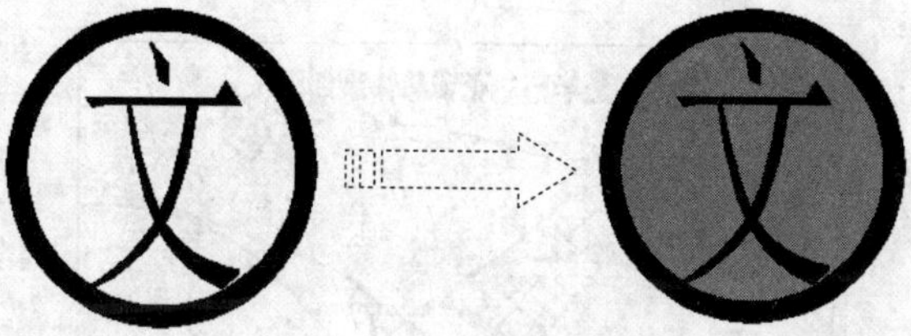


图 7.22　标注规划图标文字

（5）绘制其他规划图标符号。

**操作提示** 例如医院及变配电站的规划标注符号。

**操作命令** LINE、OFFSET、STRETCH、HATCH、MIRROR、ROTATE、TRIM、CHAMFER 等。

**操作参考** 如图 7.23 所示。

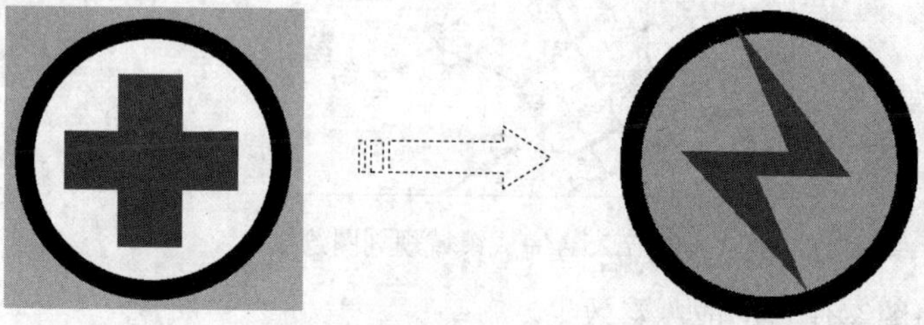

图 7.23　绘制其他规划图标符号

（6）根据地块功能将规划图标符号布置到其地块位置。

**操作提示** 按地块的规划功能布置相应的图标符号。

**操作命令** COPY、MOVE 等。

**操作参考** 如图 7.24 所示。

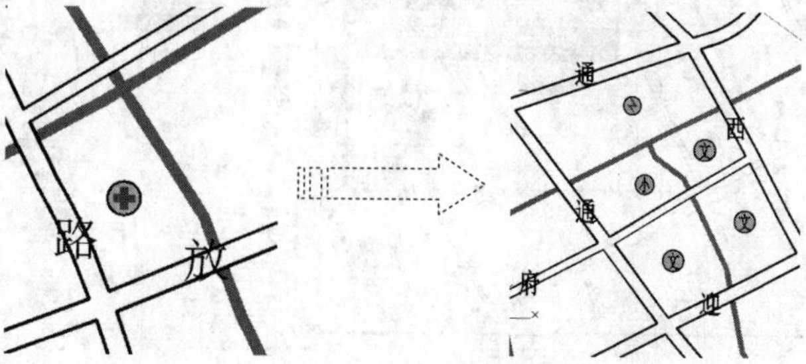


图 7.24　将规划图标符号布置到其地块位置

（7）完成镇域规划图绘制。

**操作提示** 根据规划方案完成整个镇域的规划布置图。

**操作命令** LINE、ARC、PLINE、SPLINE、OFFSET、TRIM、CHAMFER、EXTEND、HATCH、TEXT、MTEXT、SCALE、COPY、MOVE 等。

**操作参考** 如图 7.25 所示。

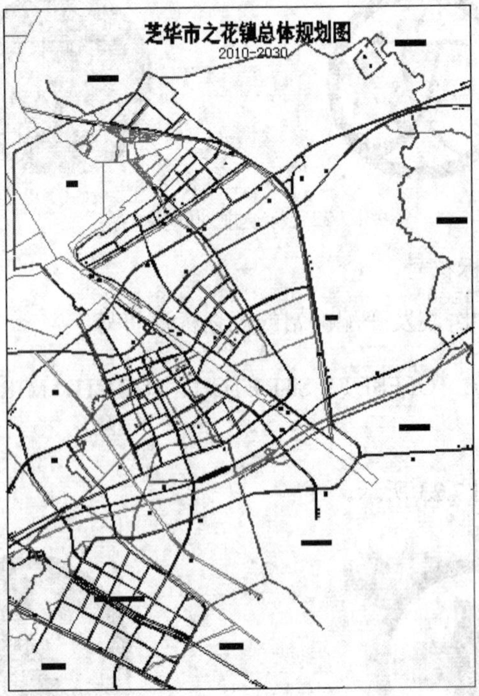


图 7.25　完成镇域规划图绘制

（8）填充地块图案使其形成色彩效果。

**操作提示** 建议填充图案选用“SOLID”，并选择合适的颜色效果。

**操作命令** HATCH 等。

**操作参考** 如图 7.26 所示。

图 7.26　填充地块图案使其形成色彩效果

（9）选择填充范围继续进行填充。

**操作提示** 按不同功能的地块，分别选择不同颜色进行填充。

**操作命令** ZOOM、HATCH、SAVE 等。

**操作参考** 如图 7.27 所示。

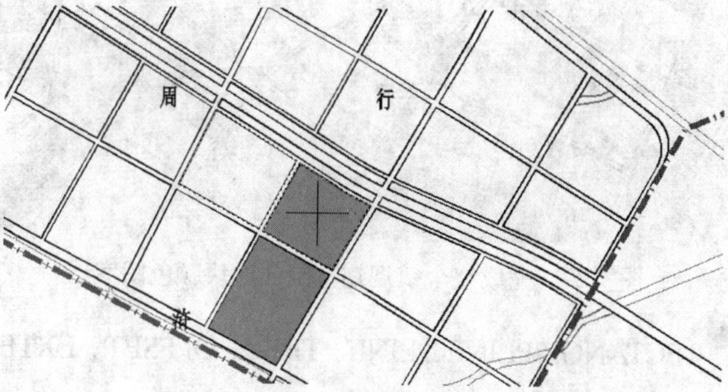


图 7.27　选择填充范围继续进行填充

（10）继续进行地块、湖面、河面及绿地等区域范围填充。

**操作提示** 相同功能的地块可以使用相同的填充颜色。

**操作命令** PAN、ZOOM、HATCH 等。

**操作参考** 如图 7.28 所示。

图 7.28　继续进行其他地块填充

（11）按前述方法填充完成整个镇规划范围的地块颜色图案。

**操作提示** 注意要填充图案的地块等区域范围其边界轮廓线要闭合。

**操作命令** ZOOM、HATCH、PAN、SAVEAS 等。

**操作参考** 如图 7.29 所示。

（12）绘制图例图形。

**操作提示** 先绘制道路的图例。

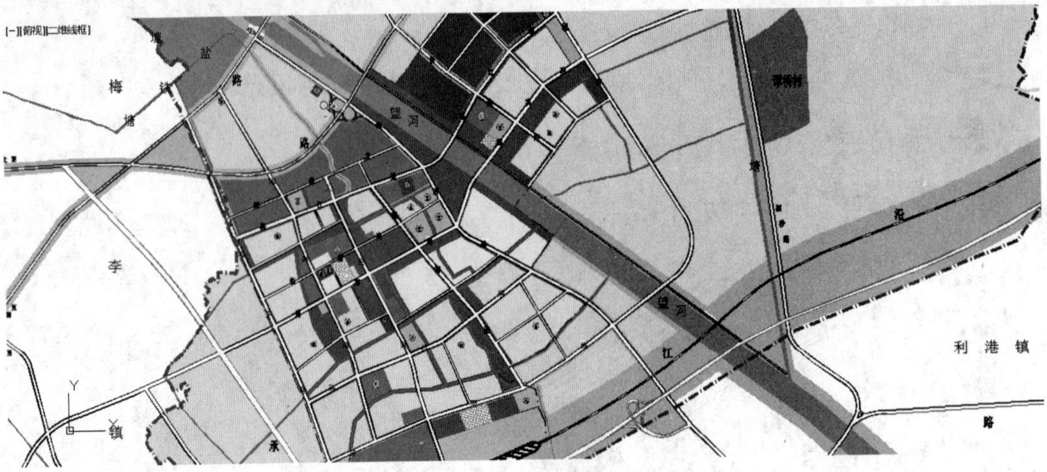


图 7.29　完成整个镇规划范围的地块颜色图案

操作命令　RECTANG、PLINE、LINE、TRIM、OFFSET、EXTEND、CHAMFER 等。

操作参考　如图 7.30 所示。

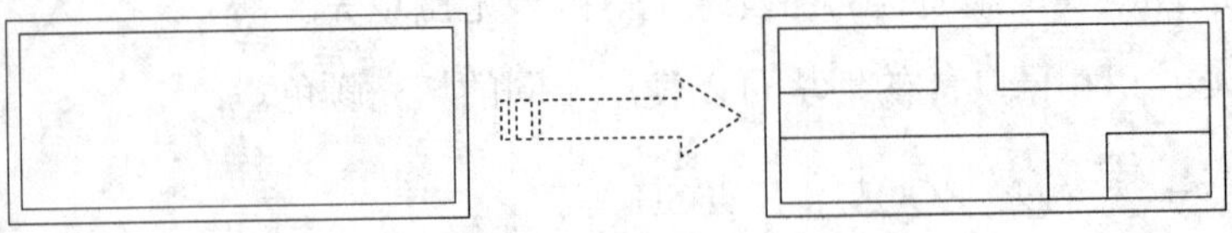

图 7.30　绘制图例图形

（13）标注图例文字。

操作提示　可以使用 PEDIT 对道路轮廓线条进行加粗。

操作命令　MTEXT、TEXT、SCALE、MOVE、PEDIT 等。

操作参考　如图 7.31 所示。

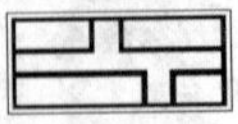
道 路 用 地

图 7.31　标注图例文字

（14）绘制其他图例。

操作提示　图例内容按整体规划图中的内容进行标注。

操作命令　COPY、RECTANG、PLINE、LINE、TRIM、OFFSET、EXTEND、CHAMFER、MTEXT、TEXT、SCALE、MOVE、PEDIT 等。

操作参考　如图 7.32 所示。

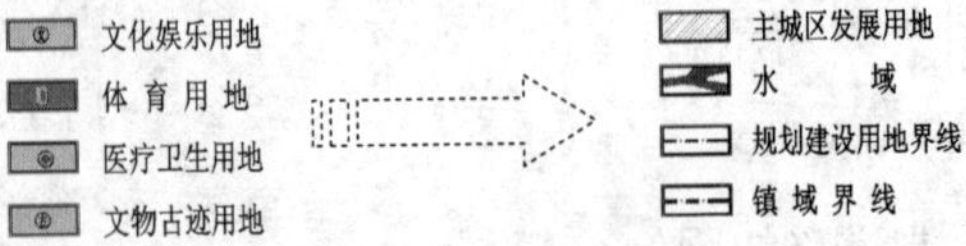


图 7.32　绘制其他图例

（15）将图例布置在总平面规划图中合适的位置。

**操作提示** 图例布置要整齐。

**操作命令** MOVE、ZOOM、SAVE 等。

**操作参考** 如图 7.33 所示。

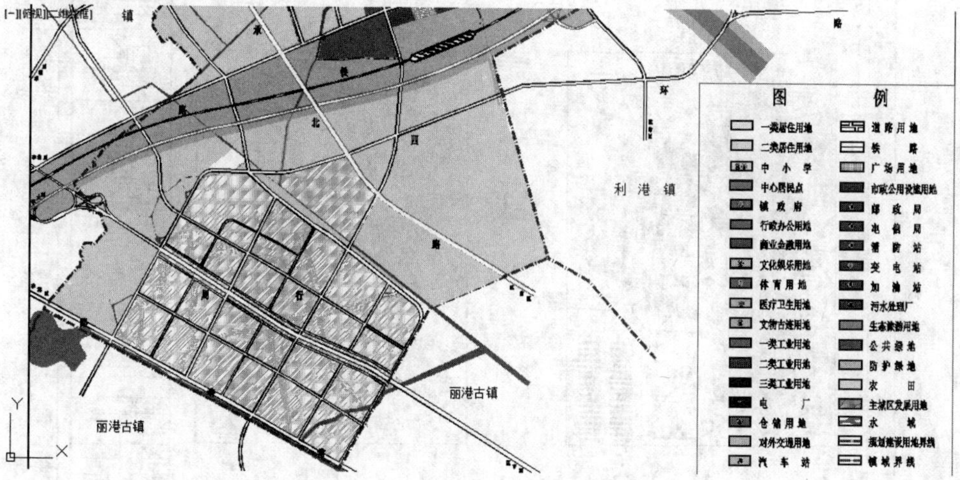


图 7.33　将图例布置到合适的位置

（16）创建比例横道图例。

**操作提示** 黑粗线可以通过填充 SOLID 图案或使用 PLINE 命令绘制。

**操作命令** LINE、OFFSET、TRIM、HATCH、PLINE、TEXT、MOVE、SCALE、MTEXT 等。

**操作参考** 如图 7.34 所示。

（17）布置当地风玫瑰图例。

**操作提示** 也可以标注指北针图形。

**操作命令** INSERT、OPEN、SCALE、MOVE 等。

**操作参考** 如图 7.35 所示。

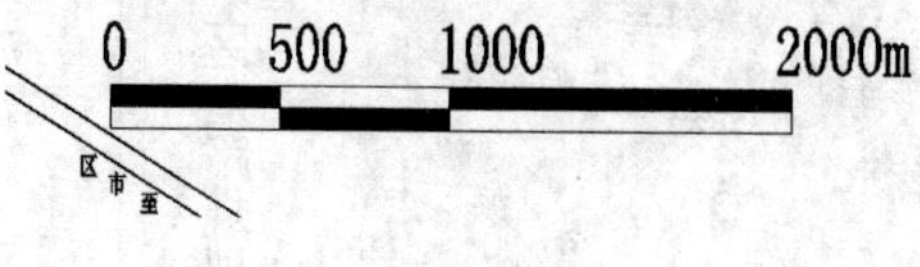


图 7.34　创建比例横道图例

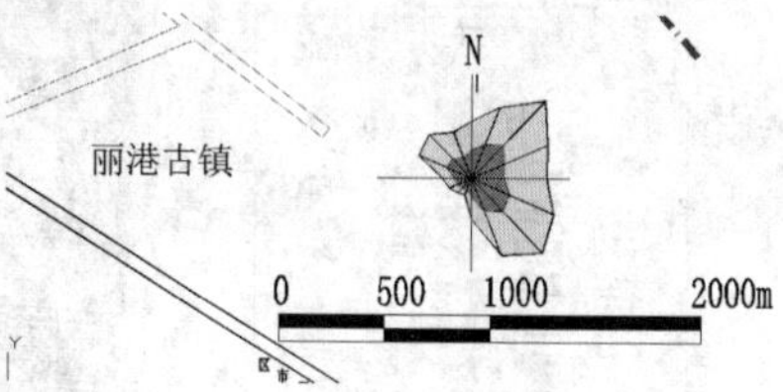


图 7.35　布置当地风玫瑰图例

（18）完成某镇总体规划图绘制。

**操作提示** 及时保存图形，可以输出 JPG/BMP/PDF 等格式图形文件供制作效果图

使用。

**操作命令** SAVE、PLOT 等。

**操作参考** 如图 7.36 所示。

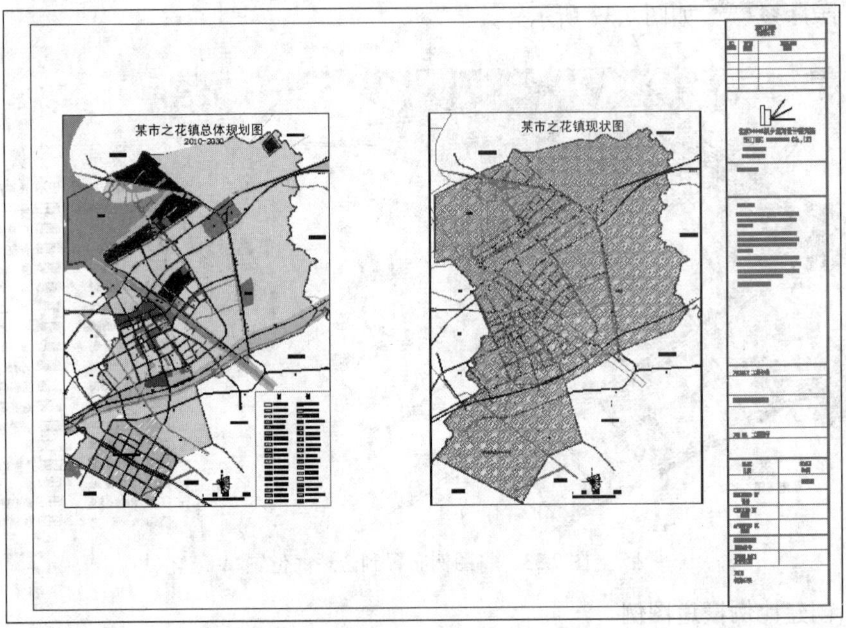


图 7.36　完成某镇总体规划图绘制

# 7.2 城乡区域中心交通规划图 CAD 快速绘制

本小节以常见某城市的东城区道路规划图为例，介绍其 CAD 绘制方法与技巧。如图 7.37 所示。

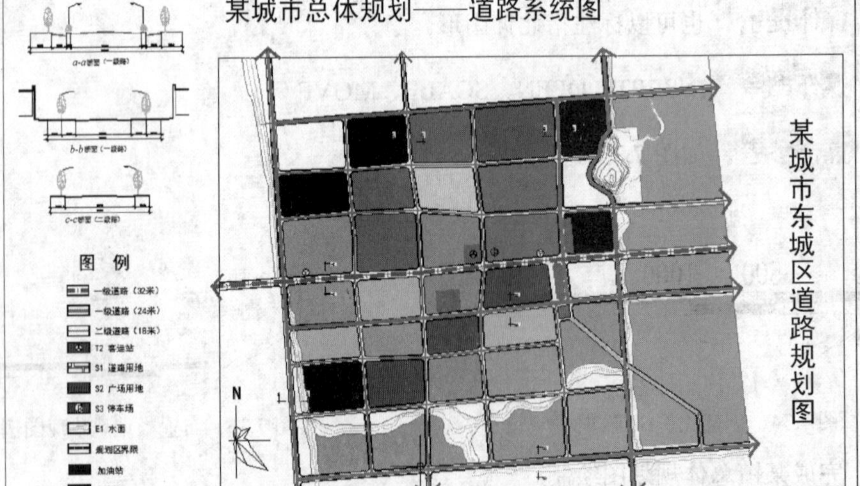


图 7.37　某城市的东城区道路规划图

### 7.2.1　道路交通规划路网 CAD 快速绘制

（1）绘制十字道路造型。

操作提示　使用 PLINE、OFFSET 绘制道路轮廓。对倾斜的线条可以通过旋转水平或垂直的线条快速得到。

操作命令　PLINE、LINE、PEDIT、OFFSET、ROTATE、TRIM、MOVE 等。

操作参考　如图 7.38 所示。

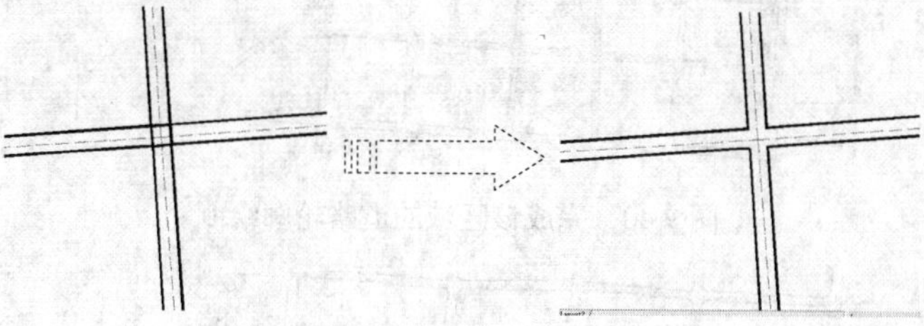

图 7.38　绘制十字道路造型

（2）按前述方法继续进行道路路网绘制。

操作提示　转弯处理使用 FILLET、CHAMFER 功能命令。

操作命令　ZOOM、PLINE、LINE、PEDIT、OFFSET、ROTATE、TRIM、MOVE 等。

操作参考　如图 7.39 所示。

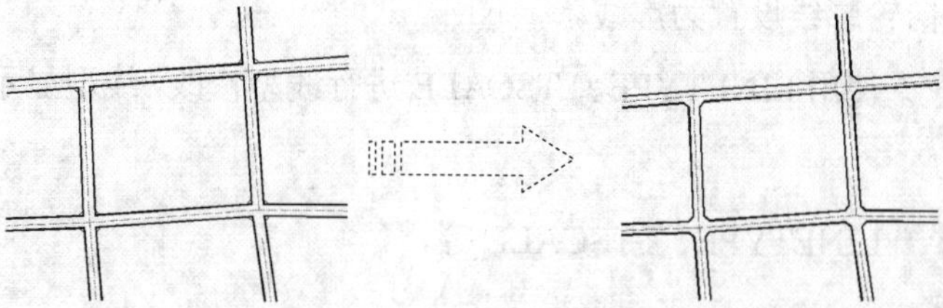

图 7.39　继续进行道路路网绘制

（3）按前述方法完成该区域的道路轮廓绘制。

操作提示　该区域的规划路网间距及走向按设计确定。

操作命令　ZOOM、PLINE、LINE、PEDIT、OFFSET、ROTATE、TRIM、MOVE 等。

操作参考　如图 7.40 所示。

（4）在主要道路绘制干线道路系统导向轮廓线。

操作提示　使用 PLINE 绘制宽度的线。

操作命令　PLINE 等。

操作参考 如图 7.41 所示。

图 7.40　完成该区域的道路轮廓绘制

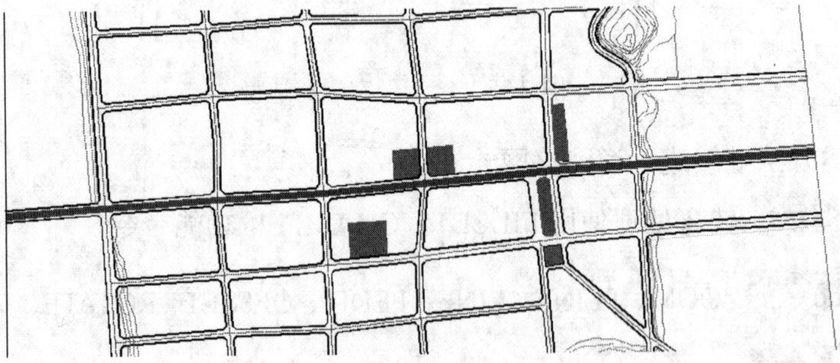

图 7.41　绘制干线道路系统导向轮廓线

（5）将系统导向轮廓线设置为虚线。

操作提示 使用 LINETYPE、LTSCALE 进行线型修改，线型显示需修改 LTSCALE 为合适的比例。

操作命令 LINETYPE、LTSCALE 等。

操作参考 如图 7.42 所示。

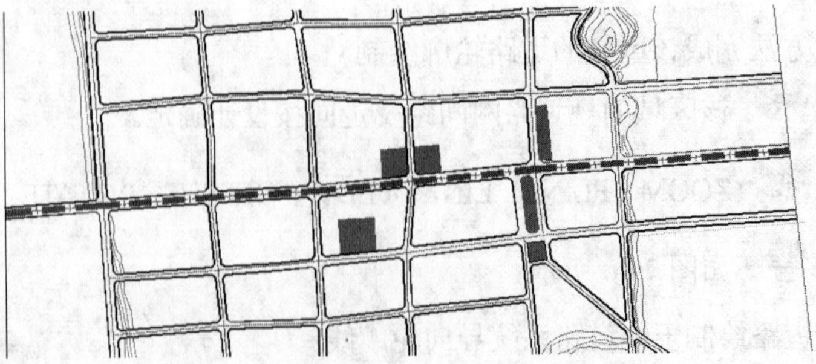

图 7.42　将系统导向轮廓线设置为虚线

（6）绘制导向轮廓线箭头造型。

操作提示 箭头也可以使用 PLINE 进行绘制，得到的是其他形式的造型。

**操作命令** LINE、OFFSET、CHAMFER、ROTATE、TRIM、MOVE、HATCH 等。

```
命令: PLINE
指定起点:
当前线宽为 0.0000
指定下一个点或 [圆弧(A)/半宽(H)/长度(L)/放弃(U)/宽度(W)]: W
指定起点宽度 <0.0000>: 500
指定端点宽度 <500.0000>: 0
指定下一个点或 [圆弧(A)/半宽(H)/长度(L)/放弃(U)/宽度(W)]:
指定下一点或 [圆弧(A)/闭合(C)/半宽(H)/长度(L)/放弃(U)/宽度(W)]:
```

**操作参考** 如图 7.43 所示。

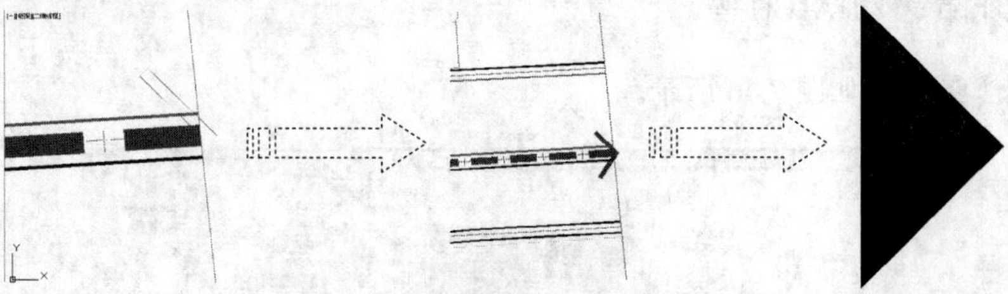

图 7.43 绘制导向轮廓线箭头

(7) 镜像得到导向轮廓线线条另外一侧箭头。

**操作提示** 先进行镜像，然后移动到其准确位置。

**操作命令** MIRROR、MOVE、ROTATE 等。

**操作参考** 如图 7.44 所示。

图 7.44 镜像得到另外一侧箭头

(8) 绘制其他干道的导向轮廓线。

**操作提示** 需要绘制导向轮廓线线条的道路按设计确定。

**操作命令** PLINE、LINETYPE、LTSCALE、LINE、OFFSET、CHAMFER、ROTATE、TRIM、MOVE、HATCH 等。

**操作参考** 如图 7.45 所示。

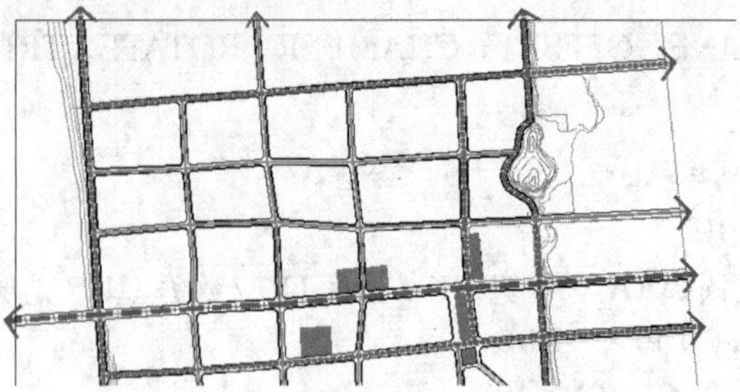

图 7.45　绘制其他干道的导向轮廓线

（9）对道路路网内的地块填充图案。

**操作提示**　填充图案“SOLID”，设置合适的填充图案颜色。

**操作命令**　HATCH 等。

**操作参考**　如图 7.46 所示。

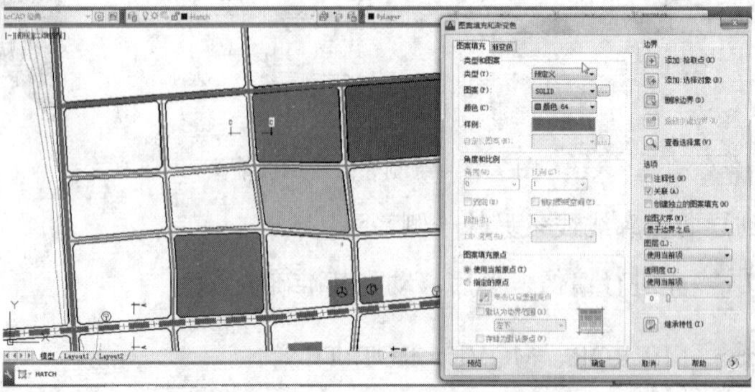

图 7.46　对道路路网内的地块填充图案

（10）按前述方法完成整个道路规划图绘制。

**操作提示**　同时标注规划图名称。

**操作命令**　PLINE、LINE、OFFSET、CHAMFER、ROTATE、TRIM、MOVE、HATCH 等。

**操作参考**　如图 7.47 所示。

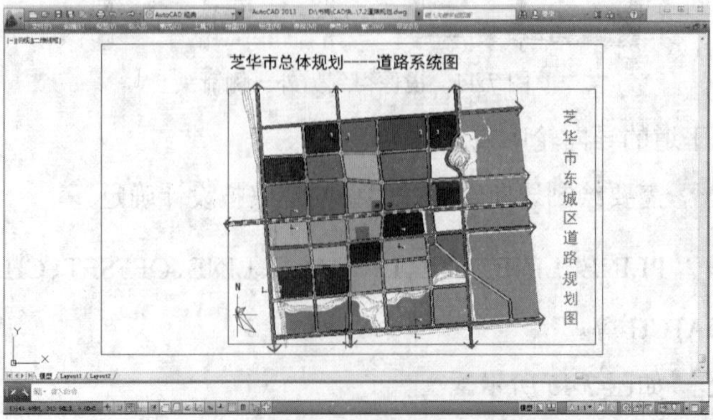


图 7.47　完成整个道路规划图绘制

（11）布置交通道路系统相关规划内容。

**操作提示** 包括停车场、汽车站等。

**操作命令** COPYCLIP、PASTECLIP、OPEN、SCALE、MOVE、ROTATE 等。

**操作参考** 如图 7.48 所示。

（12）创建道路规划图图例。

**操作提示** 图例内容按规划图中的内容确定。

**操作命令** RECTANG、PLINE、LINTYPE、MATCHPROP、TEXT、SCALE、MOVE 等。

**操作参考** 如图 7.49 所示。

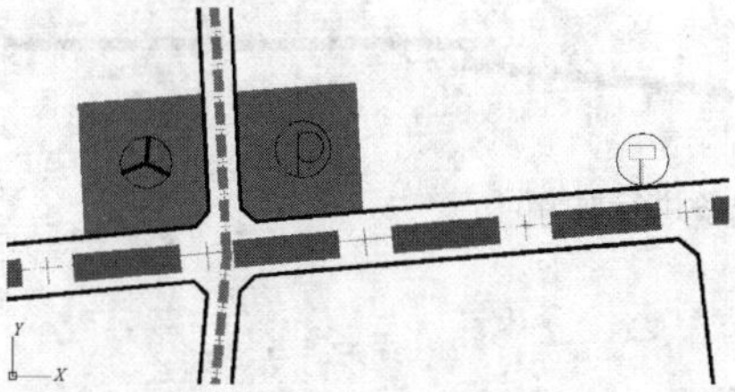

图 7.48　布置交通道路系统相关规划内容

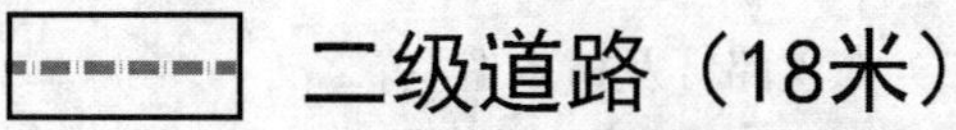


图 7.49　创建道路规划图图例

（13）复制、修改得到其他类似图例。

**操作提示** 继续其他图例的绘制，然后将图例布置到规划图合适的位置。

**操作命令** RECTANG、PLINE、LINTYPE、MATCHPROP、TEXT、SCALE、MOVE、LINE、TRIM 等。

**操作参考** 如图 7.50 所示。

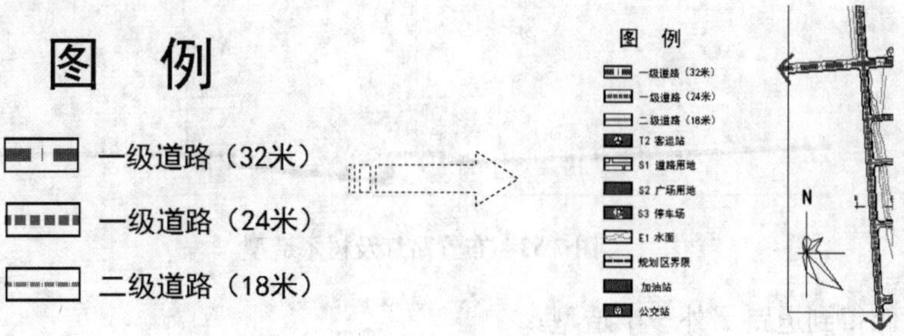


图 7.50　复制、修改得到其他类似图例

### 7.2.2　规划道路截面图 CAD 快速绘制

（1）绘制道路截面路面轮廓线。

**操作提示** 按道路截面的一半宽度绘制。

**操作命令** PLINE、LINE、STRETCH、ROTATE、MOVE、CHAMFER、TRIM 等。

操作参考 如图 7.51 所示。

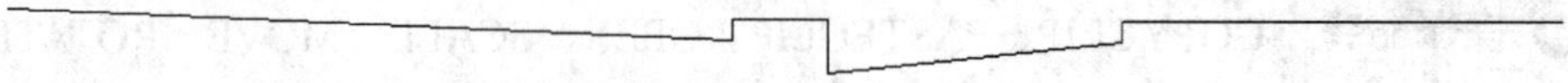

图 7.51　绘制道路截面路面轮廓线

（2）对路面轮廓线条进行加粗。

操作提示 使用 PEDIT 功能命令进行线条加粗。

操作命令 PEDIT 等。

操作参考 如图 7.52 所示。

图 7.52　对路面轮廓线条进行加粗

（3）布置路灯及树木造型。

操作提示 路灯及树木造型使用已有图形。

操作命令 OPEN、COPYCLIP、PASTCLIP、INSERT、MOVE、SCALE 等。

操作参考 如图 7.53 所示。

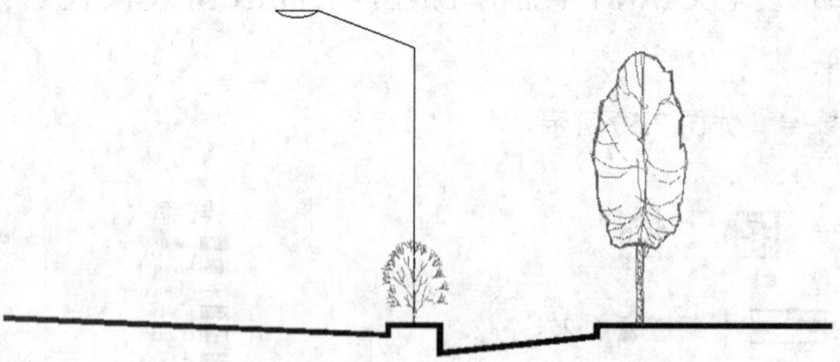

图 7.53　布置路灯及树木造型

（4）镜像得到道路另外一半造型。

操作提示 注意镜像轴线位置。

操作命令 MIRROR、MOVE 等。

操作参考 如图 7.54 所示。

（5）标注道路截面宽度尺寸。

操作提示 包括说明文字等。

**操作命令** MTEXT、TEXT、MOVE、SCALE、DIMLINEAR、DIMSTYLE 等。

**操作参考** 如图 7.55 所示。

图 7.54 镜像得到道路另外一半造型

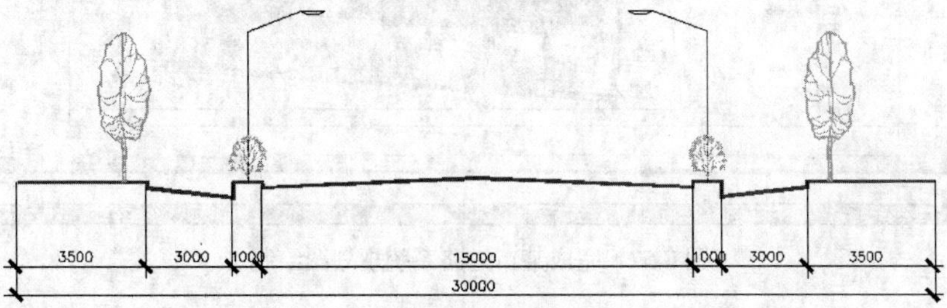


A-A断面（一级路）

图 7.55 标注道路截面宽度尺寸

（6）其他宽度或位置的道路截面按相同方法绘制。

**操作提示** 道路截面形式按道路等级确定。

**操作命令** PLINE、LINE、STRETCH、ROTATE、MOVE、CHAMFER、TRIM、MIRROR、MTEXT、TEXT、MOVE、SCALE、DIMLINEAR、DIMSTYLE 等。

**操作参考** 如图 7.56 所示。

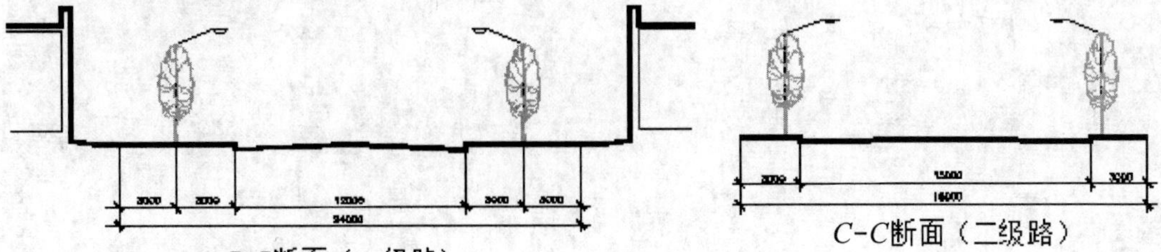

B-B断面（一级路） C-C断面（二级路）

图 7.56 其他宽度或位置的道路截面绘制

（7）完成某市道路系统规划图绘制。

**操作提示** 保存图形并打印输出。

**操作命令** ZOOM、SAVE、PLOT 等。

**操作参考** 如图 7.57 所示。

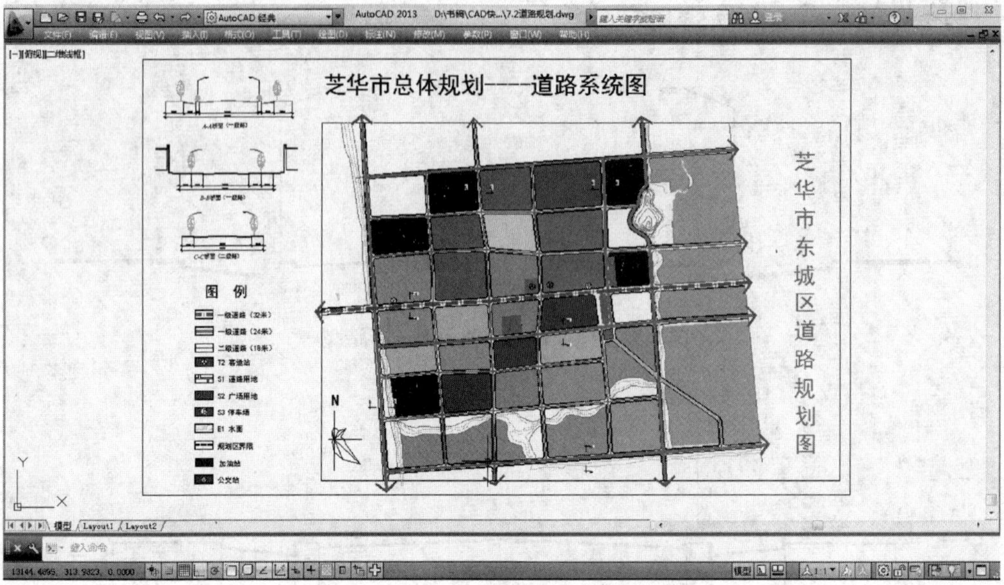


图 7.57　完成某市道路系统规划图绘制

第8章

# 城乡规划控制性详细规划图CAD快速绘制

本章以常见城乡规划控制性详细规划图为例，介绍其CAD快速绘制方法与技巧。

为便于学习设计CAD绘图技能，本书提供本章讲解案例实例的CAD图形（DWG格式图形文件）供学习使用。读者连接互联网后可以到如下任一地址下载，图形文件仅供学习参考：

华为网盘（下载地址为：http://dl.vmall.com/c070q6u0tr）

百度网盘（下载地址为：http://pan.baidu.com/share/link?shareid=3482673438&uk=605274645）

## 8.1 城乡规划功能结构规划图CAD快速绘制

本小节如图8.1所示常见某市核心区控制性详细规划的功能结构规划图为例，介绍其CAD绘制方法与技巧。

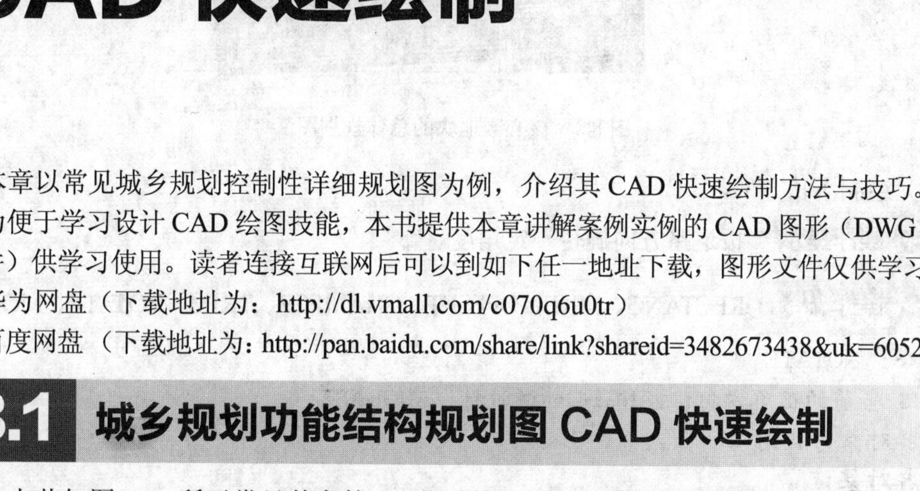


图8.1　某市核心区控制性详细规划的功能结构规划图

（1）调用核心区地块的总体规划图。

**操作提示** 此规划图由总体规划图修改得到，可以直接使用。具体绘制过程从略。

**操作命令** ZOOM、OPEN、ERASE、PAN 等。

**操作参考** 如图 8.2 所示。

图 8.2　核心区地块的总体规划图

（2）绘制小长方形。

**操作提示** 按道路方向旋转一定角度。

**操作命令** RECTANG、LINE、OFFSET、CHAMFER、TRIM、ROTATE、MOVE 等。

```
命令: ROTATE
UCS 当前的正角方向:  ANGDIR=逆时针  ANGBASE=0
选择对象: 找到 1 个
选择对象:
指定基点:
指定旋转角度, 或 [复制(C)/参照(R)] <0>:R
指定参照角 <0>:
指定第二点:
指定新角度或 [点(P)] <0>:
```

**操作参考** 如图 8.3 所示。

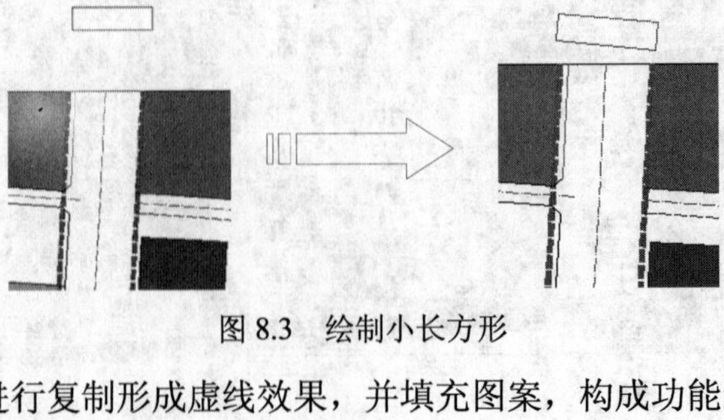

图 8.3　绘制小长方形

（3）对小长方形进行复制形成虚线效果，并填充图案，构成功能结构示意线。

**操作提示** 填充图案选择“SOLID”。

**操作命令** COPY、HATCH 等。

**操作参考** 如图 8.4 所示。

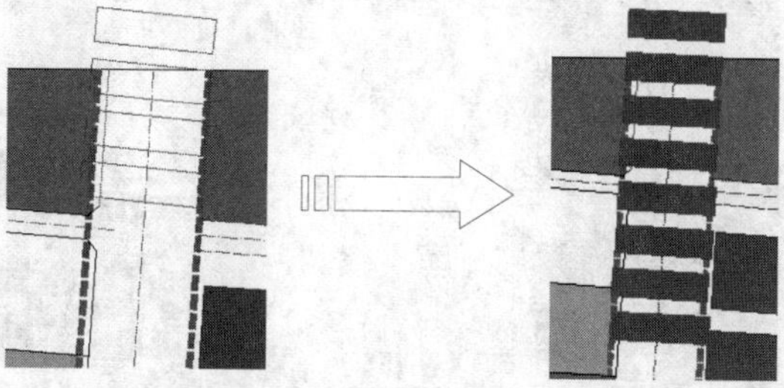

图 8.4 绘制功能结构示意线

（4）绘制功能结构示意线箭头造型。

**操作提示** 箭头形状按设计样式进行绘制。

**操作命令** LINE、PLINE、CHAMFER、TRIM、ROTATE、STRETCH 等。

**操作参考** 如图 8.5 所示。

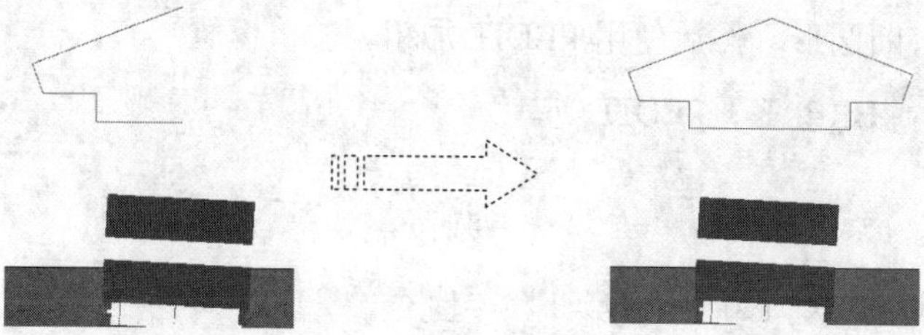

图 8.5 绘制功能结构示意线箭头

（5）对功能结构示意线箭头填充图案。

**操作提示** 图案选择“SOLID”，另外一侧通过进行镜像、旋转得到。

**操作命令** HATCH、MIRROR、ROTATE、MOVE 等。

**操作参考** 如图 8.6 所示。

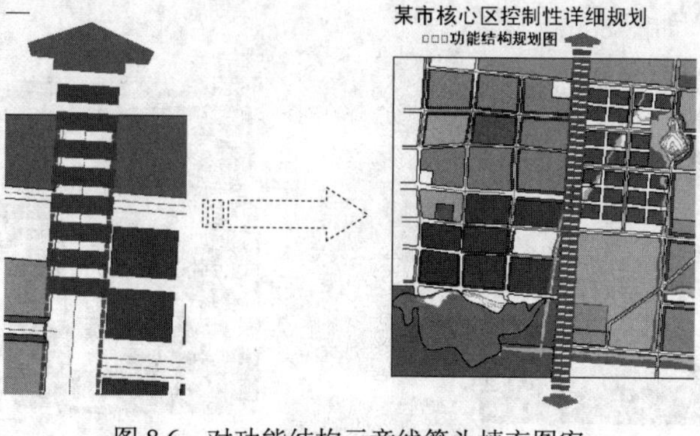


图 8.6 对功能结构示意线箭头填充图案

（6）绘制区域中心核心位置的示意范围圆形。

**操作提示** 对圆形内的虚线造型图形进行删除。

**操作命令** ERASE、CIRCLE、OFFSET、MOVE 等。

**操作参考** 如图 8.7 所示。

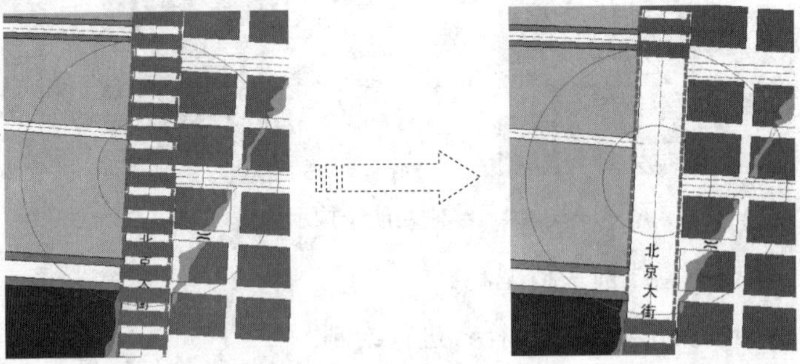


图 8.7　绘制区域中心核心位置的示意范围圆形

（7）对前述圆形的线条进行加粗。

**操作提示** 圆形线条不能直接使用 PEDIT 功能命令进行加粗，需一定技巧。方法是先使用 BREAK 打断圆形，然后使用 PEDIT 加粗。

**操作命令** BREAK、PEDIT 等。

```
命令: BREAK
选择对象:
指定第二个打断点 或 [第一点(F)]:
命令: PEDIT
选定的对象不是多段线
是否将其转换为多段线? <Y> Y
输入选项 [闭合(C)/合并(J)/宽度(W)/编辑顶点(E)/拟合(F)/样条曲线(S)/非曲线化(D)/线型生成(L)/反转(R)/放弃(U)]: W
指定所有线段的新宽度: 30
输入选项 [闭合(C)/合并(J)/宽度(W)/编辑顶点(E)/拟合(F)/样条曲线(S)/非曲线化(D)/线型生成(L)/反转(R)/放弃(U)]:
```

**操作参考** 如图 8.8 所示。

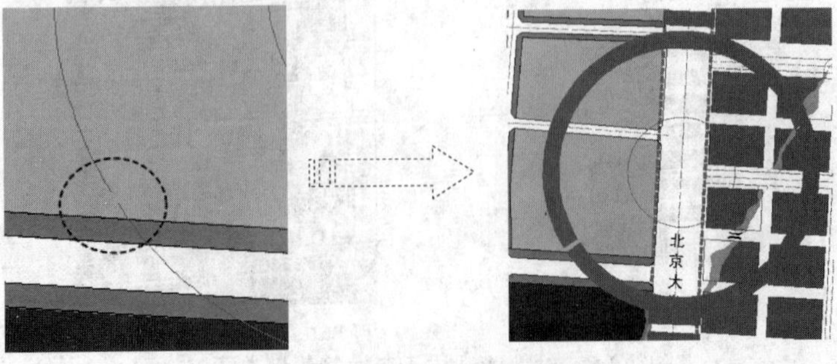


图 8.8　对圆形的线条进行加粗

（8）将加粗后的圆形线条线型设置为虚线线型。

**操作提示** 注意线型比例的设置。

**操作命令** LINETYPE、LTSCALE 等。

**操作参考** 如图 8.9 所示。

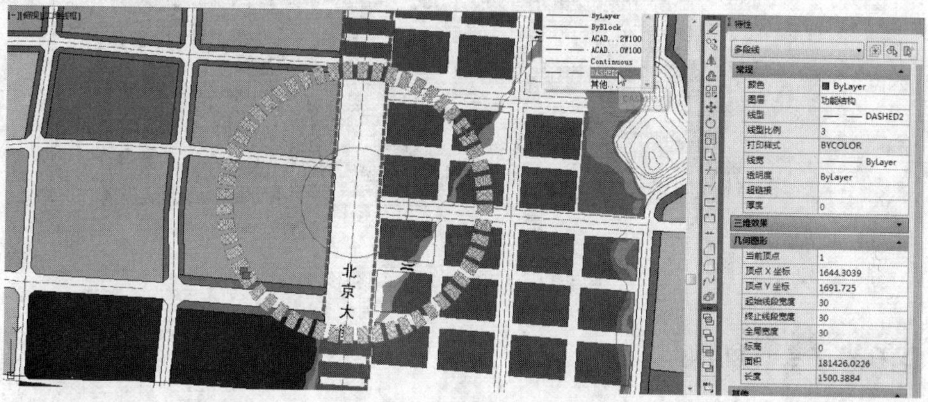


图 8.9　设置为虚线线型

（9）对内侧小院填充图案“SOLID”。

**操作提示** 同时标注说明文字。

**操作命令** HATCH、MTEXT、TEXT、SCALE、MOVE 等。

**操作参考** 如图 8.10 所示。

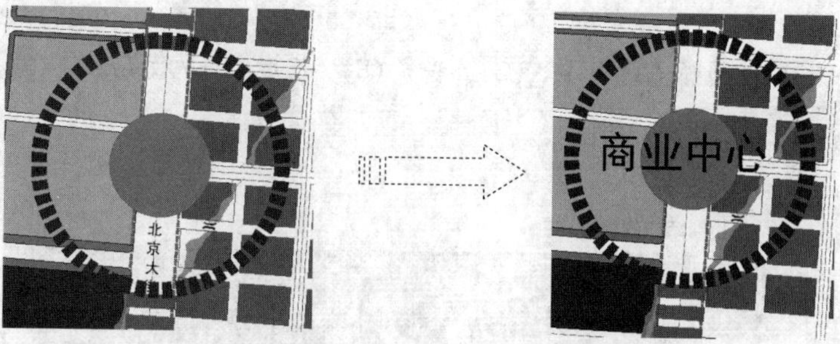


图 8.10　对内侧小院填充图案

（10）缩放视图并观察图形绘制效果。

**操作提示** 对不合适的地方进行调整。

**操作命令** ZOOM、PAN 等。

**操作参考** 如图 8.11 所示。

（11）使用 PLINE 功能命令绘制功能结构示意线。

**操作提示** 需设置较大的线条宽度。

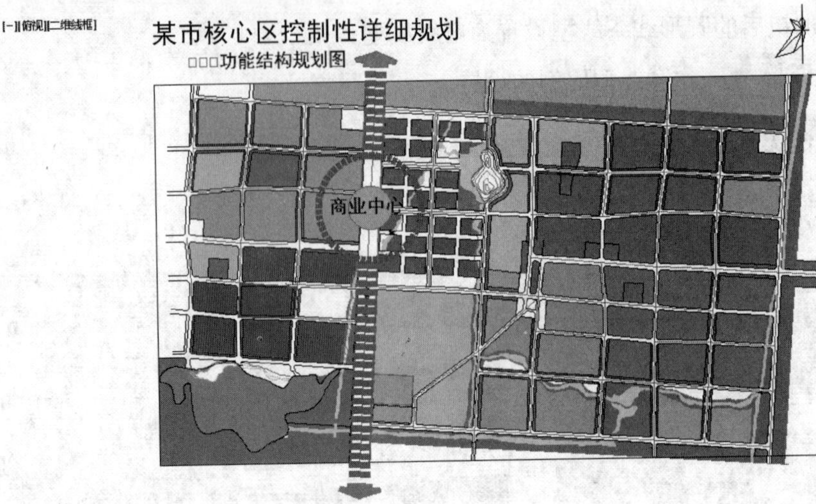


图 8.11 缩放视图观察图形

**操作命令** PLINE 等。

```
命令:PLINE
指定起点:
当前线宽为 100.0000
指定下一个点或 [圆弧(A)/半宽(H)/长度(L)/放弃(U)/宽度(W)]: W
指定起点宽度 <100.0000>: 80
指定端点宽度 <80.0000>: 80
指定下一个点或 [圆弧(A)/半宽(H)/长度(L)/放弃(U)/宽度(W)]:
指定下一个点或 [圆弧(A)/闭合(C)/半宽(H)/长度(L)/放弃(U)/宽度(W)]:
……
指定下一个点或 [圆弧(A)/闭合(C)/半宽(H)/长度(L)/放弃(U)/宽度(W)]:
```

**操作参考** 如图 8.12 所示。

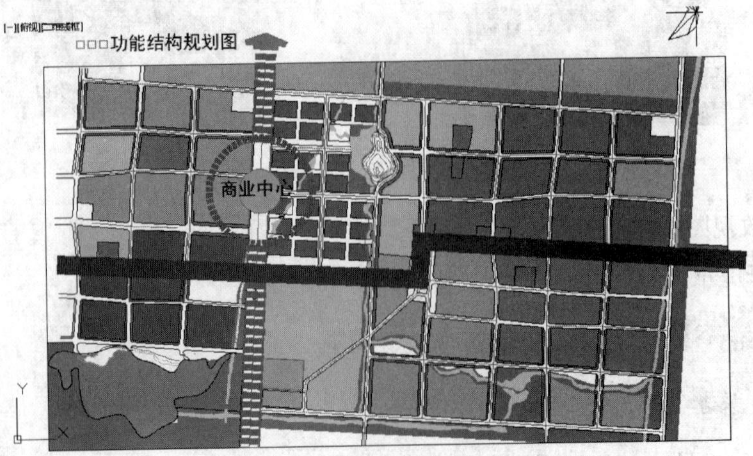


图 8.12 使用 PLINE 绘制功能结构示意线

（12）将功能结构示意线线条修改为虚线线型。

**操作提示** 使用 LINETYPE、LTSCALE 进行线型修改。

**操作命令** LINETYPE、LTSCALE 等。

**操作参考** 如图 8.13 所示。

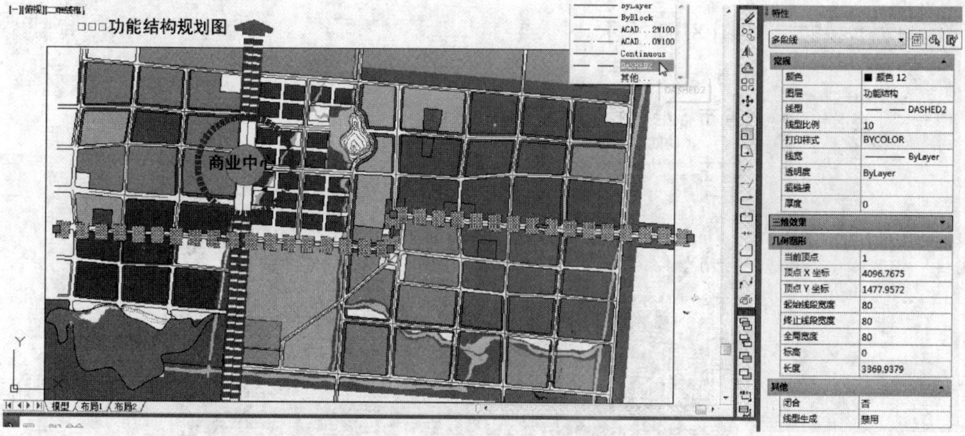


图 8.13　将功能结构示意线线条修改为虚线

（13）使用 PLINE 绘制功能结构示意线的箭头。

**操作提示** 箭头宽度大于或等于前述线条宽度。

**操作命令** PLINE、STRETCH、MOVE、ROTATE 等。

```
命令: PLINE
指定起点:
当前线宽为 80.0000
指定下一个点或 [圆弧(A)/半宽(H)/长度(L)/放弃(U)/宽度(W)]:
指定下一点或 [圆弧(A)/闭合(C)/半宽(H)/长度(L)/放弃(U)/宽度(W)]: W
指定起点宽度 <80.0000>: 150
指定端点宽度 <150.0000>: 0
指定下一点或 [圆弧(A)/闭合(C)/半宽(H)/长度(L)/放弃(U)/宽度(W)]:
指定下一点或 [圆弧(A)/闭合(C)/半宽(H)/长度(L)/放弃(U)/宽度(W)]:
```

**操作参考** 如图 8.14 所示。

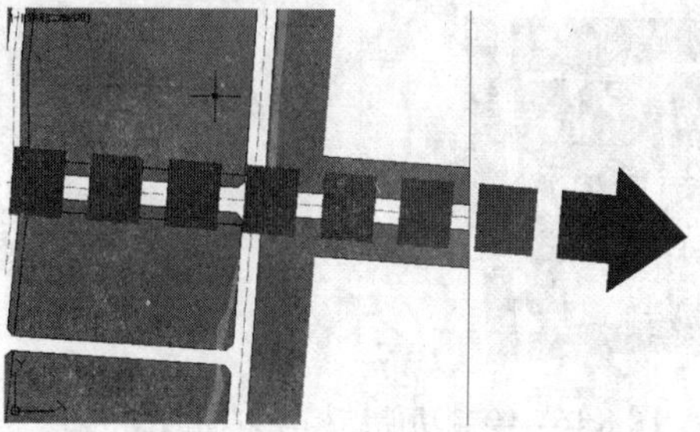

图 8.14　使用 PLINE 绘制功能结构示意线的箭头

（14）其他功能结构示意线按前述方法绘制。

**操作提示** 功能结构示意线类型按整体规划设计确定。

**操作命令** PLINE、CIRCLE、STRETCH、MOVE、ROTATE、COPY、SCALE、ZOOM 等。

**操作参考** 如图 8.15 所示。

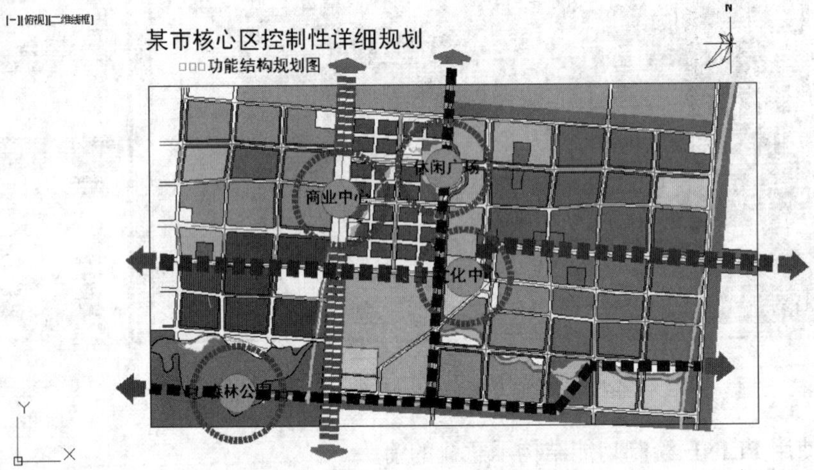


图 8.15 其他功能结构示意线绘制

（15）绘制功能结构规划图的图例。

**操作提示** 图例样式与功能结构规划图的内容一致。

**操作命令** RECTANG、PLINE、MATCHPROP、MTEXT、MOVE、SCALE 等。

命令：MATCHPROP

选择源对象：

当前活动设置：颜色 图层 线型 线型比例 线宽 透明度 厚度 打印样式 标注 文字 图案填充 多段线 视口 表格材质 阴影显示 多重引线

选择目标对象或［设置(S)］：

……

选择目标对象或［设置(S)］：

**操作参考** 如图 8.16 所示。

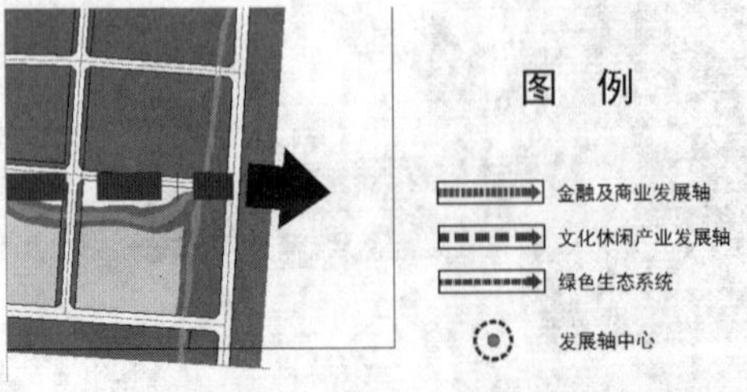


图 8.16 绘制功能结构规划图的图例

（16）标注图名，完成某市核心区的功能结构规划图绘制。

**操作提示** 功能结构规划图的其他内容按设计进行绘制，在此从略。

**操作命令** POLYGON、COPY、MTEXT、SCALE、MOVE、ZOOM、PLOT、SAVE 等。

**操作参考** 如图 8.17 所示。

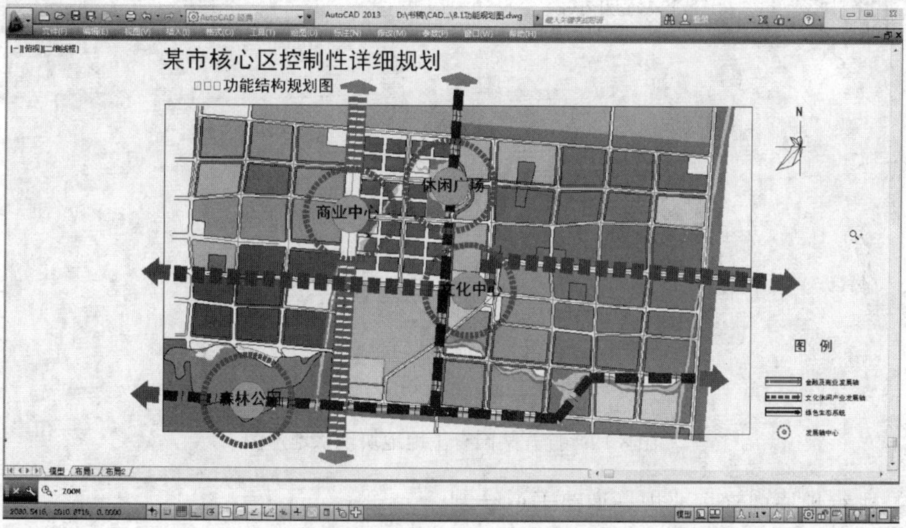


图 8.17　完成某市核心区的功能结构规划图绘制

## 8.2 国有土地地块出让控制性规划图 CAD 快速绘制

本小节如图 8.18 所示常见的某国有土地地块出让控制性规划图为例，介绍其 CAD 绘制方法与技巧。

图 8.18　某国有土地地块出让控制性规划图

（1）打开某国有土地地块现状地形图。

**操作提示** 其中包括现状市政道路图，由测绘单位提供。设置为新的图层为“现状地形图”。现状地形图设置为浅色。

**操作命令** OPEN、ZOOM、LAYER 等。

**操作参考** 如图 8.19 所示。

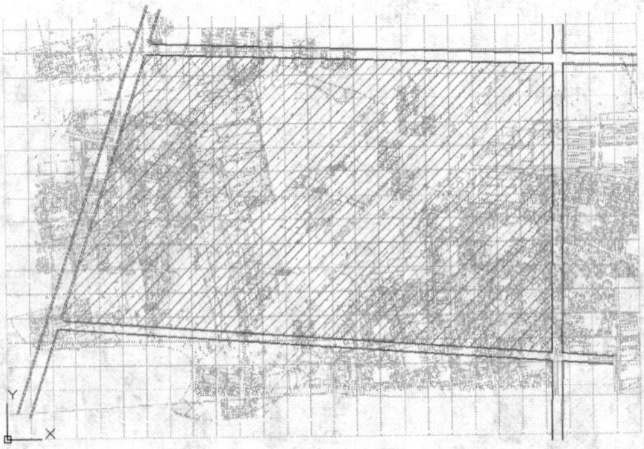

图 8.19 打开某国有土地地块现状地形图

（2）进行地块内部主要规划道路干道绘制。

**操作提示** 使用 OFFSET 快速绘制道路平行线。

**操作命令** PLINE、OFFSET、TRIM、EXTEND、LENGTHEN、ZOOM 等。

```
命令：PLINE
指定起点：
当前线宽为 50.0000
指定下一个点或 [圆弧(A)/半宽(H)/长度(L)/放弃(U)/宽度(W)]：W
指定起点宽度 <1500.0000>：1500
指定端点宽度 <1500.0000>：1500
指定下一个点或 [圆弧(A)/半宽(H)/长度(L)/放弃(U)/宽度(W)]：
指定下一点或 [圆弧(A)/闭合(C)/半宽(H)/长度(L)/放弃(U)/宽度(W)]：
指定下一点或 [圆弧(A)/闭合(C)/半宽(H)/长度(L)/放弃(U)/宽度(W)]：
```

**操作参考** 如图 8.20 所示。

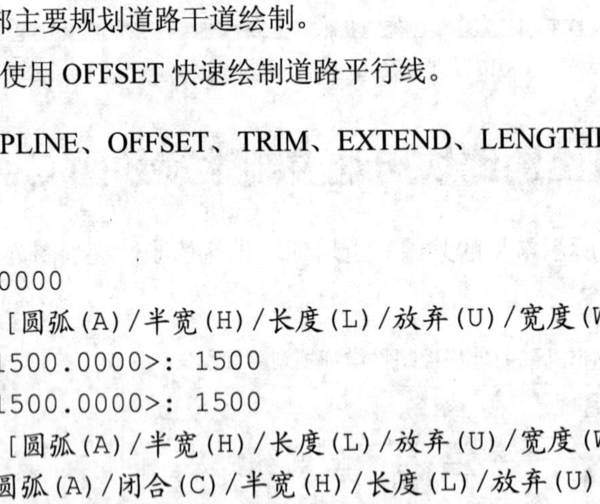

图 8.20 进行地块内部主要规划道路干道绘制

（3）对道路交叉处进行处理。

操作提示 先使用 TRIM 进行剪切，然后使用 FILLET 进行转弯半径创建。

操作命令 TRIM、FILLET、CHAMFER 等。

```
命令: FILLET
当前设置: 模式 = 修剪, 半径 = 6000.0000
选择第一个对象或 [放弃(U)/多段线(P)/半径(R)/修剪(T)/多个(M)]: R
指定圆角半径 <6000.0000>: 9000
选择第一个对象或 [放弃(U)/多段线(P)/半径(R)/修剪(T)/多个(M)]:
选择第二个对象或按住 Shift 键选择对象, 以应用角点或 [半径(R)]:
```

操作参考 如图 8.21 所示。

（4）其他位置道路交叉按相同方法进行处理。

操作提示 转弯半径可以按道路等级设置不同大小。

操作命令 TRIM、FILLET、CHAMFER、ZOOM、PAN 等。

操作参考 如图 8.22 所示。

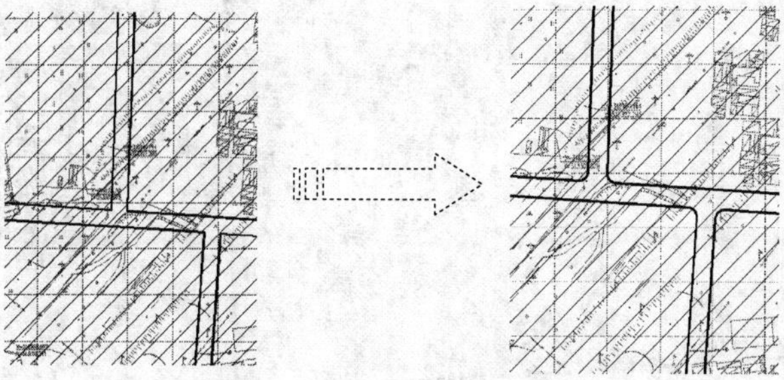

图 8.21 对道路交叉处进行处理

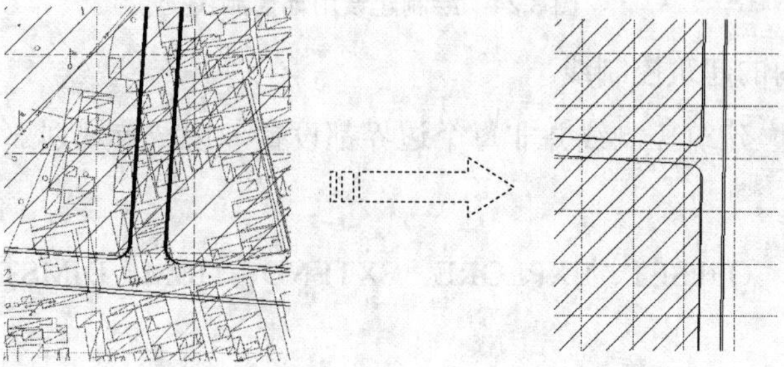

图 8.22 其他位置道路交叉处理

（5）完成地块内部主干道规划道路绘制，形成不同功能的小地块划分。

操作提示 缩放视图观察效果。

操作命令 ZOOM、SAVE 等。

操作参考 如图 8.23 所示。

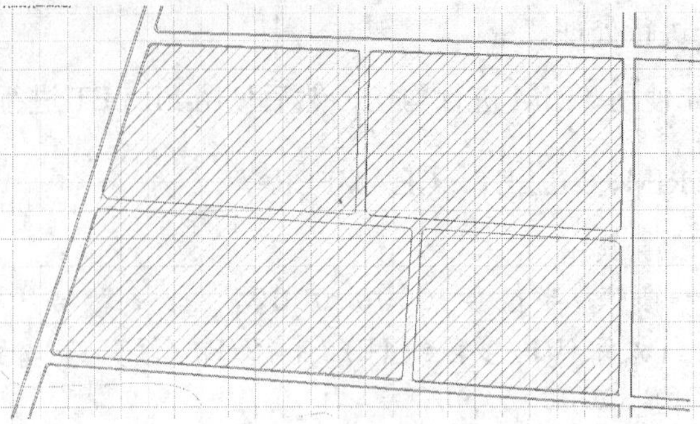

图 8.23　形成不同功能的小地块划分

（6）对每个小地块绘制建设用地控制线。

**操作提示** 建设用地控制线即建设用地红线。红线设置为虚线线型。

**操作命令** PLINE、LINETYPE、LTSCALE、ZOOM 等。

**操作参考** 如图 8.24 所示。

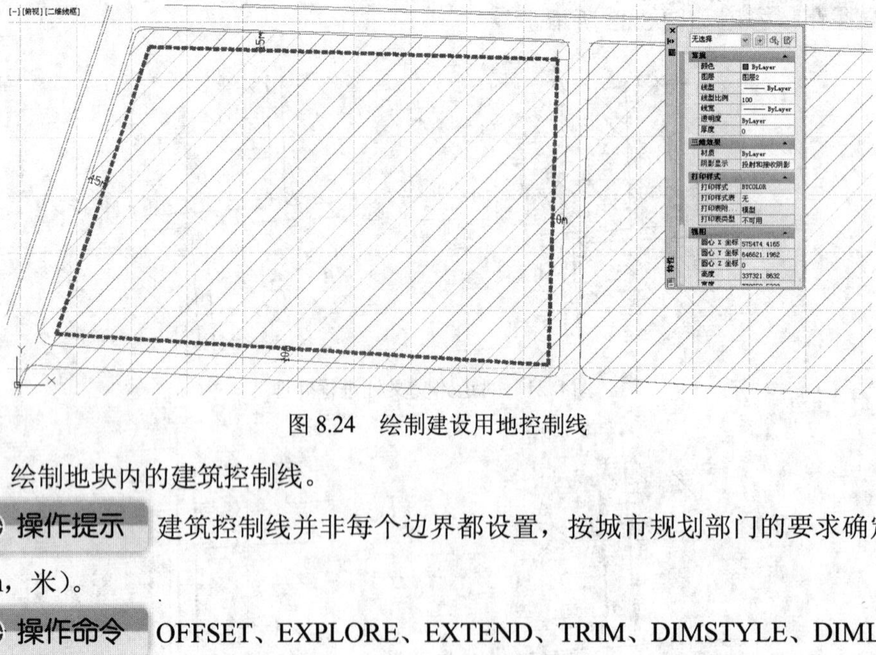

图 8.24　绘制建设用地控制线

（7）绘制地块内的建筑控制线。

**操作提示** 建筑控制线并非每个边界都设置，按城市规划部门的要求确定。注意单位（m，米）。

**操作命令** OFFSET、EXPLORE、EXTEND、TRIM、DIMSTYLE、DIMLINEAR、DIMALIGNED 等。

```
命令：DIMALIGNED
指定第一个尺寸界线原点或 <选择对象>:
指定第二个尺寸界线原点:
创建了无关联的标注
指定尺寸线位置或[多行文字(M)/文字(T)/角度(A)]:
标注文字 =20
```

**操作参考** 如图 8.25 所示。

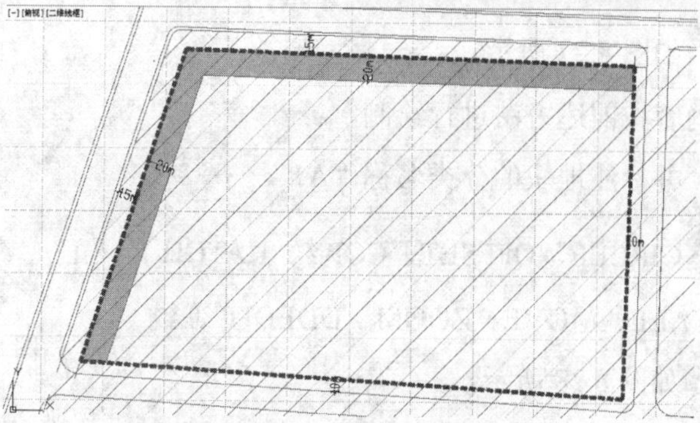

图 8.25 绘制地块内的建筑控制线

（8）绘制地块入口设置位置的指示箭头。

**操作提示** 并绘制布置公共配套用地范围轮廓及位置，包括幼儿园、变配电站、邮电局等。

**操作命令** LINE、TRIM、ROTATE、HATCH、CIRCLE、INSERT、OFFSET、SCALE、MOVE 等。

**操作参考** 如图 8.26 所示。

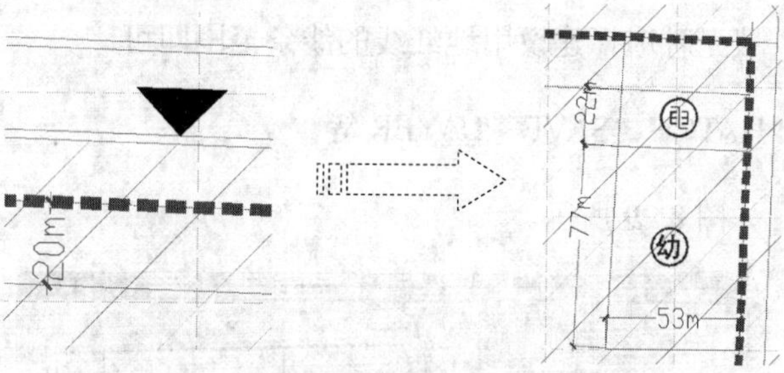


图 8.26 绘制地块入口设置位置的指示箭头

（9）标注文字说明。

**操作提示** 包括“建筑控制线”等，箭头使用 PLINE 快速绘制。

**操作命令** PLINE、TEXT、MTEXT、SCALE、MOVE、STRETCH、ZOOM、SAVEAS 等。

```
命令:PLINE
指定起点:
当前线宽为 0.0000
指定下一个点或 [圆弧(A)/半宽(H)/长度(L)/放弃(U)/宽度(W)]: <正交 开>
指定下一点或[圆弧(A)/闭合(C)/半宽(H)/长度(L)/放弃(U)/宽度(W)]: <正交 关>
指定下一点或 [圆弧(A)/闭合(C)/半宽(H)/长度(L)/放弃(U)/宽度(W)]: W
指定起点宽度 <0.0000>: 3000
指定端点宽度 <3000.0000>: 0
指定下一点或 [圆弧(A)/闭合(C)/半宽(H)/长度(L)/放弃(U)/宽度(W)]:
指定下一点或 [圆弧(A)/闭合(C)/半宽(H)/长度(L)/放弃(U)/宽度(W)]:
```

**操作参考** 如图 8.27 所示。

（10）其他规划内容按前述方法进行绘制。

**操作提示** 并标注地块的分类名称“A1”。

**操作命令** CIRCLE、OFFSET、COPY、HATCH、TEXT、MTEXT、SCALE、MOVE、ZOOM、DDEDIT 等。

图 8.27　标注文字说明

**操作参考** 如图 8.28 所示。

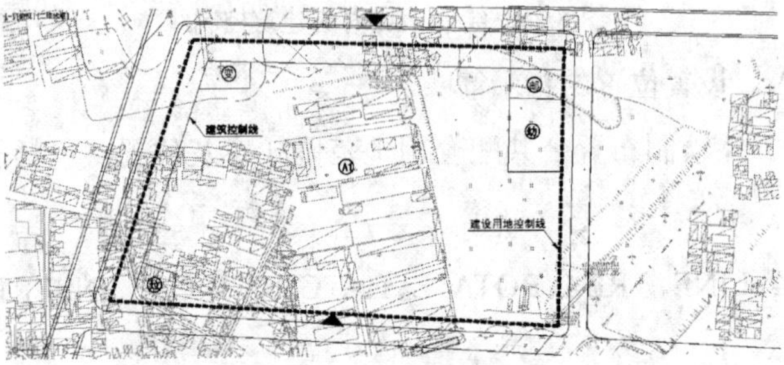


图 8.28　继续绘制规划内容

（11）对地块范围进行图案填充。

**操作提示** 填充时选择建设用地红线的线条范围即可。

**操作命令** HATCH、SAVE、LAYER 等。

**操作参考** 如图 8.29 所示。

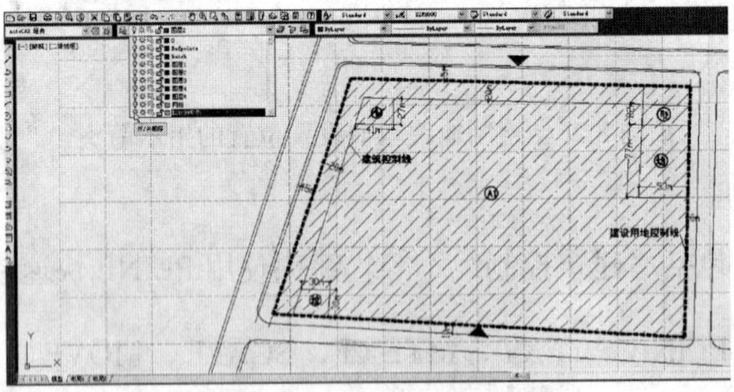

图 8.29　对地块范围进行图案填充

（12）按前述方法绘制其他小地块的规划控制内容的图形。

**操作提示** 地块需绘制的图形内容按规划控制要求。

**操作命令** PLINE、LINE、CIRCLE、OFFSET、COPY、HATCH、TEXT、MTEXT、SCALE、MOVE、ZOOM、DDEDIT、LINETYPE、LTSCALE 等。

**操作参考** 如图 8.30 所示。

（13）勾画规划图的水系造型。

**操作提示** 水系包括河面、湖面等，填充合适的图案“SOLID”等。

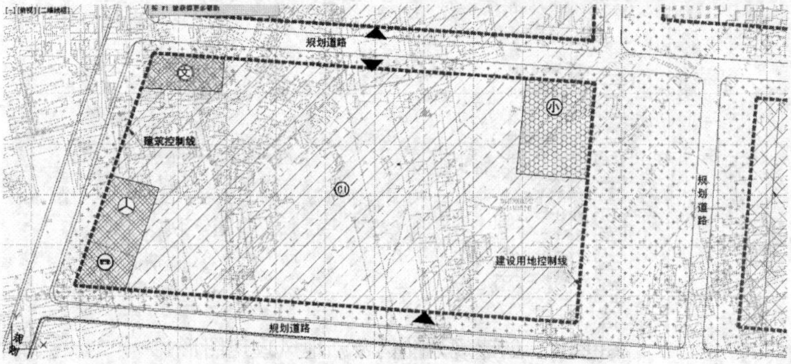


图 8.30　绘制其他小地块的规划控制图形

**操作命令** SPLINE、ARC、PLINE、TRIM、HATCH、ZOOM 等。

**操作参考** 如图 8.31 所示。

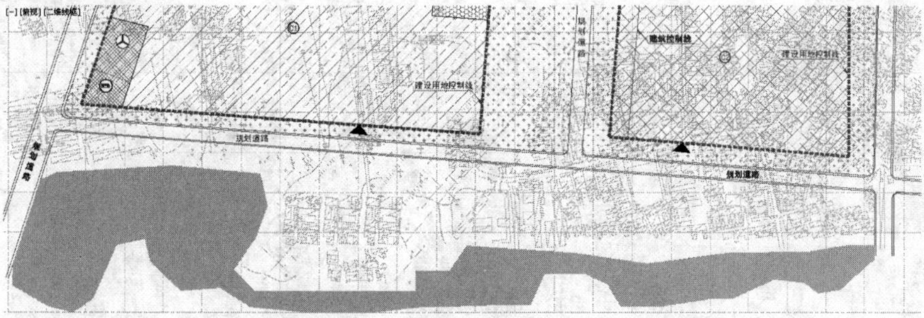

图 8.31　勾画规划图的水系造型

（14）创建规划图例及当地风玫瑰图形。

**操作提示** 图例内容按规划图中的内容进行设置。

**操作命令** RECTANG、COPY、MOVE、TEXT、MTEXT、SCALE、HATCH、LINE、INSERT 等。

```
命令: SCALE
选择对象:
指定对角点: 找到 1 个
选择对象:
指定基点:
指定比例因子或 [复制(C)/参照(R)]: R
指定参照长度 <1.0000>:
指定第二点:
指定新的长度或 [点(P)] <1.0000>:
```

**操作参考** 如图 8.32 所示。

（15）标注建设用地红线等控制坐标。

**操作提示** 控制坐标由测绘单位确定，图形中的坐标数值可以使用 ID 进行查询。

**操作命令** LINE、TRIM、STRETCH、TEXT、SCALE、MOVE、ID 等。

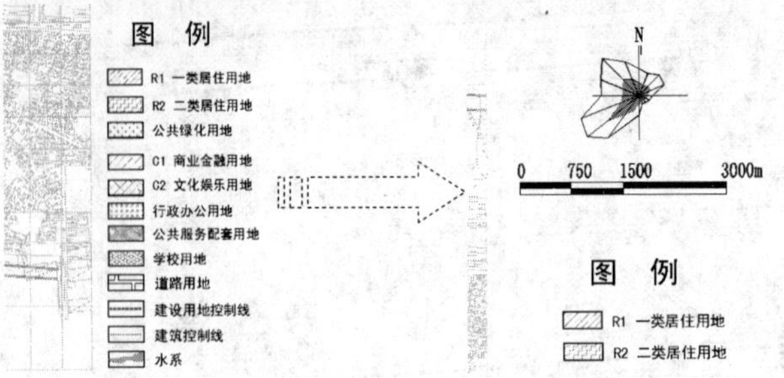


图 8.32 创建规划图例及当地风玫瑰图形

```
命令: ID
指定点: X =318139.471     Y =779152.456     Z = 0.0000
```

**操作参考** 如图 8.33 所示。

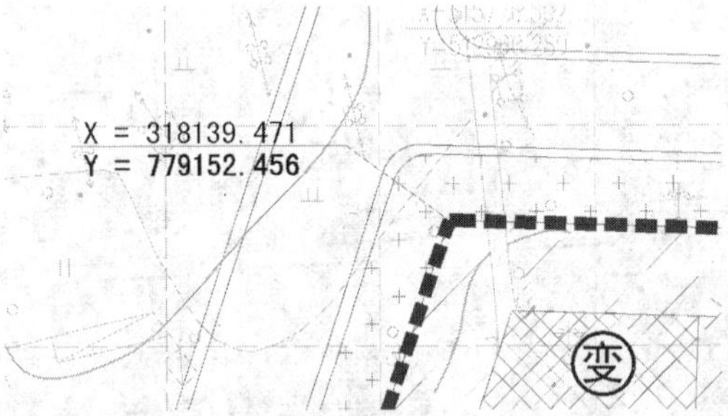


图 8.33 标注建设用地红线等控制坐标

（16）继续进行控制规划图绘制直至完成全部规划内容图形绘制。

**操作提示** 及时保存图形，可以打印输出。

**操作命令** PLOT、SAVE、ZOOM 等。

**操作参考** 如图 8.34 所示。

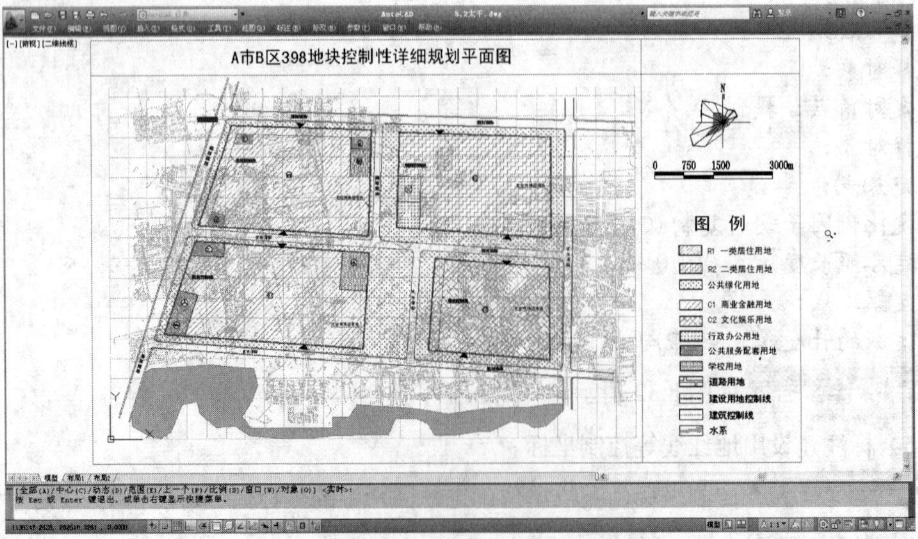


图 8.34 完成全部规划内容图形绘制

第9章

# 城乡规划市政工程专项规划图CAD快速绘制

本章以常见的城乡规划市政工程专项规划图（给排水及电力电信工程等）为例，介绍其CAD快速绘制方法与技巧。

为便于学习设计CAD绘图技能，本书提供本章讲解案例实例的CAD图形（DWG格式图形文件）供学习使用。读者连接互联网后可以到如下任一地址下载，图形文件仅供学习参考：

华为网盘（下载地址为：http://dl.vmall.com/c0ave3edwb）

百度网盘（下载地址为：http://pan.baidu.com/share/link?shareid=3490686823&uk=605274645）

## 9.1 城乡规划给排水系统规划图CAD快速绘制

本小节如图9.1所示常见的某区城乡规划给排水系统规划图为例，介绍其CAD绘制方法与技巧。

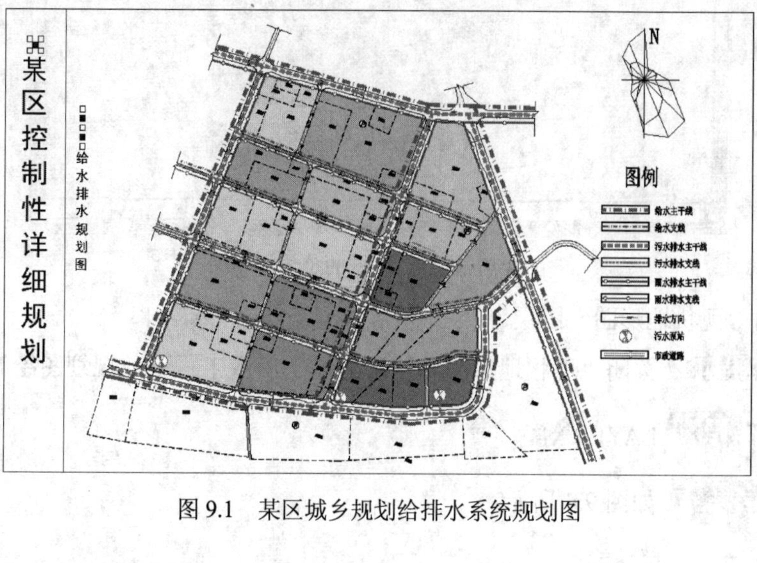


图9.1 某区城乡规划给排水系统规划图

### 9.1.1 城乡规划给水系统规划图 CAD 快速绘制

（1）打开现状地形图并设置为浅色。

操作提示 设置为单独的图层“现状地形图”。

操作命令 OPEN、LAYER、SAVEAS 等。

操作参考 如图 9.2 所示。

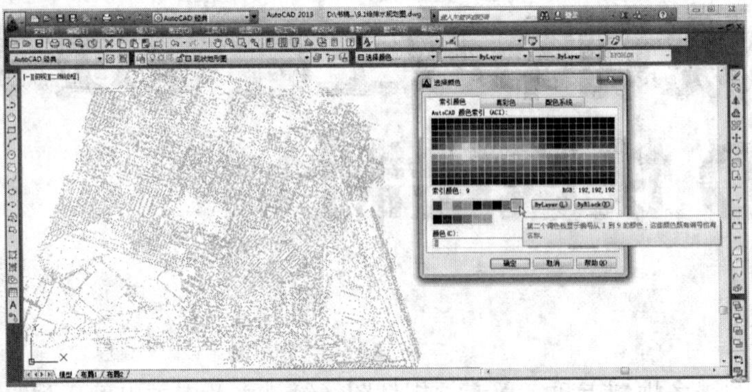

图 9.2 打开现状地形图并设置为浅色

（2）调用或打开该区域的总体规划图。

操作提示 总体规划图由规划设计师提供。

操作命令 OPEN、MOVE、SAVEAS 等。

操作参考 如图 9.3 所示。

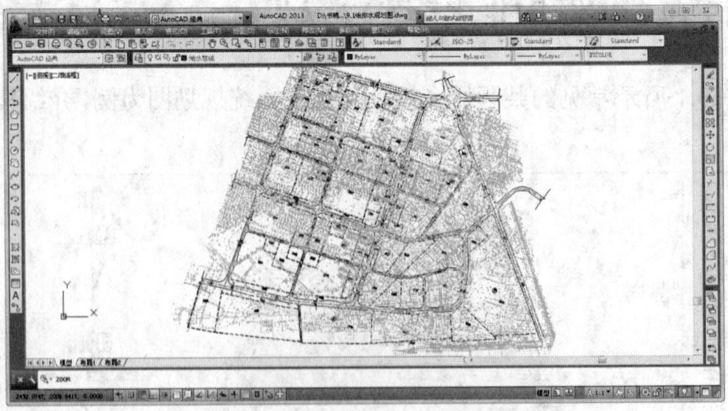

图 9.3 打开该区域的总体规划图

（3）关闭“现状地形图”图层。

操作提示 关闭“现状地形图”图层为便于市政工程专业规划图绘制。

操作命令 LAYER 等。

操作参考 如图 9.4 所示。

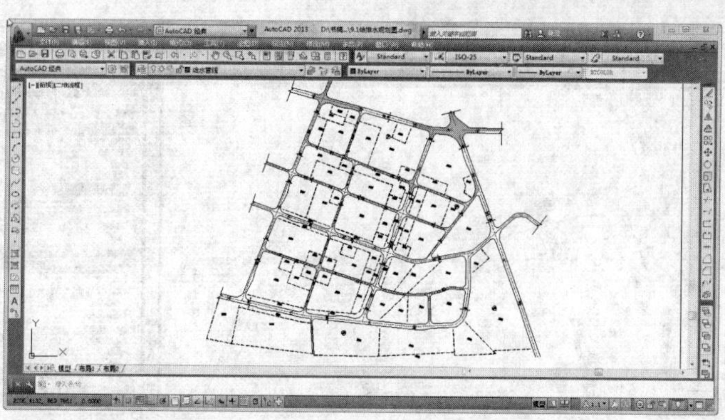

图 9.4 关闭“现状地形图”图层

（4）绘制规划给水管线干线轮廓。

**操作提示** 新建“给水管线”图层，给水干线使用 PLINE 绘制，有一定的宽度，沿规划主干道路一侧布置。

**操作命令** PLINE、STRETCH、TRIM、ZOOM、LAYER 等。

```
命令:PLINE
指定起点:
当前线宽为 0.0000
指定下一个点或 [圆弧(A)/半宽(H)/长度(L)/放弃(U)/宽度(W)]:W
指定起点宽度 <0.0000>: 10
指定端点宽度 <10.0000>: 10
指定下一个点或 [圆弧(A)/半宽(H)/长度(L)/放弃(U)/宽度(W)]:
指定下一点或 [圆弧(A)/闭合(C)/半宽(H)/长度(L)/放弃(U)/宽度(W)]:
……
指定下一点或 [圆弧(A)/闭合(C)/半宽(H)/长度(L)/放弃(U)/宽度(W)]:
```

**操作参考** 如图 9.5 所示。

（5）将给水干线线型修改为需要的线型。

**操作提示** 线型可以为虚线或其他线型。

**操作命令** LINETYPE、LTSCALE 等。

**操作参考** 如图 9.6 所示。

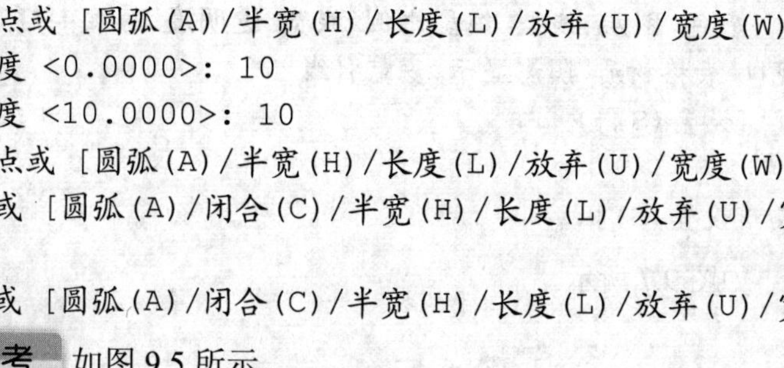

图 9.5 绘制规划给水管线干线

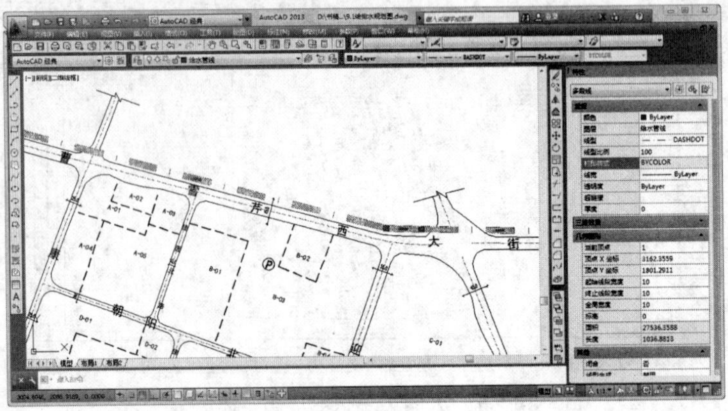

图 9.6　修改给水干线线型

（6）按前述方法绘制其他位置干线给水管线。

**操作提示** 线型建议通过“特性匹配”功能快速修改。

**操作命令** PLINE、STRETCH、CHAMFER、TRIM、EXTEND、LINETYPE、LTSCALE、MATCHPROP、SAVE 等。

命令：MATCHPROP

选择源对象：

当前活动设置： 颜色 图层 线型 线型比例 线宽 透明度 厚度 打印样式 标注 文字 图案填充 多段线 视口 表格材质 阴影显示 多重引线

选择目标对象或 [设置(S)]：

指定对角点：

选择目标对象或 [设置(S)]：

**操作参考** 如图 9.7 所示。

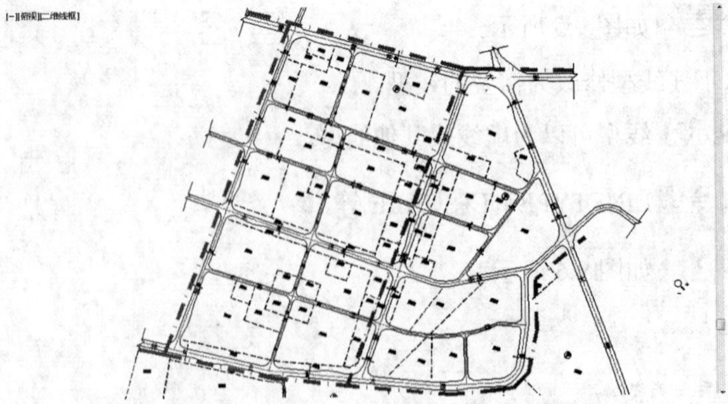

图 9.7　绘制其他位置干线给水管线

（7）绘制规划给水管线的支干线。

**操作提示** 规划给水管线支干线按支线道路布置。

**操作命令** PLINE、STRETCH、CHAMFER、TRIM、EXTEND、LINETYPE、LTSCALE、MATCHPROP、SAVE 等。

命令：CHAMFER

（“修剪”模式）当前倒角距离 1 =10.0000，距离 2 =10.0000

选择第一条直线或 [放弃(U)/多段线(P)/距离(D)/角度(A)/修剪(T)/方式(E)/多个(M)]：D

指定 第一个 倒角距离 <10.0000>：0

指定 第二个 倒角距离 <10.0000>：0

选择第一条直线或 [放弃(U)/多段线(P)/距离(D)/角度(A)/修剪(T)/方式(E)/多个(M)]：

选择第二条直线，或按住 Shift 键选择直线以应用角点或 [距离(D)/角度(A)/方法(M)]：

操作参考 如图 9.8 所示。

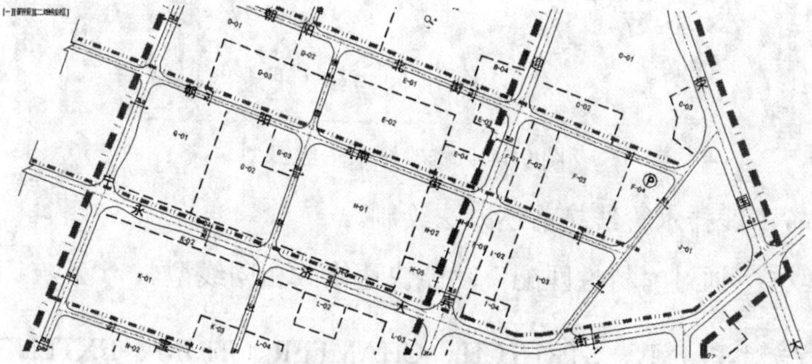

图 9.8 绘制规划给水管线的支干线

（8）完成给水规划图绘制。

操作提示 其他位置的给水规划管线绘制方法按前述方法进行。

操作命令 SAVE、ZOOM 等。

操作参考 如图 9.9 所示。

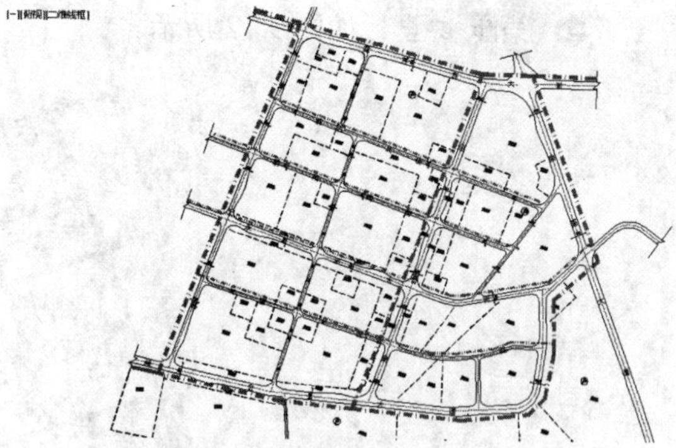

图 9.9 完成给水规划图绘制

## 9.1.2 城乡规划排水系统规划图 CAD 快速绘制

（1）绘制排水规划主干线。

操作提示 关闭“给水规划管线”图层，新建“排水规划管线”图层。关闭“给水规划管线”图层为便于市政工程专业规划图绘制。

操作命令 LAYER 、 PLINE 、 STRETCH、TRIM、CHAMFER 等。

操作参考 如图 9.10 所示。

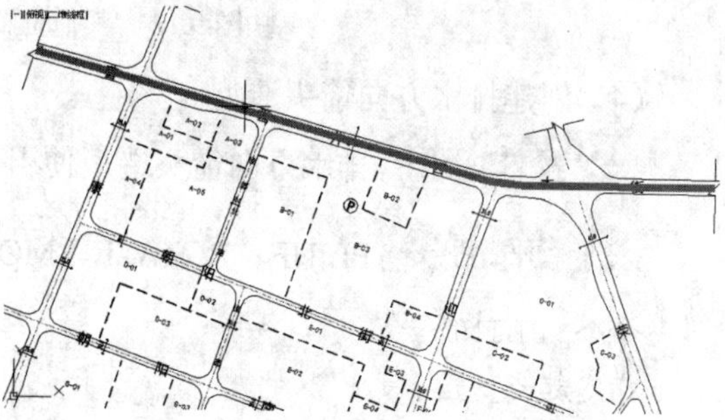

图 9.10 绘制排水规划主干线

（2）修改排水干线线型为需要的线型。

**操作提示** 可以修改为虚线或其他线型。

**操作命令** LINETYPE、LTSCALE 等。

**操作参考** 如图 9.11 所示。

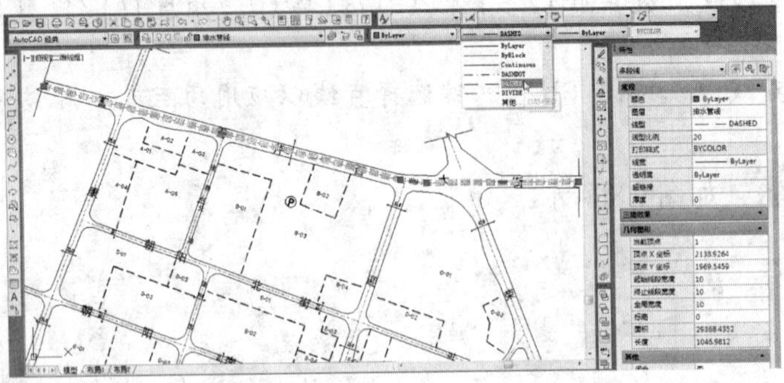

图 9.11　修改排水干线线型

（3）其他位置干线排水管线按前述方法绘制。

**操作提示** 通过“特性匹配”功能快速修改相同线型。

**操作命令** PLINE、STRETCH、CHAMFER、TRIM、EXTEND、LINETYPE、LTSCALE、MATCHPROP 等。

**操作参考** 如图 9.12 所示。

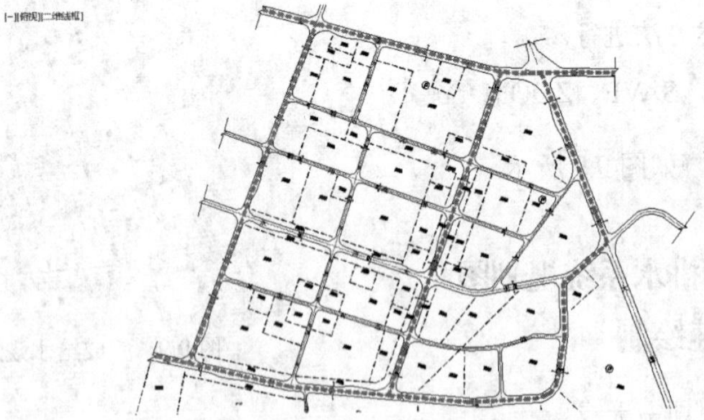

图 9.12　其他位置干线排水管线绘制

（4）创建排水方向箭头造型。

**操作提示** 排水方向箭头造型使用 PLINE 直接创建。

**操作命令** PLINE、ROTATE、MOVE 等。

```
命令：PLINE
指定起点：
当前线宽为 0.0000
指定下一个点或 [圆弧(A)/半宽(H)/长度(L)/放弃(U)/宽度(W)]：
```

指定下一点或 [圆弧(A)/闭合(C)/半宽(H)/长度(L)/放弃(U)/宽度(W)]: W

指定起点宽度 <0.0000>: 5

指定端点宽度 <5.0000>: 0

指定下一点或 [圆弧(A)/闭合(C)/半宽(H)/长度(L)/放弃(U)/宽度(W)]:

指定下一点或 [圆弧(A)/闭合(C)/半宽(H)/长度(L)/放弃(U)/宽度(W)]:

**操作参考** 如图 9.13 所示。

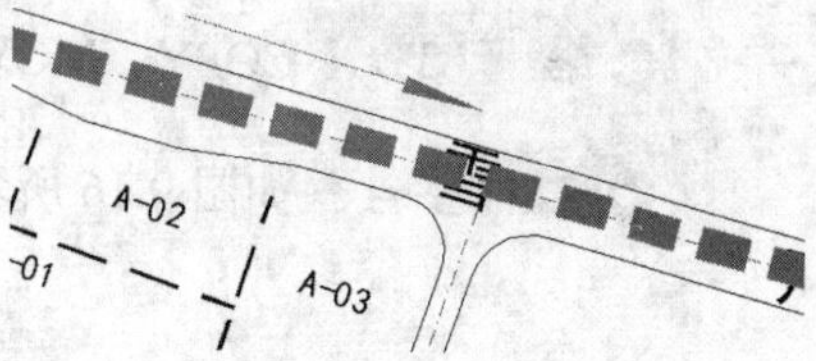


图 9.13　创建排水方向箭头

(5) 其他位置的排水规划管线绘制方法按前述方法进行。

**操作提示** 箭头造型可以通过镜像、复制及旋转得到。

**操作命令** PLINE、ROTATE、MOVE、STRETCH、CHAMFER、TRIM、EXTEND、LINETYPE、LTSCALE、MATCHPROP 等。

**操作参考** 如图 9.14 所示。

图 9.14　其他位置的排水规划管线绘制

(6) 绘制排水管线污水泵站造型。

**操作提示** 排水管线污水泵站造型按实际情况布置。

**操作命令** CIRCLE、PLINE、TRIM、STRETCH、LINE、HATCH、MIRROR 等。

**操作参考** 如图 9.15 所示。

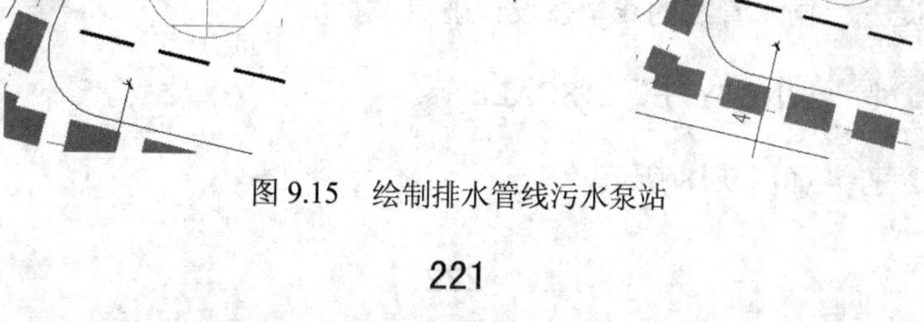

图 9.15　绘制排水管线污水泵站

（7）复制布置其他位置的污水泵站造型。

**操作提示** 其他位置的污水泵站按规划设计确定。

**操作命令** COPY、MOVE、PLINE、TRIM 等。

**操作参考** 如图 9.16 所示。

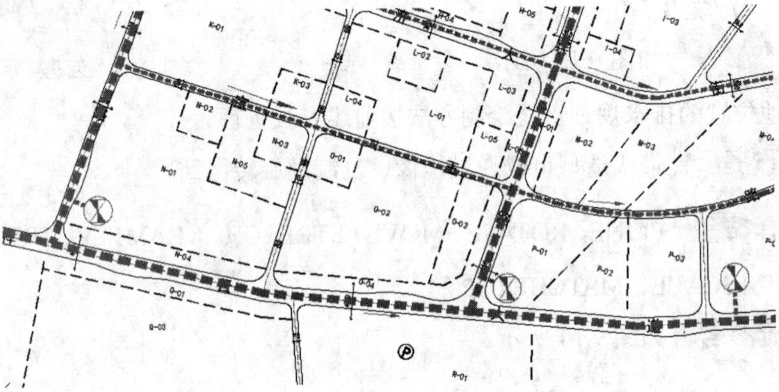

图 9.16 复制布置其他位置的污水泵站

（8）绘制雨水规划管线。

**操作提示** 利用偏移的方法快速得到雨水管线。

**操作命令** OFFSET、TRIM、CHAMFER 等。

**操作参考** 如图 9.17 所示。

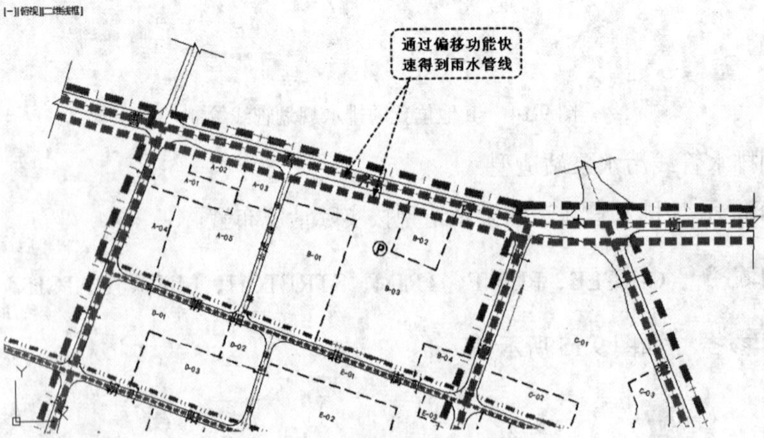


图 9.17 绘制雨水规划管线

（9）将偏移得到的线条修改为其他不同的线型。

**操作提示** 雨水管线的线型按设计确定。

**操作命令** LINETYPE、LTSCALE 等。

**操作参考** 如图 9.18 所示。

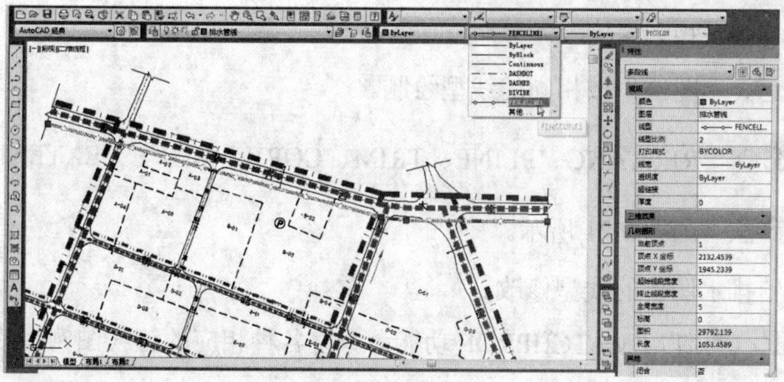


图 9.18　线条修改为其他不同的线型

（10）新建图层并将雨水管线设置到该图层中。

**操作提示** 设置图层便于图形管理及操作。

**操作命令** LAYER 等。

**操作参考** 如图 9.19 所示。

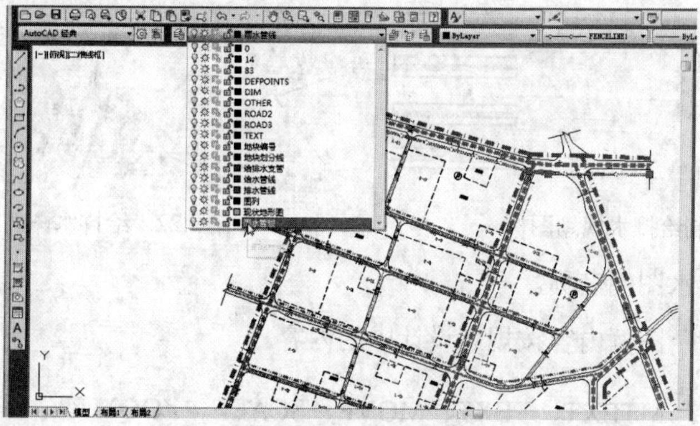


图 9.19　将雨水管线设置到新图层

（11）其他位置的雨水规划管线按前述方法快速绘制。

**操作提示** 使用 MATCHPROP 功能命令将雨水管线修改为相同图层、线型。

**操作命令** PLINE、MATCHPROP 等。

**操作参考** 如图 9.20 所示。

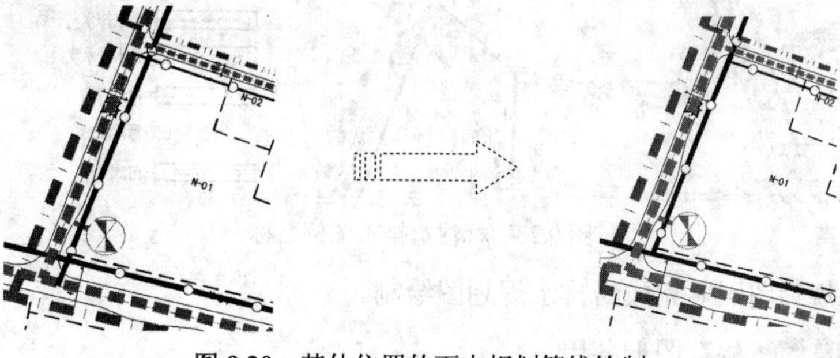


图 9.20　其他位置的雨水规划管线绘制

（12）绘制给排水规划图例。

**操作提示** 图例先按相同的线型绘制。

**操作命令** RECTANG、PLINE、TRIM、COPY、MOVE、EXTEND等。

**操作参考** 如图9.21所示。

（13）进行给排水图例的线型修改。

**操作提示** 使用MATCHPROP功能命令将各种相应的管线图例修改为规划图中相同管线的图层、线型。

**操作命令** MATCHPROP等。

**操作参考** 如图9.22所示。

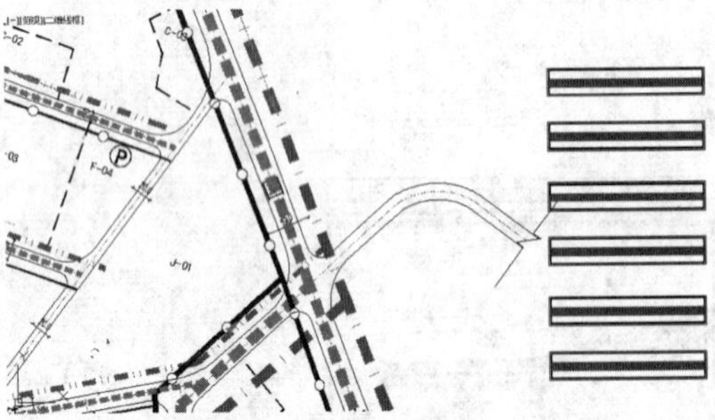

图9.21 绘制给排水规划图例

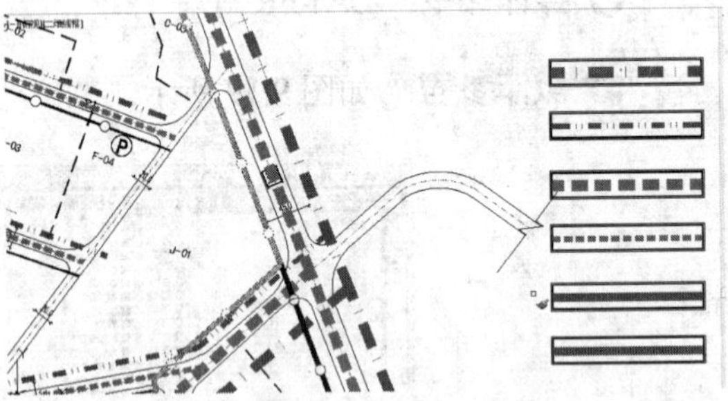

图9.22 给排水图例的线型修改

（14）标注给排水图例名称。

**操作提示** 图例内容按规划设计中的内容。

**操作命令** MTEXT、TEXT、MOVE、SCALE、ZOOM等。

**操作参考** 如图9.23所示。

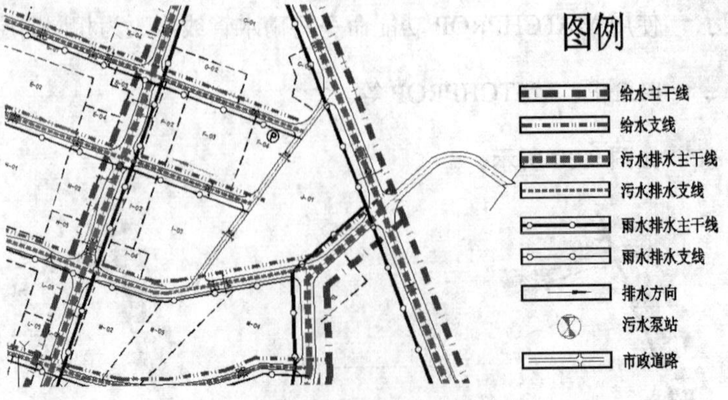


图9.23 标注给排水图例名称

（15）标注规划图图名完成给排水规划图绘制。

**操作提示** 保存图形备用。

**操作命令** MTEXT、TEXT、MOVE、SCALE、SAVE 等。

**操作参考** 如图 9.24 所示。

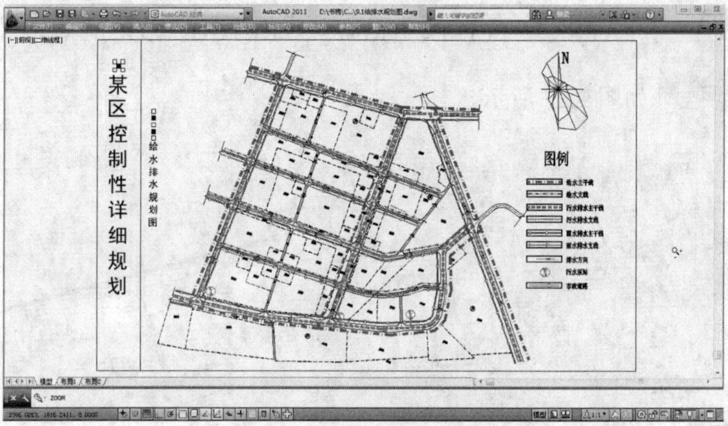


图 9.24 完成给排水规划图绘制

## 9.2 城乡规划电力电信系统规划图 CAD 快速绘制

本小节如图 9.25 所示常见某区域城乡规划电力电信（包括燃气）系统规划图为例，介绍其 CAD 绘制方法与技巧。

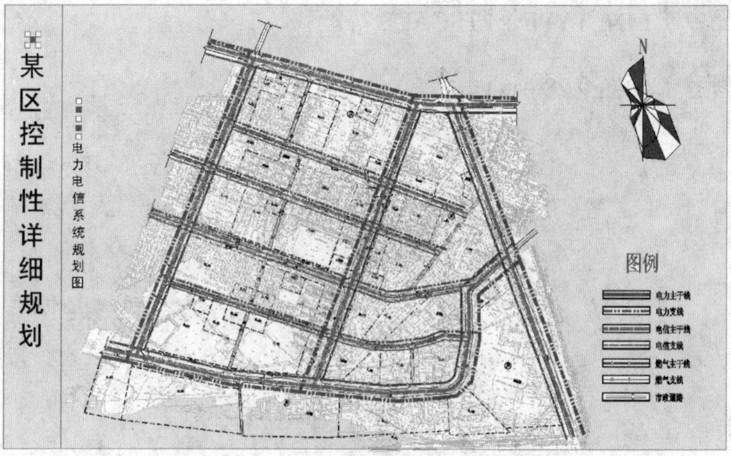


图 9.25 某区域城乡规划电力电信系统规划图

### 9.2.1 城乡规划电力系统规划图 CAD 快速绘制

（1）调用或打开该区域的总体规划图及现状地形图。

**操作提示** 总体规划图由规划设计师提供。

**操作命令** OPEN、MOVE、SAVEAS 等。

**操作参考** 如图 9.26 所示。

（2）规划电力管线干线轮廓绘制。

**操作提示** 新建“电力管线”图层，电力干线使用 PLINE 绘制，有一定的宽度，沿规划主干道路一侧布置，避免与给排水等管线冲突。

**操作命令** LAYER、 PLINE、TRIM、STRETCH、ZOOM 等。

**操作参考** 如图 9.27 所示。

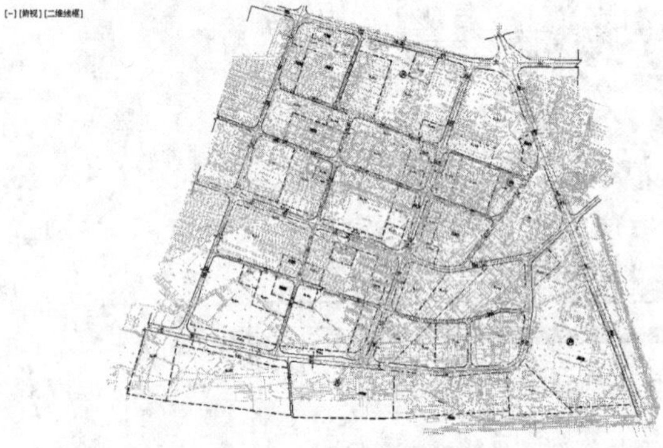

图 9.26 打开该区域的总体规划图及现状地形图

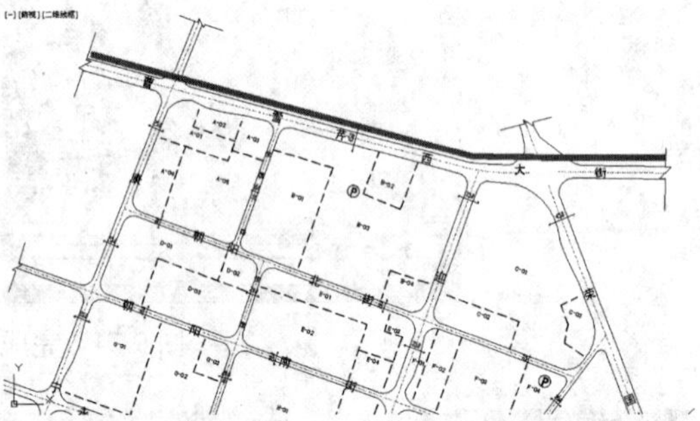

图 9.27 绘制规划电力管线干线轮廓

（3）修改为电力管线需要的线型。

**操作提示** 按需要可以为虚线或其他线型。

**操作命令** LINETYPE、LTSCALE 等。

**操作参考** 如图 9.28 所示。

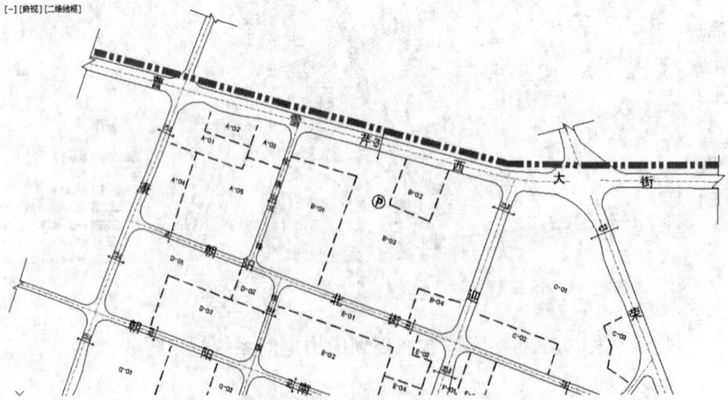

图 9.28 修改电力管线线型

（4）按前述方法绘制其他位置电力管线干线造型。

**操作提示** 通过“特性匹配”功能快速修改线型。

**操作命令** PLINE、STRETCH、CHAMFER、TRIM、EXTEND、LINETYPE、LTSCALE、MATCHPROP 等。

**操作参考** 如图 9.29 所示。

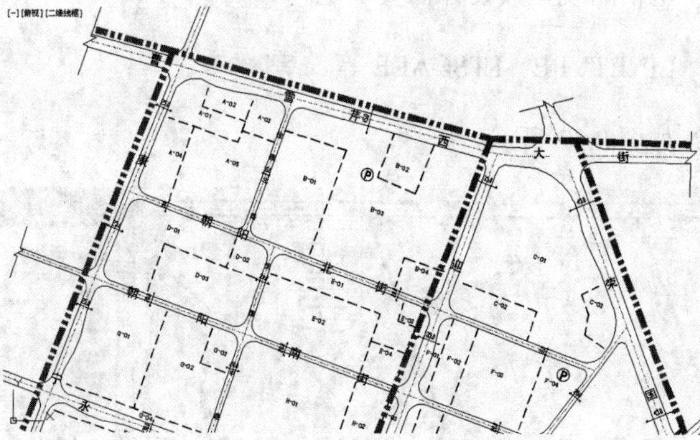

图 9.29　绘制其他位置电力管线干线

（5）规划电力管线的支干线绘制，完成电力规划图绘制。

**操作提示** 按支线道路布置规划电力支干线，其他位置的电力规划管线绘制方法按前述方法进行。

**操作命令** PLINE、STRETCH、CHAMFER、TRIM、EXTEND、LINETYPE、LTSCALE、MATCHPROP、SAVE 等。

**操作参考** 如图 9.30 所示。

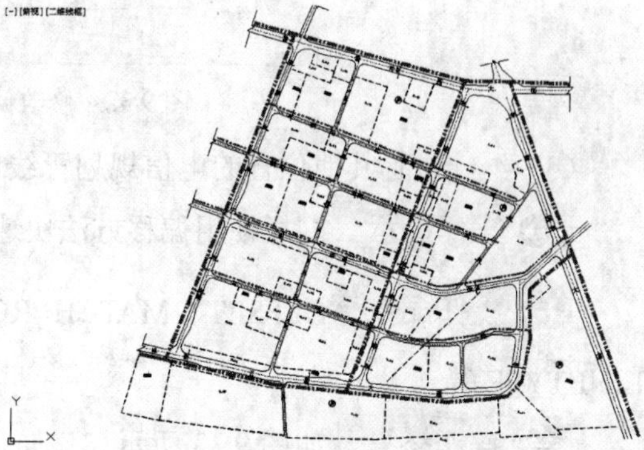

图 9.30　完成电力规划图绘制

## 9.2.2　城乡规划电信系统规划图 CAD 快速绘制

（1）绘制规划电信管线。

**操作提示** 利用偏移的方法快速得到电信规划管线。

**操作命令** OFFSET、TRIM、CHAMFER 等。

**操作参考** 如图 9.31 所示。

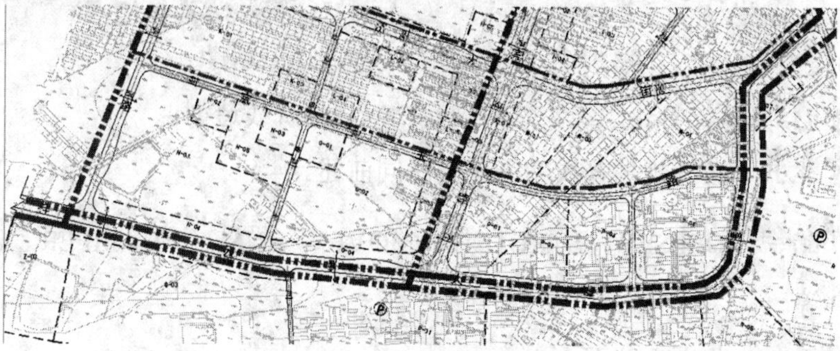

图 9.31　绘制规划电信管线

（2）将偏移得到的电信线条修改为其他不同的线型。

操作提示　电信的线型按设计需要确定。

操作命令　LINETYPE、LTSCALE 等。

操作参考　如图 9.32 所示。

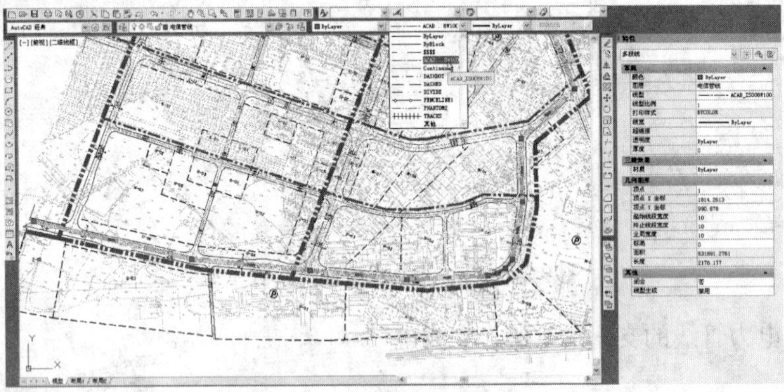

图 9.32　修改偏移得到的线条线型

（3）继续进行其他位置的电信规划管线创建。

操作提示　同样使用偏移方法快速得到。

操作命令　OFFSET、MATCHPROP、STRETCH、MOVE、TRIM、CHAMFER、LINETYPE 等。

操作参考　如图 9.33 所示。

图 9.33　其他位置的电信规划管线创建

（4）创建电信规划支管轮廓线，然后创建燃气规划管线造型。

操作提示　燃气规划管线的创建方法同前述。

操作命令　OFFSET、STRETCH、MOVE、TRIM、CHAMFER、LINETYPE、MATCHPROP 等。

操作参考　如图 9.34 所示。

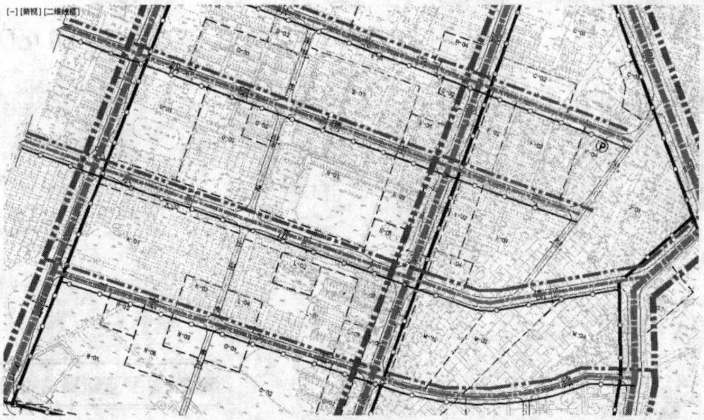

图 9.34　燃气规划管线的创建

（5）创建电力电信规划图例轮廓线。

操作提示　使用 PEDIT 进行线条加粗编辑。

操作命令　RECTANG、OFFSET、PEDIT 等。

操作参考　如图 9.35 所示。

（6）绘制图框中的粗线线条。

操作提示　使用 PLINE 绘制。

操作命令　PLINE、TRIM、EXTEND 等。

操作参考　如图 9.36 所示。

图 9.35　创建电力电信规划图例轮廓线

图 9.36　绘制图框中的粗线线条

（7）将图框中的线条修改为规划图中的相同管线线型。

操作提示　利用"特性匹配"功能快速修改。

操作命令　MATCHPROP 等。

命令：MATCHPROP
选择源对象：
当前活动设置：　颜色 图层 线型 线型比例 线宽 透明度 厚度 打印样式 标注 文字 图案填充 多段线 视口 表格材质 阴影显示 多重引线
选择目标对象或 [设置(S)]：
选择目标对象或 [设置(S)]：

操作参考　如图 9.37 所示。

（8）按前述方法进行图例绘制，然后标注说明文字即可。

操作提示　布置图例到合适的位置。

**操作命令** MOVE、COPY、MTEXT、SCALE、ZOOM、DDEDIT 等。

**操作参考** 如图 9.38 所示。

图 9.37 将图框中的线条修改为规划图中的相同管线线型

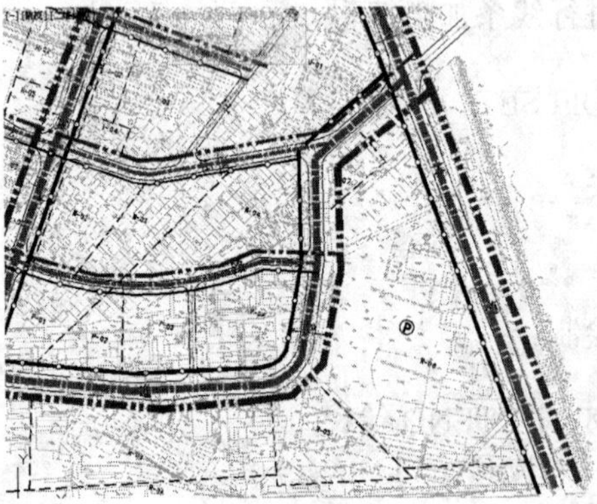


图 9.38 标注说明文字

（9）标注规划图名，完成电力电信及燃气规划图绘制。

**操作提示** 保存图形。

**操作命令** MTEXT、SAVE 等。

**操作参考** 如图 9.39 所示。

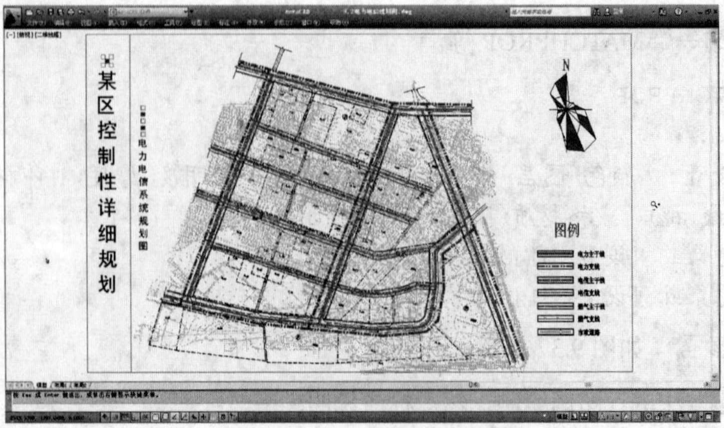


图 9.39 完成电力电信及燃气规划图绘制

# 第10章

# 城乡规划设计 CAD 图打印与转换输出

城乡规划设计各种 CAD 图形绘制完成后，需要打印输出，即打印成图纸供使用。此外，CAD 图形还可以输出为其他格式电子数据文件（如 PDF 格式文件、JPG 和 BMP 格式图像文件等），供 Word 文档使用，方便规划方案编制，实现 CAD 图形与 Word 文档互通共享。

## 10.1 城乡规划设计 CAD 图形打印

城乡规划设计 CAD 图纸打印是指利用打印机或绘图仪，将图形打印到图纸上。

### 10.1.1 城乡规划设计 CAD 图形打印设置

CAD 图形打印设置，通过“打印—模型”或“打印—布局”对话框进行。启动该对话框有如下几种方法：

- 打开【文件】下拉菜单，选择【打印】命令选项。
- 在【标准】工具栏上单击【打印】命令图标。
- 在“命令:”命令行提示下直接输入 PLOT 命令。
- 使用命令按键，即同时按下“Ctrl”和“P”按钮键。
- 使用快捷菜单命令，即在“模型”选项卡或布局选项卡上单击鼠标右键，在弹出的菜单中单击“打印”。如图 10.1 所示。

执行上述操作后，AutoCAD 将弹出“打印—模型”或“打印—布局”对话框，如图 10.2 所示。若单击对话框右下角的“更多选项”按钮，可以在“打印”对话框中显示更多选项，如图 10.3 所示。

打印对话框各个选项单功能含义和设置方法如下所述：

（1）页面设置

“页面设置”对话框的标题显示了当前布局的名称。列出图形中已命名或已保存的页面设置；可以将图形中保存的命名页面设置作为当前页面设置，也可以在“打印”对话框中单击“添加”，基于当前设置创建一个新的命名页面设置。

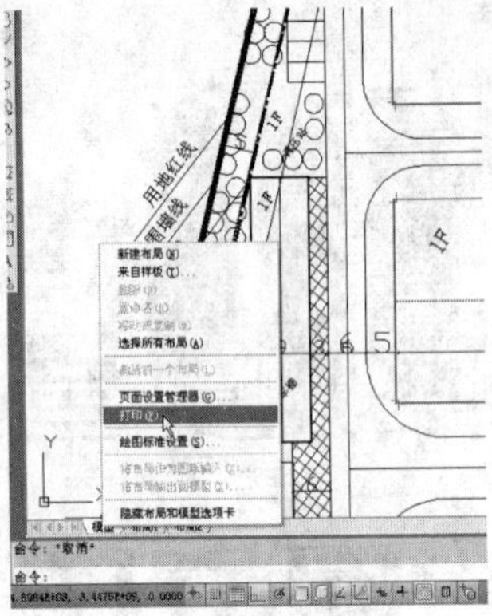

图 10.1　使用快捷菜单打印

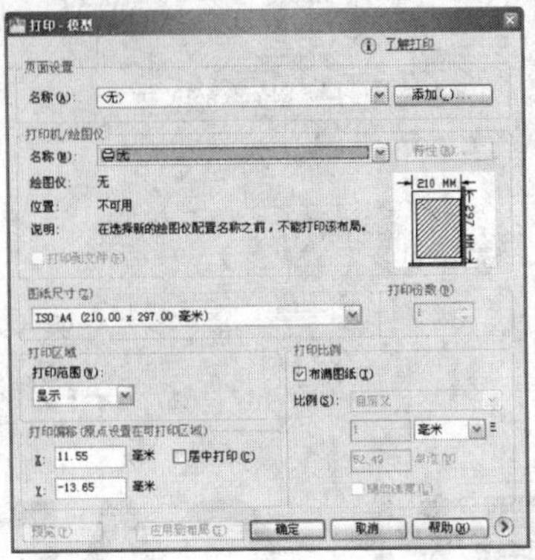

图 10.2　打印对话框

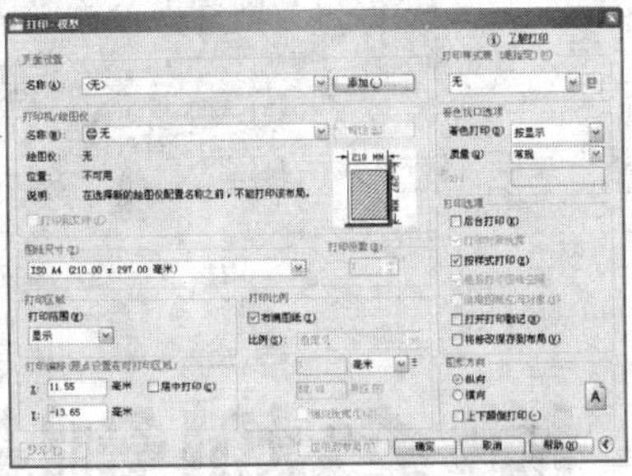

图 10.3　打印对话框全图

若使用与前一次打印方法相同（包括打印机名称、图幅大小、比例等），可以选择“上一次打印” 或选择“输入”在文件夹中选择保存的图形页面设置，如图 10.4 所示；也可以添加新的页面设置，如图 10.5 所示。

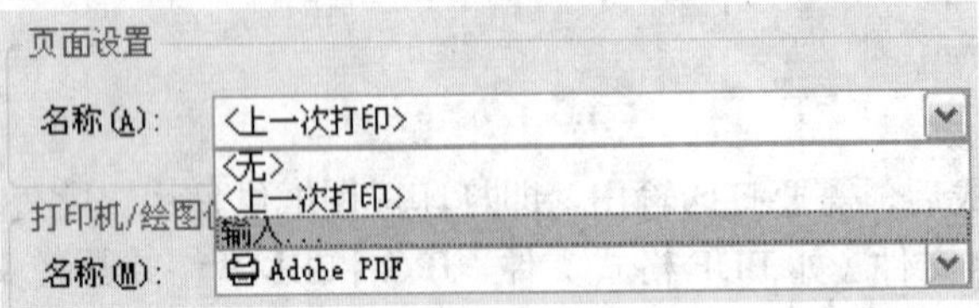


图 10.4　选择“上一次打印”

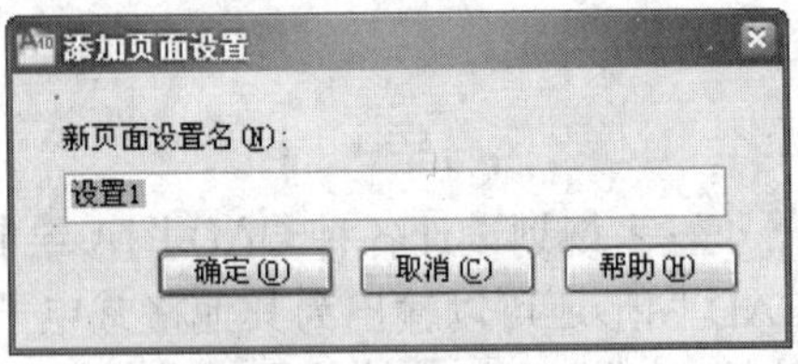


图 10.5　添加新的页面设置

（2）打印机 / 绘图仪

在 AutoCAD 中，非系统设备称为绘图仪，Windows 系统设备称为打印机。

该选项是指定打印布局时使用已配置的打印设备。如果选定绘图仪不支持布局中选定的图纸尺寸，将显示警告，用户可以选择绘图仪的默认图纸尺寸或自定义图纸尺寸。打开下拉列表，其中列出可用的 PC3 文件或系统打印机，可以从中进行选择，以打印当前布局。设备名称前面的图标识别其为 PC3 文件还是系统打印机。如图 10.6 所示。PC3 文件是指 AutoCAD 将有关介质和打印设备的信息存储在配置的打印文件(PC3)中的文件类型。

右侧“特性”按钮，是显示“绘图仪配置编辑器”（PC3 编辑器），从中可以查看或修改当前绘图仪的配置、端口、设备和介质设置，如图 10.7 所示。如果使用“绘图仪配置编辑器”更改 PC3 文件，将显示“修改打印机配置文件”对话框。

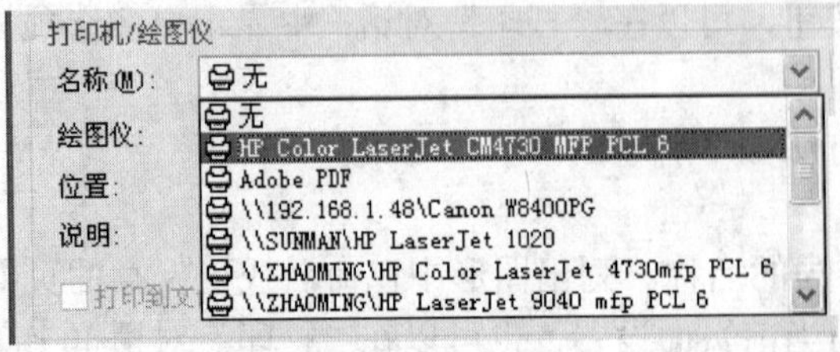


图 10.6　选择打印机类型

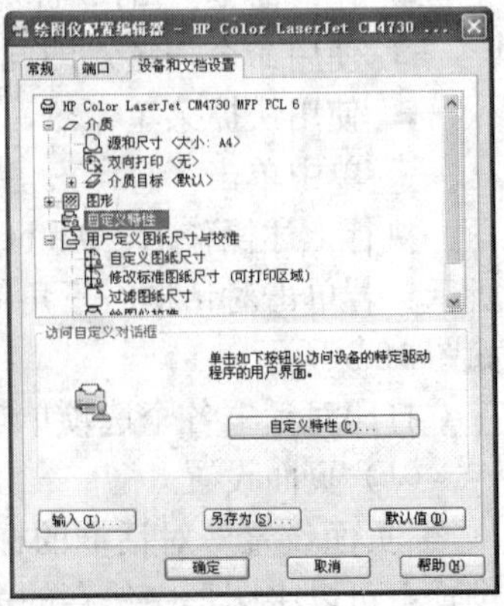

图 10.7　打印机特性对话框

（3）打印到文件

打印输出到文件而不是绘图仪或打印机。打印文件的默认位置是在“选项”→“打印和发布”→“打印到文件操作的默认位置”中指定的。如果“打印到文件”选项已打开，单击“打印”对话框中的“确定”将显示“打印到文件”对话框（标准文件浏览对话框），文件类型为“*.plt”格式文件，如图 10.8 所示。

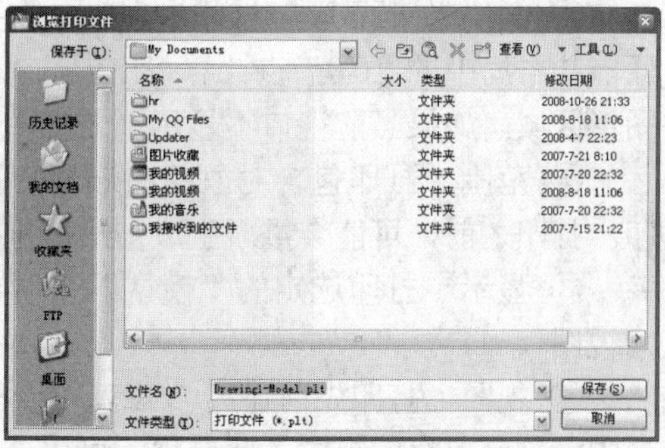


图 10.8　打印到文件

（4）局部预览

在对话框约中间位置，局部预览是精确显示相对于图纸尺寸和可打印区域的有效打印区域，提示显示图纸尺寸和可打印区域，如图 10.9 左侧图所示。若图形比例大，打印边界超出图纸范围，局部预览将显示红线，如图 10.9 右侧图所示。

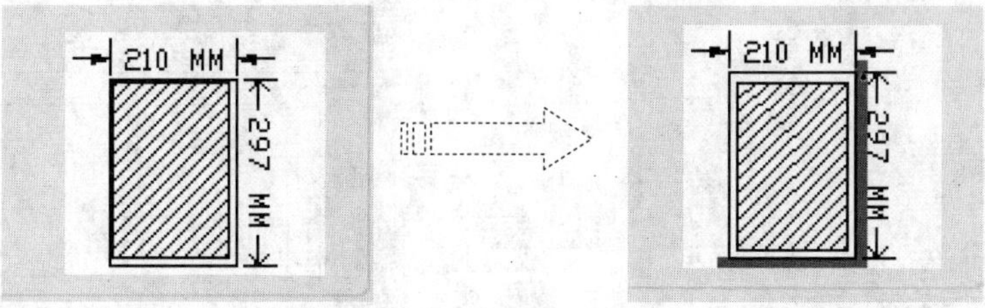


图 10.9　局部预览功能

（5）图纸尺寸

显示所选打印设备可用的标准图纸尺寸，如图 10.10 所示。如果未选择绘图仪，将显示全部标准图纸尺寸的列表以供选择。如果所选绘图仪不支持布局中选定的图纸尺寸，将显示警告，用户可以选择绘图仪的默认图纸尺寸或自定义图纸尺寸。页面的实际可打印区域（取决于所选打印设备和图纸尺寸）在布局中由虚线表示；如果打印的是光栅图像（如 BMP 或 TIFF 文件），打印区域大小的指定是以像素为单位而不是英寸或毫米。

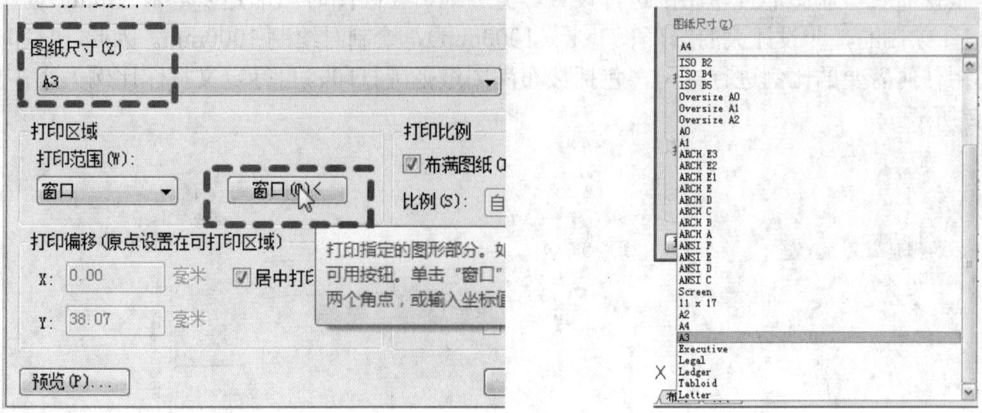


图 10.10　选择打印图纸尺寸

（6）打印区域

指定要打印的图形部分。在“打印范围”下，可以选择要打印的图形区域。

① 布局/图形界限　打印布局时，将打印指定图纸尺寸的可打印区域内的所有内容，其原点从布局中的“0,0”点计算得出。从“模型”选项卡打印时，将打印栅格界限定义的整个图形区域。如果当前视口不显示平面视图，该选项与“范围”选项效果相同。

② 范围　打印包含对象的图形部分的当前空间。当前空间内的所有几何图形都将被打印。打印之前，可能会重新生成图形以重新计算范围。

③ 显示　打印选定的“模型”选项卡当前视口中的“视图或布局”中的“当前图纸空间视图”。

④ 视图　打印先前通过 VIEW 命令保存的视图，可以从列表中选择命名视图。如果图形中没有已保存的视图，此选项不可用。选中“视图”选项后，将显示“视图”列表，列出当前图形中保存的命名视图。可以从此列表中选择视图进行打印。

⑤ 窗口　打印指定的图形部分。如果选择“窗口”，“窗口”按钮将称为可用按钮。单击“窗口”按钮以使用定点设备指定要打印区域的两个角点，或输入坐标值。这种方式最为常用，如图 10.11 所示。

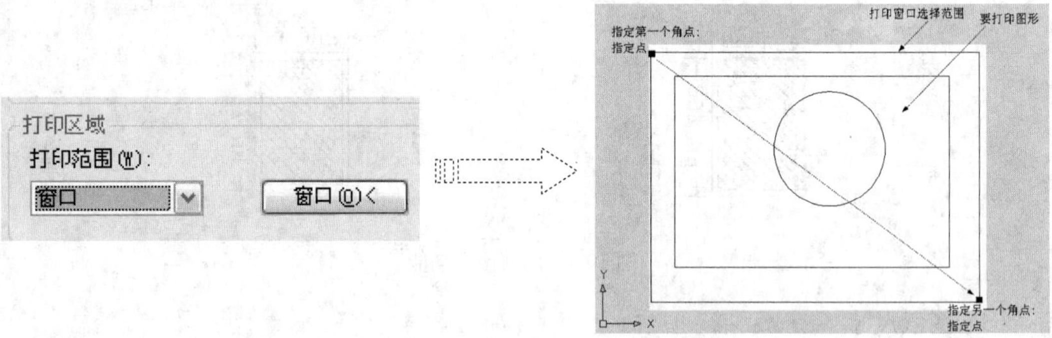


图 10.11　窗口选择打印范围

（7）打印份数

指定要打印的份数，从 1 份至多份，份数无限制。若是打印到文件时，此选项不可用。

（8）打印比例

根据需要，对图形打印比例进行设置。一般地，在绘图时图形是以毫米（mm）为单位，按 1∶1 绘制的，即设计大的图形长 1 米（1000mm），绘制时绘制 1000mm。因此，打印是可以使用任何需要的比例进行打印，包括按布满图纸范围打印、自行定义打印比例大小。如图 10.12 所示。

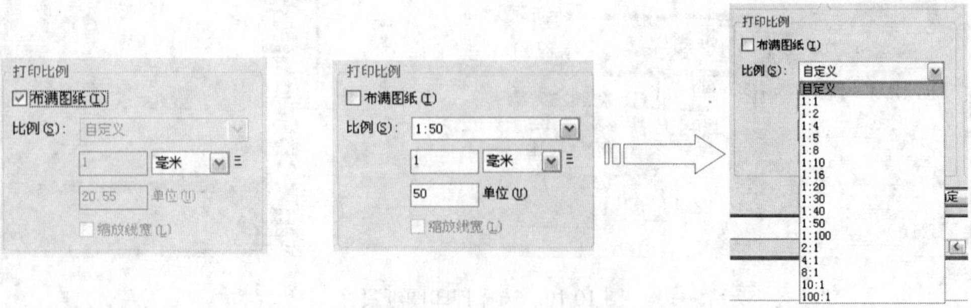


（a）按布满图纸范围打印　　（b）自行定义打印比例大小

图 10.12　打印比例设置

（9）打印偏移

根据“指定打印偏移时相对于”选项（“选项”对话框，“打印和发布”选项卡）中的设置，指定打印区域相对于可打印区域左下角或图纸边界的偏移。“打印”对话框的“打印偏移”区域显示了包含在括号中的指定打印偏移选项。图纸的可打印区域由所选输出设备决定，在布局中以虚线表示。修改为其他输出设备时，可能会修改可打印区域。

通过在“X”和“Y”框中输入正值或负值，可以偏移图纸上的几何图形。图纸中的绘图仪单位为英寸或毫米。如图 10.13 所示。

① 居中打印　自动计算 *X* 偏移和 *Y* 偏移值，在图纸上居中打印。当“打印区域”设置为“布局”时，此选项不可用。

② *X*　相对于“打印偏移定义”选项中的设置指定 *X* 方向上的打印原点。

③ *Y*　相对于“打印偏移定义”选项中的设置指定 *Y* 方向上的打印原点。

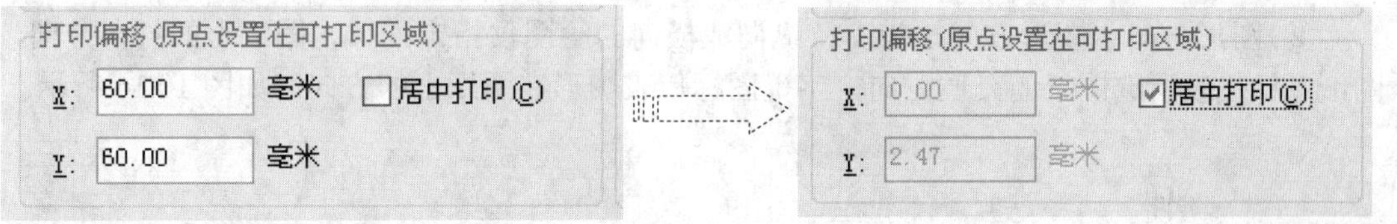


图 10.13　打印偏移方式

（10）预览

点击对话框左下角的“预览”按钮，也可以在执行 PREVIEW 命令时，系统将在图纸上以打印的方式显示图形打印预览效果。如图 10.14 所示。要退出打印预览并返回“打印”对话框，请按 ESC 键，然后按 ENTER 键，或单击鼠标右键，然后单击快捷菜单上的“退出”。

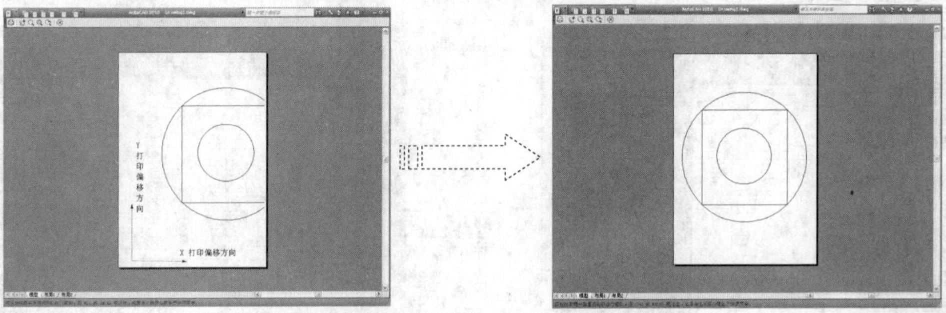


图 10.14　打印效果（预览）

（11）其他选项简述

在其他选项中，最为常用的是“打印样式表（笔指定）”和“图形方向”。

① 打印样式表　打印样式表（笔指定）即设置、编辑打印样式表，或者创建新的打印样式表，如图 10.15 所示。

如果选择“新建”，将显示“添加打印样式表”向导，可用来创建新的打印样式表。显示的向导取决于当前图形是处于颜色相关模式还是处于命名模式。通常，要打印为黑白颜色的图纸，选择其中的“monochrome.ctb”即可；要按图面显示的颜色打印，选择“无”即可。

编辑按钮显示“打印样式表编辑器”，从中可以查看或修改当前指定的打印样式表中的打印样式。

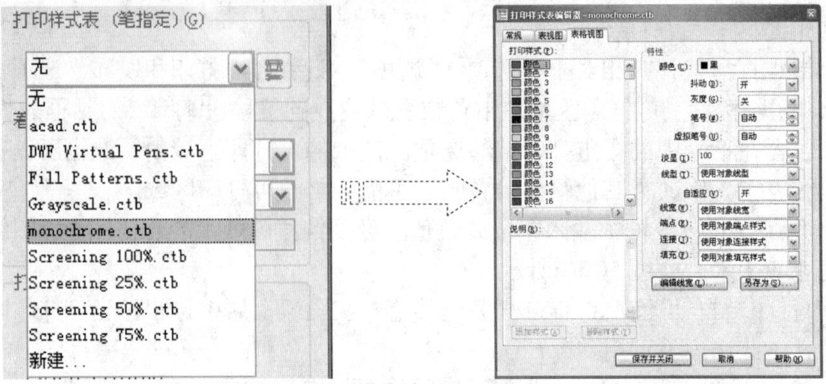


图 10.15　打印样式表

② 图形方向　图形方向是为支持纵向或横向的绘图仪指定图形在图纸上的打印方向，图纸图标代表所选图纸的介质方向，字母图标代表图形在图纸上的方向。如图 10.16 所示。

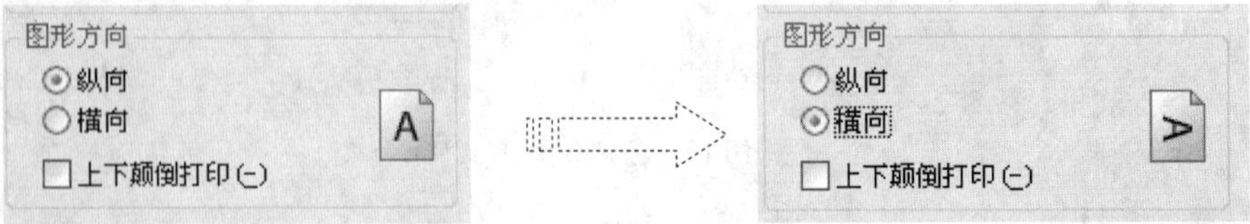


图 10.16　图形方向选择

纵向放置并打印图形，使图纸的短边位于图形页面的顶部；横向放置并打印图形，使图纸的长边位于图形页面的顶部。如图 10.17 所示。

（a）纵向放置　　（b）横向放置

图 10.17　图形方向打印效果

## 10.1.2　城乡规划设计 CAD 图形打印

城乡规划设计 CAD 图形绘制完成后，按下面方法即可通过打印机将图形打印到图纸上。

（1）先打开图形文件。

（2）启动打印功能命令，可以通过如下方式启动：

① 依次单击“文件”(F)下拉菜单，选择“打印”(P)命令选项；

② 点击标准工具栏上的打印图标 ;

③ 在命令提示下，输入“plot”。

（3）在“打印”对话框的“打印机/绘图仪”下，从“名称”列表中选择一种绘图仪。如图 10.18 所示。

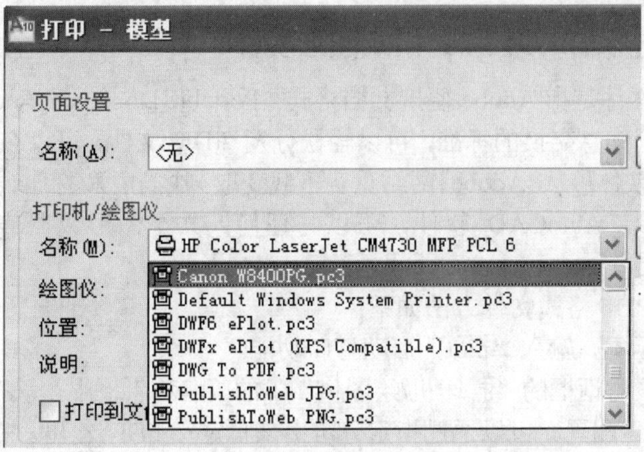


图 10.18 选择打印机

（4）在“图纸尺寸”下，从“图纸尺寸”框中选择图纸尺寸。并在“打印份数”下，输入要打印的份数，具体设置操作参见前一节所述。

（5）在“打印区域”下，指定图形中要打印的部分。设置打印位置（包括向 *X*、*Y* 轴方向偏移数值或居中打印）。同时注意在“打印比例”下，从“比例”框中选择缩放比例。具体设置操作参见前一节所述。

（6）有关其他选项的信息，请单击“其他选项”按钮⊙。注意打印戳记只在打印时出现，不与图形一起保存。

①（可选）在“打印样式表 （笔指定）”下，从“名称”框中选择打印样式表。

②（可选）在“着色视口选项”和“打印选项”下，选择适当的设置。

（7）在“图形方向”下，选择一种方向，具体设置操作参见前一节所述。

（8）点击“预览”进行预览打印效果，如图 10.19（a）所示，然后单击右键，在弹出的快捷菜单中选择“打印”或“退出”，如图 10.19（b）所示。

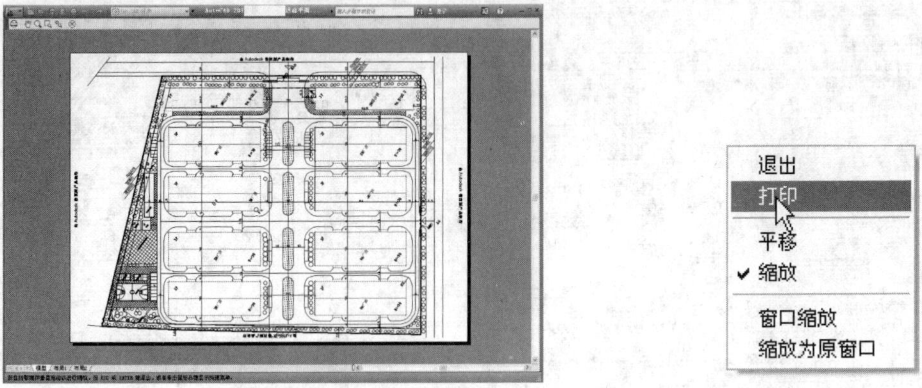


（a）打印效果预览　　（b）快捷菜单打印

图 10.19 打印预览

# 10.2 城乡规划设计CAD图形输出其他格式图形文件方法

## 10.2.1 CAD图形输出为PDF格式图形文件

PDF格式数据文件是指Adobe便携文档格式（Portable Document Format，简称PDF）文件。PDF是进行电子信息交换的标准，可以轻松分发 PDF 文件，可以在 Adobe Reader软件（注：Adobe Reader软件可从 Adobe 网站免费下载获取）中查看和打印。此外，使用 PDF 文件的图形，不需安装 AutoCAD 软件，可以与任何人共享图形数据信息，浏览图形数据文件。

输出图形数据PDF格式文件方法如下：

（1）在命令提示下，输入“plot”启动打印功能。

（2）在“打印”对话框的“打印机/绘图仪”下的“名称”框中，从“名称”列表中选择“DWG To PDF.pc3 ”配置。可以通过指定分辨率来自定义PDF 输出。在绘图仪配置编辑器中的“自定义特性”对话框中，可以指定矢量和光栅图像的分辨率，分辨率的范围从 150 dpi 到 4800 dpi（最大分辨率）。如图10.20所示。

（3）也可以选择“Adobe PDF”进行打印输出为PDF图形文件，操作方法类似“DWG To PDF.pc3 ”方式(注：使用此种方法需要安装软件Adobe Acrobat)。

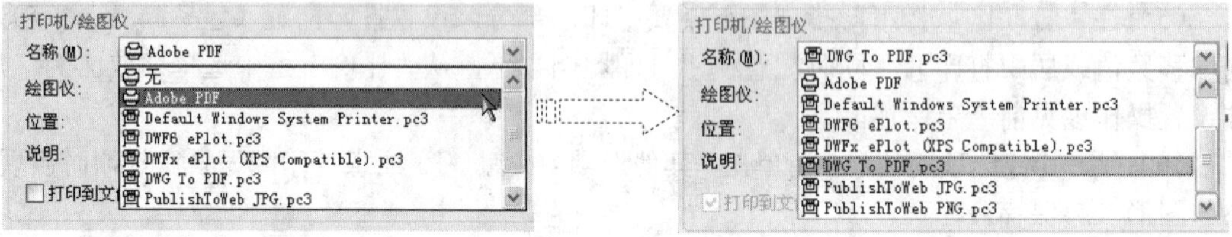


图10.20 选择DWG To PDF.pc3或Adobe PDF

（4）根据需要为 PDF 文件选择打印设置，包括图纸尺寸、比例等，具体参见前一节所述。然后单击“确定”。

（5）打印区域通过“窗口”选择图形打印输出范围。如图10.21所示。

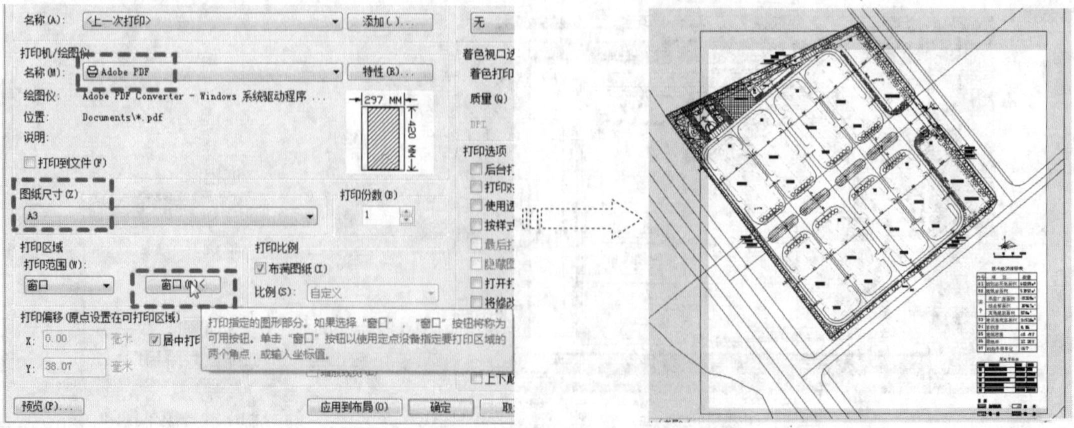


图10.21 窗口选择图形打印输出PDF范围

（6）在“浏览打印文件”对话框中，选择一个位置并输入 PDF 文件的文件名。如图 10.22 所示。最后单击“保存”。即可得到“*.PDF”为后缀的 PDF 格式的图形文件。

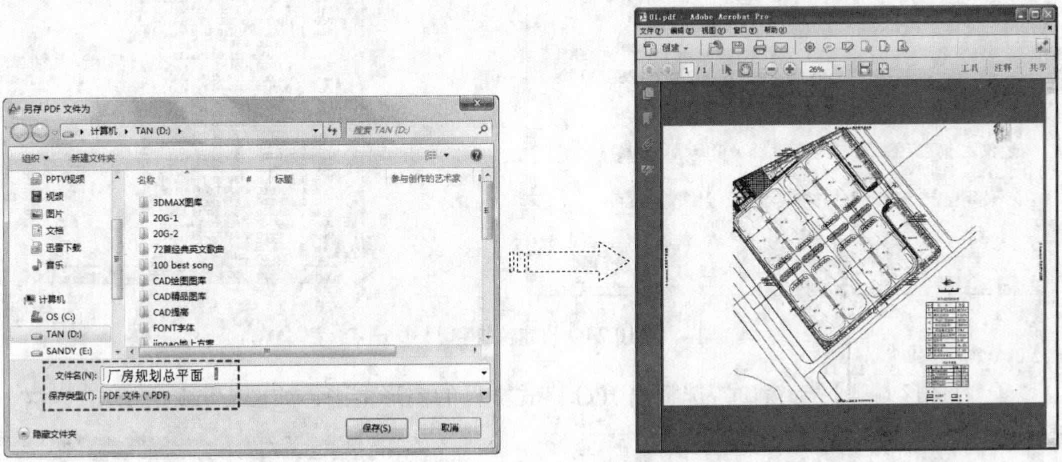


图 10.22　输出 PDF 图形文件

## 10.2.2　CAD 图形输出为 JPG / BMP 格式图形文件

AutoCAD 可以将图形以非系统光栅驱动程序支持若干光栅文件格式（包括 Windows BMP、CALS、TIFF、PNG、TGA、PCX 和 JPG）输出，其中最为常用的是 BMP 和 JPG 格式光栅文件。创建光栅文件需确保已为光栅文件输出配置了绘图仪驱动程序，即在“打印机 / 绘图仪”一栏内显示相应的名称（如选择“PublishToWeb JPG.pc3”），如图 10.23 所示。

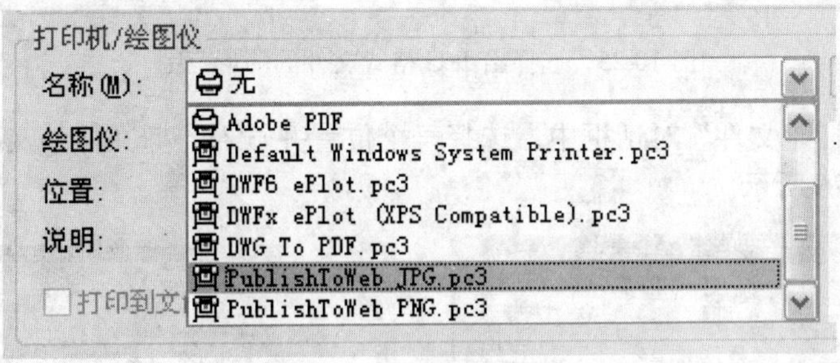


图 10.23　JPG 打印设备

（1）输出 JPG 格式光栅文件方法如下：

① 在命令提示下，输入“plot”启动打印功能。

② 在“打印”对话框的“打印机/绘图仪”下，在“名称”框中，从列表中选择光栅格式配置绘图仪为“PublishToWeb JPG.pc3”。如图 10.23 所示。

③ 根据需要为光栅文件选择打印设置，包括图纸尺寸、比例等，具体设置操作参见前一节所述。然后单击“确定”。系统可能会弹出“绘图仪配置不支持当前布局的图纸尺寸”之类的提示，此时可以选择其中任一个进行打印。例如选择“使用自定义图纸尺寸并将其添加到绘图仪配置”，然后可以在图纸尺寸列表中选择合适的尺寸。如图 10.24 所示。

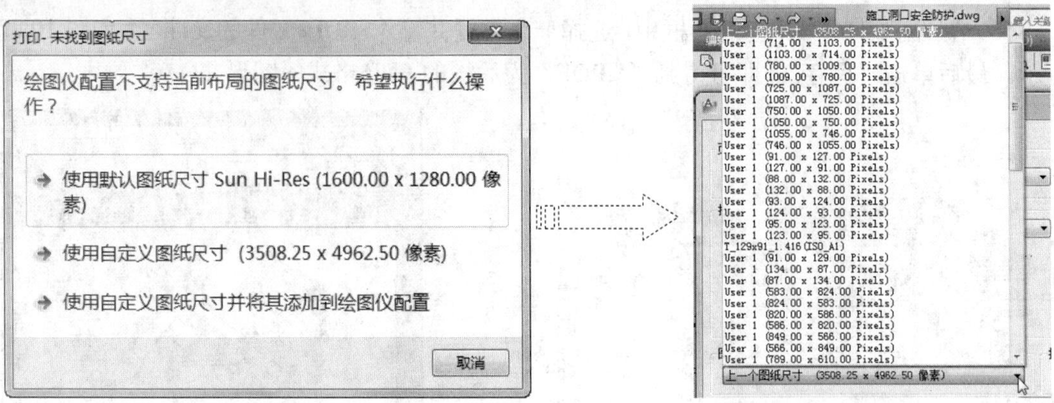


图 10.24　自定义图纸尺寸

④ 打印区域通过“窗口”选择出 JPG 格式文件的图形范围，如图 10.25 所示。

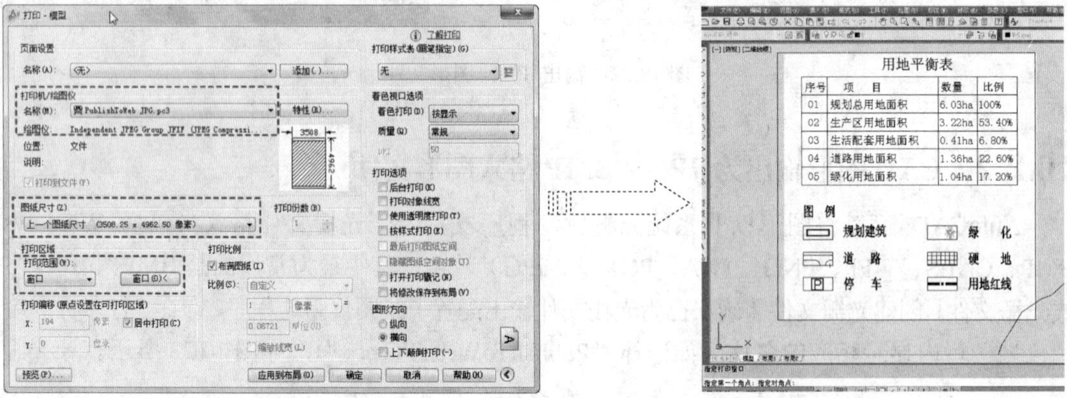


图 10.25　选择出 JPG 格式文件的图形范围

⑤ 在“浏览打印文件”对话框中，选择一个位置并输入光栅文件的文件名。 然后单击“保存”。如图 10.26 所示。

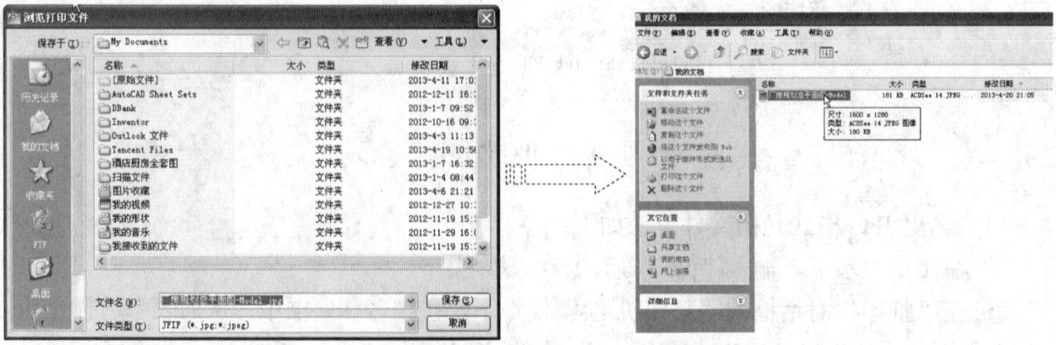


图 10.26　输出 JPG 格式图形文件

（2）输出 BMP 格式光栅文件方法如下：

① 打开文件下拉菜单，选择“输出”命令选项。如图 10.27 所示。

② 在“输出数据”对话框中，选择一个位置并输入光栅文件的文件名，然后在文件类型中选择“位图（*.bmp）” ，接着单击“保存”。如图 10.28 所示。

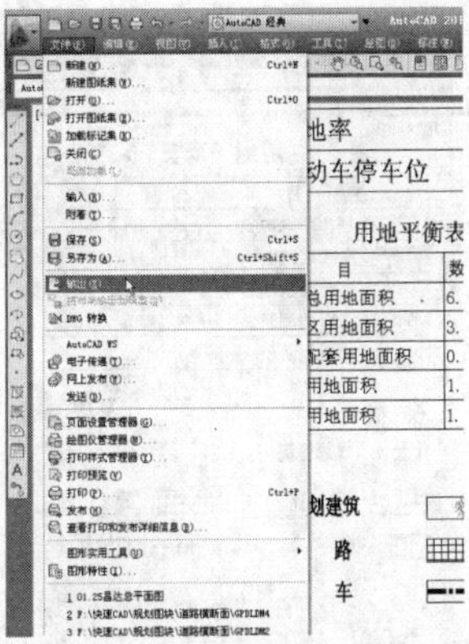

图 10.27 选择输出

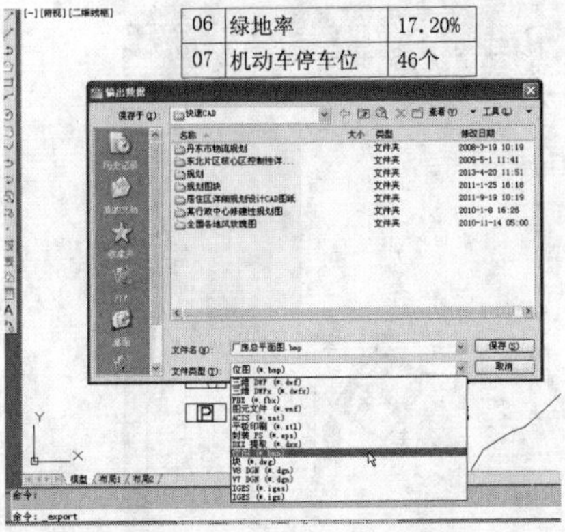


图 10.28 选择 BMP 格式类型

③ 然后返回图形窗口，选择输出为 BMP 格式数据文件的图形范围，最后按回车即可。如图 10.29 所示。

命令：EXPORT

选择对象或 <全部对象和视口>:

指定对角点：找到 1 个

选择对象或 <全部对象和视口>:

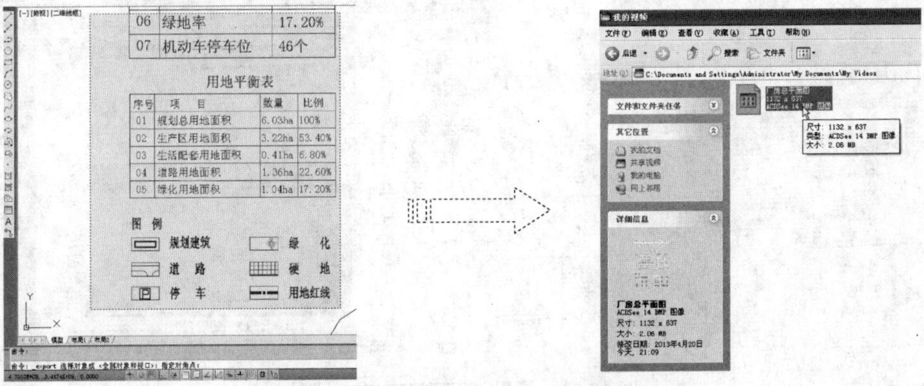


图 10.29 选择输出图形范围得到 BMP 文件

# 10.3 城乡规划设计 CAD 图形应用到 Word 文档方法

本节将介绍如何将 CAD 图形应用到 Word 文档中，轻松实现 CAD 图形的文档应用功能。

## 10.3.1 使用“Prtsc”按键复制应用到 Word 文档中

(1) CAD 绘制完成图形后，使用 ZOOM 功能命令将要使用的图形范围放大至充满整个屏幕区域。如图 10.30 所示。

命令：ZOOM

指定窗口的角点，输入比例因子 (nX 或 nXP)，或

[全部(A)/中心(C)/动态(D)/范围(E)/上一个(P)/比例(S)/窗口(W)/对象(O)] <实时>: W (或输入 E)

指定第一个角点：

指定对角点：

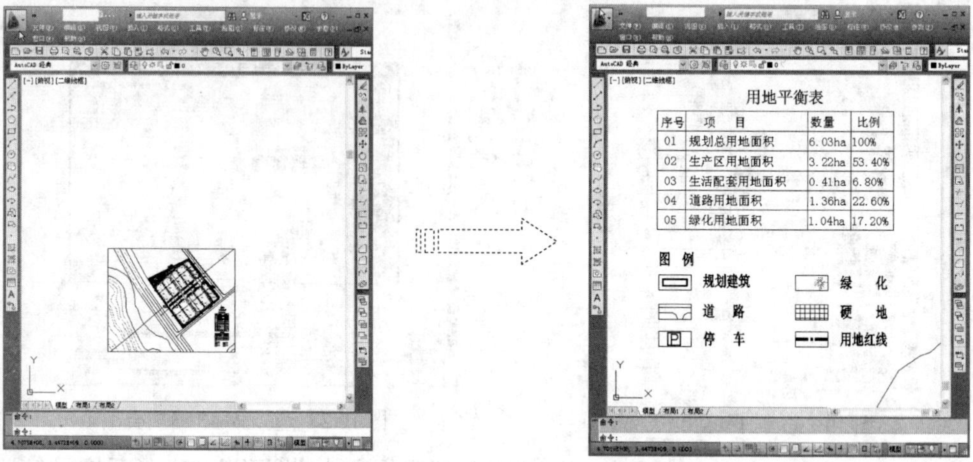


图 10.30 调整图形显示范围

（2）按下键盘上的“Prtsc”按键，将当前计算机屏幕上所有显示的图形复制到 Windows 系统的剪贴板上了。然后切换到 Word 文档窗口中，点击右键，在快捷键上选择“粘贴”或按“Ctrl+V”组合键。图形图片即可复制到 Word 文档光标位置。如图 10.31 所示。

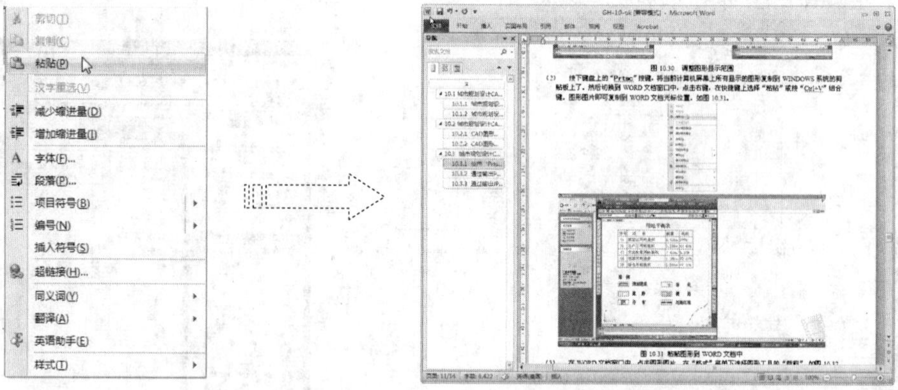


图 10.31 粘贴图形到 Word 文档中

（3）在 Word 文档窗口中，点击图形图片，在“格式”菜单下选择图形工具的“裁剪”。如图 10.32 所示。

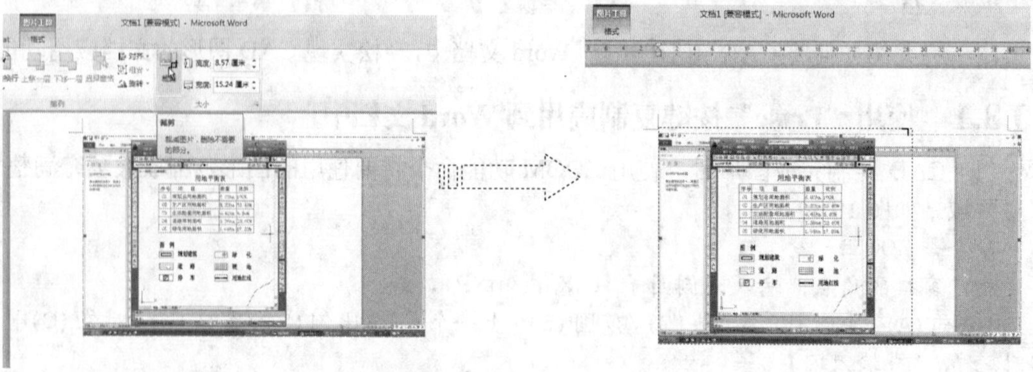


图 10.32 执行 Word 的“裁剪”工具

（4）将光标移动至图形图片处，点击光标拖动即可进行裁剪。如图 10.33 所示。

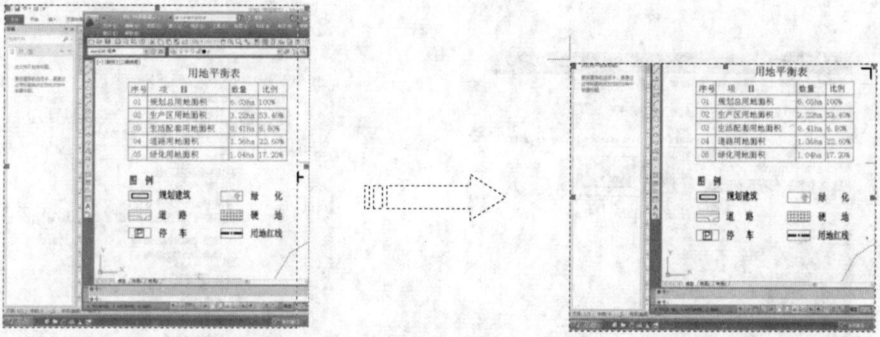


图 10.33　拖动光标进行图形图片裁剪

（5）移动光标至图形图片另外边或对角处，点击光标拖动即可进行裁剪。完成图形图片裁剪，即可使用 CAD 绘制的图形。可以在 Word 文档中将图片复制移动任意位置使用。如图 10.34 所示。

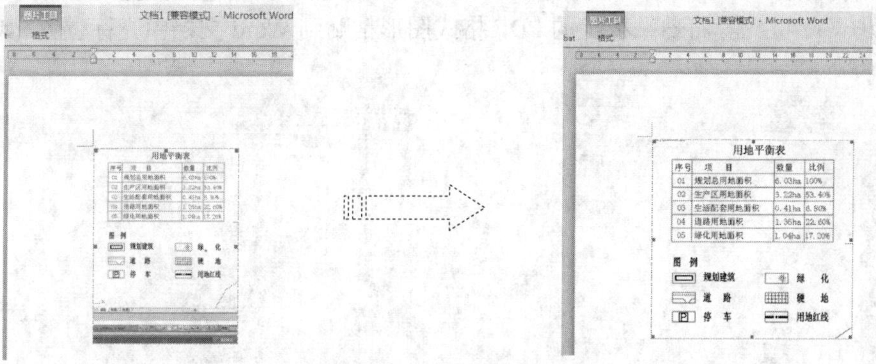


图 10.34　完成图形图片裁剪

## 10.3.2　通过输出 PDF 格式文件应用到 Word 文档中

（1）按照本章前一小节所述方法将 CAD 绘制的图形输出为 PDF 格式文件，输出的图形文件保存在电脑某个目录下，本案例输出的图形名称为“施工洞口安全防护 Model (1).pdf”。如图 10.35 所示。

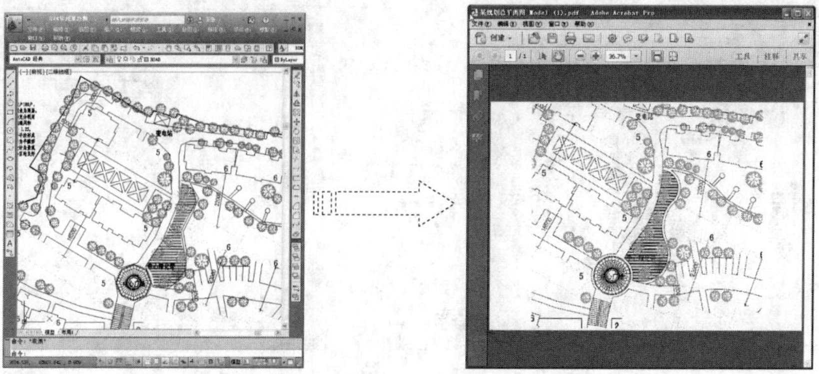

图 10.35　将图形输出为 PDF 格式文件

（2）在电脑中找到“施工洞口安全防护 Model (1).pdf”文件，点击选中，然后点击右键弹出快捷菜单，在快捷菜单上选择“复制”，将图形复制到 Windows 系统剪贴板中。如图 10.36 所示。

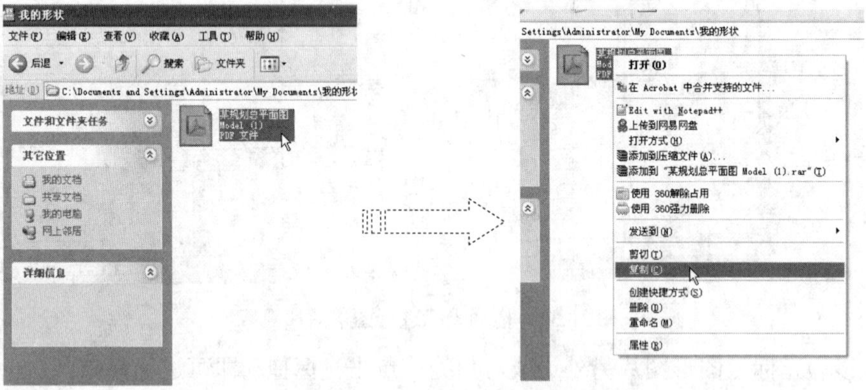

图 10.36　将 PDF 图形文件复制到剪贴板中

（3）切换到 Word 文档中，在需要插入图形的地方点击右键选择快捷菜单中的“粘贴”；或按“Ctrl+V”组合键。将剪贴板上的 PDF 格式图形粘贴到 Word 文档中光标位置。如图 10.37 所示。

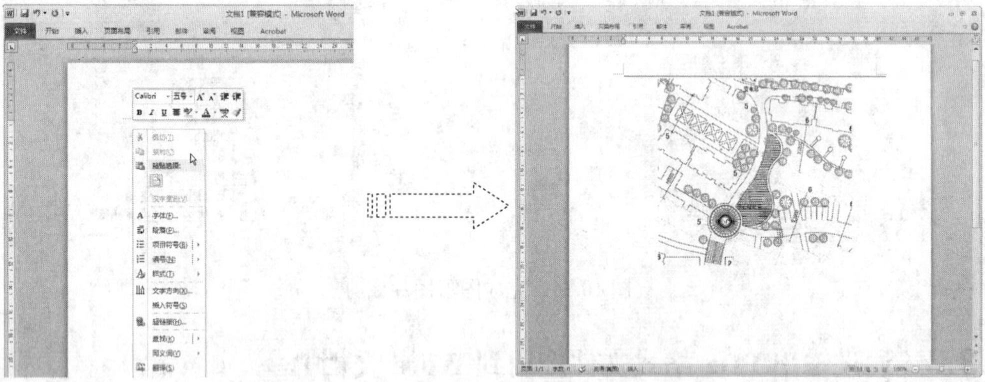

图 10.37　将 PDF 图形文件粘贴到 Word 文档中

（4）需注意插入的 PDF 图形文件大小与输出文件大小有关，要进行调整适合的 Word 文档窗口。方法是点击选中该文件，按住左键拖动光标调整其大小即可。如图 10.38 所示。

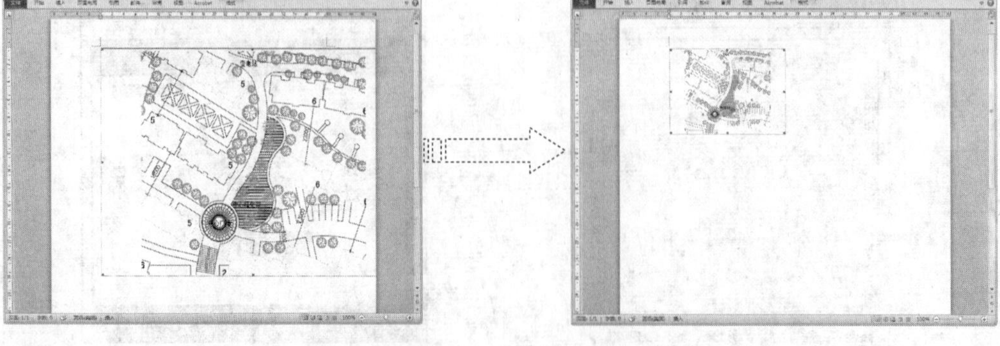

图 10.38　调整适合的 Word 文档窗口

（5）此外，使用 PDF 格式文件复制，其方向需要在 CAD 输出 PDF 时调整合适方向及角度（也可以在 Acrobat pro 软件中调整），因为其不是图片 JPG/BMP 格式，PDF 格式文件插入 Word 文档后不能裁剪和旋转，点击右键快捷菜单选择“设置对象格式”中旋转不能使用。此为该 CAD 图形转换应用方法的不足之处。如图 10.39 所示。

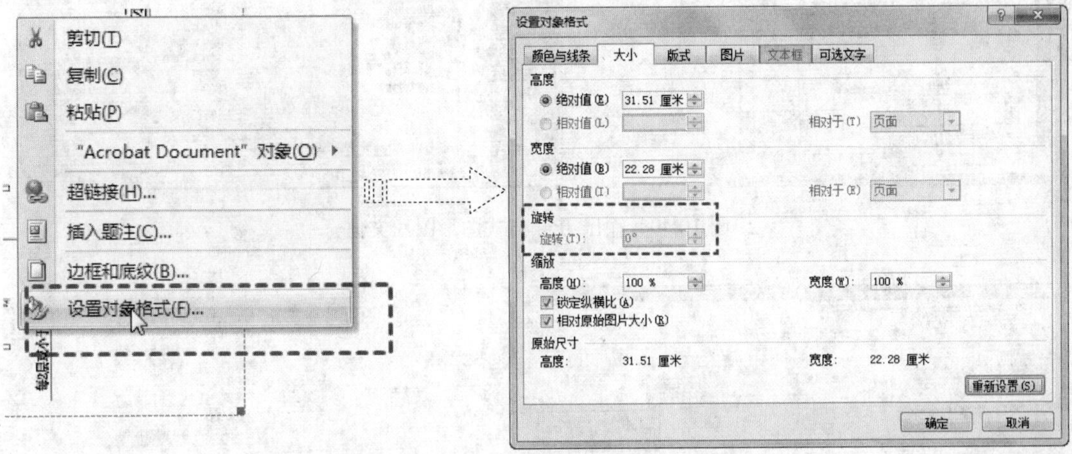


（a）插入的 PDF 图形文件“设置对象格式”中旋转不能使用

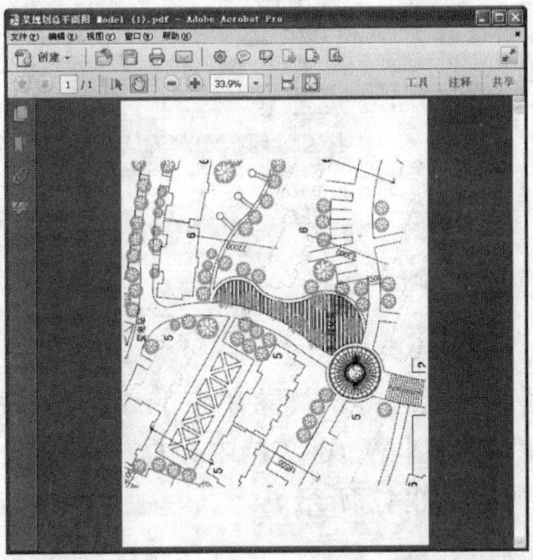

（b）Acrobat pro 软件中调整图形方向

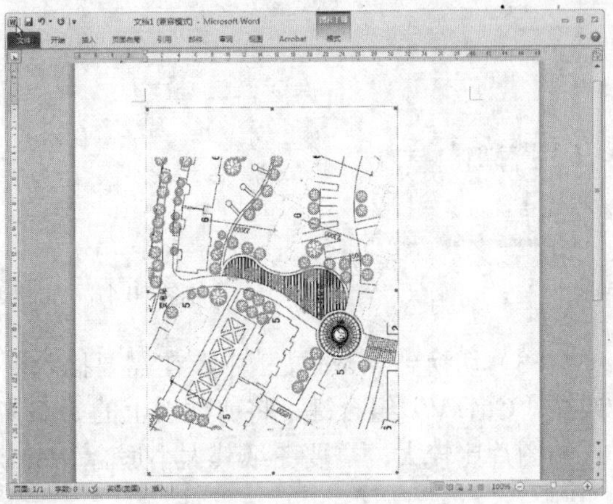

（c）PDF 文件插入 Word 文档的图形方向

图 10.39 关于 PDF 格式文件的方向及裁剪

## 10.3.3 通过输出 JPG/BMP 格式文件应用到 Word 文档中

（1）按照本章前一小节所述方法将 CAD 绘制的图形输出为 JPG 格式图片文件，输出的图形图片文件保存电脑某个目录下，本案例输出的图形名称为“道路交通及竖向规划图-Model.jpg”。如图 10.40 所示。

（2）在电脑中找到“楼板模板示意图-Model.jpg”文件，点击选中，然后点击右键弹出快捷菜单，在快捷菜单上选择“复制”，将图形复制到 Windows 系统剪贴板中。如图 10.41 所示。

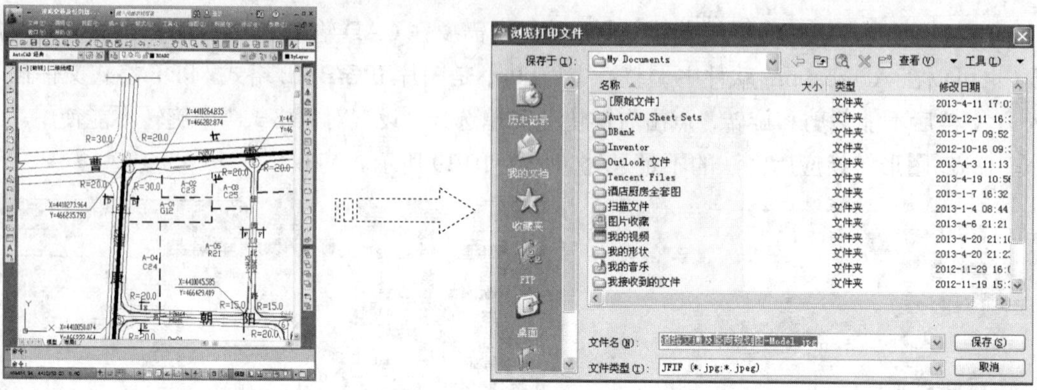


图 10.40　输出 JPG 格式图形图片文件

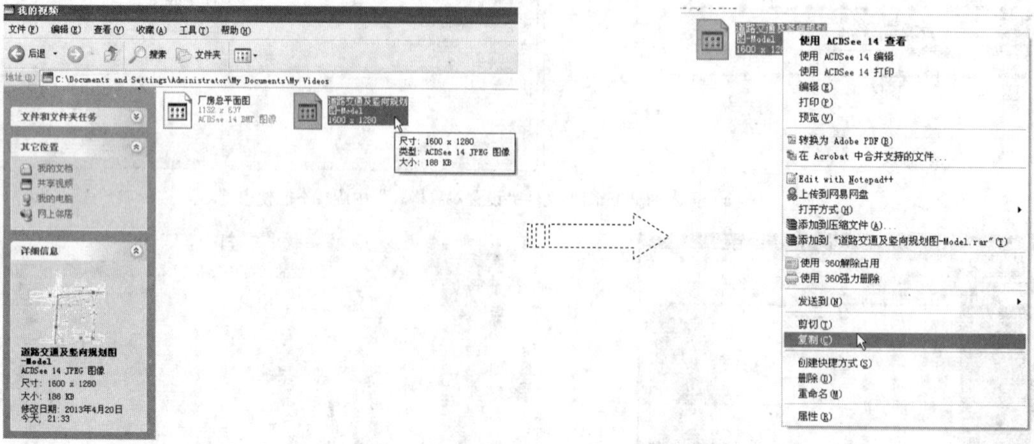


图 10.41　复制 JPG 图形图片文件

（3）切换到 Word 文档中，在需要插入图形的地方点击右键选择快捷菜单中的“粘贴”；或按“Ctrl+V”组合键。将剪贴板上的 JPG 格式图形图片复制到 Word 文档中光标位置。插入的图片比较大，需要图纸其大小适合 Word 窗口使用。如图 10.42 所示。

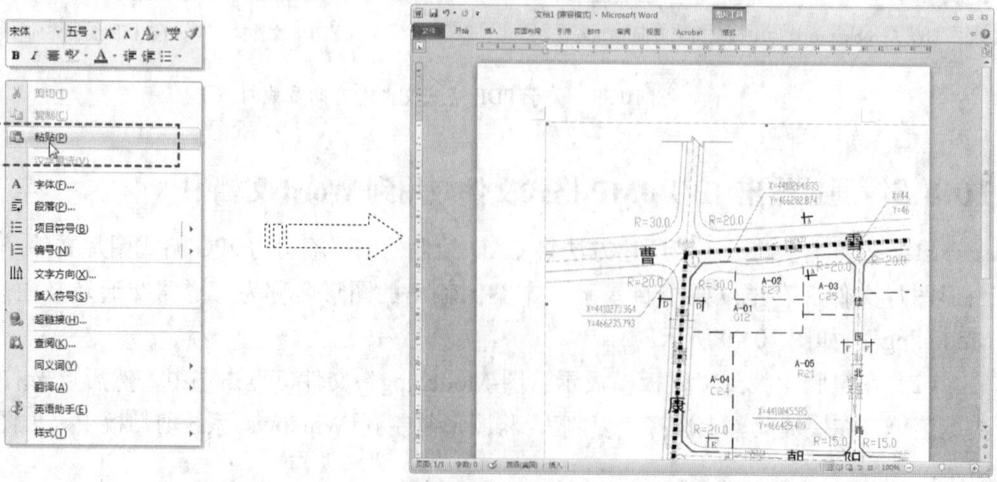


图 10.42　粘贴图形图片文件到 Word 文档中

（4）利用 Word 文档中的图片工具的“裁剪”进行调整，或利用设置对象格式进行调整，使其符合使用要求。如图 10.43 所示。BMP 格式的图形图片文件应用方法与此相同。故 BMP 格式图片的具体操作过程在此从略。

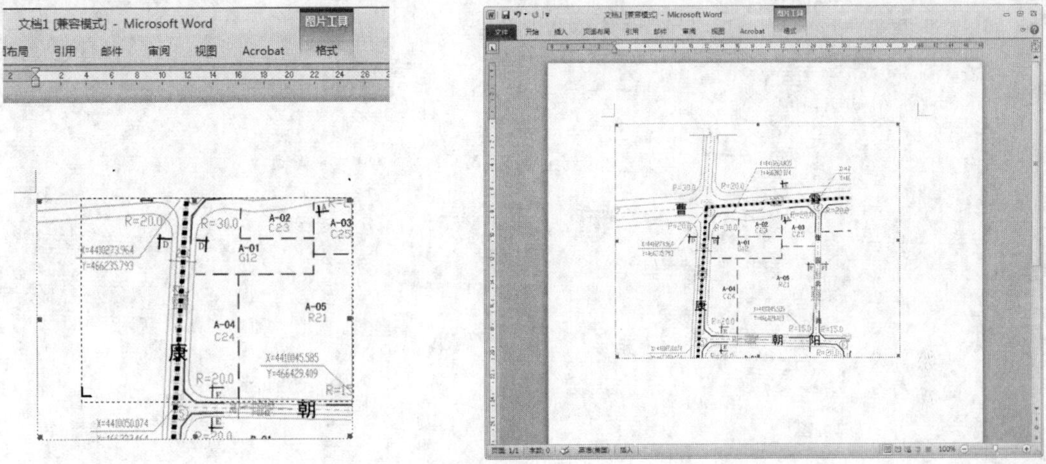


图 10.43　调整 JPG 图片大小